先进储能科学技术与工业应用丛书

Advanced Energy Storage Science Technology
and Industrial Applications Series

储能系统集成技术与工程实践

◆ 张剑辉 钱昊 吕喆 刘骁 等 编著

U0201796

化学工业出版社

·北京·

内 容 简 介

本书主要对电化学储能系统集成技术进行了较为全面和系统的介绍，共分为 12 章，分别论述了储能发展现状、电化学储能系统组成与集成设计、电池选型与测试评价、电池管理系统设计、储能系统结构与电气设计、电池系统热管理设计及仿真分析、升压变流系统及成套配电装置集成关键技术、储能监控与能量管理系统、储能系统设计验证、储能系统智能制造技术与生产管理、储能系统设备集成现场安装及调试测试，以及储能系统集成典型应用案例分析。

本书主要面向电化学储能行业的从业人员，意在促进我国电化学储能产业的发展。本书可供从事储能系统集成设计的技术人员、科研人员及管理人员参考，也可供高等学校储能科学与工程、电化学、应用化学、新能源、能源与动力工程等相关专业的师生阅读和参考。

图书在版编目（CIP）数据

储能系统集成技术与工程实践/张剑辉等编著. —北京：
化学工业出版社，2023.5（2025.6 重印）
（先进储能科学技术与工业应用丛书）
ISBN 978-7-122-42890-5

Ⅰ.①储⋯　Ⅱ.①张⋯　Ⅲ.①储能-控制系统-研究　Ⅳ.①TK02

中国国家版本馆 CIP 数据核字（2023）第 022678 号

责任编辑：卢萌萌　　　　　　　　　　　装帧设计：史利平
责任校对：王　静

出版发行：化学工业出版社（北京市东城区青年湖南街 13 号　邮政编码 100011）
印　　装：中煤（北京）印务有限公司
787mm×1092mm　1/16　印张 22½　彩插 7　字数 517 千字　2025 年 6 月北京第 1 版第 5 次印刷

购书咨询：010-64518888　　　　　　　　售后服务：010-64518899
网　　址：http://www.cip.com.cn
凡购买本书，如有缺损质量问题，本社销售中心负责调换。

定　　价：168.00 元　　　　　　　　　　　　　　　版权所有　违者必究

《先进储能科学技术与工业应用丛书》

丛书主编：李　泓

《储能系统集成技术与工程实践》
编　委　会

序言

随着全球能源格局正在发生由依赖传统化石能源向追求可再生能源的深刻转变，我国能源结构也正经历前所未有的深刻调整，能源安全和环境保护已经成为全球关注的焦点。全球能源需求呈现不断增长的态势。清洁能源的发展更是势头迅猛，已成为我国加快能源供给侧结构性改革的重要力量。

在能源领域，发展可再生能源、配套规模储能、发展电动汽车、发展智能电网是优化我国能源结构，保障能源安全，实现能源清洁、低碳、安全和高效发展的国家战略，是目前确定的发展以新能源为主体的新型电力系统的核心战略，也是实现 2030 年碳达峰、2060 年碳中和目标的主要技术路径。在这种情况下，先进储能技术的应用显得尤为重要。

储能技术对于电力和能源系统的发输配用各环节具有重要的支撑作用，有助于实现可再生能源发电的大规模接入，改善能源结构，是实现能源革命的支撑技术，对提高我国能源安全具有十分重要的意义。储能技术可提高可再生能源和清洁能源的发电比例，有效改善生态和人居环境，推动环境治理和生态文明的建设。另外，储能技术也是具有发展潜力的战略性新兴产业，可带动上下游产业，开拓电力系统发展的新增长点，对电力行业发展和经济社会发展的全局具有深远的影响。储能产业和储能技术作为新能源发展的核心支撑，覆盖电源侧、电网侧、用户侧、居民侧以及社会化功能性储能设施等多方面需求。储能技术可以帮助我们更有效地利用可再生能源，也可以在能源网络中平衡负载，提高能源利用效率，降低对传统能源的依赖，并减少对环境的负面影响。除了大规模储能，户用储能、户外移动储能、通信基站、数据中心、工商业储能、工业节能、绿色建筑、备用电源等中小规模的储能装备也发展迅速。此外，储能技术也在推动着交通电动化的发展，能源清洁化与交通电动化通过储能技术，在不断的深化融合协同发展。

当前，世界主要发达国家纷纷加快发展储能产业，大力规划建设储能项目，储能技术的创新突破将成为带动全球能源格局革命性、颠覆性调整的重要引领技术。储能技术作为重要的战略性新兴领域，需要增强基础性研究，增强成果转化和创新，破解共性和瓶颈技术，以推动我国储能产业向高质量方向发展。

2020 年 2 月，教育部、国家发展改革委、国家能源局联合发布《储能技术专业学科发展行动计划（2020—2024 年）》，以增强储能产业关键核心技术攻关能力和自主创新能力，以产教融合推动储能产业高质量发展。近几年，多所高等学校也都纷纷开设 "储能科学与工程" 专业。这些都说明了加强加大储能技术的知识普及、宣传传播力度的重要性和必要性。为了更好地推广储能技术的应用，我们需要深入了解储能科学技术与工业应用领域的最新技术进展和发展趋势。为了促进储能产业的发展和交流，培养储能专业人才，特组织策划了 "先进储能科学技术与工业应用丛书"。

本丛书系统介绍储能领域的新技术、新理论和新方法，重点分享储能领域的技术难点和关注要点，涉及电化学储能、储能系统集成、储能电站、退役动力电池回收利用、储能产业政策、储能安全、电池先进测试表征与失效分析技术等多个方面，涵盖多种储能技术的工作原理、优缺点、应用范围和未来发展趋势等内容，还介绍了一些实际应用案例，以便读者更好地理解储能技术的实际应用和市场前景。丛书的编写坚持科学性、实用性、系统性、先进性和前瞻性的原则，力求做到全面、准确、专业。本丛书立足于服务国家重大能源战略，加强储能技术的传播和储能行业的交流。本丛书的出版，将为广大的科研工作者、工程师和企业家提供最新的技术资料和实用经验，为高等学校储能科学与工程、新能源等新兴专业提供实用性和指导性兼具的教学参考用书。我们殷切期望其能为推动储能技术的发展奠定坚实的基础，对储能科学技术的发展和应用起到积极的推动作用。同时，本丛书的出版还将促进储能科学技术与其他领域的交叉融合，为人类社会的可持续发展做出更大的贡献。

最后，感谢所有参与本丛书编写的专家学者和出版社的支持。希望本丛书的出版能够得到广大读者的关注和支持，也希望储能科学与技术能够在未来取得更加辉煌的成就！

李泓

中国科学院物理研究所

前言

在"双碳"战略目标指导下，作为构建新型电力系统的重要支撑，储能在整个电力系统的战略地位和重要作用得到进一步彰显。2021 年从国家到地方密集出台了 300 多项与储能相关的顶层设计和政策规划，明确了"十四五"期间新型储能 30GW 以上的装机目标；提出了源网荷储一体化的 GW 级大基地项目，各省提出了按新能源装机规模的 10%~20%，持续充电时长 2~4h 配建储能的政策；规范了共享储能电站的电力市场化交易独立主体身份；部分地区配套了不低于 4:1 的峰谷电价差，以及辅助服务补偿、容量补偿等政策激励。储能行业正向规模化和规范化方向发展。预计到 2025 年末，新型储能在电力系统中的装机规模将达到 3000 万千瓦以上。

蓬勃发展的储能市场吸引了众多厂家加入，然而挑战与机遇并存，储能系统的集成并不是各个设备的简单堆砌，而是集电力电子、电气、电化学、材料、结构、暖通、通信控制等多专业融合的系统。只有对上述各专业进行深入研究、充分了解储能系统各部件之间的相关关系及作用、开展多维度全生命周期的系统设计及验证，才能确保储能系统的安全可靠运行，实现储能系统设备与设备、设备与控制系统之间的完美匹配，使效率及收益达到最大化。

本书主要对电化学储能系统进行了较为全面和系统的介绍，共分为 12 章，分别论述了储能发展现状、电化学储能系统组成与集成设计、电池选型与测试评价、电池管理系统设计、储能系统结构与电气设计、电池系统热管理设计及仿真分析、升压变流系统及成套配电装置集成关键技术、储能监控与能量管理系统、储能系统设计验证、储能系统智能制造技术与生产管理、储能系统设备集成现场安装及调试测试，以及储能系统集成典型应用案例分析。

本书主要面向电化学储能行业的从业人员，意在促进电化学储能产业在我国的发展。本书可供从事电化学储能系统集成设计的技术研发人员、测试机构及技术咨询机构的工作人员参考，也可供高等院校从事储能系统研究的师生参阅。

本书由张剑辉、钱昊、吕喆、刘骁等编著，由张剑辉、钱昊、吕喆确定总体思路、框架和各章节结构，其中，第 1 章由吕喆、张志远编著，第 2、第 7、第 8、第 11、第 12 章由刘骁、杨振华、张成程、郭婷婷编著，第 3、第 9 章由王垒、陈喆、褚晓荣、王慧编著，第 4 章由郭富强、姜科、王海龙、何志超、刘伟、王晓彦、吴亚凯、李瑗茹、程婷婷编著，第 5、第 6 章由李文鹏、李文启、李新宇、刘宽、孙中豪、刘超、穆英毅、姜力文、顾伟峰、黄牧、施学文编著，第 10 章由彭进峰、杨千里、尹树明、王军编著。

限于编著者水平，本书内容不足以涵盖锂电池储能系统集成的所有技术要点，对有些要点的讨论也仅限于蜻蜓点水，不够透彻。编著者希望本书可以起到抛砖引玉的作用，吸引更多的企事业人员和科技人员等参与到储能行业中来，共同促进储能行业规模化发展，提升行业整体水平。同时，书中难免存在不足和疏漏之处，恳请读者朋友们不吝指正。

编著者

2023 年 1 月

目录

第1章   1

概述

第2章   16

电化学储能系统组成与集成设计

第 3 章

电池选型与测试评价

第 4 章

电池管理系统设计

第 5 章

储能系统结构与电气设计

第6章

电池系统热管理设计及仿真分析

第 7 章

升压变流系统及成套配电装置集成关键技术

第 8 章

储能监控与能量管理系统

第9章

储能系统设计验证

第 10 章

278

储能系统智能制造技术与生产管理

第 11 章

储能系统设备集成现场安装、调试测试

第 12 章

储能系统集成典型应用案例分析

第 *1* 章

概述

1.1 能源转型与储能的发展

　　物质、能源和信息是构成自然界的三大基本要素,其中,能源是指能够提供能量的资源,包括热能、电能、光能、机械能和化学能等。能源是人类社会文明发展的永恒主题,也是推动人类社会进步的主要动力。但是,人类开发和利用能源的过程中,随之带来了二氧化碳的大量排放和显著的环境污染问题。中国作为最大的发展中国家,一直以来积极实施应对气候变化的国家战略,为推动降低碳排放、减少温室气体带来的全球变暖等方面做出了积极的贡献。2020 年 9 月,国家主席习近平在第七十五届联合国大会上提出:"中国将提高国家自主贡献力度,采取更加有力的政策和措施,二氧化碳排放力争于 2030 年前达到峰值,努力争取 2060 年前实现碳中和"。这是中国首次提出碳中和目标,也是中国在《巴黎协定》之后为世界气候变化做出的一次明确部署。

　　为了实现 2030 年碳达峰和 2060 年碳中和的目标,必须要减少化石能源的消耗,提高可再生能源的利用占比。2021 年 3 月 15 日,习近平总书记在中央财经委员会第九次会议中强调,需要实施可再生能源替代行动,深化电力体制改革,构建以新能源为主体的新型电力系统。这意味着我国风电、太阳能发电等新能源进入快速发展时期。根据国家能源局发布的 2021 年全国电力工业统计数据,2021 年,我国风电装机容量约 3.3 亿千瓦,占比 13.8%;太阳能发电装机容量约 3.1 亿千瓦,占比近 12.9%。根据习近平总书记 2020 年 12 月 12 日在气候雄心峰会上的承诺,到 2030 年,我国风电、太阳能发电总装机容量将达到 12 亿千瓦以上。届时,可再生能源的装机量将超过现有的火电装机规模,成为我国发电系统的主力军。表 1-1 为 2021 年全国电力工业统计数据一览表。

表 1-1   2021 年全国电力工业统计数据一览表

指标名称	单位	全年累计	同比增长/%
全国全社会用电量	亿千瓦时	83128	10.3
第一产业用电量	亿千瓦时	1023	16.4
第二产业用电量	亿千瓦时	56131	9.1
工业用电量	亿千瓦时	55090	9.1
第三产业用电量	亿千瓦时	14231	17.8
城乡居民生活用电量	亿千瓦时	11743	7.3
全国发电装机容量	万千瓦	237692	7.9
水电	万千瓦	39092	5.6
火电	万千瓦	129678	4.1
核电	万千瓦	5326	6.8
风电	万千瓦	32848	16.6
太阳能发电	万千瓦	30656	20.9

但是，风电和太阳能发电本身具有间歇性和不确定性的特点，高比例可再生能源的大量接入必然会对电网产生较大影响，系统转动惯量将持续下降，电力平衡难度进一步增加，因此对于储能系统的需求急剧提升。储能系统可在发电侧、电网侧以及用户侧灵活配置，为电网运行提供调峰、调频、备用、黑启动和需求响应支撑等多种服务，是提升传统电力系统灵活性、经济性和安全性的重要手段。

在发电侧，储能系统可有效地减少风电、太阳能发电中弃风、弃光现象，平抑波动，显著提升风、光等可再生能源的消纳水平和发电收益。据全国新能源消纳监测预警中心数据，2020 年全国弃风电量 166.1 亿千瓦时（风电发电量 4760 亿千瓦时），风电利用率 96.5%，弃风率 3.5%；弃光电量 52.6 亿千瓦时（光伏发电量 2630 亿千瓦时），光伏发电利用率 98.0%，弃光率 2%。若配置 10%储能，可增加消纳风电 16.6 亿千瓦时、光伏 5.26 亿千瓦时，可分别降低弃风率、弃光率 0.35%、0.2%。

在电网侧，储能系统可通过调峰、调频、辅助服务、提升电能质量等方式为电网的稳定运行提供支撑。随着未来可再生能源的发电占比的提升，电网的稳定性必然面临更大的挑战，大规模独立储能电站可以接受调度统一管理，进行专业化运营，更好地发挥对电网的稳定支撑作用。另外，还可鼓励通过租赁形式实现可再生能源储能配额，为储能电站增加收益的同时，减轻新能源场站的初始投资压力以及运行维护成本。

在用户侧，储能系统可以通过峰谷套利为大型工商业用户节省大量用电成本，同时进一步在用电负荷端降低电网压力，保障区域供电的安全和稳定。大容量分布式用户侧储能系统还可以通过区块链、虚拟电厂等技术接受电网统一调度，为电网稳定提供更多的支撑服务。

1.2 储能系统（技术）分类及优缺点

储能技术是通过一种介质或者设备，将电能用同一种或转换成另一种能量形式存储起来，并在需要时释放电能的相关技术。储能技术按照储存介质进行分类，可以分为物理储能、电化学储能、电气储能等。

1.2.1 物理储能

物理储能的应用形式主要有抽水蓄能、压缩空气储能和飞轮储能。

1.2.1.1 抽水蓄能

（1）基本原理

抽水蓄能的基本原理为利用水的重力势能，需要储存能量时通过水轮机将水从下游水库抽到上游水库，此时系统消耗电能并将其转化为水的重力势能。当需要释放能量时，上游水库中的水推动发电机，将重力势能转化为电能。图 1-1 为抽水蓄能原理图。

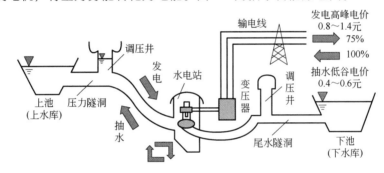

图 1-1 抽水蓄能原理图

（2）优点

① 技术成熟度高。属于大规模、集中式能量储存，技术相当成熟，可用于电网的能量管理和调峰。

② 效率较高。效率一般约为 65%～75%，最高可达 80%～85%。

③ 响应速率快。负荷响应速率快，从全停到满载发电约 5min，从全停到满载抽水约 1min。

（3）缺点

① 需要上池和下池，建造成本和周期较长。

② 厂址的选择依赖地理条件，有一定的难度和局限性。

③ 与负荷中心有一定距离，需要长距离输电。

（4）应用

抽水蓄能是目前总装机规模最大的储能形式。根据中关村储能产业技术联盟《储能产业研究白皮书》中的统计，截至 2020 年底，全球已投运抽水蓄能累计装机规模为 172.5GW，是排在第 2 位的电化学储能装机量的十倍以上，我国抽水蓄能的累计装机规模也达到了 31.8GW。

1.2.1.2 压缩空气储能

（1）基本原理

压缩空气储能是一种新型的储能技术，原理就是在用电低谷时，将空气压缩储存于储气室中，将电能转化为内能存储起来；在用电高峰时释放高压空气，带动发电机发电，可以解决光伏和风电等不稳定可再生能源发电并网难的问题，提高其能源利用率。图 1-2 为压缩空气储能原理图。

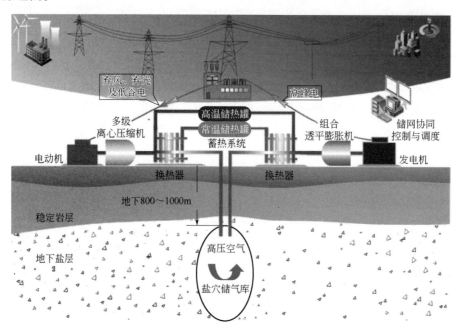

图 1-2 压缩空气储能原理图（见彩图）

（2）优点

① 效率高。具备调峰和调频功能，适合用于大规模风场，风能产生的机械功可以直接驱动压缩机旋转，减少了中间转换成电的环节，从而提高效率。

② 寿命长。通过较好的维护，寿命可以达到 40～50 年。

③ 成本低。建造成本和运行成本比较低，具有良好的经济性。

（3）缺点

① 需要大的洞穴储存压缩空气，与地理条件密切相关，适合地点非常有限。

② 需要燃气轮机配合，并要有一定量的燃气作燃料，不环保。

③ 以往开发的是一种非绝热的压缩空气储能技术。空气在压缩时所释放的热并没有储存起来，通过冷却消散了，而压缩的空气在进入透平前还需要再加热。因此全过程效率较

低，通常低于 50%。

（4）应用

百兆瓦级的先进压缩空气储能技术是目前面向大规模长时储能市场产业化的最佳功率级别，对我国整个压缩空气储能产业发展和大范围应用有着推动意义。同时，在能源行业储存、技术驱动方面，为碳中和与构建新型电力系统提供有力支持。经过近 50 年的生产运作和不断发展，压缩空气储能已成为除抽水蓄能之外的另一种大规模物理储能技术，能够在实现电网削峰填谷、促进新能源高效消纳、提升电力系统安全性和灵活性等方面发挥重要作用。

1.2.1.3　飞轮储能

（1）基本原理

飞轮储能技术是利用互逆式双向电机（电动/发电机）实现电能与高速旋转飞轮的机械能之间相互转换的一种储能技术。图 1-3 为飞轮储能原理图。

（2）优点

① 寿命长，寿命可达 15～30 年。
② 效率高，效率可达 90%。
③ 可靠性高，少维护、稳定性好。
④ 响应速率快，具有毫秒级的响应速率。

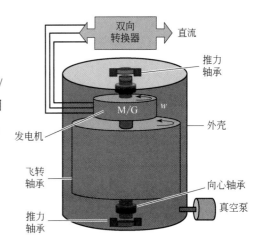

图 1-3　飞轮储能原理图

（3）缺点

① 能量密度低，只可持续几秒至几分钟。
② 由于轴承的磨损和空气的阻力，具有一定的自放电。

（4）应用

飞轮储能系统已被应用于航空航天、UPS 电源、交通运输、风力发电、核工业等领域。随着复合材料技术、磁支撑技术、动发一体机技术和多学科优化设计技术的不断进步，对飞轮储能技术的关注也越来越多，相关的新技术也不断出现。但此前高昂的成本相对制约了其在储能领域的大规模应用。未来，在国家政策影响下，随着能源产业的变革和产能规模的扩张以及材料和技术本身的创新，飞轮储能成本将随着大规模化生产快速下降，有望追平电化学电池，打破市场壁垒。

1.2.2　电化学储能

电化学储能是利用化学反应直接转化电能的装置。电化学储能主要包括铅酸电池、锂离子电池、钠硫电池、钒液流电池、锌空气电池、氢镍电池等。以锂离子电池、钠硫电池、液流电池为主导的电化学储能技术在安全性、能量转换效率和经济性等方面均取得了重大突破，极具产业化应用前景。

1.2.2.1　铅酸电池储能

（1）基本原理

铅酸电池是世界上应用最广泛的电池之一。铅酸电池内的阳极（PbO_2）及阴极（Pb）浸到电解液（稀硫酸）中，两极间会产生 2V 的电势，这就是铅酸电池的原理。图 1-4 为铅酸电池原理图。

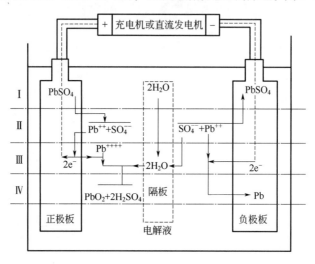

图 1-4　铅酸电池原理图

（2）优点

① 技术很成熟，结构简单、价格低廉、维护方便。
② 效率可达 80%～90%，性价比较高。

（3）缺点

① 深度、快速、大功率放电时，可用容量下降。
② 能量密度较低，寿命较短。

（4）应用

铅酸电池常用于电力系统的事故电源或备用电源，以往大多数独立型光伏发电系统配备此类电池。目前有逐渐被其他电池（如锂离子电池）替代的趋势。

1.2.2.2　锂离子电池储能

（1）基本原理

锂离子电池实际上是一个锂离子浓差电池，正负电极由两种不同的锂离子嵌入化合物构成。充电时，Li^+从正极脱嵌经过电解质嵌入负极，此时负极处于富锂态，正极处于贫锂态；放电时则相反，Li^+从负极脱嵌，经过电解质嵌入正极，正极处于富锂态，负极处于贫锂态。图 1-5 为锂离子电池工作原理图。

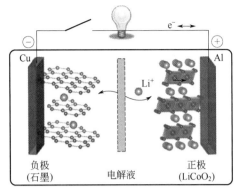

图 1-5　锂离子电池工作原理（见彩图）

（2）优点

① 效率高，锂离子电池的效率可达 93% 以上。

② 寿命长，循环次数可达 6000 次或更多。

③ 能量密度高。

（3）缺点

① 成本较高，锂离子电池的价格依然偏高。

② 安全性低，电池在高温、短路、过充等极端情况下容易发生热失控。

（4）应用

锂离子电池广泛用于储能系统，电动汽车、计算机、手机等移动和便携式设备上，所以目前它几乎已成为世界上应用最为广泛的电池。锂离子电池的能量密度和功率密度都较高，这是其能得到广泛应用和关注的主要原因。锂离子电池技术发展很快，近年来，大规模生产和多场合应用使其价格急速下降，因而在电力系统中的应用也越来越多。锂离子电池技术仍然在不断地开发中，目前的研究集中在进一步提高使用寿命和安全性，降低成本以及新的正、负极材料的开发上。

1.2.2.3　钠硫电池储能

（1）基本原理

钠硫电池的阳极由液态的硫组成，阴极由液态的钠组成，中间隔有 $\beta\text{-}Al_2O_3$ 陶瓷管。电池的运行温度需保持在 300℃ 以上，以使电极处于熔融状态。图 1-6 为钠硫电池原理图。

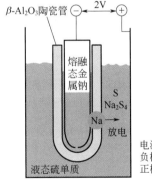

图 1-6　钠硫电池原理图

（2）优点

① 循环寿命较长，循环次数可达 4500 次。

② 放电时间可达 6～7h。

③ 循环效率较高，可达 75%以上。

（3）缺点

① 安全性低。由于使用的金属钠是一种易燃物，又运行在高温下，所以存在一定的安全隐患。

② 应用场景受限，不适于移动场景。

（4）应用

日本的 NGK 公司是世界上唯一能制造出高性能的钠硫电池的厂家。目前采用 50kW 的模块，可由多个 50kW 的模块组成 MW 级的大容量的电池组件。在日本、德国、法国、美国等地已建有约 200 多处此类储能电站，主要用于负荷调平、移峰、改善电能质量和可再生能源发电，电池价格仍然较高。

1.2.3 电气储能

电气储能的应用形式主要有超级电容储能和超导储能。

1.2.3.1 超级电容储能

（1）基本原理

超级电容也叫双电层电容器，它由集流体、电解液、极化电极和隔离物四个部分组成，利用电极和电解液中极性相反的离子相互吸引形成双电层电容来存储能量。图 1-7 为超级电容储能原理图。

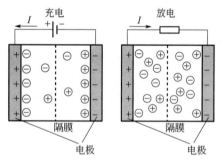

图 1-7 超级电容储能原理图

（2）优点

① 长寿命、循环次数多。

② 充放电时间快、响应速率快。

③ 效率高。

④ 少维护、无旋转部件。

⑤ 运行温度范围广，环境友好等。

（3）缺点

① 超级电容器的电解质耐压很低，制成的电容器一般耐压仅有几伏，储能水平受到耐压的限制，因而储存的能量不大。

② 能量密度低。

③ 投资成本高。

④ 有一定的自放电率。

（4）应用

超级电容器是 20 世纪 60 年代发展起来的新型储能元件，作为一种高效、实用和环保的能量存储装置，近年来在新能源领域呈现出蓬勃发展的趋势，广泛应用于军用以及民用领域，主要包括消费电子、轨道交通、城市公交系统、国防与航天、起重机械势能回收、发电与智能电网等领域。

1.2.3.2　超导储能

（1）基本原理

超导储能系统（SMES）由放在低温容器（cryogenic vessel）（杜瓦 Dewar）中的超导线圈、功率调节系统（PCS）和低温制冷系统等组成。能量以超导线圈中循环流动的直流电流方式储存在磁场中。图 1-8 为超导储能原理图。

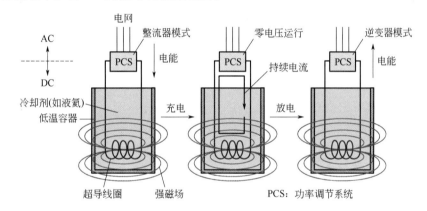

图 1-8　超导储能原理图

（2）优点

① 由于直接将电能储存在磁场中，并无能量形式转换，能量的充放电非常快（几毫秒至几十毫秒），功率密度很高。

② 极快的响应速率，可改善配电网的电能质量。

（3）缺点

① 超导材料价格昂贵。

② 维持低温制冷运行需要大量能量。

③ 能量密度低（只能维持秒级）。

④ 虽然已有商业性的低温和高温超导储能产品可用，但因价格昂贵和维护复杂，在电网中应用很少，大多处于实验阶段。

（4）应用

超导储能适合用于提高电能质量，增加系统阻尼，改善系统稳定性能，特别是用于抑制低频功率振荡。但是由于其价格昂贵和维护复杂，虽然已有商业性的低温和高温超导储能产品可用，但在电网中应用很少，大多是实验性的。超导储能系统在电力系统中的应用取决于超导技术的发展，特别是材料、低成本、制冷、电力电子等方面技术的发展。

1.3 储能系统集成模式与行业发展

1.3.1 储能系统集成定义与场景分析

储能系统集成是根据应用场景和需求用户，选择合适的储能技术和产品进行组合，打造面向发电侧、电网侧、用户侧等场景的整体解决方案，最大化优化整体设计，释放整个系统的潜能。

储能系统应用范围广泛，包括电力系统、通信基站、数据中心、UPS、轨道交通、人工智能、工业应用、军事应用、航空航天等，这些领域潜在需求巨大。

1.3.1.1 电力系统储能

储能技术应用于电力系统，是保障清洁能源大规模发展和电网安全经济运行的关键。电力的发、输、配、用在同一瞬间完成的特征决定了电力生产和消费必须保持实时平衡。储能技术可以弥补电力系统中缺失的"储放"功能，改变电能生产、输送和使用同步完成的模式，使得实时平衡的"刚性"电力系统变得更加"柔性"，特别是在平抑大规模清洁能源发电接入电网带来的波动性，提高电网运行的安全性、经济性和灵活性等方面。从整个电力系统的角度看，储能的应用场景可分为发电侧储能、输配电侧储能和用电侧储能三大场景。其中，发电侧对储能的需求场景类型较多，包括电力调峰、辅助动态运行、系统调频、可再生能源并网等；输配电侧储能主要用于缓解电网阻塞、延缓输配电设备扩容升级等；用电侧储能主要用于电力自发自用、峰谷价差套利、容量电费管理和提升供电可靠性等。具体如图1-9所示。

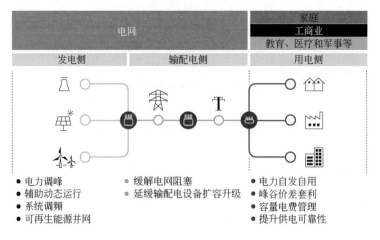

图 1-9　储能技术在电力系统中的应用

国外机构通常根据储能系统接入电网的位置将储能应用场景划分为三个类别：家用储能、工商业储能和电表前端储能，其中电表前端包括发电侧和输配电侧。中关村储能产业技术联盟（CNESA）则根据电力储能项目的主要用途将储能应用场景划分为五个类别：电源侧、辅助服务、集中式可再生能源并网、电网侧和用户侧。具体如表 1-2 所示。

表 1-2　储能应用场景分类

应用场景	主要用途	具体说明
电源侧	电力调峰	通过储能的方式实现用电负荷的削峰填谷，即发电厂在用电负荷低谷时段对电池充电，在用电负荷高峰时段将存储的电量释放
	辅助动态运行	以储能+传统机组联合运行的方式，提供辅助动态运行、提高传统机组运行效率、延缓新建机组的功效
辅助服务	系统调频	频率的变化会对发电及用电设备的安全高效运行及寿命产生影响，因此频率调节至关重要。储能（特别是电化学储能）调频速率快，可以灵活地在充放电状态之间转换，因而成为优质的调频资源
	备用容量	备用容量是指在满足预计负荷需求以外，针对突发情况时为保障电能质量和系统安全稳定运行而预留的有功功率储备
集中式可再生能源并网	平滑可再生能源发电出力	通过在风、光电站配置储能，基于电站出力预测和储能充放电调度，对随机性、间歇性和波动性的可再生能源发电出力进行平滑控制，满足并网要求
	减少弃风弃光	将可再生能源的弃风弃光电量存储后再移至其他时段进行并网，提高可再生能源利用率
电网侧	缓解电网阻塞	将储能系统安装在线路上游，当发生线路阻塞时可以将无法输送的电能储存到储能设备中，等到线路负荷小于线路容量时，储能系统再向线路放电
	延缓输配电设备扩容升级	在负荷接近设备容量的输配电系统内，可以利用储能系统通过较小的装机容量有效提高电网的输配电能力，从而减少新建输配电设施，降低成本
用户侧	电力自发自用	对于安装光伏的家庭和工商业用户，考虑到光伏在白天发电，而用户一般在夜间负荷较高，通过配置储能可以更好地利用光伏电力，提高自发自用水平，降低用电成本
	峰谷价差套利	在实施峰谷电价的电力市场中，通过低电价时给储能系统充电，高电价时储能系统放电，实现峰谷电价差套利，降低用电成本
	容量费用管理	工业用户可以利用储能系统在用电低谷时储能，在高峰负荷时放电，从而降低整体负荷，达到降低容量电费的目的
	提升供电可靠性	发生停电故障时，储能能够将储备的能量供应给终端用户，避免了故障修复过程中的电能中断，以保证供电可靠性

1.3.1.2　其他储能

除应用于电力系统外，储能在通信基站、数据中心和 UPS 等领域可作为备用电源，不仅可以在电力中断期间为通信基站等关键设备应急供电，还可利用峰谷电价差进行套利，以降低设备用电成本。此外，储能应用于轨道交通可实现列车再生制动能量的高效利用；储能应用于人工/机器智能可为机器人系统供电；储能应用于军事领域可保障高性能武器装备的稳定运行等。根据高工产研锂电研究所（GGⅡ）调研数据，2019 年中国储能锂电池（含电力系统、通信基站、轨道交通等应用场景）出货量 10.6GWh，同比增长 49.3%。

1.3.2 储能系统集成行业发展现状

根据中国能源研究会储能专委会/中关村储能产业技术联盟全球储能数据库的不完全统计，截止到 2021 年底，中国已投运的储能项目（包括物理储能、电化学储能以及熔融盐储热）累计装机容量达到 45.74GW，占全球市场规模的 18%。其中，抽水蓄能的累计装机规模最大，为 39.84GW，同比增长 22.6%；电化学储能的累计装机规模位列第二，为 5.15GW，同比增长 57%，规划在建规模超过 20GW；在各类电化学储能技术中，锂离子电池的累计装机规模最大，为 4.7GW，如图 1-10 所示。

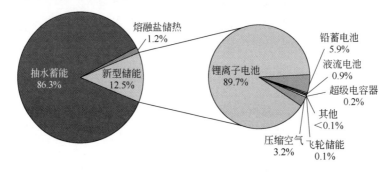

数据来源：CNESA 全球储能项目库

图 1-10　2021 年中国电力储能市场累计装机规模

2021 年，电化学储能市场继续保持快速发展，规模变化见图 1-11。"十四五"期间是储能探索和实现市场的"刚需"应用、系统产品化和获取稳定商业利益的重要时期，市场将呈现稳步、快速增长的趋势。"碳达峰"和"碳中和"目标对可再生能源和储能行业都是巨大的利好。

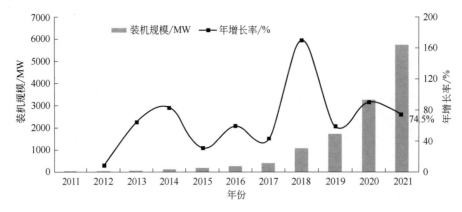

数据来源：CNESA 全球储能项目库

图 1-11　中国新型储能市场累计装机规模（2011—2021）

根据 CNESA 的统计数据，截至 2021 年，全球电力系统新增投运电化学储能项目装机规模约 3.7GW，累计达到 6.6GW。从应用分布看，用户侧领域的累计装机规模最大，占比 36%；电网侧、集中式可再生能源并网、辅助服务和电源侧分列 2 至 5 位，所占比重分别为 29%、25.5%、9.4%和 0.1%。具体如图 1-12 所示。

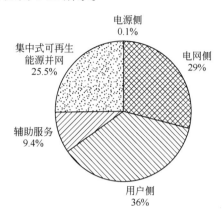

图 1-12　全球电力系统新增投运电化学储能项目应用分布

1.4　储能系统集成技术发展趋势与面临的机遇与挑战

1.4.1　储能系统集成技术发展趋势

1.4.1.1　长寿命

长寿命的储能电站在全生命周期内有着更多的放电量，故可以有效降低电站全生命周期投入成本。对于大规模电化学储能电站的建设和投运，长寿命电池发挥着至关重要的作用。电池作为储能系统的关键元器件，在储能领域大规模应用所面临的瓶颈主要在于电池的循环寿命短，若频繁更替、拆解电池需要投入大量人力和费用，由此导致电站投入成本太高，运行实际收益低，全生命周期内投资回报率不足，不利于推广。因此，长寿命电池对大型储能电站的推广十分重要。

1.4.1.2　低成本

国家发改委、国家能源局正式印发的《"十四五"新型储能发展实施方案》中提出，到2025 年，新型储能由商业化初期步入规模化发展阶段、具备大规模商业化应用条件。其中，电化学储能技术性能进一步提升，系统成本降低 30%以上，加快推动新型储能高质量、规模化发展。

作为大规模电力储能技术，应尽可能地要求储能本体具有较低的成本，对于电化学储能技术而言，材料成本基本上决定储能本体的成本，化学元素成本决定着电池成本最低能达到的水平，这些化学元素的成本与其在自然环境中的存量有很大关系。

1.4.1.3　高安全性

国家发改委、国家能源局正式印发的《"十四五"新型储能发展实施方案》中提出，针对不同技术路线的新型储能设施，研究制定覆盖电气安全、组件安全、电磁兼容、功能安全、网络安全、能量管理、运输安全、安装安全、运行安全、退役管理等全方位安全标准。加快制定电化学储能模组/系统安全设计和评测、电站安全管理和消防灭火等相关标准。细化储能电站接入电网和应用场景类型，完善接入电网系统的安全设计、测试验收、应急管理等标准。文件中也提出：突破全过程安全技术。突破电池本质安全控制、电化学储能系统安全预警、系统多级防护结构及关键材料、高效灭火及防复燃、储能电站整体安全性设计等关键技术，支撑大规模储能电站安全运行。突破储能电池循环寿命快速检测和老化状态评价技术，研发退役电池健康评估、分选、修复等梯次利用相关技术，研究多元新型储能接入电网系统的控制保护与安全防御技术。

因此，打造高安全、高可靠的电化学储能产业，不仅是实现我国"3060目标"的重要途径，也是打造新型电力系统的保障，是未来电网安全稳定运行的需要。面对挑战，建立适合现阶段电化学发展的制度和标准，不断完善安全管理机制，促进电化学储能项目商业化，市场化运作，对于践行我国绿色发展理念，带动储能产业发展，推进储能核心技术自主创新，落实"四个革命，一个合作"（能源消费革命、能源供给革命、能源技术革命、能源体制革命，能源国际合作）国家能源安全发展战略具有重要意义。

1.4.1.4　智能化运营

新能源快速发展的同时，也面临着如何解决好运维管控的问题。以光伏发电为例，缺少直观反映电站运行状态的数据指标，致使电站运维工作无法客观评定；传统的电力监控软件，无法满足光伏发电特殊的生产要求，设备故障频发，安全隐患较多；电站运维人员缺少专业知识，日常管理不科学、不规范。

新能源企业（风电/光伏），运维模式被动，成本高、效率低下。管控系统相互独立，海量数据价值未充分挖掘，信息孤岛现象严重；信息化应用程度低，运维手段过于单一；运维团队稳定性差，专业水平低；数据质量缺乏保障，决策分析不够深入，决策指令滞后。

针对以上问题，以人工智能、大数据分析技术为依托的智慧化运维模式，能够高效实现设备智能预警诊断、故障定位、健康度管理，运行评估分析，解决新能源企业的运维问题。随着行业的发展，储能行业智能化的运营方式也势必会百花齐放，出现越来越具有创造性的运维方式。

1.4.2　储能系统集成面临的机遇与挑战

"十四五"时期是我国实现碳达峰、碳中和目标的关键期和窗口期，也是新型储能发展的重要战略机遇期。据预计，到2025年末，新型储能在电力系统中的装机规模达到3000万千瓦以上，可有效支撑清洁低碳、安全高效的现代能源体系建设。

挑战与机遇并存，现阶段储能系统集成面临的挑战主要有如下几个方面。

（1）专业化

储能系统集成是构建高效、低成本、安全可靠的储能电站的关键环节，因此系统集成的专业化水平至关重要。电化学储能系统涉及电化学、电力电子、电网调度等多行业的跨界融合，包括锂离子电池、储能变流器、升压变、电池管理系统以及能源管理系统等，对此，只有依靠专业化的系统集成，才能确保储能电站的安全可靠运行，实现储能系统设备与设备、设备与控制系统之间的完美匹配，最大化储能电站的效率及收益。

（2）多样化

针对不同的储能应用场景，设备选择、系统控制策略也不尽相同，系统集成须具备多样化定制解决方案能力。除电力应急保障、参与电力市场和电网调度运用外，储能系统还将面临如虚拟电厂、智能微电网等新兴场景，甚至也将面临多种储能技术共同集成的挑战。

参考文献

[1] http://www.nea.gov.cn/2021-01/20/c_139683739.html.

[2] 《中国能源》编辑部. 促进储能技术与产业发展 [J]. 2018, 40（10）：1.

[3] 浩博电池资讯. 储能行业深度研究报告：碳中和下的新兴赛道，万亿市场冉冉开启 [R]. 2022.

[4] 杨帆. 储能技术的分类与应用 [J]. 电力系统装备, 2020（10）：194-195.

[5] 韩民晓, 畅欣, 李继清, 等. 上池下库循环, 绿水青山常在-抽水蓄能技术应用与发展 [J]. 科技导报, 2016, 34（23）：57-67.

[6] 陈海生, 刘金超, 郭欢, 等. 压缩空气储能技术原理 [J]. 储能科学与技术, 2013, 2（2）：146-151.

[7] HUNT J D, ZAKERI B, LOPES R, et al. Existing and new arrangements of pumped-hydro storage plants [J]. Renew-able and Sustainable Energy Reviews, 2020, 129: 109914.

[8] 贾蕗路. 电化学储能技术的研究进展 [J]. 电源技术, 2014（10）：1972-1974.

[9] GOODENOUGH J B, KIM Y. Chemistry of Materials, 2010, 22（3）：587.

[10] 张永锋, 俞越, 张宾, 等. 铅酸电池现状及发展 [J]. 蓄电池, 2021, 58（1）：27-31.

[11] 缪平, 姚祯, LEMMON John, 等. 电池储能技术研究进展及展望 [J]. 储能科学与技术, 2020, 9（3）：670-678.

[12] 邓谊柏, 黄家尧, 陈挺, 等. 城市轨道交通超级电容技术 [J]. 都市快轨交通, 2021, 34（6）：24-31.

[13] 郭文勇, 张京业, 张志丰, 等. 超导储能系统的研究现状及应用前景 [J]. 科技导报, 2016, 34（23）：68-80.

[14] 陈海生, 俞振华, 刘为, 等. 储能产业研究白皮书 [R]. 2022.

第 2 章

电化学储能系统组成与集成设计

2.1 电化学储能系统组成

电化学储能是通过电池完成能量的储存、释放与管理过程，种类多样，本章介绍的主要是锂离子电池储能系统。该类储能系统的设计和运行，受锂离子电池特征特性的约束明显，系统集成过程中，需充分考虑系统安全、充放电管理、环境温度控制等多个方面。

储能系统主要由电池系统、升压变流系统、开关及保护设备、辅助功能系统等组成，架构如图 2-1 所示。

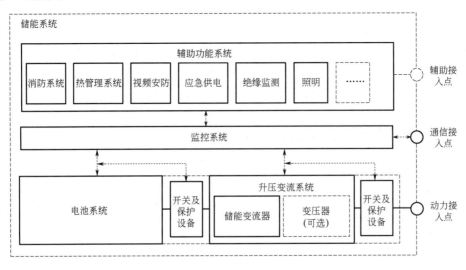

图 2-1 储能系统架构

储能系统一般包括电气一次系统和电气二次系统，电气一次系统包括系统主接线（动力接入点）和辅助供电（辅助接入点），电气二次系统包括站内通信（通信 POC）、计算机监控系统、继电保护及自动化、调度自动化等系统和设备。

储能系统动力接入点接入电力系统主回路，经过高压开关及保护设备、变压器、储能变流器等功率和电压变换设备，实现电池系统与电网能量的互动。常见的接入电压等级包括 0.4kV、6kV、10kV 和 35kV，大规模独立储能电站需独立建设升压站，从而满足 110kV 或 220kV 的系统接入。

储能系统通信接入点接入升压站计算机监控系统或调度自动化系统，接受上级监控系统的调度控制和运行管理，按照调度和建设方运维平台相关要求将信息上传到各级监控系统。

储能系统辅助接入点接入储能站用变压器，为站内关键负荷提供控制电，集中建设的站用电系统，还将为电池系统、升压变流系统的空调、风扇类暖通设备供电。

电池系统为电化学储能系统的核心设备，是能量存储的单元，一般采用多层级、模块化集成技术路线，按照电芯、电池模块、电池簇、电池单元四个层级，若干个单体电池经过金属导体的串并联后组成电池模块，电池模块为了方便安装和维护，一般采用抽屉式结构；多个电池模块经过串联后组成电池簇，电池簇一般采用柜式或框架式结构，由于电池簇内串联了上百颗单体电池，端口电压能够达到直流 1000V，甚至更高，为管理电池簇主回路输出端口与外部回路连接的安全可控，电池簇一般配置电池管理系统、高压绝缘检测单元、电流传感器、熔断器、预充电阻、接触器和断路器等控制系统和开关保护器件，并集成于高压箱内部。

2.2 系统集成设计的基本原则

储能能够为电力系统的安全稳定运行提供调节和支撑作用，平滑新能源发电出力，优化电网结构，改善负荷特性，提高电网整体安全可靠性。随着新能源的快速发展、电网的更广泛互联和多元负荷的大规模接入，电力系统各环节对储能应用的需求正不断增大。电化学储能得益于成本的快速下降、技术的不断进步、便捷的模块化建设形式、优于常规调节手段的毫秒级响应能力，逐渐应用于电力系统各个环节和领域。同时，随着储能技术的大规模推广应用，对系统安全、运营效率、投资运营经济性等方面也提出了更高要求。

2.2.1 安全第一设计原则

近年来，电化学储能电站起火爆炸事故频发，危及人民群众生命和财产安全，引发社会各界普遍担忧，制约了电化学储能电站的大规模发展。为促进电化学储能健康有序发展，保障人民群众生命和财产安全，推进我国储能产业健康有序发展，2021 年 8 月 24 日国家发展改革委、国家能源局组织起草了《电化学储能电站安全管理暂行办法（征求意见稿）》，向社会公开征求意见，文中指出，坚持"安全为本、利于发展"的理念，始终以电化学储能电站全链条安全管理为核心，坚持三条主线，通过建立五个机制，全面提升储能电站安全管理工作的规范化、科学化水平，促进行业健康发展。

从技术层面，应重点从以下几个方面关注安全问题。

2.2.1.1 电池本体安全

现有技术水平条件下，常规锂离子电池本体是围绕沸点低、易燃的有机电解液进行电化学反应而工作的，除正常的充放电反应外，还存在很多潜在的放热副反应，其不稳定性很难完全避免。商业锂离子电池会从原材料、控制工艺、结构设计及规定使用方法等方面进行控制，保证电池全生命周期的安全性能。

目前，大规模应用的锂电池储能系统大多采用磷酸铁锂电池，商业化磷酸铁锂电池的正极材料具有较高的安全性和稳定性，即使在高温条件下，仍具有较高的稳定性和储存性能。在温升过程中不易失效，反应放热和产气相对较弱，即使在失效情况下，磷酸铁锂也不会释氧，可有效地避免着火和爆炸。

对于负极材料，石墨具有良好的热、电传导性而被称为半金属。石墨具有比某些金属还要高的热、电传导性，同时具有远比金属还低的热膨胀系数、较高的熔点和化学稳定性，在工程应用中具有重要的价值。

在隔膜使用方面，使用的隔膜主要为聚烯烃微孔膜，这种隔膜的化学结构稳定、力学强度优良、电化学稳定性好，同时，为防止副反应过程中产生的枝晶影响，商业化电池使用的隔膜外还会涂覆陶瓷层，降低电池内短的风险。

锂离子电池电解液基本上是有机碳酸酯类物质，是一类易燃物。常用电解质盐 $LiPF_6$ 存在热分解放热反应。因此提高电解液的安全性对锂离子电池的安全性控制至关重要。$LiPF_6$ 的热稳定性是影响电解液热稳定的主要因素。因此，目前主要改善方法是采用热稳定性更好的锂盐。但由于电解液本身分解的反应热十分小，对电池安全性能影响十分有限。电解液中的溶剂之所以会发生燃烧，是因其本身发生了链式反应，对电池安全性影响更大的是其易燃性，在电解液中添加高沸点、高闪点的阻燃剂，可明显改善锂离子电池的安全性。

另外，在生产过程中，若电芯内部杂质、水分和下线筛选控制等不充分，很容易产生安全隐患，造成严重的安全事故。在结构设计方面，电芯的防爆阀设计能够及时、定向泄压，平衡电芯内外气压，防止电芯因内部产气而引起爆炸。

锂离子电池在系统集成过程中，应合理进行储能产品的结构和电气设计，可以通过安装监测传感器采集温度、电流、电压等信息，对电池本体的健康状态进行监测，从而对高风险的电池进行预警，并使用主动的电池热管理技术降低电池本体温度。

2.2.1.2 电气安全设计

锂电池储能系统一般包含几十个甚至成百上千个串、并联的单体电芯，因此电池储能系统输出电压通常高达几百伏甚至上千伏，远超过人体安全电压（正常工作条件下，任意两个导体之间或任一导体与地之间压差不超过 42.4V 交流峰值或 60V 直流值），输出能量更是远远高于危险能量等级（输出电压大于等于 2V，容量超过 240VA）。为了确保锂电池储能产品在使用过程中不发生电气安全事故，产品研制过程必须重视电气安全设计和验证。

与信息技术设备及电力电子产品相似，锂离子电池储能产品的电气安全设计首先应根据产品工作的系统电压、冲击电压、暂时过电压和使用环境污染等级，确认各种隔离线路之间要求的电气间隙和爬电距离，以及采用的绝缘材料所需的绝缘阻抗和介电强度。储能电池系统设计中，电气的功能与安全非常重要，功能与安全设计包括绝缘保护、断路及短路保护、直接接触防护、间接接触防护等。各模块的设计如下。

（1）绝缘保护

① 根据《电力储能用锂离子电池》（GB/T 36276—2018）的要求，做如下设计：电芯本身自带绝缘蓝膜；模块底部贴 PET 膜，满足绝缘耐压要求。

② 依据《低压系统内设备的绝缘配合 第 1 部分：原理、要求和试验》（GB/T 16935.1—2008），结合系统最大电压、非均匀电场、污染等级、材料组别、海拔确定电气间隙和爬电距离。

③ 系统需满足绝缘阻值要求，同时具备不发生击穿闪络的能力。

（2）断路及短路保护

在整个电池系统中，分别设计接触器、塑壳断路器和熔断器，做安全保护。

当系统断电时，接触器为断开状态，此时高压回路断路，以防止人员误触直流正负极发生触电情况。当系统需要带载切断时，接触器也有一定的带载切断能力来保护直流高压系统断电；当系统异常，发生过载运行需要紧急下电，可软件操作塑壳断路器进行脱扣动作，以保护电路安全下电；当系统发生短路时，熔断器的设计可以在 ms 级别快速熔断已断开高压回路，防止发生热失控进而引起爆炸等风险。

（3）直接接触防护

直接接触防护主要包括电气绝缘和屏护防护。除了满足绝缘要求之外，高压电气系统的带电部件，应具有屏护防护，包括采用保护盖、防护栏、金属网板等来防止发生直接接触。这些防护应牢固可靠，并耐机械冲击。在不使用工具或者无意识的情况下，它们不能被打开、分离或移开。其中，带电部件在任何情况下都应由至少能具有《外壳防护等级（IP 代码）》（GB/T 4208—2017）中 IPXXB 防护等级。

（4）间接接触防护

间接接触防护设计主要有等电位、电气间隙和爬电距离设计，其中电气间隙和爬电距离上文有概述，以下主要介绍等电位设计。

系统箱体须和大地实现等电位连接，连接阻抗应不超过 0.4Ω。电池系统内所有可接触的导电金属部件都须与大地是等电位连接。等电位连接的螺栓或线束还需要满足一定截面积大小的要求，一般要求等电位连接的导线或螺栓其截面积总和需大于等于电池系统中高压导线截面积。结构箱体中须预留等电位安装柱，因等电位为非绝缘安装，安装柱须喷漆处理，做防锈处理，且安装柱的接触面积须大于功率回路的截面积。

2.2.1.3　结构安全设计

（1）电池模块级别

设计方案全部采用阻燃材料方案。每颗电芯上均布置电压采集点，同时通过合理分配温度采集点，来共同实现对电池系统运行状态的实时可靠监测。

（2）电池簇级别

电池簇级别在底部支撑位置增设防护绝缘材料，增强绝缘和防护特性。额外配置冷却风道，实现高效温控，提升系统安全性能。连接铜排位置布置温度采集点，通过温升情况实时判断连接状态。

（3）系统级别

气体灭火系统防护区泄压口是指气体灭火系统中灭火剂喷放时，防护区内压力值达到规定值时自动开启泄压的装置，简称泄压口，也称自动泄压装置，是与气体灭火系统配套的必备设备。由于气体灭火剂的良好扩散性能，围护结构不完整，灭火剂就会从开口流走导致灭火浓度得不到保证，影响灭火效果。但浓度升高会带来灭火区域气压升高，围护结构存在被破坏的风险。

泄压装置由窗体和窗叶组成，主要安装在建筑外墙上，平时关闭，当发生火情灭火系统释放灭火剂时灭火区域气压升高，泄压装置窗叶内外形成气压差，当达到一定值时推动窗叶开启，从而维持灭火区域一定的灭火浓度又保护围护结构免遭破坏。根据规范要求不同建筑空间需要不同泄压面积的泄压装置，可根据灭火区域围护结构的耐压强度和灭火剂的喷射率与特定的系数计算出泄压面积。

2.2.1.4 运行安全管理

（1）多级监控

电池系统配置多层级架构电池管理系统，实时采集电池电压、温度等各项参数，实时监控与判断。例如：
① 温度过高：电池出现温度高于阈值点。
② 温升过快：单位时间（秒级）内出现快速温度上升。
③ 温差过大：系统内部出现较大温差。
④ 电压波动：电压和温度采集出现快速变化。
⑤ 电流异常：电流特性异常。
⑥ 监控告警、限功保护、停机、热失控告警等。

（2）实时预警

通过多重复合火灾探测系统，及早预警，灭火系统及时介入，有效避免热蔓延。

（3）被动防护

① 高效环境温度控制。
主动温控式管理系统设计，及时将电池散发的热量导出，确保电池工作在适宜的温

度范围。

② 完善的结构设计。

设计合理的排布方案与安全防护间距。

③ 完善的电气设计及选型。

保证电池安全运行，一旦发生短路，能够快速熔断及时断开电路，降低热失控风险。

（4）主动防护

采用气体灭火系统，全淹没的灭火方式，保证电池在发生起火情况时，灭火剂能够通过管网系统迅速充满整个防护区，淹没起火点，提高灭火系统的针对性和可靠性。设计方案中具备防爆泄压设计，保证系统安全。

2.2.2 高可靠性原则

（1）综合利用小时数

综合利用小时数是指储能系统一定时间内充电（下网）电量或放电（上网）电量除以系统的额定充电容量或额定放电容量的值，表示系统等效的全容量运行时间。

此性能指标与系统的实际运行时间和系统可靠性具有直接关系，在系统故障时间少、电池单体容量一致性好、电池温度控制合理等条件下，系统的充放电运行时间越长，综合利用小时数越多。

（2）运行小时数

运行小时数是指储能系统处于待机或运行（无故障状态）的累计时间，主要取决于系统的可靠性和运行计划，储能系统年可运行时间一般不少于360d。

（3）并网性能

储能系统作为电网的调节设备，能够参与电网的电压和频率调节，通过无功功率控制，参与电网电压调节响应；通过有功功率控制，参与电网频率调节响应；电力系统发生故障时，若并网点考核电压全部在储能变流器低电压穿越或高压穿越要求的电压轮廓线区域内时，储能系统应保证不脱网连续运行。

储能系统接入电网的电能质量、功率控制、电网适应性、保护与安全自动装置、通信与自动化、电能计量、接地与安全标识、接入电网测试等应满足《电化学储能系统接入电网技术规定》（GB/T 36547—2018）的技术要求。

（4）储能系统充放电能力管理

储能系统充放电能力可大致分为可用容量和可用功率，可用容量包括系统的可充电容量和可放电容量，决定了系统在一定功率下的可运行时间；可用功率包括系统的可充电功率和可放电功率，决定了系统在该时刻可参与电网的调节的能力。

储能系统充放电能力管理应减少系统故障时间，保证系统能按额定功率范围内参与电网调节，并达到设计的调节时间。

（5）电池系统一致性

电池系统一般为多个电池簇组成，电池簇由电池单体串联或串并联组成，当电池系统内的某颗单体电池的电压或容量存在明显差异时，将影响系统的可充电容量或可放电容量，从而影响系统的可充放电能力，电池系统的一致性管理至关重要。

另外，电池系统内的单体温度不一致、簇间电流不一致等问题会间接影响单体电池的容量一致性，热管理设计和系统电气设计时，应充分考虑。

（6）电池系统最佳寿命运行管理

电池系统的寿命决定了系统的服役时间，当储能系统的电池寿命达到终止条件时，一般采取更换电池的方式延长储能系统的服役时间，目前，电池系统的成本占储能系统的总投资比例较高，合理的电池管理系统的寿命至关重要。

电池系统的寿命一般与其充放电倍率、充放电时间、搁置时间、运行温度、环境温度等条件相关，系统设计时应综合考虑运行策略和热管理设计，保证电池处于最佳的运行条件。

2.2.3 经济性原则

2.2.3.1 成本控制

储能系统的集成应从系统的全生命周期出发，在系统运营期内，综合计算度电成本。结合系统接入区域的电力市场政策和储能运行需求，确定储能系统的小时率和容量规模，合理进行场址选择、设备选型、电站设计。

2.2.3.2 降低能耗

（1）综合能量转换效率

储能系统综合能量转换效率为并网点的放电（上网）电量/充电（下网）电量，一般不低于 82%～86%，该指标与系统的充放电时间、待机时间、停机时间关系较大。合理设计系统的热管理系统、减少设备的空载损耗、提升充放电能量转换效率有助于提升该性能指标。

（2）充放电能量转换效率

储能系统充放电能量转换效率为不计算站用电和辅助系统耗电量的情况下，计量点的放电（上网）电量/充电（下网）电量，一般不低于86%～90%，该指标与变压器负载损耗、储能变流器转换效率、电池系统转换效率和电气回路损耗有直接关系，系统设计时应充分考虑主回路的载流能力和核心设备转换效率。

2.3 储能系统应用场景及接入方式

电化学储能系统作为电网安全稳定运行的重要调节设备，在电力系统"源-网-荷"的各个环节发挥不同作用，保障以新能源为主体的新型电力系统安全稳定运行、促进负荷侧绿电消纳、服务高耗能用户节能降碳，储能系统已成为新型电力系统的重要组成部分。储能技术应用的基本条件是储能系统能够规范地接入到电网中。按照我国电力系统的结构特点，可大致分为发电侧储能系统、电网侧储能系统、用户侧储能系统和独立储能电站，不同应用场景下，储能系统受自身的系统架构、电压等级、电源规模、负荷特性等因素影响，其常规接入方式又呈现出不同的特点。

2.3.1 发电侧储能系统

发电侧储能系统主要包含风力发电、光伏发电等新能源发电配套储能系统和火力发电配套储能系统。根据应用场景不同，具有不同的接入方式。

新能源发电配套储能系统分为直流侧耦合，交流侧低压（一般指400V）耦合和交流侧中压（一般指35kV）耦合三种接入方式。新能源发电配套储能系统接入结构示意如图2-2所示。

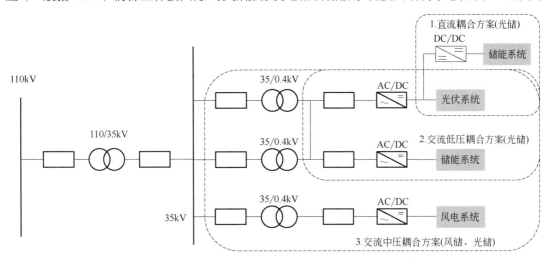

图2-2　新能源发电配套储能系统接入结构示意图

2.3.1.1 直流侧耦合

储能系统通过DC/DC模块与新能源发电直流侧以并联的方式接入DC/AC模块，通过集电线路完成并网，适用于小规模新能源发电系统及新能源微电网系统。

2.3.1.2 交流侧低压耦合

储能系统通过DC/AC模块与新能源发电系统DC/AC模块交流侧以并联的方式接入升压变400V侧母线，通过集电线路完成并网，同样比较适用于小规模新能源发电系统及新能源微电网系统。

2.3.1.3 交流侧中压耦合

储能系统和新能源发电系统，分别通过升压变将电压升至中压级别，升压变高压侧以并联的方式接入升压站，完成并网，适用于大规模新能源发电系统。

火力发电配套储能系统主要采用于火电机组高压厂变接入的方式，火力发电配套储能系统接入结构示意如图 2-3 所示，储能系统经中压环网舱接入火力发电机组 6kV 侧母线，配合机组运行，储能系统可实现"一拖一"和"一拖二"的接入方式，即可分别辅助 1#、2#机组参与调频服务，提高机组响应电网 AGC 指令的速率和精度。

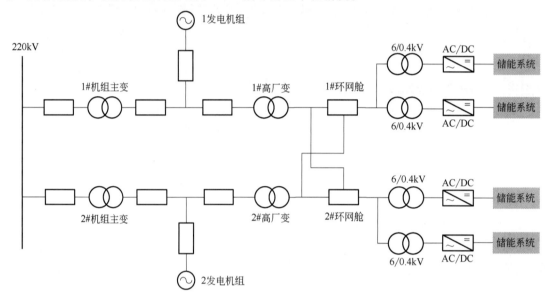

图 2-3　火力发电配套储能系统接入结构示意图

2.3.2 电网侧储能系统

以新能源为主体的新型电力系统，发电侧和负荷侧呈现不确定性，交流电网对高比例新能源、电力电子装备承载能力逐渐下降，电化学储能可实现有功和无功的快速调节，在电网关键节点合理部署储能系统，能够为保障电力系统安全提供支撑作用，是提升传统电力系统灵活性、经济性和安全性的重要手段。

电网侧储能系统的主要运行方式为：

① 调峰：削峰填谷，缓解系统调峰压力。

② 辅助调频服务：改善系统响应能力，提高电网供电质量。

③ 输配电功能保障：减少输配电网容量需求，延缓电网升级增容、解决偏远地区供电问题、为直流配电网提供功率调节支撑。

④ 保障故障或异常运行下的系统安全：毫秒级有功和无功支撑，提高故障应对能力、事故备用和黑启动。

⑤ 提高新能源利用水平：提高地区电网风电、光伏等新能源发电消纳能力。

储能系统常通过多回 10kV、35kV 线路接入 110kV（或 220kV）变电站 10kV 或 35kV 侧，或直接接入 110kV（或 220kV）母线。根据接入方式的不同，电网侧储能系统主要包含集中式与分布式两种形式。分布式应用的储能系统接入位置灵活，功率、容量的规模相对较小，可在 10kV 或 380V 低压配电网接入；集中式应用的储能系统一般在同一并网点集中接入，具有功率大（数兆瓦到百兆瓦级）、持续放电时间长（小时级）等特点，一般为能量型储能系统，既能通过 35kV 或 110kV 母线直接接入系统进行调峰调频，也可在大型光伏电站、风电场间接接入，提高新能源接纳能力。图 2-4 为新能源配套储能系统接入配电网的系统结构示意图。

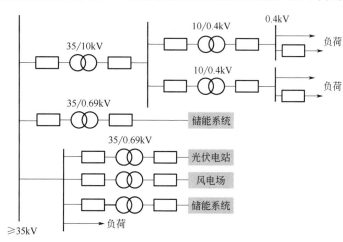

图 2-4　新能源配套储能系统接入配电网的系统结构示意图

2.3.3　用户侧储能系统

用户侧储能系统分为离网型和并网型，离网型储能系统在特定情况下是刚需，如用于无电网的地区，以满足人民的基本生活为主；并网型储能系统为主流技术路线，适用于在电价较高、峰谷价差较大的地区，以下介绍的用户侧储能系统指并网型储能系统。

用户侧储能系统一般应用于大工业用户的需量管理、关键负荷保障、电网调峰等。按照储能系统接入配电网的电压等级，可分为高压配电网（一般指 35kV、110kV 及以上电压）接入、中压配电网（一般指 20kV、10kV、6kV、3kV 电压）接入、低压配电网（220V、400V）接入。根据用户的不同负荷规模，常见的接入方式为 400V 接入、10kV 接入和 35kV 接入。图 2-5 为用户侧储能系统接入配电网的系统结构示意图。

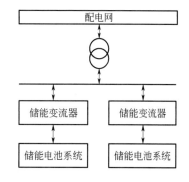

图 2-5　用户侧储能系统接入配电网的系统结构示意图

小型储能系统（5MW 以下）一般接入到用户的低压 400V 侧，储能系统经自带的 400V 隔离变压器接入或直接接入到用户原有变压器的 400V 侧。

大型储能系统（5MW 以上）一般接入到用户的中压 10kV 或 35kV 侧，储能系统经自带的升压变压器和成套开关柜接入到中压母线，或直接接入到用户原有的中压间隔。

2.3.4 独立储能电站

独立储能电站是指储能系统作为独立的节点接受电网的调度，就近为光伏电站和风电场站提供新能源消纳、参与电网调峰调频等辅助服务，为电网提供供电可靠性支撑，提升储能资源利用效率。在负荷密集接入、大规模新能源汇集、大容量直流馈入、调峰调频困难和电压支撑能力不足的关键电网节点合理布局独立储能电站，充分发挥其调峰、调频、调压、事故备用、爬坡、黑启动等多种功能，作为提升系统抵御突发事件和故障后恢复能力的重要措施。

独立储能电站一般通过升压站接至变电站或电厂的 110kV 或 220kV 线路。图 2-6 为独立储能电站接入系统结构示意图。

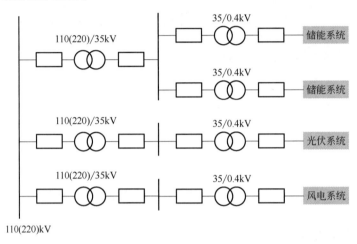

图 2-6 独立储能电站接入系统结构示意图

2.4 储能电站总体设计方案

中国力争二氧化碳排放于 2030 年前达到峰值，并争取 2060 年前实现碳中和。2030 年风电、太阳能发电总装机容量将达到 1.2TW。但随着新能源装机规模不断增加，新能源的随机性和波动性势必将给电网的电力电量平衡和安全稳定带来严峻的挑战，新能源消纳压力将长期存在。以中国西北新能源开发为例，该地区以集中开发为主，新能源消纳受系统调节能力和外送通道输电能力制约。储能作为一种灵活性调节资源，具有快速功率调节能力，已受到国内外的广泛关注，在局部区域配置储能装置可利用其电量的时空转移特性，减少线路尖峰潮流、满足电网通道的安全稳定因素制约，从而延缓输电设施投资。

2.4.1 储能电站容量确定

2.4.1.1 政策因素

目前，储能电站的容量受政策影响较大，传统火电领域主要结合区域并网发电厂两个细则考核要求和机组实际接受的 AGC 指令情况配置储能，一般按照 3% 的机组容量配置储能容量；用户侧储能主要考虑当地的分时电价政策，分析确定储能系统的运行小时率和容量，峰谷电价差较大的区域，适合储能电站的部署；新能源发电侧和电网侧倾向于建设独立储能电站，方便调度和管理，容量配置主要决定于当地政策，表 2-1 为 2021 年部分区域新能源配储政策。

表 2-1　2021 年部分区域新能源配储政策

区域	省份	新能源配储政策	主要收益点
华北区域	山东	不低于 10%，2h	租赁费用 调峰费用 奖励优先发电量计划
	山西	15%～20%，2h	调峰、调频辅助服务 现货市场套利 新能源损失回收等
华中区域	湖南	20%（风电），10%（光伏）	租赁费用 容量电费 电量电费
	湖北	10%，2h	租赁费用
西北区域	陕西	不低于 10%，2h	租赁费用
	甘肃	河西 5 市 10%～20%，2h；其他地区 5%～10%，2h	调峰、调频辅助服务
	青海	不低于 10%，2h	租赁费用，调峰
	宁夏	不低于 10%，2h	调峰

2.4.1.2　经济因素

储能容量的配置一般是在综合考虑储能系统设备成本、设计成本、建设成本、运维成本、电站电池种类等因素的前提下，以提高系统运行稳定性、安全性和经济性为目的，寻求最优的储能容量配置方案。合理地配置储能容量需满足在完成储能电站自身调峰调频等任务的基础上，通过电力市场机制获取收益，达到投资回报的目的。

收益模式包括峰谷电价管理、电力辅助服务、现货市场交易、储能电站容量租赁、新能源增发等，峰谷电价管理依据分时电价政策、利用电价较低时间段充电，电价较高时间段放电，通过电价差获取收益；电力辅助服务模式根据不同地区的调峰调频政策，参与电力辅助服务市场的考核和结算，典型的应用场景为火储联合调频，储能通过自身快速响应特性，辅助火电机组提高响应 AGC 指令的性能，从而减免电网考核，享受电价优惠，储能电站通过合同能源管理方式获取收益；储能电站容量租赁模式受新能源配储政策影响明显，该方式处于示范应用阶段；新能源增发指储能将弃风弃光的电量存储起来，择机按照新能源发电电价结算上网。

2.4.2　储能电站站址选择

站址选择应根据电力系统规划设计的网络结构、负荷分布、应用对象、应用位置、城乡规划、征地拆迁的要求进行，并应满足防火和防爆要求，且应通过技术经济比较选择方案。

储能电站宜独立布置。站址选择应注意节约用地，合理使用土地。尽量利用荒地、劣地、不占或少占耕地和经济效益高的土地，并尽量减少土石方量。

站址应有方便、经济的交通运输条件，与站外公路连接应、距离短，运输便捷，且工程量小。站址宜靠近可靠的水源，应满足近期所必需的场地面积，并应根据远期发展规划的需要，留有发展的余地。

下列地段和地区不应选为站址：

① 地震断层和设防烈度高于九度的地震区。
② 有泥石流、滑坡、流沙、溶洞等直接危害的地段。
③ 采矿陷落（错动）区界限内。
④ 爆破危险范围内。
⑤ 堤、坝溃决后可能淹没的地区。
⑥ 重要的供水水源、水体保护区。
⑦ 历史文物古迹保护区。
⑧ 人员密集地段。

站址不宜设在多尘或有腐蚀性气体的场所。

2.4.3 电气一次系统

2.4.3.1 电气主接线

储能电站的电气主接线应根据储能电站应用需求、电站容量、接入电压等级、升压变流系统性能及拓扑结构、电池系统设备特点等条件综合确定，要充分考虑供电可靠性、运行灵活性、经济性以及后期改扩建需求。

① 储能电站接入方案根据系统需求和电站对主接线可靠性要求及运行方式要求确定，可采用单母线、单母线分段、桥形接线等接线形式。

② 储能电站接入电压等级，需统筹考虑应用场景、并网容量、电网接纳能力、接入点网架结构、系统中地位等因素，推荐的接入电压等级如表 2-2 所示，主要考虑输送损耗、供电半径等因素，当高、低两级电压均具备接入条件时优先采用低电压等级接入，降低接入系统造价。

表 2-2　储能电站推荐接入电压等级

储能电站容量范围	推荐接入电压等级
8kW 及以下	220V/380V
8～1000kW	380V
500kW～8MW	10kV
8～100MW	35～110kV
100MW 以上	220kV 及以上

③ 储能电站应优先以专线接入邻近公共电网，即在接入点处设置专用的开关设备（间隔），采用直接接入变电站、开关站、配电室母线或环网柜等方式。

2.4.3.2　电气设备

储能电站关键电气设备主要包括电池系统、储能变流器、升压变压器、站用变压器、成套设备、升压站等。各电气设备性能应满足储能电站各种运行方式的要求，应符合现行标准《3~110kV 高压配电装置设计规范 》（GB 50060—2008）。

（1）电池系统

电池系统的成组方式及拓扑架构应与功率变换系统相匹配，宜控制电池并联数。电池应选用安全、可靠、环保型电池，电池系统需配置完备的监测、保护和控制功能的电池管理系统。

（2）升压变流系统

升压变流系统包括储能变流器、升压变压器，设备选型应与电池系统功能、性能要求相匹配，典型设计方案中，电池系统经功率变换系统接入升压变压器低压侧，升压后接至开关柜，经开关柜接至并网点母线。

储能变流器是实现储能电站交直流变换的核心设备，额定功率等级（kW）优先采用以下系列：500、630、1500、2500、2750、3150，典型设计方案推荐采用 630kW 功率，交流侧电压宜为 400V；直流侧电压根据储能电池参数选取。

升压变压器根据母线电压等级、PCS 交流侧电压选取，35kV 及以上电压等级宜采用油浸式变压器，10kV 及以下宜采用干式变压器。表 2-3 为设备功率容量选择表。

表 2-3　设备功率容量选择表

序号	技术方案		储能变流器	交流升压变
			功率/kW	容量/kVA
1	变压器变压	直流侧≤1000V	500	2000
2			630	2500
3		直流侧≥1000V	1500	3000
4			2500	2500
5			2750	2750
6			3150	3150
7	交流级联变压	直流侧 600~1000V	2500	—
8			5000	—

（3）成套设备

主要包含进线柜、出线柜、无功补偿装置柜、母线联络柜、计量柜、站用变柜等。根据系统数据进行参数选择，可采用单独预制舱布置或户内布置。

（4）站用变压器

为储能电站提供 380V 辅助用电，常选用干式变压器，容量由储能电站辅助用电需求确定。

（5）升压站

接入点电压在 35kV 以上时需建设升压站，升压站主变压器容量和台数的选择，应根据相关的规程、规范和已经批准的电网规划决定。

（6）无功补偿装置

储能电站应具有电压/无功调节能力。储能变流器具备一定的无功功率控制能力，保证储能系统有功功率有效输出前提下要充分利用储能变流器的无功功率调节能力，当无功调节能力不能满足系统电压调节需要时，宜就地集中安装无功补偿装置（SVG），无功补偿容量根据系统数据进行参数选择。

通过 220V/380V 电压等级接入的储能系统功率因数应控制在 0.95（超前）～0.95（滞后）；通过 10（6）～35kV 电压等级接入的储能系统功率因数应控制在 0.95（超前）～0.95（滞后）范围内连续可调，无功动态响应时间不得大于 30ms；通过 110（66）kV 及以上电压等级并网的储能电站，无功补偿容量应满足如下条件。

① 容性无功容量能够补偿储能电站满发时站内汇集线路、主变压器的感性无功功率损耗及储能电站送出线路的一半感性无功功率损耗之和。

② 感性无功容量能够补偿储能电站自身的容性充电无功功率及储能电站送出线路的一半充电无功功率之和。

（7）避雷器

参照国家标准《交流无间隙金属氧化物避雷器》（GB/T 11032—2020）、国家标准《交流电气装置的过电压保护和绝缘配合设计规范》（GB/T 50064—2014）确定的原则进行选择。

2.4.3.3 电气设备布置

储能电站的总体布置根据储能电池类型、站址条件、线路方向、应用场景、建设工期等条件综合确定。

（1）布置原则

储能电站的总体布置应遵循以下原则：

① 应遵循安全、可靠、适用的原则，便于安装、维护、检修、试验、扩建及改造工作，并满足消防要求。

② 总平面布置因地制宜，根据站址周边情况及线路方向，合理布置各电压等级配电装置的位置、预制舱的位置。

③ 站内功能分区明确合理，布置紧凑，工艺衔接流畅，不同类型的储能系统宜分区布

置。液流电池可布置在同一区内，锂离子电池、钠硫电池、铅酸电池应根据储能系统容量、能量和环境条件合理分区。

④ 升压变流系统就地布置时，应充分考虑电池系统、二次设备的布置，缩短距离，同时确保站内电缆布局合理，避免或减少不同电压等级的线路交叉。

⑤ 储能电站内建、构筑物及设备的防火间距应满足《高压配电装置设计规范》（DL/T 5352—2018）规定，考虑安全性要求，当防护间距不满足相关标准要求时，可设置防火墙。

⑥ 户外式储能电站应设置栅栏、围墙等，布置在电源侧、变配电站的储能电站，外墙可作为维护隔离墙。

⑦ 围墙、大门和站内道路应满足消防、吊装、运行、检修的要求，站内道路宜设计成环形，运输道路宽度不宜小于 3m，消防道路宽度不宜小于 3m，根据行车要求，道路转弯半径不应小于 7m。

⑧ 宜充分利用就近的交通、公用设施，并应设置检修场地及放置备品备件、检修工具的场所，以及起吊空间和消防及运输通道。

⑨ 采取必要措施减少电站占地面积及土石方工程盘，同时应考虑机械化施工的要求，满足预制舱、电气设备的安装、试验、检修起吊、运行巡视以及消防装置所需的空间和通道。

（2）布置形式

考虑环境条件、设备性能要求和当地实际情况，电站的布置形式分为全户外布置、半户外布置、户内布置。

① 全户外布置。

电池采用预制舱形式，在占地面积有限的情况下，可采用电池舱背靠背布置，并在中间设置防火墙，形成一组防火分区，在满足防火间距的前提下，减少占地面积，同时也可以采用集装箱堆叠设计减少占地面积。

升压变流系统就地布置，PCS、升压变压器、开关柜均集成在升压变流预制舱内。

站用变压器、二次设备等单独设置预制舱。

各设备的防污、防盐雾、防风沙、防湿热、防水、防严寒等性能应与当地环境条件相适应，设备外壳防护等级宜不低于 GB/T 4208—2017 规定。

户外预制舱式土建工程量小，设备出厂前均已完成，现场直接以预制舱为单元整体吊装，建设工期短，工程造价低。

② 半户外布置。

半户外布置是电池采用户外布置，升压变流系统、站用变、二次设备等均放置在建筑楼内，升压变流系统宜靠近电池预制舱。

当储能电站容量较大，需要建设升压站时，可考虑将配电装置、二次设备布置在升压站内。

③ 户内站房式布置。

户内站房式布置是指所有设备均放置在建筑楼内，需考虑防火、防爆和通风，同时设置防止凝露引起事故的安全措施。

（半）户内站房式美观，通过建筑将电气设备与电池舱进行防火隔离，防火安全性较好，降低了不利天气对运维检修的影响，运维便利，土建使用寿命长，但建设周期较长，工程造价稍高。

（半）户内站房式适用于设备防火要求高、户外环境恶劣的场景；户外预制舱式适用于经济性要求高、建设周期有限的场景。

2.4.3.4　站用电源和照明

站用电源应根据储能电站的定位、重要性、可靠性要求、站用负荷容量等条件确定。对于中、小容量储能电站可采用单电源供电；大容量电化学储能电站，考虑供电系统可靠性，宜采用双电源供电，互为备用。

站用电源的设计应满足《低压配电设计规范》（GB 50054—2011）的相关规定。

电池系统分区域布置时，可按区域设置站用电系统并配置备用站用变压器，容量根据站用负荷计算确定。站用电源采用交直流一体化电源系统，应符合 Q/GDW 383 及 Q/GBW 393 的相关规定。

储能电站设置正常工作照明和消防应急照明（备用照明、疏散照明）。电气照明的设计、灯具选型、亮度等均应符合 GB 50034—2013、GB 51309—2018、GB 50582—2010 和 DL/T 5390—2014 等。正常工作照明采用 380/220V 三相五线制，由站用电源供电。消防应急照明采用消防专用电源供电，供电时间不少于 180min。储能电池舱选用防爆型灯具，其余灯具采用节能型。

2.4.3.5　过电压保护、绝缘配合及防雷接地

过电压和绝缘配合设计，应符合国家现行标准《交流电气装置的过电压保护和绝缘配合设计规范》（GB/T 50064—2014）、《低压系统内设备的绝缘配合　第 1 部分：原理、要求和试验》（GB/T 16935.1—2008）、《低压电力线路和电子设备系统的雷电过电压绝缘配合》（GB/T 21697—2008）、《交流电气装置的过电压保护和绝缘配合》（DL/T 620—1997）。参照国家标准确定的原则进行选择。

建筑物防雷设计，应符合《建筑物防雷设计规范》（GB 50057—2010）的规定。

各电压等级采用交流无间隙金属氧化物避雷器进行过电压保护，避雷器参数参照国家标准《交流无间隙金属氧化物避雷器》（GB/T 11032—2020）。

为保证人体和设备安全，按规程对电气设备的外壳与接地装置可靠连接，储能电站电气设备的接地应符合《交流电气装置的接地设计规范》（GB/T 50065—2011）的要求，采用以水平接地体为主，垂直接地体为辅的复合接地网，接地网工频接地电阻设计值应满足《交流电气装置的接地设计规范》（GB/T 50065—2011）的要求。接地体的截面选择应综合考虑热稳定要求和腐蚀。

2.4.3.6　电缆及电缆设施

（1）电缆设施

电缆选择及敷设按照《电力工程电缆设计标准》（GB 50217—2018）、《导体和电器选择设计规程》（DL/T 5222—2021）执行，根据回路工作电流、额定电压、电缆线路压降、经济电流密度、敷设方式及路径等技术条件选择。

① 高、低压电力电缆选用交联聚乙烯绝缘电力电缆。

② 连接微机设备的控制电缆选用聚乙烯绝缘电力屏蔽控制电缆。

③ 电缆一般均采用阻燃电缆，阻燃等级不低于 C 级。

④ 直流系统和 UPS 系统的电力电缆和控制电缆采用耐火电缆。

⑤ 火灾自动报警系统、消防系统的供电线路、消防联动控制线路应采用耐火铜芯电缆。

⑥ 10kV 及以下电力电缆可选用铜芯或铝芯，35kV 及以上电缆宜采用铜芯电缆。

（2）出线规划

出线形式分为架空出线、电缆出线。架空导线方式易于施工、建设周期短，但可靠性低、运行故障率和维护费用高；电缆出线建设期一次性投资费用高，故障点查找困难，但运行故障率低、适用各种恶劣气象条件、维护费用低。优先选用电缆出线形式。

电缆出线采用电缆沟为主、穿管为辅的敷设方式。

① 需合理设置电缆沟位置以及电缆出线间隔，减少电缆迂回交叉。

② 电缆沟宽度结合电缆设计规范，应尽量减少电缆沟宽度型号种类。

③ 电力电缆与控制电缆或通信电缆在同一电缆沟或者隧道内时，应采用防火隔板或槽盒进行分隔。

（3）防火设施

对电缆及其构筑物的防火封堵，按《火力发电厂与变电站设计防火标准》（GB 50229—2019）的要求设防火隔墙，防火隔板、防火堵料、防火涂料等防火设施。

① 在下列位置设置防火封堵：在电缆沟采用埋管进入建筑物内时、在二次设备室或配电装置的沟道入口处、在公用主沟道引接分支沟道处、在长距离沟道内每相隔约 100m 区段处、在多段配电装置对应的沟道适当分段处。

② 对下列孔洞根据不同部位，采用有机堵料、无机堵料、耐火隔板或阻火包实施阻火分隔：进入二次屏（柜）底部开孔处、动力箱、端子箱、开关柜底部开孔处、保护管两端、电缆贯穿隔墙。

③ 电缆沟内的电缆支架设置层间耐火隔板，将控制电缆和电力电缆分隔开。预制舱式二次组合设备内消防、报警、应急照明、断路器操作直流电源等重要回路，计算机监控、双重化继电保护、应急电源等双回路电缆采用防火槽盒进行分隔。

④ 电缆全部或局部区域涂刷防火涂料(对直流电源、事故照明、消防报警等重要回路的电缆全部涂刷)。

2.4.4　电气二次系统

2.4.4.1　系统继电保护及安全自动装置

（1）线路保护

220kV 并网线路按双重化配置完整的、独立的能反映各种类型故障、具有选相功能的全线速动保护。线路保护应包含完整的主保护和后备保护，主保护采用分相电流差动保护，后备保护采用多段式相间距离保护和接地距离保护，并辅之用于切除经电阻接地故障的一段零序电流保护。

（2）母差保护

110kV 母线按远期规模配置单套母差保护，35（10）kV 母线配置一套独立的母差保护。

（3）分段保护

110kV、35(10)kV 分段断路器按单套配置专用的、具备瞬时和延时跳闸功能的过电流保护，宜采用保护测控集成装置。

（4）故障录波

储能电站应配置一套故障录波系统，记录故障前 10s 到故障后 60s 的相关信息，录波信息按要求通过调度数据网上传至调度部门。录波范围包括并网线路、储能进线、分段、主变压器、站用变压器、母线设备等间隔的电压、电流、断路器位置、保护动作信号等。故障录波装置的录波通道数应满足工程要求。

（5）防孤岛保护

储能电站应配置独立的防孤岛保护，以具备快速检测孤岛且断开与电网连接的能力。防孤岛保护应同时具备主动防孤岛效应保护和被动防孤岛效应保护。非计划孤岛情况下应在 2s 内与电网断开。防孤岛保护动作时间应与电网侧设备自投、重合的动作时间配合，应符合 NB/T 33015—2014、Q/GDW 1564—2014 中的相关规定。

（6）故障解列

储能电站宜配置故障解列装置。故障解列装置应满足如下要求：
① 动作时间宜小于公用变电站故障解列动作时间，且有一定级差。
② 低电压时间定值应躲过系统及储能电站母线上其他间隔故障切除时间，同时考虑符合系统重合闸时间配合要求。
③ 低/过电压定值、低/过频率定值按 DL/T 584—2017、NB/T 33015—2014、Q/GDW 1564 的要求整定。

2.4.4.2 调度自动化

（1）调度关系

储能电站接受省调和地调的调度和运行管理，储能设备均由省调调度管辖，影响储能充、放电容量的辅助设备或系统由省调调度许可。

（2）远动设备配置

远动装置的配置宜结合储能电站计算机监控系统统一考虑，不配置单独的远程终端单元（remote terminal unit，RTU）装置和变送器，其远动功能通过计算机监控系统的远动工作站实现。远动通信工作站应满足远动信息采集和传送的要求，通信规约应与各级调度自动化系统的通信规约相一致。实现遥测、遥调、遥控和遥信功能，实现升压站和储能电池的监测、控制、能量管理、统计分析、电站控制，集成系统远动功能，并根据其功能定位实现削峰填谷、系统调频、无功支撑等控制策略。

（3）远动信息

远动信息的采集按照调自《变电站调控数据交互规范》（Q/GDW 11021—2013）、《变电站设备监控信息规范》（Q/GDW 11398—2015）、《储能系统接入配电网技术规定》（Q/GDW 564—2010）及《电化学储能系统接入配电网技术规定》（NB/T 33015—2014）的要求，按信息重要性分类分级分区，通过远动、告警直传、远程浏览方式上传站内信息至各级调度。储能电站应向调度传送远动信息包含但不限于如下信息：

① 遥测。储能电站储能单元总数、额定功率、额定容量、可用储能单元总数、运行状态、SOC 量测、SOC 上限、SOC 下限、总充电量、总放电量、当日总充电量、当日总放电量；储能电站并网点有功功率、并网点无功功率、并网点线电流、并网点线电压、并网点功率因数、并网点频率；储能单元额定功率、额定容量、运行状态、电池组 SOC 量测、电池组 SOH、电池组单体最高电压值、电池组单体最高电压编号、电池组单体最低电压值、电池组单体最低电压编号、电池组单体平均电压值、电池组单体最高温度值、电池组单体最高温度编号、电池组单体最低温度值、电池组单体最低温度编号、电池组单体平均温度值、电池舱环境温度、直流侧电压、直流侧电流、直流侧总功率、交流侧线电压、交流侧线电流、交流侧总有功功率、交流侧总无功功率、并网点功率因数、总充电量、总放电量、当日总充电量、当日总放电量、变流器模块温度、变流器环境温度；储能电站有功目标反馈值、最大充电功率允许值、最大放电功率允许值、最大功率放电可用时间、最大功率充电可用时间。

② 遥信。全站事故总信号；断路器位置信号；刀闸/手车、小车位置信号；升压变温度高告警；升压变温度高跳闸；变流器开/关机状态；变流器直流侧开关位置信号；变流器交流侧开关位置信号；变流器事故总；变流器告警；变流器通信中断；变流器与电池组通信中断；变流器交流侧过流告警；变流器直流侧过流告警；变流器交流侧过频告警；电池组 SOC 过高；电池组 SOC 过低；电池组充/放电过流；电池组过/欠压；电池组过/欠温；电池组绝缘故障；电池舱烟感告警；电池舱消防信号火灾告警；电池组通信中断；电池组事故总；电池组告警；储能电站充电完成（充电闭锁）；储能电站放电完成（放电闭锁）；储能电站是否允许控制信号；储能电站 AGC 控制远方就地信号；储能电站调度请求远方投入/退出保持信号。

③ 遥控或遥调。储能电站 AGC 请求远方投入/退出信号；储能电站有功功率目标值。

（4）电能量计量系统

① 全站配置两套电能量远方终端，电能表分别接入两台电能量远方终端。冗余配置的电

能量远方终端应通过两个独立路由与主站通信。

② 按照资产分界点确定关口计量点，配置同型号的主、副双表，至少满足双向有功及四象限无功计量功能，具备本地通信和通过电能量远方终端通信功能，有功精度 0.2S，无功精度 2.0，接入双套电能量远方终端。

③ 非关口计量点的电能表单套配置，模拟量采样。

（5）调度数据网络及安全防护装置

① 调度数据网应配置双平面调度数据网络设备，含相应的调度数据网络交换机及路由器。

② 安全Ⅰ区设备与安全Ⅱ区设备之间通信设置防火墙；监控系统通过正、反向隔离装置向Ⅳ区数据通信网关机传送数据，实现与其他主站的信息传输；监控系统与远方调度（调控）中心进行数据通信应设置纵向加密认证装置。

③ 安全Ⅱ区部署一套网络安全监测装置。

（6）相量测量装置（PMU）

储能电站应配置单套相量测量装置，采集并网线路的电压、电流、有功、无功及储能电站的频率等电气量。PMU 应采用 B 码对时，优先采用光 B 码。PMU 宜具备虚拟间隔合成功能。

（7）源网荷接入

储能电站宜满足源网荷接入要求，源网荷互动终端设备与协调控制系统主机通信，由协调控制系统主机与功率变换系统 PCS 接口，储能电站应在确保设备安全的前提下，接受精确系统控制。

（8）储能信息子站

储能电站宜配置 1 套储能信息子站系统，采集 PCS、BMS 等的全量数据，并上送至省调储能数据中心，以满足电网侧储能电站精细化管理的要求。在安全Ⅱ区部署 1 套储能信息采集服务器，安全Ⅳ区部署 1 套储能信息上送服务器，实现 PCS、BMS 全盘数据采集及故障重现功能。上述设备应采用安全操作系统，支持网络安全监测。

2.4.4.3 系统及站内通信

储能电站必须具备与电网调度机构之间进行数据通信的能力。通信系统应遵循地区规划，按就近接入原则设计，通信设备的制式与接入网络或规划网络制式一致。以满足电网安全经济运行对电力通信业务的要求为前提，应满足继电保护、安全自动装置、调度自动化及调度电话等业务对电力通信的要求。

① 储能电站至直接调度的调度机构之间应有可靠的专用通信通道。

② 储能电站应采用光纤通信方式，具备两条独立接入通道。储能电站的技术体制应与接入点一致，并符合电网的整体要求。

2.4.4.4　计算机监控系统

（1）监控范围及功能

储能电站计算机监控系统设备配置和功能要求按无人值守设计，采用开放式分层分布式网络结构，通信规约统一采用《变电站通信网络和系统　第 5 部分：功能的通信要求和装置模型》（DL/T 860.5—2006）。监控功能满足《电化学储能电站设计规范》（GB 51048—2014）等要求。

监控范围包含储能电池、储能变流器（PCS）、测控装置等信息。电池信息包含电池单体、电池模块、电池簇；储能变流器（PCS）信息包含 PCS 运行状态、电压、电流、有功功率、无功功率等。

监控系统主机应采用 Linux 操作系统或同等的安全操作系统。

监控系统实现对储能电站可靠、合理、完善的监视、测量、控制、断路器合闸同期等功能，并具备遥测、遥信、遥调、遥控全部的远动功能和时钟同步功能，具有与调度通信中心交换信息的能力，具体功能宜包括信号采集、"五防"闭锁、顺序控制、远端维护、智能告警等。

（2）自动发电控制（AGC）

接入 10kV 及以上电压等级公用电网的电化学储能电站应具备自动发电控制（AGC）功能，能够接受并自动执行电力调度机构发送的有功功率及有功功率变化的控制指令，有功功率控制指令发生中断后储能电站应自动执行电力调度机构下达的充放电计划曲线。

（3）自动电压控制（AVC）

接入 10kV 及以上电压等级公用电网的电化学储能电站应具备无功功率调节和电压控制能力，能够按照电力调度机构指令，自动调节其发出（或吸收）的无功功率，控制并网点电压在正常运行范围内，调节速率和控制精度应能够满足电力系统电压调节的要求。

（4）一次调频

总容量 5MW 及以上的公用储能电站应具备一次调频控制能力。一次调频可由 PCS 就地实现，此时 PCS 应具备频率采集能力，误差小于 0.005Hz。

一次调频也可由站内的 PCS 协调控制器实现。

（5）设备配置

1）站控层设备

站控层负责变电站的数据处理、集中监控和数据通信，站控层由监控主机兼操作员站、数据服务器、综合应用服务器、数据通信网关机、网络打印机等设备构成，提供站内运行的人机界面，实现管理控制间隔层设备等功能，形成全站监控、管理中心，并与远方调度中心通信。

① 监控主机兼操作员站、数据服务器（独立）：均双套配置，负责站内各类数据的采集、处理，实现站内设备的运行监视、操作与控制、信息综合分析及智能告警等功能。提供站内运行监控的主要人机界面，实现对全站一、二次设备及储能设备的实时监视和操作控制，具有事件记录及报警状态显示和查询、设备状态和参数查询、操作控制等功能。

② Ⅰ区数据通信网关机（兼图形网关机）：双套配置，直接采集站内数据，通过专用通道向调度中心传送实时信息，同时接受调度中心的操作与控制命令，采用专用独立设备，无硬盘、无风扇设计。

③ Ⅱ区数据通信网关机：双套配置，实现Ⅱ区向调度中心及其他主站系统的数据传输，具备远方查询和浏览功能。

④ Ⅳ区数据通信网关机：单套配置，综合应用服务器通过正、反向隔离装置向Ⅳ区数据通信网关机发送信息，并由Ⅳ区数据通信网关机传输给其他主站系统。

⑤ 综合应用服务器：单套配置，接收站内一次设备状态监测数据、站内辅助应用等信息，进行集中处理、分析和展示。

⑥ 网络打印机。在站控层设置网络打印机，取消装置屏上的打印机，打印全站各装置的保护告警、事件、波形等。

2）间隔层设备

间隔层设备包括继电保护、安全自动装置、测控装置、故障录波、电能计量、储能变流器（PCS）、电池管理系统（BMS）等设备。在站控层及网络失效的情况下，仍能独立完成间隔层设备的就地监控保护。

3）网络设备

网络通信设备包括网络交换机、光/电转换器、接口设备和网络连接线、电缆、光缆及网络安全设备等。

① 站控层交换机。全站配置2台Ⅰ区站控层中心交换机、2台Ⅱ区主站控层中心交换机，每台交换机端口数量应满足应用需求。

② 间隔层交换机。间隔层交换机数量根据工程规模配置，35（10）kV间隔层交换机宜就地布置于开关柜内。

4）就地监控系统

大规模储能电站宜配置就地监控系统。实现对储能设备的分区监视，宜具备运行信息采集、事件记录、远程维护和自诊断、数据存储、通信、程序自恢复、本地显示等功能。

2.4.4.5　元件保护

（1）220（110）kV主变压器保护

220（110）kV主变电量保护按双重化配置，每套保护包含完整的主、后备保护功能；非电量保护单套配置。保护装置安装于主变压器保护柜内。

（2）35（10）kV变压器、无功补偿设备保护

35kV及以下升压变压器、站用变压器、无功补偿设备保护宜按间隔单套配置，采用保护、

测控集成装置，就地安装于开关柜内。

（3）电池本体保护

电池本体的保护主要由电池管理系统（BMS）实现。BMS 应全面监测电池的运行状态，包括电压、电流、温度、荷电状态（SOC）等，故障时发出告警信号。BMS 应具备过压保护、欠压保护、过流保护、过温保护和直流绝缘监测等功能。BMS 应支持 DL/T 634.5104—2009 或 DL/T 860.901—2014 通信，配合 PCS 及计算机监控系统完成储能单元的监控及保护。

（4）储能变流器（PCS）保护

储能变流器（PCS）保护配置见表 2-4。

表 2-4　储能变流器（PCS）保护配置

分类	保护配置
本体保护	功率模块过流、功率模块过温、功率模块驱动故障
直流侧保护	直流过压/欠压保护、直流过流保护、直流输入反接保护
交流侧保护	交流过压/欠压保护、交流过流保护、频率异常保护、交流进行相序错误保护、电网电压不平衡保护、输出直流分量超标保护、输出直流谐波超标保护、防孤岛保护
其他保护	冷却系统故障保护、通信故障保护

PCS 应具备低电压穿越和电网适应性功能。PCS 应支持 DL/T 634.5104—2009 或 DL/T 860.901—2014 通信，应能配合计算机监控系统及电池管理系统完成储能单元的监控及保护。

2.4.4.6　交直流一体化电源系统

（1）系统组成

站用交直流一体化电源系统由站用交流电源、直流电源、交流不间断电源（UPS）、直流变换电源（DC/DC）及监控装置等组成。监控装置作为一体化电源系统的集中监控管理单元。

系统中各电源通信规约应相互兼容，能够实现数据、信息共享。系统的总监控装置应通过以太网通信接口采用《变电站通信网络和系统　第 5 部分：功能的通信要求和装置模型》（DL/T 860.5—2006）规约与储能电站后台设备连接，实现对一体化电源系统的监视及远程维护管理功能。

（2）站用交流电源

采用三相四线制接线、380V/220V 不接地系统。交流不间断电源（UPS）主机按双套配置，为变电站内自动化系统、调度数据网接入设备、电能计费系统等重要设备提供电源。每台主站用变压器各带一段母线、同时带电分列运行，并设置联络开关。必要时可配置交流分电屏（柜）。

（3）直流电源

① 直流系统电压。

直流电源、额定电压采用 220V，通信电源额定电压 48V。

② 蓄电池型式、容量及组数。

直流系统应装设 2 组阀控式密封铅酸蓄电池（或带浮充功能满足运行要求的磷酸铁锂电池）。蓄电池容量宜按 2h 事故放电时间计算；对地理位置偏远的储能电站，宜按 4h 事故放电时间计算。

③ 接线方式。

直流系统采用单母线或单母线分段接线，设联络开关，每组蓄电池及其充电装置应分别接入不同母线段。正常运行时分段开关打开，两段母线切换时不中断供电，切换过程中允许两组蓄电池短时间并联运行。

每组蓄电池均应设专用的试验放电回路，试验放电设备宜经隔离和保护电器直接与蓄电池组出口回路并接。

④ 充电装置台数及型式。

直流系统采用高频开关充电装置，宜配置 2 套，单套宜配置 2 套，单套模块数 $n1$（基本）+ $n2$（附加）。

⑤ 直流系统供电方式。

直流系统采用辐射型供电方式。在负荷集中区可设置直流分屏（柜）。

（4）一体化电源监控

本站配置 1 套一体化电源监控装置，通过总线与站内各子电源监控单元通信，各子电源监控单元与成套装置中各监控模块通信，一体化监控装置作为间隔层中的一个智能电子设备（IED）以 DL/T 860.5—2006 标准协议接入计算机监控系统，实现对一体化电源系统的数据采集和集中管理。

（5）事故照明

储能电站内应设置一面事故照明屏，采用逆变电源方式，容量宜≥4kVA。

2.4.4.7　时间同步系统

全站配置 1 套公用的时间同步系统，支持北斗系统和 GPS 系统单向标准授时信号。主时钟应双台冗余配置，另配置扩展装置实现站内所有对时设备的软、硬对时。优先采用北斗系统，支持卫星时钟与地面时钟互为备用。时钟同步精度和授时精度满足站内所有设备的对视精度要求，扩展装置的数量根据二次设备的布置及远期工程规模确定。

时间同步系统提供储能电站内所有的监控系统站控层设备、保护装置、测控装置、故障录波装置、自动装置及站内其他设备等站内二次设备的对时功能。所有需对时的站控层采用 SNTP 网络对时方式，对时信号从站控层网络获取。间隔层设备采用 IRIG-B 对时方式，优先采用光 B 码。

2.4.4.8 智能辅助控制系统

储能电站应设置 1 套储能电站智能辅助控制系统，实现站内图像监控、火灾报警、消防、照明等系统的智能联动控制，实时接收各终端装置上传的各种模拟量、开关量及视频图像信号，分类存储各类信息并进行分析、计算、判断、统计和其他处理。

智能辅助控制系统应包括图像监控系统、火灾报警及消防子系统等。

2.4.4.9 电能质量在线监测

根据 GB/T 36547—2018，在储能站与变电站线路两侧应各配置 1 套 A 类多回路电能质量在线监测装置，电能质量参数包括电压、频率、谐波、功率因数等。电能质量在线监测数据需上传至调度部门。

2.4.4.10 二次设备组柜及布置

二次设备主要包括以下几类：

（1）站控层设备

包含监控系统站控层设备、调度数据网络设备、二次系统安全防护设备等。

（2）公用设备

包含公用测控装置、时间同步系统、电能量计量系统、故障录波装置、辅助控制系统等。

（3）通信设备

包含光纤系统通信设备、站内通信设备等。

（4）电源系统

包含站用交流电源、直流电源、交流不间断电源（UPS）、直流变换电源（DC/DC）、蓄电池等。

（5）间隔设备

包含各电压等级间隔的保护、测控装置、电能表、母线测控装置、交换机等。

根据储能电站布置形式的不同，站控层设备、公用设备、通信设备、电源系统布置于建筑物二次设备室内或二次设备预制舱内，35（10）kV 间隔设备安装于开关柜内。

2.4.4.11 互感器二次参数要求

（1）对电流互感器的要求

① 电流互感器二次绕组的数量和准确级应满足继电保护、自动装置、电能计量和测量仪表的要求。

② 电流互感器二次额定电流宜采用 5A。

③ 电流互感器二次绕组所接入负荷，应保证实际二次负荷在 25%~100%额定二次负荷

范围内。

④ 电流互感器计量级精度需达到 0.2S 级。

（2）对电压互感器的要求

① 电压互感器二次绕组的数量、准确等级应满足电能计量、测量、保护和自动装置的要求。

② 故障录波可与保护共享一个二次绕组。

③ 保护、测量共享电压互感器的准确级为 0.5（3P），计量次级的精度应达到 0.2 级。

④ 电压互感器的二次绕组额定输出，应保证二次负荷在额定输出的 25%～100%范围，以保证电压互感器的准确度。

⑤ 计量用电压互感器二次回路允许的电压阵应满足不同回路要求：保护用电压互感器二次回路允许的电压降应在互感器负荷最大时不大于额定二次电压的 3%。

2.4.4.12　电缆选择及敷设

（1）电缆选择

电缆敷设应按《电力工程电缆设计标准》（GB 50217—2018）执行。

电力电缆宜选用无卤低烟、阻燃、交联聚乙烯绝缘、聚乙烯护套、铜导体电缆，35kV 电力电缆型号宜为 ZR-YJY22-36/35kV，低压电力电缆型号宜为 ZR-YJY22-0.6/1kV。

控制电缆宜选用无卤低烟、阻燃、耐火、铜芯、交联聚乙烯绝缘、聚烯烃内护套、铜带屏蔽、钢带铠装、聚乙烯或聚烯烃外护套。

计算机电缆宜选用无卤低烟、阻燃、耐火、铜芯、交联聚乙烯绝缘、对绞、铜丝编织分屏蔽、聚烯烃护套、铜丝编织总屏蔽、钢带铠装、聚烯烃外护套。

室外光缆宜选用铠装非金属加强芯阻燃光缆，当采用槽盒或穿管敷设时，宜选用非金属加强芯阻燃光缆，光缆芯数宜为 4 芯、8 芯、12 芯、24 芯。室内不同屏柜间二次装置连接宜采用尾缆，尾缆宜采用 4 芯、8 芯、12 芯规格，柜内二次装置间连接宜采用光纤跳线。

室内通信联系网线宜采用超五类屏蔽双绞线。

（2）电缆敷设

电缆敷设应按《电力工程电缆设计标准》（GB 50217—2018）执行。电站内电缆宜采用电缆沟、穿管等敷设方式。

（3）防火设置

对电缆及其构筑物的防火封堵，按《火力发电厂与变电站设计防火标准》（GB 50229—2019）要求设置防火隔墙、防火隔板、防火堵料、防火涂料等防火设施。

2.4.4.13　二次设备的接地、防雷、抗干扰

（1）接地

为了保护站内综合自动化系统设备的可靠运行，提高抗干扰能力，按照国家电网公司办

基建〔2008〕20 号《关于印发协调基建类和生产类标准差异条款（变电部分）的通知》及 DL/T 620—1997、GB/T 50065—2011、DL/T 5136—2012、DL/T 5149—2020 的要求，对主控室接地要求如下：

① 在主控制室的电缆沟或屏（柜）下层的电缆室内，应按屏（柜）布置的方向敷设截面不小于 100mm² 的专用接地铜排首末端连接，形成二次设备室的内等电位接地网。主控制室内等电位接地网必须用至少 4 根、截面不小于 50mm² 的铜排（缆）与升压站的主接地网可靠接地。

② 静态保护和控制装置的屏柜下部应设有截面不小于 100mm² 的接地铜排。屏柜上装置的接地端子应用截面不小于 4mm² 的多股铜线和接地铜排相连。接地铜排应用不小于 50mm² 的铜缆与保护室内的等电位接地网相连。屏柜内的接地铜排应用截面不小于 50mm² 的铜缆与保护室内的等电位接地网相连。屏体内接地铜排可不与屏体绝缘。

③ 对于钢柱结构房，可采用 40mm×4mm 的扁钢焊成 2m×2m 的方格网，并连成六面体，与周边接地网相连，网格可与钢构房的钢结构统筹考虑。

④ 对于预制舱，静电地板下层应按屏柜布置的方向敷设 100mm² 的专用铜排，将该专用铜排首末端连接，形成预制舱内二次等电位接地网。屏柜内部接地铜排采用 100mm² 的铜带（缆）与二次等电位接地网连接。舱内二次等电位接地网采用 4 根以上，且面积不小于 50mm² 的铜带（缆）与舱外主地网一点连接。连接点处需设置明显的二次接地标识。预制舱内暗敷接地干线，Ⅰ型预制舱宜在离活动地板 300mm 处设置 2 个临时接地端子，Ⅱ型、Ⅲ型预制舱宜在离活动地板 300mm 处设置 3 个临时接地端子。舱内接地干线与舱外主地网宜采用多点连接，不小于 4 处。

（2）防雷

为防止二次设备遭受雷电的袭击，本站分别在电源系统及信号系统设置了防雷设备。电源系统的防护主要是抑制雷电在电源输入线上的浪涌及雷电过电压，根据综合自动化升压站的现状，电源防雷器设置在各种装置的交流、直流电源入口处。信号系统的防护主要是对重要的二次设备的通信接口装设通信信道防雷器。

（3）抗干扰

二次设备包括二次电缆的抗干扰措施应采取以下措施：

① 双重化配置的保护装置、母差和断路器失灵等重要保护的起动和跳闸回路均应使用各自独立的电缆。

② 经长电缆跳闸回路，采取增加出口继电器动作功率等措施，防止误动。

③ 所有涉及直接跳闸的重要回路应采用动作电压在额定直流电源电压的 55%～70% 范围以内的中间继电器，并要求其动作功率不低于 5W。

④ 遵守保护装置 24V 开入电源不出保护室的原则。

⑤ 经过配电装置的通信网络连线均采用光纤介质。

参考文献

[1] 叶季蕾, 薛金花, 王伟, 等. 储能技术在电力系统中的应用现状与前景 [J]. 中国电力, 2014, 47 (3): 1-5.

[2] 张文亮, 丘明, 来小康. 储能技术在电力系统中的应用 [J]. 电网技术, 2008, 32 (7): 1-9.

[3] 元博, 张运洲, 鲁刚, 等. 电力系统中储能发展前景及应用关键问题研究 [J]. 中国电力, 2019, 52 (3): 1-8.

[4] SCHMIDT O, HAWKES A, GAMBHIR A, et al. The future cost of electrical energy storage based on experience rates [J]. Nature Energy, 2017, 2: 1-3.

[5] 孙伟卿, 裴亮, 向威, 等. 电力系统中储能的系统价值评估方法 [J]. 电力系统自动化, 2019, 43 (8): 47-55.

[6] 国家电网公司 "电网新技术前景研究" 项目咨询组. 大规模储能技术在电力系统中的应用前景分析 [J]. 电力系统自动化, 2013, 37 (1): 3-8.

[7] 王彩霞, 李琼慧, 雷雪姣. 储能对大比例可再生能源接入电网的调频价值分析 [J]. 中国电力, 2016, 49 (10): 148-152.

[8] 胡静, 黄碧斌, 蒋莉萍, 等. 适应电力市场环境下的电化学储能应用及关键问题 [J]. 中国电力, 2020, 53 (1): 100-107.

[9] 张宗玫, 梁双, 严超. 碳达峰碳中和背景下电化学储能安全有序发展研究与建议 [J]. 中国工程咨询, 2021, 10: 41-45.

[10] 黄国华, 王林, 罗铭. 锂离子电池储能产品电气安全设计 [J]. 电子产品可靠性与环境试验, 2021, 6 (39): 66-70.

[11] GB 4943.1—2011.

[12] 习近平. 继往开来, 开启全球应对气候变化新征程 [N]. 人民日报. 2020-12-13 (002).

[13] 代倩, 吴俊玲, 秦晓辉, 等. 提升局部区域新能源外送能力的储能容量优化配置方法 [J]. 电力系统自动化, 2022, 3 (46): 67-74.

[14] 舒印彪, 张智刚, 郭剑波, 等. 新能源消纳关键因素及解决措施分析 [J]. 中国电机工程学报, 2017, 37 (1): 1-8.

[15] 裴哲义, 范高锋, 秦晓辉. 我国电力系统对大规模储能的需求分析 [J]. 储能科学与技术, 2020, 9 (5): 1562-1565.

[16] HARSHA P, DAHLEH M. Optimal management and sizing of energy storage under dynamic pricing for the efficient integration of renewable energy [J]. IEEE Transactions on Power Systems, 2015, 30 (3): 1164-1181.

[17] 李建林, 田立亭, 来小康. 能源互联网背景下的电力储能技术展望 [J]. 电力系统自动化, 2015, 39 (23): 15-25.

[18] 宋天昊, 李柯江, 韩肖清, 等. 储能系统参与多应用场景的协同运行策略 [J]. 电力系统自动化, 2021 (19): 43-51.

[19] 罗星岩, 马少华. 考虑经济性的大规模风光储系统容量优化配置 [J]. 东北电力技术, 2021, 9 (42): 13-25.

第 3 章

电池选型与测试评价

电池的选型与测试评价对于储能系统的应用具有重要的意义，一方面可以针对性适配工程项目，另一方面可以保证项目用电池的质量，进而保证整个电池系统在全生命周期内的价值发挥。

3.1 电池分类与特点

锂电池的发展并不是一帆风顺，它经历了由金属锂电池发展到锂离子电池的过程。目前，锂离子电池作为新型高能绿色电源的典型代表，具有能量密度高、安全性好、自放电率小、无记忆效应、寿命长及环境友好等诸多优点，已经广泛应用于小型便携式电子产品、空间技术、国防工业、电动汽车及储能等领域。锂电池技术演变见图 3-1。

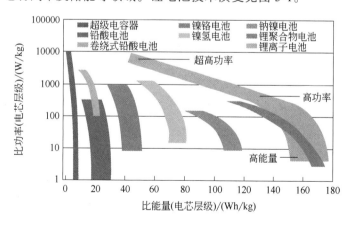

图 3-1　锂电池技术演变（见彩图）（来源：Tohnson Controls）

锂离子电池是一种二次电池（充电电池），它主要依靠锂离子在正极和负极之间移动来工

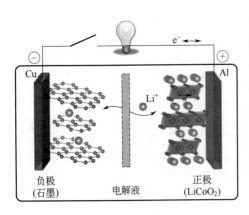

图 3-2 锂离子电池工作原理

作。在充放电过程中，Li⁺在两个电极之间往返嵌入和脱嵌：充电时，Li⁺从正极脱嵌，经过电解质嵌入负极，负极处于富锂状态；放电时则相反。由于锂离子在正负极材料间反复脱嵌，有人形象地称之为"摇椅电池"。锂离子电池工作原理见图 3-2。

锂离子电池的结构与镍氢电池等类似，一般包括正极、负极、电解质、隔膜、集流体、正负极引线、中心端子、绝缘材料、安全阀、电池壳等。在大容量电池应用领域，锂离子电池根据外形的不同，一般分为圆柱形、硬壳方形、软包型电池。由于硬壳方形电池在生产、集成等方面的优势，在国内储能领域应用最为广泛。锂离子电池内部结构图见图 3-3。

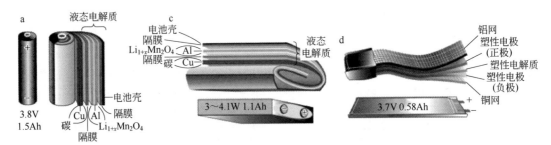

图 3-3 锂离子电池内部结构图（见彩图）

根据使用倍率的不同，电池分为能量型电池和功率型电池，储能用电池有别于动力电池，测试以功率为条件，基本电性能有所差别。目前，国家标准《电力储能用锂离子电池》（GB/T 36276—2018）中规定小于或等于 1 小时率额定功率工作的电池为功率型电池，而大于 1 小时率额定功率工作的电池为能量型电池，随着电池技术的提升，行业内对于该定义还存在一定的争议。电池倍率与电池充放电时间（小时率）有关，互为倒数关系。

根据锂离子电池中所用正负极材料的不同，又分为磷酸铁锂电池、三元电池和钛酸锂电池等，其中由于磷酸铁锂电池在寿命和安全性等方面的优势，被广泛应用于储能、商用车（物流车和客车等）领域；三元电池由于其能量密度较高，被广泛应用于电动汽车（乘用车）领域；钛酸锂电池由于其支持超大功率充放电，一般应用于轨道交通等领域。近年来，随着市场对于能量密度、安全性等性能需求的提升，固态电池已经成为当下研究的热点。

3.1.1 磷酸铁锂电池

磷酸铁锂电池是正极材料采用磷酸亚铁锂（$LiFePO_4$，俗称磷酸铁锂，LFP）的锂离子电池，$LiFePO_4$ 材料为橄榄石结构，形成 LiO_6 八面体、FeO_6 八面体和 PO_4 四面体，如图 3-4 所示。P—O 共价键键能非常大，由于诱导效应，使得材料在充放电过程中材料的结构稳定，相比其他类型的电池，$LiFePO_4$ 电池具有更好的耐久和安全性能，如高温和抗过充等极端性能。同时，脱锂状态下的 $FePO_4$ 结构和 $LiFePO_4$ 结构相近，材料在充放电过程中，材料形变较小，因此其具有良好的循环性能，使用寿命较长。LiFePO₄充放电平台平稳，具有良好的电化学性能。LiFePO₄材料来源广泛，无毒无污染，在成本和环境友好性方面更具有优势。

由于磷酸铁锂材料电子电导率和振实密度低，影响了电池的部分电性能（如倍率性能、低温性能）和能量密度。通常，商用的 LiFePO₄ 电池不支持 0℃以下充电，能量密度一般在 150～185Wh/kg。随着材料和体系的改进，该类型电池性能还有进一步提升的空间。LiFePO₄ 的结构示意图见图 3-4。

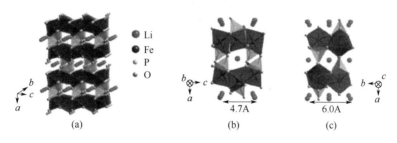

图 3-4　LiFePO₄的结构示意图（见彩图）

目前，磷酸铁锂电池由于具有长寿命、高安全性和低成本等显著优势，已经成为目前国内储能市场应用的主流电池。

3.1.2　三元电池

三元电池是正极材料采用三元复合材料 [$Li(Ni_{1-x-y}Co_xM_y)O_2$，$0<x<1$，$0<y<1$，$0<x+y<1$，M=Mn、Al 等，俗称三元] 的锂离子电池，目前三元电池根据 M 元素的不同，主要分为两类，$Li(Ni_{1-x-y}Co_xM_y)O_2$（俗称 NCM）和 $Li(Ni_{1-x-y}Co_xAl_y)O_2$（俗称 NCA），前者是镍钴锰三种元素按照一定比例组合而成，后者是镍钴铝。该类材料为层状结构，Mn/Al 元素主要发挥维持材料稳定性的作用，Co 元素主要发挥提高材料导电率的作用，Ni 元素主要发挥电化学活性的作用（如容量或能量、电压等）。为了改善三元电池的性能，正极材料会进行离子掺杂等进行改性，宣称四元或多元电池，但由于此类离子含量极少，一般会归在三元电池中。三元电池具有更高的能量密度，广泛应用于电动汽车（乘用车）领域，但是研究表明：当正极材料平均脱锂量达到 0.5 时，由于锂离子扩散动力学使表面的脱锂量大于 0.5，此时材料表面会有微小的释氧反应发生，即发生尖晶石相向岩盐相转变的晶格氧的逸出，给电池带来安全隐患。三元材料的结构示意图见图 3-5，三元锂离子电池衰减机理见图 3-6。

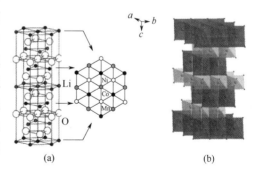

图 3-5　三元材料的结构示意图

目前三元电池的能量密度普遍在 220Wh/kg 及以上，主要的电池型号为 NCM523、NCM622 和 NCA（Al 的含量一般较少，在 0.05 左右）。随着 Ni 含量的提升，材料的容量和能量增大，目前发展方向为高 Ni 低 Co，但是随着 Ni 含量的提升，由于其他组分的含量下降，材料的安全性会降低，目前 NCM811 虽然已经开始面向市场，但是其安全性还有待进一步地验证和提升。不同元素组分三元锂电池性能情况见图 3-7。

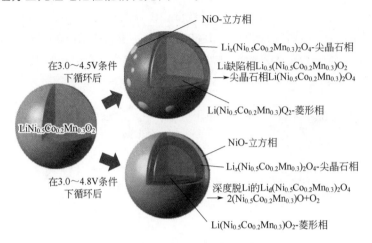

图 3-6　三元锂离子电池衰减机理（见彩图）

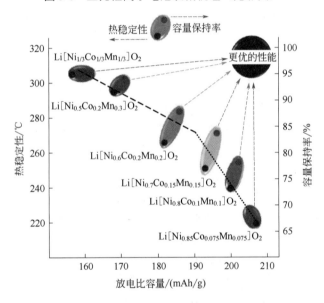

图 3-7　不同元素组分三元锂电池性能情况

3.1.3　钛酸锂电池

钛酸锂电池是负极采用钛酸锂材料（$Li_4Ti_5O_{12}$，LTO）的锂离子电池，该类材料为尖晶石型结构（见图 3-8），充放电过程中材料体积变化率小（<1%），具有良好的结构稳定性，被称为"零应变"材料。同时，该类材料具有三维快速锂离子传输通道，嵌锂电位（约 1.55V，vs.Li^+/Li）远高于金属锂的还原电位，在充放电过程中难以生成锂枝晶，因此，该类型电池具有较长的循环寿命（可达万次量级）、倍率性能优异（可以 50C 甚至更高的倍率使用）和高安全性等优点。相对于目前主流的 LFP 和三元电池，该类型电池能量密度较低，严重限制

了其应用。

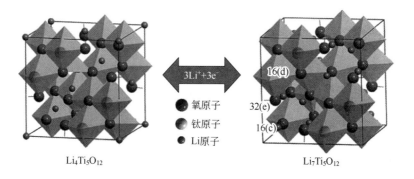

图 3-8　钛酸锂结构示意图

3.1.4　固态电池

目前商用锂离子电池能量密度已达到瓶颈，在保证安全性能的前提下，很难大幅度提升电池的能量密度，并且液态有机电解质存在易泄漏、易腐蚀、易燃烧等安全隐患。固态锂离子电池以固体材料替代现有锂离子电池中使用的液体成分，相较液态锂离子电池来说具有如下明显的优点：

① 固态电解质不燃烧、不泄漏、不挥发，可以大大扩大电池的安全边界，同时可以避免因长期循环副反应消耗锂离子引发的电池寿命短的问题。

② 高温性能优异，固态电解质可以在较宽的温度范围内保持良好的稳定性。

③ 固态电解质轻薄，可以显著提升电池的能量密度。

然而，固态电池中由于电解液含量的减少或替代，其电解质的离子电导率和与材料间的界面问题一直是一个难题，是固态电池应用的关键问题。目前，根据电解质的分类，固态电池可分为半固态、准固态和全固态，液态电解质含量逐步下降，全固态电池是最终形态，其商业化应用还需要很长一段时间。固态锂电池结构示意图见图3-9。

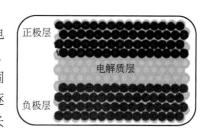

图 3-9　固态锂电池结构示意图

3.1.5　其他电池

以上为主流商用的锂离子电池，其他商用类型的锂离子电池还包括钴酸锂电池、锰酸锂电池等，由于这类电池能量密度、成本等因素，使用领域受到了较大的限制。此外，一些新型电池也一直在研发，如钠离子电池、锂硫电池、锂空气电池等新型电池以及柔性电池等新功能性电池，此类电池距离构筑高能量密度、高稳定性且高安全性的电池体系还有诸多关键技术难题亟待解决。

对于上述各电池类型的相关性能，针对大规模储能系统应用领域，列举了不同电池类型几个关键参数的比对，供读者参考（详见表3-1）。

表 3-1　当前储能用主流锂离子电池情况

项目/电池类型	磷酸铁锂电池	三元电池	钛酸锂电池	固态电池
容量	≥280Ah	>60Ah	>30Ah	>50Ah
额定电压	3.2V	3.65V	2.4V	3.2V
能量密度	150～190Wh/kg	>200Wh/kg	60Wh/kg	150～190Wh/kg
循环寿命	6000 次	3000 次	>10000 次	5000 次
安全性	优	良	优	优
代表厂商	CATL、BYD、EVE	LGES、三星 SDI	银隆	卫蓝、赣锋锂业
应用情况	国内电芯厂主流应用产品	韩国厂商主流应用产品	占比极少	示范应用阶段

3.2　储能电池技术要求

电池单体是储能系统最基本的组成单元，是储能系统能量转移的载体，其性能直接影响了储能系统的整体性能发挥。因此，针对不同的应用场景，应根据应用场景的特殊性选择性能匹配的电池，以达到发挥电池性能最大化、满足场景需求的目的。

一般而言，储能电站在电网中的应用目的重点考虑负荷调节、配合新能源接入、功率补偿、提高电能质量、孤网运行、削峰填谷等几大功能应用，主要对应于调峰、调频的应用场景。针对这两种储能应用场景，一般对应选择能量型和功率型电池，考察电池的性能主要包括基本电性能、寿命、安全和成本，见表 3-2。

表 3-2　储能用电池性能

项目	内容
基本电性能	容量、能量、能量效率、功率、一致性、出厂 SOC、自放电率等
寿命	循环寿命、日历寿命
安全	过充电、热失控等
成本	0.5～1 元/Wh（磷酸铁锂电池）

3.2.1　基本电性能要求

电池的基本电性能是电池最基本的能力体现，也是影响储能系统性能是否有效发挥的关键因素之一。根据储能系统系统集成特点、运行特征，电池基本电性能要求主要体现在以下几个方面。

3.2.1.1　基本要求

对于储能系统集成，电池的外观、尺寸、质量等均有一定的要求，该部分性能要求与系统集成方案有很大的关联性。通常要求如下。

（1）外观要求

电池单体外观应无变形及裂纹，表面应干燥、平整无毛刺、无外伤、无污物，且标识清晰、正确。表 3-3 为电芯外观判定标准。

表 3-3　电芯外观判定标准

序号	缺陷区域	缺陷项目	缺陷描述
1	顶盖	Barcode 不良	文字或扫描均无法识别
2		顶贴片翘起	顶贴片破损露出铝壳
3		顶贴片覆盖防爆阀、二维码	顶贴片贴歪，覆盖防爆阀或二维码信息
4		防爆阀破损或缺失	防爆阀 PP 膜破损或缺失
5		防爆阀膜歪斜	防爆阀 PP 膜歪斜导致下方铝箔露出
6		防爆阀膜脏污	防爆阀 PP 膜上有脏污
7		防爆阀腔内异物	防爆阀腔内有异物、脏污和残留液等
8		极柱腐蚀	极柱表面有块状、片状电解液腐蚀或焊接区点状腐蚀
9		极柱划痕	极柱表面有多条深度≥0.2mm 的划痕
10		极柱表面凹点/凹坑	极柱表面有多个深度≥0.2mm 的凹点/凹坑
11		极柱壳体打磨	极柱壳体表面有明显打磨的痕迹
12		极柱缺口	极柱面边缘往中心方向有多个缺口
13		极柱塑胶划痕	极柱表面有塑胶划痕，露出底部金属
14	壳体	极柱边缘蓝膜凸起	极柱边缘蓝膜凸起，超过贴片表面 1mm
15		蓝膜翘起	收尾蓝膜与蓝膜之间不黏处长度>10mm
16		蓝膜破损	蓝膜破损贯穿露出壳体
17		蓝膜气泡	蓝膜内部有多个直径>10mm 的气泡
18		蓝膜褶皱	蓝膜褶皱长度较大，且数量超过 5 条
19		蓝膜内异物	蓝膜内有硬质异物，按压后蓝膜发白
20		壳体凹坑凹痕	同批次多颗凹痕/凹坑深度>0.2mm
21		电芯底部划痕	电芯底部有多条划痕，深度≥0.3mm

（2）尺寸要求

要求电池长宽高，同时规定电池的公差控制范围，一般而言，公差控制在±0.5mm 以内，尤其是电池厚度方向。

（3）质量要求

质量对电池的一致性有一定的影响，一般在明确电池质量的前提下，会规定电池的质量公差，公差控制在±150g 以内。

其具体要求由系统集成方案而定。

3.2.1.2 压差要求

电池压差是衡量电池一致性的一个重要指标，其是指电池最高静态电压与最低静态电压的差值，单位为 mV。通常要求磷酸铁锂电池在出厂 SOC（通常为 20%～50%SOC 之间）下的静态压差不大于 5mV，三元电池不大于 10mV。电池荷电状态（SOC）与 OCV 有密切关系，但由于磷酸铁锂充放电平台的特殊性，其 SOC 与 OCV 并不是特别的明显，因此静态压差要求控制比较严格，见图 3-10。

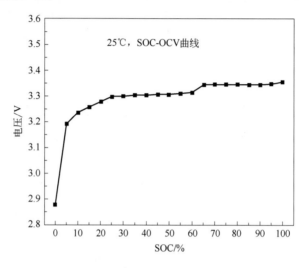

图 3-10 某 LFP 电芯 25℃下电芯 SOC-OCV 曲线图

3.2.1.3 容量要求

电池容量是指电池在一定充/放电功率下能够达到的容量，单位是 Ah。与额定充放电能量对应，一般容量分为额定充电容量（C_{rcn}）和额定放电容量（$C_{\text{rdn}'}$）。

额定充电容量即在规定试验条件和试验方法下，初始化放电的电池以额定充电功率充电至充电终止电压时的充电容量。额定放电容量即在规定试验条件和试验方法下，初始化充电的电池以额定放电功率放电至放电终止电压时的放电容量。

通常，对于电池的容量要求不得低于厂商规定的电池容量值。目前，储能用能量型锂离子电池容量基本在 280Ah 及以上，功率型锂离子电池容量基本在 80Ah 及以上，具体要求如下：

① 初始充、放电容量不小于额定充、放电容量。

② 试验样品的初始充、放电容量的极差平均值不大于初始充、放电容量平均值的 5%。

3.2.1.4 能量要求

电池能量是指电池在一定充/放电功率下能够达到的电量，单位是 Wh。一般能量分为额定充电能量（E_{rcn}）和额定放电能量（$E_{rdn'}$）。

额定充电能量即在规定试验条件和试验方法下，初始化放电的电池以额定充电功率充电至充电终止电压时的充电能量。额定放电能量即在规定试验条件和试验方法下，初始化充电的电池以额定放电功率放电至放电终止电压时的放电能量。

额定能量计算公式如下：

$$E_{rcn} = C_{rcn} \cdot U_{rcn} \tag{3-1}$$

式中　E_{rcn}——额定能量，Wh；

　　　C_{rcn}——额定容量，Ah；

　　　U_{rcn}——额定电压，V。

相应地，对于电池的能量要求不得低于厂商规定的电池容量值。目前，储能用能量型锂离子电池放电能量在 896Wh 及以上，储能用功率型锂离子电池放电能量在 256Wh 及以上，具体要求如下：

① 初始充、放电能量不小于额定充、放电能量。

② 试验样品的初始充、放电能量的极差平均值不大于初始充、放电能量平均值的 5%。

3.2.1.5　倍率性能及能量效率要求

倍率充放电，即在规定试验条件和试验方法下，以额定功率的倍数对电池进行充放电的方式，通常用 P 来表示。倍率与小时率的关系为：$P=1$/小时率。一般要求电池倍率性能为电池在特定倍率下、对应状态下能量与 $1P$ 下能量的比值。

能量效率（energy efficiency），因电池自身存在内阻，在充放电过程中会以热量的形式损失一部分能量，进而影响电池的能量效率，其是衡量电池性能的一个关键指标，其数值为在规定试验条件和试验方法下，电池的放电能量与充电能量的比值，用百分数表示。

不同倍率下的能量保持率性能要求见表 3-4。

表 3-4　不同倍率下的能量保持率性能要求

序号	倍率	能量型/%	功率型/%	能量效率/%	备注
1	$0.25P_{rcn}$	100	100	95	测试条件为常温
2	$0.25P_{rdn'}$	100	100		
3	$0.5P_{rcn}$	100	100	93	
4	$0.5P_{rdn'}$	100	100		
5	$1P_{rcn}$	100	100	91	
6	$1P_{rdn'}$	100	100		
7	$2P_{rcn}$	95	90	85	
8	$2P_{rdn'}$	95	90		
9	$4P_{rcn}$	90	87	80	
10	$4P_{rdn'}$	90	87		

3.2.1.6　高低温性能要求

电池在实际应用过程中，会存在极端应用的场景，如高、低温使用，为了满足应用需求，除了系统侧考虑系统集成进行相关热管理设计外，电池本身也需要满足一定的性能要求。温度对于电池的内阻影响较大，尤其是功率型电池在低温条件下，电池的内阻会显著提升，导致其充放电能量和效率降低。

（1）高温条件下（45℃）的性能要求

① 充、放电能量不小于初始充、放电能量的 100%。
② 能量效率不低于 92%。

（2）低温条件下（5℃）的性能要求

① 能量型电池的充、放电能量分别不小于初始充、放电能量的 80%和 75%；功率型电池的充、放电能量分别不小于初始充、放电能量的 65%和 60%。
② 能量效率不低于 75%。

3.2.1.7　能量保持率要求

能量保持率（retention rate of energy）是衡量电池自放电性能的关键指标，对于储能应用场景来讲，会存在长时间搁置的应用条件，对于电池自放电提出了比较高的要求。其数值为在规定试验条件和试验方法下，电池的充电能量、放电能量分别与初始充电能量、初始放电能量的比值，用百分数表示。一般要求电池在满电状态下进行搁置。

① 常温（25℃）搁置 28d，能量保持率不小于 96%。
② 高温（45℃）搁置 7d，能量保持率不小于 92%。

3.2.1.8　能量恢复率要求

能量恢复率（recovery rate of energy），即电池在储存一定时间后能够恢复的充放电能量与初始充电能量、初始放电能量的比值，用百分数表示。电池在储存过程中，自身因自放电导致能量的损耗，但该部分损耗分为可逆损耗和不可逆损耗，因此电池的能量保持率不能代表电池的真实价值。

（1）电池在满电状态下搁置后

① 常温（25℃）搁置 28d，充、放电能量恢复率不小于 97%。
② 高温（45℃）搁置 7d，充、放电能量恢复率不小于 95%。

（2）电池在半电状态下搁置后

① 常温（25℃）搁置 28d，充、放电能量恢复率不小于 99%。
② 高温（45℃）搁置 28d，充、放电能量恢复率不小于 96%。

3.2.1.9　体积能量密度要求

体积能量密度（volumetric energy density），是表征电池单位体积下的能量，是电池性能的重要指标之一，与质量能量密度相比，该指标在储能领域更能反映电池的技术能力。其数值是在规定试验条件和试验方法下，电池的额定放电能量与电池体积的比值。目前，储能用能量型锂离子电池容量基本在 320Wh/L 及以上，功率型锂离子电池容量基本在 110Wh/L 及以上。

3.2.1.10 质量能量密度要求

质量能量密度（gravimetric energy density），是表征电池单位质量下的能量，是电池性能的重要指标之一。其数值是在规定试验条件和试验方法下，电池的额定放电能量与电池质量的比值。目前，储能用能量型锂离子电池容量基本在 150Wh/kg 及以上，功率型锂离子电池容量基本在 130Wh/kg 及以上。

3.2.1.11 自放电率要求

自放电率是反映电池质量的关键指标，在储能领域，从系统集成到整站的正式运行，往往要经过比较长的一段时间，因此其自放电率性能对用户应用至关重要。通常电池的出厂状态在 20%～50%SOC 之间，下线的电池在 25℃下搁置 3 个月，要求第 1 个月自放电率≤1.5%/月，3 个月后自放电率≤0.5%/月。

3.2.2 寿命要求

电池价值的体现是以系统寿命的形式体现的，而系统寿命最基本的影响因素即电池的寿命，因此电池寿命是电池的核心性能之一。产品在应用过程中，有运行和停止运行两种状态，对应电池充放电和静置状态，即循环寿命和日历寿命。两种寿命的性能综合决定了系统能够使用的年限和价值电量。

电池寿命的衰减，主要是电池内部发生了副反应。针对不同的工况，电池可能发生的副反应也不同，常见的副反应有 SEI 膜的生长和分解、析锂和锂枝晶的生长、电极颗粒的破碎、石墨的剥落、过渡金属的溶解的生长等，其微观示意图如图 3-11 所示。

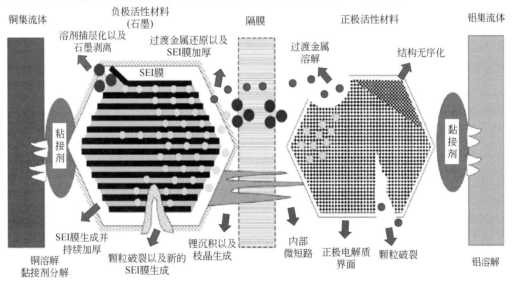

图 3-11 电池内部可能发生的副反应微观示意图（见彩图）

3.2.2.1 日历寿命要求

一般而言，电池从生产下线至寿命终止，在全生命周期内都经历着日历老化的过程。由于电池在不同状态下的反应机理差异，其在高 SOC、高温下的日历寿命较差而在中低温、中低 SOC 条件下的日历寿命较好。高温和高 SOC 主要是加快电池内部的副反应，如 SEI 膜的生长和破碎导致的锂离子损失（LLI）、正极颗粒破碎导致的活性材料损失（LAM）等，进而导致了电池可用容量的快速降低。

对于磷酸铁锂电池来讲，一般要求电芯在常温充满电状态下，15 年能量恢复率≥80%额定能量，18 年能量恢复率≥70%额定能量，20 年能量恢复率≥60%额定能量。

3.2.2.2 循环寿命要求

电池的循环寿命直接决定了电池能够带来的经济价值，是电池除安全性外，最核心的性能指标。一般，高温、高倍率以及宽 DOD 运行对锂电池的循环寿命的衰减有加速的作用，主要是这些因素加快了电池内部的各种副反应速率，如 SEI 膜的破碎和生长、黏结剂的分解和失效等，进而加速了电池容量的衰减。在满足客户应用需求的前提下，寻找合适的应用策略，进而延长电池系统的寿命，是非常有意义的工作。

目前，对于储能用锂离子电池来讲，循环寿命一般要求如下。

① 25℃常温下，100%DOD 循环测试，循环次数达到 6000 次时，充、放电能量保持率不小于 80%；循环次数达到 9000 次时，充、放电能量保持率不小于 70%；循环次数达到 12000 次时，充、放电能量保持率不小于 60%。

② 45℃高温下，100%DOD 循环测试，循环次数达到 3000 次时，充、放电能量保持率不小于 80%；循环次数达到 4500 次时，充、放电能量保持率不小于 70%；循环次数达到 6000 次时，充、放电能量保持率不小于 60%。

3.2.3 安全性要求

锂离子电池产品自从产业化应用以来，安全技术和生产工艺管控水平取得了长足的进步，有效地控制了电池内副反应以及滥用条件下安全风险的发生，保证了电池的安全性。但是随着锂离子电池的使用越来越广泛，能量密度越来越高，近年来屡屡发生爆炸伤人或因安全隐患召回产品等事件。尽管磷酸铁锂电池由于其材料的安全特性，安全性较三元电池优异，但仍因追求高能量密度、长寿命等目标，及系统集成专业度低，导致了几起安全事故，如 2021年"4·16"事故，因此，电池的安全技术要求是储能系统应用的必然要求。

图 3-12 国内外发生的安全事故案例（见彩图）

针对电池的安全性要求，国内外均有相关的标准法规要求，目前国内外提出了多个安全性测试标准，如国际标准 ISO 12405-3、IEC 62133、IEC 62619、UL 1642、UL 2580、IEEE 1625、UN 38.3 和 SAE J2464 等，我国现行的国家标准有 GB/T 36276—2018、GB 31241—2014 等，其中《电力储能用锂离子电池》（GB/T 36276—2018）是我国储能电池最基本的安全应用标准。除了国际/国家标准外，各电池企业/行业在研发和使用锂离子电池中，出台了电池多个安全要求的标准，如日本 JIS C 8714 的强制内部短路测试、IEC 的上下限温度测试等。同时，为了适应离子电池快速发展和更高应用的需求，国家正在对既有的锂离子电池安全测试标准进行升级，即将对现有标准进行修正或推行新的标准。一般对电池的安全要求，包括电滥用、机械滥用和热滥用安全，同时在测试过程中要求试验在有充分安全保护的环境条件下进行，并拆除电池附加的主动保护线路或装置，涉及的主要安全性能要求如下：

（1）过充电

将电池单体充电至电压达到充电终止电压的 1.5 倍或时间达到 1h，不应起火、爆炸。

（2）过放电

将电池单体放电至时间达到 90min，不应起火、爆炸。

（3）短路

将电池单体正、负极经外部短路 10min，不应起火、爆炸。

（4）挤压

将电池单体挤压至电压达到 0V 或变形量达到 30%或挤压力达到（100±5）kN，不应起火、爆炸。

（5）跌落

将电池单体的正极或负极端子朝下从 2.8m 高度处自由跌落到水泥地面上 1 次，不应起火、爆炸。

（6）低气压

将电池单体在低气压环境中静置 6h，不应起火、爆炸、漏液。

（7）加热

将电池单体以 5℃/min 的速率由环境温度升至（130±2）℃并保持 30min，不应起火、爆炸。

（8）热失控

触发电池单体达到热失控的判定条件，不应起火、爆炸。

（9）针刺

将电池单体贯穿钢针，不应起火、爆炸。

3.2.4　成本要求

在目前的储能系统成本中，电池成本占比最高（60%），其次是 PCS（变流器，20%）、EMS（能量管理系统，10%）和 BMS（电池管理系统，5%），因此电池成本在储能产业链中发挥着关键的作用，其经济性直接决定了推广应用。影响电池成本的因素很多，一方面是电池自身相关的因素，如电池原材料成本、生产工艺成熟性等因素，另一方面与市场发展前景和收益模式相关，两者相辅相成，互相影响。总体来讲，电池成本下降是必然的趋势。

电池自身相关的成本，主要是物料成本和生产成本。在物料成本中，主要影响因素为正/负极材料、电解液、隔膜、铜箔、铝箔、铝壳及其他组件的成本，而影响锂电池成本的重要基本原材料为材料中的锂元素。在生产成本中，主要受工厂的年产能、实际运转率、设备折旧、人员投入、能源消耗以及良品率等因素影响，目前随着智能化技术的推进和市场的强劲需求，自动化智能产线已经成为电池生产的趋势，在缓解人工成本的同时，提升了产品良品率。

在外部环境下，市场发展前景和收益模式是重要影响因素。回看储能领域的政策，2020年，尤其是我国确立"双碳"目标以来，国家层面进一步密集颁布相关政策，同时，多部门联合颁布政策文件也愈发频繁。随着我国"双碳"目标的提出，2021 年也出现了多个百兆瓦级储能电站的建设，除江苏、河南、湖南等地已建成的百兆瓦级储能电站外，山东开始建设 5 个 100MWh/200MWh 共享储能电站。在政策支持和实际大规模储能建设的同时，与之配套的落地政策也接踵而至，如储能可独立参与调峰和调频的合法身份、储能设施利用小时数不低于 540h、允许发电企业可以投资建设新能源配套送出工程、峰谷电价价差原则上不低于 4:1以及全国碳排放权交易市场的开放，以上举措为大规模储能电站的普及推广奠定了坚实的基础，长期来看，会为储能电池的成本下降起到很好的推动作用。

短期内，由于"双减"及强劲的市场需求，2021Q3 四大主材及上游关键原材料价格均出现了不同程度上涨。据 GGII 测算，受原材料价格上涨影响，方形铁锂电芯理论成本由年初的 0.33~0.39 元/Wh 上涨到 0.48~0.54 元/Wh。尤其是 2021 年至今 PVDF、碳酸锂、六氟磷酸锂等基础原材料价格大幅上涨，电池环节成本压力凸显，目前电池价格上调幅度在 5%~10%之间。由于 2021 年锂价等基础原材料大幅上涨，可能会导致 2022 年电池价格更高，因此电池成本价格可能会进一步攀升，但考虑到各大电芯厂原材料控制的举措，预计 2022 年不会增加太多。

长期来看，原材料短缺问题会因各厂商的原材料来源布局、技术提升等有所缓解。据CNESA 预测，保守场景下，国内 2021 年累计电化学储能装机规模达 5.79GW，同比增长 77%，2020—2025 年均复合增速为 57.4%；乐观预期下，国内 2021 年累计电化学储能规模达6.61GW，同比增长 102%，2020—2025 年均复合增速为 76.44%。强劲的需求必然要求配套材料的生产规模向 10 万吨级别以上迈进，材料规模效应带来的降本增效也将对冲部分原材料上涨的压力。

3.3 电池测试评价方法

锂离子电池是储能系统最基本、最关键的零部件之一，其性能的好坏直接影响了系统性能的发挥，同时其性能边界也决定了储能系统集成的复杂程度，电池性能边界的挖掘可以为储能系统中电池的选型以及安全保护设计提供重要的参数依据，同时通过系统层级的安全防护，避免电池发生热失控及热失控在电池系统中的扩散。另外，储能的大规模推广应用，其在不同应用场景下的运行工况各不相同，导致电池老化的情况有所差异，而电池的运行老化情况对于储能系统的当前及长期运行能力有着非常重要的影响。为了进一步满足市场应用需求，尤其是安全性要求，有必要针对性进行电池全生命周期下各项性能的测试评价方法的开发，以确定电池性能的边界和电池在不同工况下的老化路径，为储能系统的电池选型及产品在运行过程中的实时监测评估、短期运行调整及长期运行规划提供有效的技术支撑。

电池全生命周期测试评价方法包括电池选型、电池性能挖掘、电池在老化过程中各项特征参数的演变以及电池退役后的残值评估，形成了一套完整的评价体系（见图 3-13），同时结合大数据、人工智能等先进方法，探索提高其评估精度和可靠性。该评价体系呈现多维度、多因素交叉特点，对测试评价提出了很高的要求。

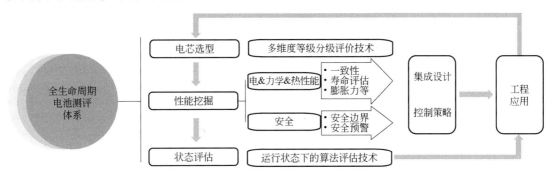

图 3-13 全生命周期电池测评体系

目前主流的测试评价方法，包含通用的测试标准方法和部分企业研发的测试评价方法。针对储能电池国标的测试评价方法，本文做了如下梳理。

3.3.1 标准法规体系概述

目前储能电池检测的标准较多，大部分为团体标准，国际或国家标准较少，目前标准颁发机构主要有国际电工委员会（IEC）、国际标准化组织（ISO）、美国保险商实验室（UL）、欧盟相关机构以及中国国家标准化管理委员会等。表 3-5 列举了国内外常用的锂离子电池测试标准。

表 3-5 国内外常用的锂离子储能电池标准

标准代号	标准名称
UN 38.3	Transport of Dangerous Goods-Manual of Tests and Criteria

标准代号	标准名称
UL 9540A	Test Method for Evaluating Thermal Runaway Fire Propagation in Battery Energy Storage Systems
UL 9540	储能系统及设备安全标准
UL 1973—2018	Batteries for Use in Stationary, Vehicle Auxiliary Power and Light Electric Rail (LER) Applications
KC 62133：2019	电器用品安全标准
IEC 62933-5-2	Electrical energy storage (EES) systems - Part 5-2: Safety requirements for grid-integrated EES systems - Electrochemical-based systems
IEC 62619—2022	Secondary cells and batteries containing alkaline or other non-acid electrolytes-Safety requirements for secondary lithium cells and batteries, for use in industrial applications
IEC 63056—2020	Secondary cells and batteries containing alkaline or other non-acid electrolytes-Safety requirements for secondary lithium cells and batteries for use in electrical energy storage systems
GB/T 36276—2018	电力储能用锂离子电池

关于储能标准体系建设，全球主要国家都在积极探索。欧美国家更加注重储能系统安全方面的风险，所以对电力储能系统的安全要求较为严格。在储能国际标准中，UL 9540 是全球第一个储能系统安全标准，目前为美国和加拿大国家标准，其在 2015 年被授权为美国国家标准，在 2016 年被授权为加拿大的国家标准；UL 9540A 是储能系统和设备安全标准，其是由 UL 公司提出，用以评估电池储能系统大规模热失控火蔓延情况，是美国比较权威的行业规范。UL 9540A 从 2017 年第一次发布，到如今的 2020 版，已经是第四个版本，UL 9540A 的测试从四个层级对储能系统热失控蔓延的情况进行评估，包括电芯、模块、机柜、安装层级测试，其中电芯层级测试主要看电芯的热失控情况。目前，UL 9540A 已经成为安装蓄电系统时的前提条件。储能系统测试顺序示意图见图 3-14。

我国对于储能电池的标准工作，近年来涌现出大批团体标准，目前最有影响力的标准为《电力储能用锂离子电池》（GB/T 36276—2018），该标准为目前电站并网运行的硬性要求。该标准与动力电池标准相比，具有明显的储能应用特色，编制逻辑贴合储能实际应用工况，是一部电力储能行业专用的标准。标准涵盖了电池的基本物理特性、电性能、热性能和安全要求，摒弃了传统动力电池的电流（A）-容量（Ah）的测评方法，转以符合实际应用场景的功率（W）-能量（Wh）参数体系。对于单体电池，有 19 项试验项目，其考察性能的完整性，要求电池在兼顾技术性能指标的前提下，还需考虑电池相关的组成结构、工艺、连接件等方面的设计和生产管控。该标准于 2019 年 1 月 1 日正式实施，到目前已运行 2 年，随着储能行业的快速发展，目前已经进入标准完善和修订阶段，未来，该标准将更能承担起产品质量把控的职责，助力于储能事业的发展。

3.3.2　测试评价方法

为了建立一套能够涵盖不同类型、状态、能量层级锂离子电池的归一化、综合性评价体系，需要对电池的结构原理和性能进行分析，结合不同能量层级电池的特点，提出对应不同能量层级的评价参数，明确每一项评价参数的实际意义和计算方法，以及其对于电池评价的重要性，最后以不同能量层级之间的保持率为纽带，发掘不同能量层级电池的各项评价参数之间的相互关系，建立锂离子电池评价体系。目前针对储能系统集成和电池的引入来讲，针对储能系统对电池性能的要求，从基本电性能、寿命和安全角度，阐述对应的评价方法，为读者提供参考。图3-14为储能系统测试顺序示意图。

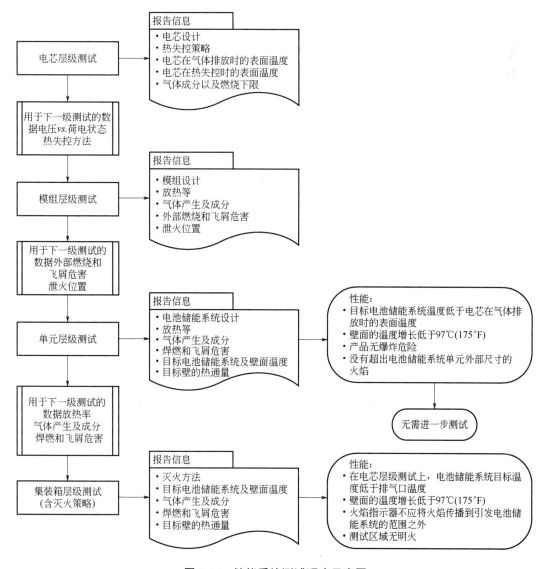

图3-14 储能系统测试顺序示意图

3.3.2.1 基本电性能测试

（1）基本性能测试

① 外观测试。

在良好的光线条件下，用目测法检验电池的外观，记录检验结果；用电压表检测电池单体的极性，并记录检测结果。

② 外形尺寸测试。

用量尺对电池的高和宽进行测量，电池的厚度在（300±20）kg 压力下进行测量，记录数据，计算公差。电池厚度分布曲线图见图 3-15。

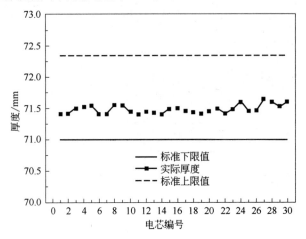

图 3-15　电池厚度分布曲线图

③ 质量测试。

用质量测量仪器对电芯的质量进行测试，记录数据，计算公差。电池质量分布曲线图见图 3-16。

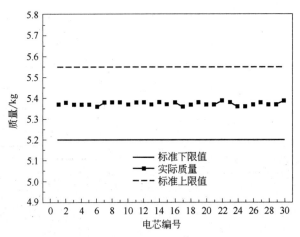

图 3-16　电池质量分布曲线图

（2）静态压差测试

在常温下，用万用表测量所有样品电芯的静态电压，记录数据，计算样品的静态压差，计算公式：$\Delta U = U_{max} - U_{min}$。电池电压分布曲线图见图 3-17。

（3）容量测试

在常温（25±2）℃下，电池的容量和能量试验按照下列步骤进行：

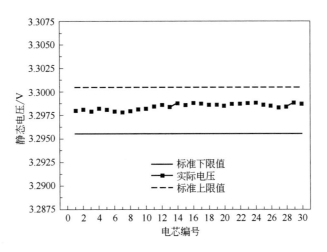

图 3-17　电池电压分布曲线图

① 常温下搁置 2h。

② 以 $P_{rdn'}$ 恒功率放电至电池的放电终止电压，静置 30min。

③ 以 P_{rcn} 恒功率充电至电池的充电终止电压，静置 30min。

④ 以 $P_{rdn'}$ 恒功率放电至电池的放电终止电压，静置 30min。

⑤ 重复步骤③～④3 次，以最后 3 次试验的均值作为结果，记录电池初始状态放电容量、初始充电容量、初始放电容量，计算初始充、放电容量极差和平均值。某电池单体充、放电容量曲线图见图 3-18。

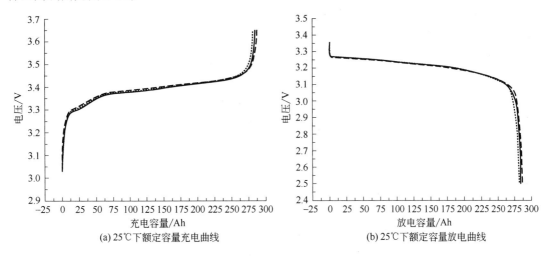

(a) 25℃下额定容量充电曲线　　　　　(b) 25℃下额定容量放电曲线

图 3-18　某电池单体充、放电容量曲线图

（4）能量测试

按照"容量测试"步骤测试过程，记录电池初始状态放电能量、初始充电能量、初始放电能量，计算初始充、放电能量极差和平均值。

容量和能量测试为后续测试的前提条件。某电池单体 25℃下充、放电能量曲线图见图 3-19。

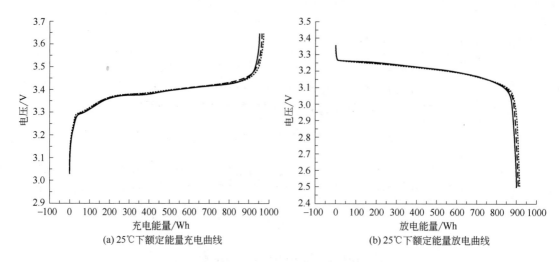

(a) 25℃下额定能量充电曲线 (b) 25℃下额定能量放电曲线

图 3-19 某电池单体 25℃下充、放电能量曲线图

（5）倍率性能及能量效率测试

在常温（25±2）℃下，电池的倍率性能及能量效率测试试验按照下列步骤进行：

① 常温下搁置 5h。

② 以 P_{rcn} 恒功率充电至电池的充电终止电压，静置 30min。

③ 以 P_{rdn}' 恒功率放电至电池的放电终止电压，静置 30min。

④ 以 $0.25P_{rcn}$ 恒功率充电至电池的充电终止电压，静置 30min。

⑤ 以 $0.25P_{rdn}'$ 恒功率放电至电池的放电终止电压，静置 30min。

⑥ 以 P_{rcn} 恒功率充电至电池的充电终止电压，静置 30min。

⑦ 以 P_{rdn}' 恒功率放电至电池的放电终止电压，静置 30min。

⑧ 以 $0.5P_{rcn}$ 恒功率充电至电池的充电终止电压，静置 30min。

⑨ 以 $0.5P_{rdn}'$ 恒功率放电至电池的放电终止电压，静置 30min。

⑩ 以 P_{rcn} 恒功率充电至电池的充电终止电压，静置 30min。

⑪ 以 P_{rdn}' 恒功率放电至电池的放电终止电压，静置 30min。

⑫ 以 $2P_{rcn}$ 恒功率充电至电池的充电终止电压，静置 30min。

⑬ 以 P_{rdn}' 恒功率充电至电池的充电终止电压，静置 30min。

⑭ 以 $2P_{rdn}'$ 恒功率放电至电池的放电终止电压，静置 30min。

⑮ 以 P_{rdn}' 恒功率放电至电池的放电终止电压，静置 30min。

⑯ 以 $4P_{rcn}$ 恒功率充电至电池的充电终止电压，静置 30min。

⑰ 以 P_{rdn}' 恒功率充电至电池的充电终止电压，静置 30min。

⑱ 以 $4P_{rdn}'$ 恒功率放电至电池的放电终止电压，静置 30min。

⑲ 以 P_{rdn}' 恒功率放电至电池的放电终止电压，静置 30min。

⑳ 以 $2P_{rcn}$ 恒功率充电至电池的充电终止电压，静置 30min。

㉑ 以 $2P_{rdn}'$ 恒功率放电至电池的放电终止电压，静置 30min。

㉒ 以 P_{rdn}' 恒功率放电至电池的放电终止电压，静置 30min。

㉓ 以 $4P_{rcn}$ 恒功率充电至电池的充电终止电压，静置 30min。

㉔ 以 $4P_{rdn'}$ 恒功率放电至电池的放电终止电压，静置 30min。

㉕ 记录步骤②、③、④、⑤、⑧、⑨、⑫、⑭、⑯、⑱、⑳、㉑、㉓和㉔的充电能量、放电能量；根据步骤②、③、④、⑤、⑧、⑨、⑫、⑭、⑯和⑱的数据分别计算 $0.25P_{rcn}$、$0.5P_{rcn}$、$2P_{rcn}$、$4P_{rcn}$ 和 $0.25P_{rdn'}$、$0.5P_{rdn'}$、$2P_{rdn'}$、$4P_{rdn'}$ 条件下的充电能量、放电能量分别相对于 P_{rcn}、$P_{rdn'}$ 条件下的充电能量、放电能量的能量保持率；根据步骤②、③、④、⑤、⑧、⑨、⑳、㉑、㉓和㉔的数据分别计算 $1P_{rcn}$ 和 $1P_{rdn'}$、$0.25P_{rcn}$ 和 $0.25P_{rdn'}$、$0.5P_{rcn}$ 和 $0.5P_{rdn'}$、$2P_{rcn}$ 和 $2P_{rdn'}$、$4P_{rcn}$ 和 $4P_{rdn'}$ 条件下的能量效率。某电池单体在不同功率下的充、放电能量曲线图见图 3-20。

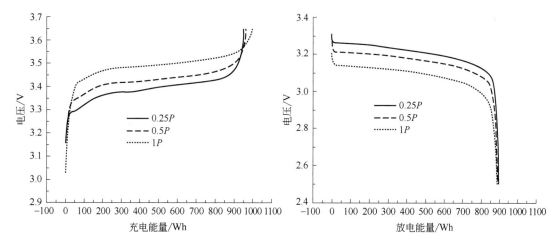

图 3-20　某电池单体在不同功率下的充、放电能量曲线图（见彩图）

（6）高低温性能测试

1）电池高温性能测试试验按照下列步骤进行：

① 电池常温下搁置 5h。

② 在常温下，以 P_{rcn} 恒功率充电至电池的充电终止电压，静置 30min。

③ 在常温下，以 $P_{rdn'}$ 恒功率放电至电池的放电终止电压，静置 30min。

④ 电池在高温（45±2）℃下搁置 5h。

⑤ 在高温下，电池以 P_{rcn} 恒功率充电至电池的充电终止电压，静置 30min。

⑥ 在高温下，电池以 $P_{rdn'}$ 恒功率放电至电池的放电终止电压。

⑦ 记录步骤②、③、⑤和⑥的充电能量、放电能量；根据步骤⑤和⑥的高温测试数据计算充电能量、放电能量分别相对于常温充电能量、放电能量的能量保持率；计算能量效率。

2）电池低温性能测试试验按照下列步骤进行：

① 电池常温下搁置 5h。

② 在常温下，以 P_{rcn} 恒功率充电至电池的充电终止电压，静置 30min。

③ 在常温下，以 $P_{rdn'}$ 恒功率放电至电池的放电终止电压，静置 30min。

④ 电池在低温（5±2）℃下搁置 20h。

⑤ 在低温下，电池以 P_{rcn} 恒功率充电至电池的充电终止电压，静置 30min。

⑥ 在低温下，电池以 $P_{rdn'}$ 恒功率放电至电池的放电终止电压。

⑦ 记录步骤②、③、⑤和⑥的充电能量、放电能量；根据步骤⑤和⑥的低温测试数据计算充电能量、放电能量分别相对于常温充电能量、放电能量的能量保持率；计算能量效率。某电池单体不同温度下的充、放电能量曲线见图 3-21。

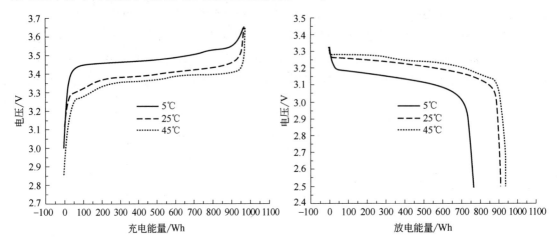

图 3-21   某电池单体不同温度下的充、放电能量曲线（见彩图）

（7）能量保持率性能测试

1）电池常温能量保持率测试试验按照下列步骤进行：

① 电池常温下搁置 5h。

② 在常温下，以 $P_{rdn'}$ 恒功率放电至电池的放电终止电压，静置 30min。

③ 在常温下，以 P_{rcn} 恒功率充电至电池的充电终止电压，静置 30min。

④ 电池在常温（25±2）℃下存储 28d。

⑤ 在常温下，电池以 $P_{rdn'}$ 恒功率放电至电池的放电终止电压，静置 30min。

⑥ 在常温下，以 P_{rcn} 恒功率充电至电池的充电终止电压，静置 30min。

⑦ 在常温下，以 $P_{rdn'}$ 恒功率放电至电池的放电终止电压，静置 30min。

⑧ 分别记录步骤③和⑤的充电能量和放电保持能量，计算放电保持能量相对于充电能量的能量保持率。

2）电池高温能量保持率测试试验按照下列步骤进行：

① 电池常温下搁置 5h。

② 在常温下，以 $P_{rdn'}$ 恒功率放电至电池的放电终止电压，静置 30min。

③ 在常温下，以 P_{rcn} 恒功率充电至电池的充电终止电压，静置 30min。

④ 电池在高温（45±2）℃下存储 7d。

⑤ 电池常温下搁置 5h。

⑥ 在常温下，电池以 $P_{rdn'}$ 恒功率放电至电池的放电终止电压，静置 30min。

⑦ 在常温下，以 $P_{rcn'}$ 恒功率充电至电池的充电终止电压，静置 30min。

⑧ 在常温下，以 $P_{rdn'}$ 恒功率放电至电池的放电终止电压，静置 30min。

⑨ 分别记录步骤③和⑤的充电能量和放电保持能量,计算放电保持能量相对于充电能量的能量保持率。图 3-22 和图 3-23 分别为 25℃和 45℃条件下某电池单体的能量保持曲线。

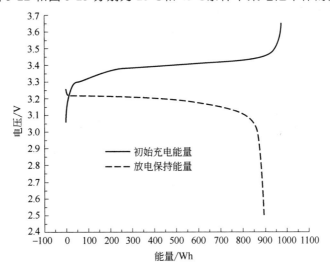

图 3-22　25℃某电池单体的能量保持曲线

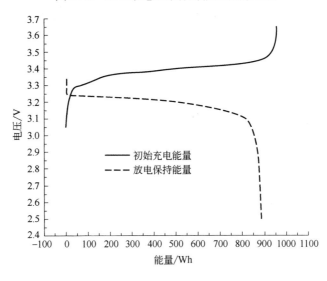

图 3-23　45℃某电池单体的能量保持曲线

（8）能量恢复率性能测试

电池在满电状态下能量恢复率性能测试。

1）电池常温能量保持率测试试验按照下列步骤进行:

按照"能量保持率性能测试"步骤中的 1）测试过程,分别记录步骤②和③、⑤和⑦的初始充电能量和初始放电能量、充电恢复能量和放电恢复能量,计算充电恢复能量、放电恢复能量分别相对于初始充电能量、初始放电能量的能量恢复率。

2）电池高温能量保持率测试试验按照下列步骤进行:

按照"能量保持率性能测试"步骤中的 2）测试过程,分别记录步骤②和③、⑦和⑧的初始充电能量和初始放电能量、充电恢复能量和放电恢复能量，计算充电恢复能量、放电恢复能量分别相对于初始充电能量、初始放电能量的能量恢复率。图 3-24 和图 3-25 为 25℃和 45℃条件下某电池单体的能量恢复曲线。

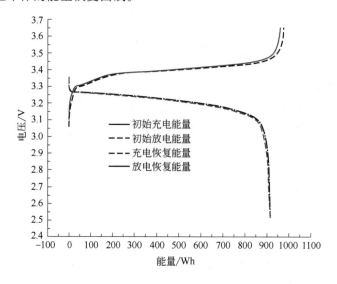

图 3-24　25℃某电池单体的能量恢复曲线（见彩图）

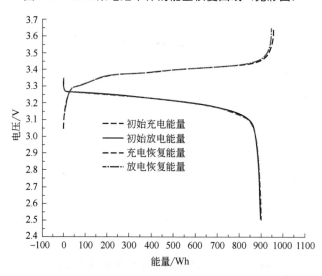

图 3-25　45℃某电池单体的能量恢复曲线（见彩图）

电池在半电状态下能量恢复率性能测试。

1）电池常温能量保持率测试试验按照下列步骤进行：

① 电池常温下搁置 5h。

② 在常温下，以 $P_{rdn'}$ 恒功率放电至电池的放电终止电压，静置 30min。

③ 在常温下，以 P_{rcn} 恒功率充电至电池的充电终止电压，静置 30min。

④ 在常温下，电池以 $P_{rdn'}$ 恒功率放电至放电能量达到电池初始放电能量的 50%。

⑤ 电池在常温（25±2）℃下存储 28d。

⑥ 在常温下，电池以 P_{rdn} 恒功率放电至电池的放电终止电压，静置 30min。

⑦ 在常温下，以 P_{rcn} 恒功率充电至电池的充电终止电压，静置 30min。

⑧ 在常温下，以 P_{rdn} 恒功率放电至电池的放电终止电压，静置 30min。

⑨ 记录步骤⑦和⑧的充电恢复能量和放电恢复能量，计算充电恢复能量、放电恢复能量分别相对于初始充电能量、初始放电能量的能量恢复率。

2）电池高温能量保持率测试试验按照下列步骤进行：

① 电池常温下搁置 5h。

② 在常温下，以 P_{rdn} 恒功率放电至电池的放电终止电压，静置 30min。

③ 在常温下，以 P_{rcn} 恒功率充电至电池的充电终止电压，静置 30min。

④ 在常温下，电池以 P_{rdn} 恒功率放电至放电能量达到电池初始放电能量的 50%。

⑤ 电池在高温（45±2）℃下存储 28d。

⑥ 电池在常温（25±2）℃下搁置 5h。

⑦ 在常温下，电池以 P_{rdn} 恒功率放电至电池的放电终止电压，静置 30min。

⑧ 在常温下，以 P_{rcn} 恒功率充电至电池的充电终止电压，静置 30min。

⑨ 在常温下，以 P_{rdn} 恒功率放电至电池的放电终止电压，静置 30min。

⑩ 记录步骤⑧和⑨的充电恢复能量和放电恢复能量，计算充电恢复能量、放电恢复能量分别相对于初始充电能量、初始放电能量的能量恢复率。

（9）体积能量密度性能测试

根据"基本性能测试"中"②外形尺寸测试"数据，计算电池的体积（L）；结合"能量测试"中初始放电能量的数据，计算电池的体积能量密度（Wh/L）。

（10）质量能量密度性能测试

根据"基本性能测试"中"③质量测试"数据和"能量测试"中初始放电能量的数据，计算电池的质量能量密度（Wh/kg）。

（11）自放电率性能测试

电池自放电率测试试验按照下列步骤进行：

① 取两组出厂状态下（20%～50%）SOC 下电池 A 和 B 组。

② 将 A、B 组电池在常温（25±2）℃下分别搁置 1、3 个月。

③ 搁置完成后，电池在常温（25±2）℃下搁置 5h。

④ 在常温下，电池以 P_{rdn} 恒功率放电至电池的放电终止电压，静置 30min。

⑤ 记录步骤④的放电剩余容量数据，根据电池出厂充电容量，计算 1 个月、3 个月电池容量的损失；计算自放电率。

3.3.2.2 寿命性能测试

目前电池的寿命性能测试由于测试周期较长，类似日历寿命长达 15 年及以上，因此测试手段需要结合常规测试方法和建模预测方式对电池寿命进行评估。

3.3.2.2.1　日历寿命测试

（1）日历寿命测试试验

日历寿命测试试验按照下列步骤进行：

① 电池常温下搁置 5h。

② 在常温下，以 $P_{rdn'}$ 恒功率放电至电池的放电终止电压，静置 30min。

③ 在常温下，以 P_{rcn} 恒功率充电至电池的充电终止电压，静置 30min。

④ 在常温下，电池以 $P_{rdn'}$ 恒功率放电至放电能量达到电池初始放电能量的目标值。

⑤ 电池在目标温度下搁置一定时间。

⑥ 搁置完成后，电池在常温（25±2）℃下搁置 5h。

⑦ 在常温下，电池以 $P_{rdn'}$ 恒功率放电至电池的放电终止电压，静置 30min。

⑧ 在常温下，以 P_{rcn} 恒功率充电至电池的充电终止电压，静置 30min。

⑨ 在常温下，以 $P_{rdn'}$ 恒功率放电至电池的放电终止电压，静置 30min。

⑩ 记录步骤⑨的放电恢复能量，计算放电恢复能量相对于初始放电能量的能量恢复率，作为电池日历寿命的计算数值。

（2）日历寿命测试方法

结合不同温度、SOC 下电池的日历衰减寿命，建立日历寿命预测模型，以预测电池的日历寿命。具体以各企业寿命模型为准。

电池日历寿命的外部影响因素又叫加速因素，主要包括温度、荷电状态（SOC）、充放电倍率、充电截止电压及放电窗口等因素。高温时电解液中不稳定因素的存在等使得电池老化速率较快，而低温充电也会对电池性能的衰减产生不利影响。此外不同倍率的充放电过程同样会加速电池的老化。

电池的老化主要表现为电池容量的衰减和电池内阻的增加，并受到多种因素共同作用：SEI 膜的变化，极片活性物质的减少，结构的老化等。除了以上内外部的影响因素，电池的搁置温度、存放的 SOC 状态、过大的放电深度等都会降低电池的性能，缩短电池寿命。

国内外制订了相当多的电池寿命测试方法，大致可以分为两类：一类是数据推断的方法，第二类是建立模型的方法。

1）数据推断的方法

数据推断的方法主要分为两类：基于经验的方法和基于性能的方法。

① 基于经验的方法。

基于经验的方法。也叫作基于统计规律的方法，主要包括三种：

a. 循环周期数法：此方法通过对电池的循环周期进行计数，当电池的循环周数达到了一定的范围，则认为其寿命终止；或者认为电池的使用时间和循环周数共同决定了电池的日历寿命。

b. 安时法与加权安时法：认为一个电池从新到老充电、放电整个过程中的总安时数应该是一个定值，累积到一定安时量时则认为电池到寿命。

c．面向事件的老化累积方法：一般认为每个事件对电池都有一个损伤程度，根据所有事件累加起来对电池的损坏程度，可以给出电池的使用寿命。这种基于经验的日历寿命评估方法都是利用电池使用过程中的一些经验知识来评估的，在未具备充足经验的前提下对电池的日历寿命评估将会出现较大的误差，影响电池的正常运行。

② 基于性能的方法。

根据预测日历寿命的信息来源，可以将基于性能的方法分为三类：机理、特征参数和数据归纳。

a．基于机理的研究方法，是根据电池在运行过程中内部结构及材料的变化及机理，推断电池寿命。此方法给出了电池老化过程的详细解释，对电池生产和制造商具有很好的指导作用。但是由于电池内部结构的老化是一个极其复杂的过程，并且还可能有一些未确定因素存在，因此此方法要求精度较高，也较为复杂。

b．特征参数方法目前研究较多的是考察交流阻抗和电池寿命之间的关系，从阻抗谱的变化中观察电池的老化过程，推断电池日历寿命。

c．数据归纳方法是电池在一定的工况、环境下工作过程中，对电池的一些参数（容量、电压、内阻、功率等）进行的测量，并推断电池日历寿命。由于电池的老化过程是一个复杂且漫长的过程，因此需要引入一些疲劳失效因素来加速寿命测试，这将极大地减少寿命测试成本和测试时间。疲劳失效因素主要包括温度、荷电状态、内阻、放电和反馈脉冲功率水平。在这些疲劳因素下工作的电池，其物理机理都有可能发生变化。因此必须对影响电池寿命的因素给出一个限定值，以便达到高速率的衰退。此外，在实际的测试过程中，无论根据哪种标准，均需要在测试开始、过程、结束时进行一定间隔的电性能测试，包括电池的功率测试、内阻、电压、容量测试等，并依此来判断电池的寿命状况。

2）建立模型的方法

建立模型法结合了数据驱动和电池衰减机理的方法，建立电池寿命衰减的经验和半经验模型，来揭示电池衰减过程和性能参数与各种加速因素之间的关系。主要包括机理模型的建立和外特性模型的建立。

① 机理模型是从锂离子电池的正负极老化机理出发，依据电池运行过程中正负极发生的化学变化来建立模型，从而对电池的寿命衰减进行预测。

② 外特性模型是依据电池的电学性能表现来描述并预测电池寿命的模型。

对于电池寿命的预测需要两者的结合才可以将电池的寿命衰减预测得更为准确。RANDY等计算了镍钴锂电池的寿命测试实验，并给出了寿命测试模型，通过建立实验测试矩阵对模型进行了进一步的研究及验证。而对于磷酸铁锂电池，若要进行较为全面的寿命衰减情况测试需要耗费较长的时间，且成本较高，所以目前对此的研究较少。部分学者利用温度、SOC 等加速因素，建立锂离子电池寿命测试矩阵，根据结果搭建半经验的日历寿命模型。有的研究根据对实验电池的测试及结果，针对电池功率能力、容量衰减情况提出了电池日历寿命的预测方法，例如功率衰减模型和容量衰减模型。此外，电池制造商也对此有了深入的研究，例如 SAFT、Sony 等制造商针对电池的容量、功率、内阻、恒流充入比等变化情况，对电池的寿命衰减规律进行了研究。高校和研究所对此也有研究，例如同济大学和清华大学对锂离子电池提出的基于耦合强度判断和多因素输入的寿命建模方法和基于艾林方程与 Symons 假设的容量预测模型。总结起来，对于锂离子电池的寿命预测是有多种模型可以进行描述的，但是最终大部分模型可以得到一条类似的规律：锂离子电池的日历寿命与 $t^{1/2}$ 呈正比关系，而简单的循环寿命与时间 t 呈正比关系。

3.3.2.2.2　循环寿命测试

循环寿命测试指的是在特定功率下、电池衰减至特定健康状态（SOH）时的充放电次数，测试试验按照下列步骤进行：

（1）电池常温（25±2）℃循环性能试验

① 常温下搁置 5h。
② 电池单体以 P_{rcn} 恒功率充电至电池单体的充电终止电压，静置 5～10min。
③ 电池单体以 P_{rdn} 恒功率放电至电池单体的放电终止电压，静置 5～10min。
④ 按照②～③连续循环。
⑤ 记录首次及每循环 100 次时步骤②、③的充电能量、放电能量；计算每 100 次循环结束时的充电能量、放电能量相对于首次循环结束时的充电能量、放电能量的能量保持率及对应的能量效率；根据试验数据作充电能量保持率、放电能量保持率及能量效率随循环次数变化的曲线图。

（2）电池高温（45±2）℃循环性能试验

① 常温下搁置 5h。
② 电池单体以 P_{rcn} 恒功率充电至电池单体的充电终止电压，静置 30min。
③ 电池单体以 P_{rdn} 恒功率放电至电池单体的放电终止电压，静置 30min。
④ 高温下搁置 5h。
⑤ 电池单体以 P_{rcn} 恒功率充电至电池单体的充电终止电压，静置 5～10min。
⑥ 电池单体以 P_{rdn} 恒功率放电至电池单体的放电终止电压，静置 5～10min。
⑦ 按照步骤⑤～⑥连续循环。
⑧ 记录高温下首次及每循环 100 次时步骤②、③的充电能量、放电能量；计算每 100 次循环结束时的充电能量、放电能量相对于首次循环结束时的充电能量、放电能量的能量保持率及对应的能量效率；根据试验数据作充电能量保持率、放电能量保持率及能量效率随循环次数变化的曲线图。

（3）电池循环寿命评估

结合不同温度下电池的循环寿命数据，建立循环寿命预测模型，以预测电池的循环寿命。具体以各企业寿命模型为准。

电池在实际应用过程中，其工况以及复杂多变外界使用条件，能够导致任何产生或消耗或加重锂离子或电子的副反应发生的不利因素，都将可能致使电池容量的改变，并以其不可逆性不断累积从而加重电池衰退进程，促成锂离子电池容量衰减以致寿命异常的主要原因有：

正极材料的溶解和相变、电解液的还原锂离子电池、自放电、界面膜的形成、集流体腐蚀等。

电池在实际使用过程中还会由于外界的各种不利因素等，加重或促成锂电池性能参数的异常改变，从而影响着锂电池的健康状态以及使用寿命；然而归根结底还是由于电池的正负极材料、隔膜以及其他非活性材料成分的变化或失效。其中外部因素主要表现在电池的循环使用频次、充放电倍率、充放电深度（DOD）、工作温度，不一致性等，各个因子有着不同的作用机制。

循环寿命预测的传统方法主要有曲线拟合法、卡尔曼滤波、粒子滤波和神经网络等算法。

① 曲线拟合法。

每个电池寿命的长短不一，属于随机变量，通过数理统计方法分析出容量的概率分布后可使用最小二乘法将概率分布曲线拟合，再通过容量和寿命之间的耦合关系进行计算，从而实现电池剩余寿命的预测。利用曲线拟合法可以简便地获得预测结果，但此类方法不能用于数据矩阵不可逆的情况，因此存在一定的局限性。

② 卡尔曼滤波。

卡尔曼滤波是通过线性状态方程观测数据来实现下一刻状态的最优估计。其利用已知的动态信息，去掉噪声对信息的影响，使噪声受到最大抑制，将系统状态变化达到最小方差，形成最优估计。卡尔曼滤波虽然在某种条件下可以实现电池寿命预测，但主要存在着不适用解决非线性问题的难题，且不能长期预测，不适宜用于实际工程中。

③ 粒子滤波。

粒子滤波算法是通过概率的思想，对训练样本随机采样后再进行重要性重采样，从而来处理未来一段时间的预测问题。这种方法首先根据要预测某一时刻状态的上一时刻状态和该状态服从的概率分布进行大量的采样，形成的采样点就称为粒子；然后在状态转移变化过程中施加相应的控制量，得到每个粒子变化后的预测粒子；再计算真实状态中取得某个预测粒子能得到观测值的概率，概率作为每个预测粒子在状态转移方程中的权重，概率越大，这个预测粒子越接近要得到的真实预测值；最后为了解决粒子匮乏现象，采用重采样去除权值较低的预测粒子，将剩余的预测粒子通过状态转移方程进行运算，得出预测某一时刻的真实状态。

④ 神经网络。

神经网络有很多种类型，具有非常强的非线性映射能力，不需要对电池内部的机理进行了解，只需足够的训练数据样本，从而解决了基于模型方法的不足。如果单独使用神经网络预测电池寿命，会出现训练时间过长和陷入局部最优等问题，而且该方法过于依赖建立网络结构时使用的测量数据，预测结果不如基于模型的方法准确。

3.3.2.3 安全性测试

安全性测试一般采用国标中的检测方法，但对于分析电池安全性能的边界，需要采集电池性能数据，如电池电压、电池本体表面温度以及收集电池副反应的气体等，并观察电池是否有漏液、起火、爆炸等现场。对于采集的数据或物质，需要进一步分析探究，以研究电池的安全边界性能，为后续的系统集成设计提供可靠的依据。

（1）过充电试验

电池过充电试验按照下列步骤进行：

① 电池常温下搁置 5h。

② 在常温下，以 $P_{rdn'}$恒功率放电至电池的放电终止电压，静置 30min。

③ 在常温下，以 P_{rcn}恒功率充电至电池的充电终止电压，静置 30min。

④ 电池单体以恒流方式充电至电压达到电池单体充电终止电压的 1.5 倍或时间达到 1h 时停止充电，充电电流取 $1C_{rcn}$与产品的最大持续充电电流中的较小值。

⑤ 观察 2h。

⑥ 记录电池电压和温度数据，以及是否有膨胀、漏液、冒烟、起火、爆炸现象。

某电池单体过充实验对比图见图 3-26。

(a) 过充电前　　　　　　　　　　　(b) 过充电后

图 3-26　某电池单体过充试验对比图（见彩图）

（2）过放电试验

电池过放电试验按照下列步骤进行：

① 电池常温下搁置 5h。

② 在常温下，以 $P_{rdn'}$恒功率放电至电池的放电终止电压，静置 30min。

③ 在常温下，以 P_{rcn}恒功率充电至电池的充电终止电压，静置 30min。

④ 电池单体以恒流方式放电至时间达到 90min 时停止放电，放电电流取 $1C_{rdn'}$与产品的最大持续放电电流中的较小值。

⑤ 观察 2h。

⑥ 记录电池电压和温度数据，以及是否有膨胀、漏液、冒烟、起火、爆炸现象。

某电池单体过放试验对比图见图 3-27。

（3）短路试验

电池短路试验按照下列步骤进行：

① 电池常温下搁置 5h。

② 在常温下，以 $P_{rdn'}$恒功率放电至电池的放电终止电压，静置 30min。

③ 在常温下，以 P_{rcn}恒功率充电至电池的充电终止电压，静置 30min。

④ 将电池单体正、负极经外部短路 10min，外部线路电阻应小于 5mΩ。

⑤ 观察 2h。

⑥ 记录电池电压和温度数据，以及是否有膨胀、漏液、冒烟、起火、爆炸现象。

某电池单体短路试验对比图见图 3-28。

(a) 过放电前

(b) 过放电后

图 3-27　某电池单体过放试验对比图（见彩图）

(a) 短路前

(b) 短路后

图 3-28　某电池单体短路试验对比图（见彩图）

（4）挤压试验

电池挤压试验按照下列步骤进行：

① 电池常温下搁置 5h。

② 在常温下，以 P_{rdn} 恒功率放电至电池的放电终止电压，静置 30min。

③ 在常温下，以 P_{rcn} 恒功率充电至电池的充电终止电压，静置 30min。

④ 按下列条件试验：

a. 挤压方向：垂直于电池单体极板方向施压（参见图 3-22）。

b. 挤压板形式：半径为 75mm 的半圆柱体，半圆柱体的长度（L）大于被挤压电池的尺寸。

c. 挤压速率：（5±1）mm/s。

d. 挤压程度：电压达到 0V 或变形量达到 30%或挤压力达到（100±5）kN 时停止挤压；保持 10min。

⑤ 观察 2h。

⑥ 记录电池电压和温度数据，以及是否有膨胀、漏液、冒烟、起火、爆炸现象。

电池单体挤压板和挤压示意图见图 3-29，某电池单体挤压试验对比图见图 3-30。

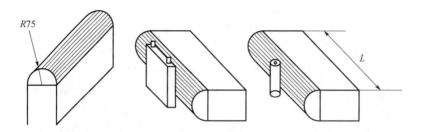

图 3-29　电池单体挤压板和挤压示意图

(a) 挤压前　　　　　　　　　　　　(b) 挤压后

图 3-30　某电池单体挤压试验对比图（见彩图）

（5）跌落试验

电池跌落试验按照下列步骤进行：

① 电池常温下搁置 5h。

② 在常温下，以 $P_{rdn'}$ 恒功率放电至电池的放电终止电压，静置 30min。

③ 在常温下，以 P_{rcn} 恒功率充电至电池的充电终止电压，静置 30min。

④ 将电池单体的正极或负极端子朝下从 2.8m 高度处自由跌落到水泥地面上 1 次。

⑤ 观察 2h。

⑥ 记录电池电压和温度数据，以及是否有膨胀、漏液、冒烟、起火、爆炸现象。

某电池单体跌落试验对比图见图 3-31。

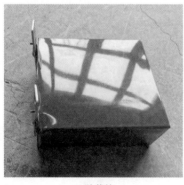

(a) 跌落前　　　　　　　　　　　　(b) 跌落后

图 3-31　某电池单体跌落试验对比图

（6）低气压试验

电池低气压试验按照下列步骤进行：

① 电池常温下搁置 5h。

② 在常温下，以 $P_{rdn'}$ 恒功率放电至电池的放电终止电压，静置 30min。

③ 在常温下，以 P_{rcn} 恒功率充电至电池的充电终止电压，静置 30min。

④ 将电池放入低气压箱中，将气压调节至 11.6kPa，温度为（25±5）℃，静置 6h。

⑤ 观察 2h。

⑥ 记录电池电压和温度数据，以及是否有膨胀、漏液、冒烟、起火、爆炸现象。

某电池单体低气压试验对比图见图 3-32。

(a) 低气压前　　　　　　　　　　　　(b) 低气压后

图 3-32　某电池单体低气压试验对比图（见彩图）

（7）加热试验

电池加热试验按照下列步骤进行：

① 电池常温下搁置 5h。

② 在常温下，以 $P_{rdn'}$ 恒功率放电至电池的放电终止电压，静置 30min。

③ 在常温下，以 P_{rcn} 恒功率充电至电池的充电终止电压，静置 30min。

④ 将电池放入加热试验箱，以 5℃/min 的速率由环境温度升至（130±2）℃，并保持此温度 30min 后停止加热。

⑤ 观察 2h。

⑥ 记录电池电压和温度数据，以及是否有膨胀、漏液、冒烟、起火、爆炸现象。

某电池单体加热试验对比图见图 3-33。

（8）热失控试验

电池热失控试验按照下列步骤进行：

① 使用平面状或棒状加热装置，并且其表面应覆盖陶瓷，金属或绝缘层，加热装置加热功率应符合表 3-6 的规定。完成电池单体与加热装置的装配，加热装置与电池应直接接触，加热装置的尺寸规格不应大于电池单体的被加热面；安装温度监测器，监测点温度传感器布

置在远离热传导的一侧，即安装在加热装置的对侧（参见图3-34），温度数据的采样间隔不应大于1s，准确度应为±2℃，温度传感器尖端的直径应小于1mm。

(a) 加热前   (b) 加热后

图 3-33 某电池单体加热试验对比图（见彩图）

表 3-6 加热装置功率选择

测试对象能量 E/Wh	加热装置最大功率 P/W
E＜100	30～300
100≤E＜400	300～1000
400≤E＜800	1000～2000
E≥800	＞600

硬壳及软包电池   圆柱形电池-Ⅰ   圆柱形电池-Ⅱ

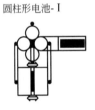

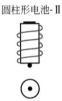

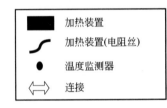

图 3-34 热失控试验加热示意图

② 电池常温下搁置 5h，以 $P_{rdn'}$ 恒功率放电至电池的放电终止电压，静置 30min，然后以 P_{rcn} 恒功率充电至电池的充电终止电压，静置 30min；再用 $1C_{rcn}$ 恒流继续充电 12min。

③ 启动加热装置，并以其最大功率对测试对象持续加热，当发生热失控或监测点温度达到 300℃时，停止触发，关闭加热装置。

④ 记录试验结果。是否发生热失控应按下列条件判定：

a. 测试对象产生电压降。

b. 监测点温度达到电池的保护温度。

c. 监测点的温升速率≥1℃/s。

d. 当步骤①+③或步骤②+③发生时，判定电池单体发生热失控。

e. 加热过程中及加热结束 2h 内，如果发生起火、爆炸现象，试验应终止并判定为发生热失控。

某电池单体热失控试验对比图见图 3-35。

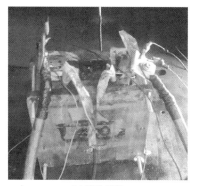

(a) 热失控前   (b) 热失控后

图 3-35　某电池单体热失控试验对比图（见彩图）

（9）针刺试验

电池针刺试验按照下列步骤进行：

① 电池常温下搁置 5h。

② 在常温下，以 $P_{rdn'}$ 恒功率放电至电池的放电终止电压，静置 30min。

③ 在常温下，以 P_{rcn} 恒功率充电至电池的充电终止电压，静置 30min。

④ 用 $\varphi5\sim\varphi8$mm 的耐高温钢针（针尖的圆锥角度为 45°～60°，针的表面光洁、无锈蚀、氧化层及油污），以（25±5）mm/s 的速率，从垂直于蓄电池极板的方向贯穿，贯穿位置宜靠近所刺面的几何中心，钢针停留在蓄电池中。

⑤ 观察 2h。

⑥ 记录电池电压和温度数据，以及是否有膨胀、漏液、冒烟、起火、爆炸现象。

某电池单体针刺试验图见图 3-36。

(a) 针刺前   (b) 针刺后

图 3-36　某电池单体针刺试验图（见彩图）

参考文献

[1] 吴宇平，万春荣，姜长印. 锂离子二次电池 [M]. 北京：化学工业出版社，2002.

[2] 吴锋. 绿色二次电池：新体系与研究方法 [M]. 北京：科学出版社，2009.

［3］TARASCON J M，ARMAND M．Issues and challenges facing rechargeable lithium batteries［J］．Nature，2001，414（6861）：359-367．

［4］National Petroleum Council．Advancing technology for America's transportation［R］．2012．

［5］GOODENOUGH J B，KIM Y．Chemistry of Materials，2010，22（3）：587．

［6］国家市场监督管理总局、中国国家标准化管理委员会．电力储能用锂离子电池：GB/T 36276—2018［S］．2019-01-01．

［7］CHUNG S Y，CHOI S Y，YAMAMOTO T，et al．Orientation-dependent arrangement of antisite defects in lithium iron（Ⅱ）phosphate crystals［J］．Angewandte Chemie International Edition，2009，48（3）：543-546．

［8］ANDREA P，GIOVANNI B，ENRICO D，et al．Redox centers evolution in phospho-olivine type（$LiFe_{0.5}Mn_{0.5}PO_4$）nanoplatelets with uniform cation distribution［J］．Nano Letters，2014，14（3）：1477-1483．

［9］ELLIS B L，LEE K T，NAZAR L F．Positive electrode materials for Li-ion and Li-batteries［J］．Chemistry of Materials，2010，22（3）：691-714．

［10］KOYAMA Y，TANAKA I，ADACHI H，et al．Crystal and electronic structures of superstructural Li_{1-x} $[Co_{1/3}Ni_{1/3}Mn_{1/3}]O_2$（$0 \leqslant x \leqslant 1$）［J］．Journal of Power Sources，2003，119/120/121：644-648．

［11］JUNG S K，GWON H，Hong J，et al．Understanding the degradation mechanisms of $LiNi_{0.5}Co_{0.2}Mn_{0.3}O_2$ cathode material in lithium ion batteries［J］．Advanced Energy Materials，2014，4（1）：1300787．

［12］王伟东，仇卫华，丁倩倩，等．锂离子电池三元材料—工艺技术及生产应用［M］．北京：化学工业出版社，2015．

［13］YI Tingfeng，LIU Haiping，ZHU Yanrong，et al．Improving the high rate performance of $Li_4Ti_5O_{12}$ through divalent zinc substitution［J］．Journal of Power Sources，2012，215（1）：258-265．

［14］李泓，施思奇，吴凡．固态电池中的物理问题专题编者按［J］．物理学报，2020，69（22）：220101．

［15］马跃波．全固态锂电池及其发展趋势［J］．电子技术与软件工程，2020：229-230．

［16］XIONG R，PAN Y，SHEN W，et al．Lithium-ion battery aging mechanisms and diagnosis method for automotive applications：Recent advances and perspectives［J］．Renewable and Sustainable Energy Reviews，2020：131．

［17］KABIR M M，DEMIROCAK D E．Degradation mechanisms in Li-ion batteries：A state-of-the-art review［J］．International Journal of Energy Research，2017，41（14）：1963-1986．

［18］BIRKL C R，ROBERTS M R，MCTURK E，et al．Degradation diagnostics for lithium ion cells［J］．Journal of Power Sources，2017，341：373-386．

［19］ANSI/CAN/UL 9540A：2019，Standard for safety，test method for evaluating thermal runaway fire propagation in battery energy storage systems［S］．2019．

［20］张剑波，卢光兰，李哲．车用动力电池系统的关键技术与学科前言［J］．汽车安全与节能学报，2012，3（2）：87-104．

［21］高飞，李建玲，赵淑红，等．锂动力电池寿命预测研究进展［J］．电子元件与材料，2009（6）：79-83．

［22］李哲，卢兰光，欧阳明高．提高安时积分法估算电池 SOC 精度的方法比较［J］．清华大学学报，2010，50（8）：34-39．

［23］董婷婷．动力电池管理系统 SOC 标定方法研究［D］．上海：同济大学，2009．

［24］RANDY B W，CHESTER G M．Cycle-life studies of advanced technology development program gen 1 lithium ion batteries［M］．Washington：US Department of Energy，2001．

［25］许参，李杰，王超．一种锂离子蓄电池寿命的预测模型［J］．应用科学学报，2006，24（4）：368-371．

［26］林成涛，李腾，田光宇，等．电动汽车用锂离子电池的寿命试验［J］．电池，2010，40（1）：23-26．

［27］BANERJEE A，ZIV B，LUSKI S，et al．Increasing the dur ability of Li-ion batteries by means of manganese ion trapping materials with nitrogen functionalities［J］．Journal of Power Sources，2017，341：457-465．

［28］CHEN H H，MA T Y，ZENG Y Y，et al．Mechanism of capacity fading caused by Mn（Ⅱ）deposition on anodes for spinel lithium manganese oxide cell［J］．Journal of Wuhan University of Technology-Mater．Sci．Ed．，2017，32（1）：1-10．

［29］LEUNG K．First-principles modeling of Mn（Ⅱ）migration above and dissolution from $Li_xMn_2O_4$（001）surfaces［J］．Chemistry of Materials，2016，29（6）：doi：10.1021/acs．chemmater．6b04429．

［30］BANERJEE A，SHILINA Y，ZIV B，et al．On the oxidation state of manganese ions in Li-Ion Battery Electrolyte Solutions［J］．Journal of the American Chemical Society，2017，139（5）：1738．

［31］WONG D N，WETZ D A，HEINZEL J M，et al．Characterizing rapid capacity fade and impedance evolution in high rate pulsed discharged lithium iron phosphate cells for complex，high power loads［J］．Journal of Power Sources，2016，328：81-90．

［32］GAO Y，JIANG J，ZHANG C，et al．Lithium-ion battery aging mechanisms and life model under different charging stresses［J］．Journal of Power Sources，2017，356．

［33］ZHOU L，ZHENG Y，OUYANG M，et al．A simulation study on parameter variation effects in battery packs for electric vehicles［J］．Journal of Power Sources，2017，364：4470-4475．

第4章
电池管理系统设计

随着新能源行业的发展，特别是动力电池系统和储能电池系统的发展，电池管理系统（battery management system，BMS）的重要性日益突出。电池管理系统（BMS）是由电子部件和电池控制单元组成的电子装置，具有电池状态监测、电池状态分析、电池安全保护、能量管理控制、电池信息管理等功能，能够提高电池的利用率，防止电池出现过度充电和过度放电，监控电池的状态，延长电池的使用寿命。在保障电池安全和提高电池使用寿命两方面具有无法替代的核心地位。

BMS 领域技术门槛较高，没有长期研发积累和大量数据的积淀，难以开发出真正优质的 BMS 产品。BMS 的设计开发需保证系统的安全性、精确性和可靠性，具体体现在严谨的开发流程、创新的技术理念。从设计需求到核心算法开发，从软硬件架构到设计验证，都需要深厚的技术布局和积累。BMS 市场的主要参与者分成动力电池系统方向和储能电池系统方向。储能用电池管理系统和动力电池管理系统是不同的，主要体现在：

① 应用场景和行业的不同。
② 系统架构不同。
③ 电池需求、容量需求均不同。
④ 电流、电压、温度环境等参数特性不同。
⑤ 设计要求、参数阈值、参数数量等不同。
⑥ 数据协议、信息管理要求不同等。

本章主要介绍储能系统用电池管理系统的设计，对 BMS 的架构、核心功能、硬件设计、软件设计和测试验证等环节的设计要点说明。

4.1 电池管理系统功能

4.1.1 电池管理系统架构

电化学储能系统用电池管理系统一般采用分层的系统架构，与电池的成组方式和储能变流器（PCS）的拓扑等系统架构匹配和协调。工程应用中一般采用三级架构，分为电池阵列管理单元（battery array management unit, BAMU）、电池簇管理单元（battery cluster management unit, BCMU）、电池管理单元（battery management unit, BMU）。典型的储能系统 BMS 架构示意图如图 4-1 所示。

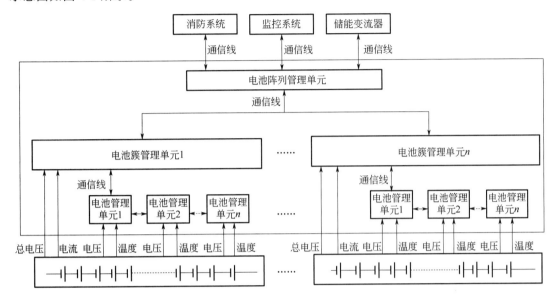

图 4-1　典型的储能系统 BMS 架构示意图

4.1.1.1　电池阵列管理单元（BAMU）

电化学储能系统由多个电池阵列构成，每个电池阵列都有与之对应的独立电池阵列管理单元（BAMU）。BAMU 实现对电池阵列的全面控制与保护，实现与 PCS、监控系统的通信。根据所述功能需要，BAMU 应具备如下功能。

（1）与 PCS 通信功能

BAMU 与 PCS 之间的通信接口多为以太网或 RS485，常采用的通信协议为 Modbus TCP 或 Modbus RTU。

（2）与监控系统通信功能

BAMU 采用以太网接口实现与监控系统通信，通信规约常采用 IEC 61850 或 Modbus TCP。

（3）与 BCMU 通信功能

BAMU 与多个 BCMU 通信，常用的通信接口有 CAN、RS485 或以太网等。

（4）联锁保护功能

BAMU 可以采集集装箱内辅助设备工作状态，如烟雾传感器、温度传感器、湿度传感器等安全设备，形成电气联锁，一旦检测到故障，将启动声光报警通过远程通信的方式通知用户，同时切断正在运行的储能设备。

（5）急停保护功能

BAMU 汇总电池阵列安全状态并最终形成一个急停指令，该急停指令通过干接点回路接入 PCS，发生急停故障时直接通过干接点信号控制 PCS 停机。

（6）数据存储功能

BAMU 具备在线数据存储功能，储能系统运行过程中的参数设置动作、运行报警状态、保护动作过程、充放电开始/结束事件、电池容量及健康状态等信息都可以自动同步保存，时间记录精确到秒，并具备掉电保持功能。BAMU 具备完善的故障录波功能，能够记录故障前后的状态量及相关数据。

（7）权限管理功能

BAMU 具有操作权限密码管理功能，任何改变运行方式和运行参数的操作均需要权限确认。

（8）对时功能

BAMU 支持北斗和 GPS 时间信号作为基准时钟源的对时功能，并在 IEC61850 通信报文中加入报告生成的时标。

（9）设备运行管理功能

BAMU 具有储能设备运行状态管理的功能，能够根据制订的控制策略自动运行，也可以通过远方和就地实现手动控制运行。

4.1.1.2　电池簇管理单元（BCMU）

BCMU 是对电池簇电压、电流、高压绝缘电阻等数据进行监测，对电池管理单元（BMU）采集的电池数据进行汇总，以实现电池簇状态估算、故障诊断、能量控制等功能的管理单元。BCMU 通过 CAN 或以太网等方式与 BAMU 进行通信。一般来说，详细功能如下。

（1）通信功能

BCMU 分别与 BMU 和 BAMU 通信。其中，与 BAMU 通信功能如上 BAMU 功能中介绍。BCMU 与 BMU 之间通信接口通常采用 SPI、CAN 或菊花链等方式。

（2）采集功能

BCMU 采集电池簇电流、电池簇电压等电量数据。

（3）绝缘电阻检测功能

BCMU 应具备绝缘电阻检测功能，分别检测直流母线正和直流母线负对参考地的绝缘电阻值。

（4）电池荷电状态（SOC）估算功能

BCMU 具备电池簇 SOC 估算功能，SOC 估算精度应符合《电化学储能电站用锂离子电池管理系统技术规范》（GB/T 34131—2017）的规定。

（5）电池电量状态（SOE）估算功能

BCMU 具备电池簇 SOE 估算功能，SOE 估算精度应符合 GB/T 34131—2017 的规定。

（6）电池健康状态（SOH）估算功能

BCMU 具备电池簇 SOH 估算功能，SOH 估算精度应符合 GB/T 34131—2017 的规定。

（7）充放电控制功能

BCMU 具备电池簇充、放电控制功能，能计算电池簇最大允许充、放电功率进行上报，要求充放电功率在电池簇允许范围内。

（8）电池均衡功能

BCMU 实时监控电池簇内电池不均衡状态，执行电池均衡策略，使电池簇内单体电池状态趋于一致。

（9）故障保护功能

BCMU 实现电池簇内电池过充、过放、过流、温度过高、温度过低、压差过大等故障检测和保护功能。

4.1.1.3　电池管理单元（BMU）

BMU 监测单体电池电压、电池温度状态、执行电池均衡策略。监测的电池信息通过通信功能上传至 BCMU。BMU 应具备如下功能：

（1）通信功能

实现与 BCMU 之间的通信。

（2）电池单体电压采集功能

采集电池簇中每个单体电池的电压，采集范围和精度应满足 GB/T 34131—2017 的规定。

（3）温度采集功能

采集单体电池温度，采集范围和精度应满足 GB/T 34131—2017 的规定。

（4）均衡执行功能

接收 BCMU 下发的均衡指令，执行单体电池的均衡。

（5）故障诊断功能

对电压采集线、温度采集线进行开路、短路故障诊断。

4.1.2 电池管理系统核心功能

电池管理系统的核心功能包括信息采集、状态估算、能量控制、故障诊断、安全保护、信息管理、系统通信等功能。其功能组成见表 4-1。

表 4-1 电池管理系统功能表

信息采集	电压采集与监测
	电流采集与监测
	温度采集与监测
	绝缘电阻采集与监测
状态估算	SOE 估算
	SOC 估算
	SOP 估算
	SOH 估算
能量控制	充电控制管理
	放电控制管理
	均衡控制管理
故障诊断	板卡自诊断
	通信故障诊断
	传感器故障诊断
	继电器故障诊断
	电池故障诊断
安全保护	过充、过放保护
	过流保护
	温度过限保护
	热管理保护
信息管理	历史信息存储
	故障信息存储
	配置数据存储
	关键数据存储
系统通信	内部通信
	外部通信

4.1.2.1 信息采集

（1）电压采集与监测

电压采集与监测是指对电池的单体电压和总电压进行实时采集和监测，主要为 BMS 和监控系统提供动力电池系统的电压信息，确保 BMS 和监控系统根据当前电池信息发出正确的控制指令。

（2）电流采集与监测

电流采集与监测是指对高压回路的充、放电电流值进行实时采集和监测，为 BMS 和监控系统提供动力电池系统的电流信息，为电池状态估算和过流保护提供依据。

（3）温度采集与监测

温度采集与监测是指对电池的温度信息进行实时采集和监测，为 BMS 和监控系统提供电池系统的温度信息，为温度保护和功率管理提供依据。

（4）绝缘电阻采集与监测

绝缘电阻采集与检测是指对电池组正极和负极对地电阻阻值分别实时采集和监测，为 BMS 系统提供绝缘电阻阻值数据，为实现电池系统绝缘保护提供数据支撑。

4.1.2.2　状态估算

（1）SOE 估算

电池电量状态（state of energy，SOE）是电池实际（剩余）可放出的瓦时容量与额定瓦时容量的比值。SOE 描述了储能系统的实际剩余可用电量，用于储能系统收益预测核算以及整集装箱、整站调度策略的制订。

（2）SOC 估算

荷电状态（state of charge，SOC）是电池实际（剩余）可放出的安时容量与额定安时容量的比值。簇级 SOC 计算遵循短板效应，反映了簇内电芯最小电荷容纳能力，是系统限功、故障和热管理等控制策略的依据。

（3）SOP 估算

功率状态（state of power，SOP）是电池可用充放电倍率/功率。SOP 反映了电池系统的瞬时/持续功率吞吐能力。SOP 主要取决于 SOC 和温度，同时受到诸多其他因素的影响。对于储能系统而言，BMS 计算的 SOP 反映了系统最大可用能力，为更高层级控制器划定了可用边界。

（4）SOH 估算

健康状态（state of health，SOH）是电池当前实际（剩余）可用的满充满放容量与全新电池可用的满充满放容量的比值。SOH 直接反映了系统能量吞吐能力的衰退情况，也侧面反映了电池系统的整体寿命衰退情况。

4.1.2.3　能量控制

（1）充电控制管理

充电控制管理是指 BMS 根据电池当前的温度、电压判断电池的实时充电能力，判断此时系统的工作状态（包括运行、停机、故障等），与监控系统、储能变流器（PCS）进行通信，上报当前需求能力，上级监控系统根据 BMS 上报的电池充电需求，控制电池系统、PCS 的运行模式和工作状态，控制 PCS 进行充电。

（2）放电控制管理

放电控制管理是指 BMS 根据电池当前的温度、电压判断电池的实时放电能力，判断此时系统的工作状态（包括运行、停机、故障等），与监控系统、PCS 进行通信上报当前需求能力，上级监控系统根据 BMS 上报的电池放电需求，控制电池系统、PCS 的运行模式和工作状态，控制 PCS 进行放电。

（3）均衡控制管理

均衡控制管理是指 BMS 通过均衡指令或者单体之间的压差阈值，判断电芯之间状况，执行相应的主动或被动均衡策略。均衡控制管理能够均衡单体和模块之间的电压，降低电池不一致性的负面影响，优化电池整体放电能效，延长电池整体寿命。

4.1.2.4 故障诊断

（1）板卡自诊断

板卡自诊断功能是指电池管理系统中硬件板卡通过在板卡上设置故障自检测功能诊断板卡工作是否正常。当检测到故障发生时，由 BMS 将故障状态通过 CAN 总线或以太网传送给监控系统，并执行预设的故障控制策略。

（2）通信故障诊断

通信故障诊断是为 BMS 内部通信及其与外部的通信提供故障检测，针对内部通信接口和外部通信接口进行故障检测，当检测到故障发生时，由 BMS 执行预设的故障控制策略。

（3）传感器故障诊断

传感器故障诊断是为电压、电流和温度传感器提供故障检测，针对电压、电流和温度传感器进行故障检测，当检测到故障发生时，由 BMS 执行预设的故障控制策略。

（4）继电器故障诊断

继电器故障诊断主要是为高压回路中的继电器提供保护，确保高压回路中继电器按照预设顺序进行闭合/断开操作，延长继电器使用寿命。通常在高压回路的继电器闭合之前和闭合之后，对继电器触点电压进行测量用以判断继电器状态是否发生粘连或开路故障，以便执行下一步操作，并通过 CAN 总线或以太网将继电器状态传送至监控系统。

（5）电池故障诊断

电池故障诊断是指对电池单体电压、总电压、模组温度以及采集线的开路短路等信息进行检测，当检测参数触发预设阈值时，发出相应告警信息，并通过 CAN 总线或以太网将继电器状态传送至监控系统，实现对电池的保护，以延长电池寿命。

4.1.2.5 安全保护

（1）过充过放保护

过充过放保护是对电池充、放电过程中可能出现的过充和过放进行保护，确保电池不发生过充和过放，保证电池寿命和安全，是电池安全保护的基本功能。通过对最高单体电压或 SOC 进行实时监控，当单体电压或电池 SOC 达到规定的上限时，启动相应安全保护，停止充电；当最低单体电压或电池 SOC 达到规定的下限时，停止放电。

（2）过流保护

过流保护是指对电池充放电过程中可能出现的过流进行保护，确保电池寿命和安全。通过对高压回路中的电流进行实时监测，如果电流超过规定阈值，启动相应安全保护，对高压回路限流。

（3）温度过限保护

温度过限保护是指对电芯、模组、高压连接提供温度监测，当出现温度过限时，启动对应的防护措施。确保电池不会由于温度过高造成热失控，保证安全。

（4）热管理保护

热管理是为提高电池系统的环境适应性和工况适应性，根据热管理策略对电池系统进行加热或冷却的一种保护功能。在电池系统需要加热或冷却时，BMS 启动热管理或通过 BMS 向 EMS 发出热管理请求，以确保动力电池在适合的温度范围工作，保证电池寿命和安全。

4.1.2.6 信息管理

（1）历史信息存储

历史信息存储是指记录系统运行的信息，按一定时间周期进行永久存储。历史信息为提升电池状态分析的可靠性、电池寿命评估提供了大数据支持，通过历史数据对比，对可能出现的错误数据进行过滤，同时进行原因分析，也可以通过历史数据对电池状态进行评估。

（2）故障信息存储

故障信息存储是指 BMS 发生故障时，记录并存储故障时刻的系统信息，包括故障快照信息。通过记录到的发生故障时的系统信息数据，为分析故障原因提供信息。

（3）配置数据存储

配置数据存储主要记录 BMS 的配置数据信息，包括参数和版本信息等，有利于对系统进行关键参数调整和版本的追溯与管理。

（4）关键数据存储

关键数据是指电池系统的 SOC、SOH、SOE、累计充放电容量、累计充放电电量、系统时间、继电器开关次数、实时时钟参数等关键参数。存储 BMS 的关键参数，能够为下次运行提供参考数据。

4.1.2.7　系统通信

（1）内部通信

内部通信包含 BCMU 和 BMU 之间的通信以及 BCMU 和 BAMU 之间的通信。BCMU 和 BMU 之间的通信内容包括电池单体电压、电池温度、均衡控制指令等。BCMU 和 BAMU 之间的通信内容主要包括电池簇电压、电流、运行状态、电池簇控制指令等。

（2）外部通信

外部通信是指电池系统对外的通信。电池系统外部通信通常由 BAMU 完成，主要包含与 PCS、监控系统、消防系统等其他设备的通信。实现电池系统与其他设备的数据交互、信息共享以及控制指令收发、响应处理。

4.2　硬件系统开发要点

4.2.1　硬件系统开发概述

BMS 硬件开发是一项系统工程，一般开发流程包括硬件架构设计、可靠性设计、原理图和 PCB（印制电路板）设计以及生产工艺设计等。本节将对 BMS 硬件开发过程进行讨论。

硬件架构设计是将系统功能需求进行分解并布局到硬件架构上，主要包括电压采集、温度采集、电流采集、控制和诊断、通信接口等功能设计。硬件可靠性设计是采用系统的方法对硬件设计可靠性的审查，一般包括 FMEA 分析、元器件降额设计、电性能设计、抗干扰设计等。原理图和 PCB 设计是理论分析向硬件产品转化的实现过程，设计完成后需要进行充分的硬件测试和软硬件联合调试。生产工艺设计是硬件设计的重要环节，设计过程中，要充分考虑易生产、易维护性；同时要针对生产过程进行生产工艺和测试工艺的设计，确保设计可转产。

4.2.2　硬件系统架构设计

4.2.2.1　BAMU 硬件架构

BAMU 是电池阵列级别的电池管理系统单元，主要包括电池阵列数据采集、显示及分析处理、接收监控系统的调度控制、按照控制保护策略向各电池簇、温控系统、消防系统、PCS

等设备下发控制指令、存储控制历史事件和历史数据。

根据上述功能需求，BAMU 硬件开发架构包括 6 个功能模块，分别是供电电源模块、处理器 CPU 模块、通信模块、数字量输入输出模块、存储器模块、外设接口模块。

BAMU 硬件架构如图 4-2 所示。

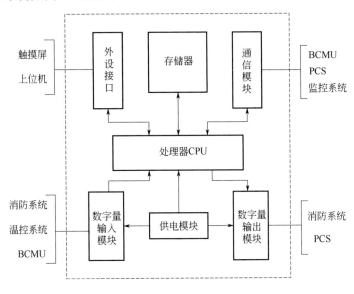

图 4-2　BAMU 硬件架构图

（1）供电电源模块

BAMU 供电电源通常采用外部 AC/DC 电源模块，供电电压要求 DC24V（-15%～+20%），电源模块性能应满足《电化学储能电站用锂离子电池管理系统技术规范》（GB/T 34131—2017）的要求。

（2）处理器 CPU 模块

BAMU 处理器 CPU 模块采用的嵌入式控制器，应搭载多核处理器，能够安装 Linux 操作系统，满足 EtherCAT 总线技术要求，并至少能够提供两个独立的 Gigabit 以太网接口。

（3）通信模块

BAMU 通信模块宜具备 RS485 总线通信接口、以太网通信接口、CAN2.0 通信接口、USB 2.0 接口等。具体要求如下：

① 与 PCS 之间一般采用全双工模式 RS485 总线通信、24V 开漏输入、输出 IO 等通信接口。信号接口通过电气隔离保证其拥有较高的抗干扰性。

② 与中央监控系统之间一般采用以太网通信接口。

③ 与电池簇管理系统之间一般采用以太网通信接口。

④ 与外设设备之间可以采用 USB 2.0 通信接口。

⑤ 所有接口一般采用冗余设计，留有备用接口。

（4）数字量输入输出模块

BAMU 设计有数字量输入输出模块，主要用于信号采集或对外指令。比如输出到 PCS 急停信号，控制空调的开关机信号等。部分要求如下：

① 急停信号需要设计为干接点。

② 信号电平应匹配供电电压。

③ 数字量输入、输出信号宜采用电隔离的形式，与上层的自动化控制单元和执行层的执行器进行通信。

（5）存储器模块

BAMU 数据存储模块用于记录控制历史事件和历史数据。在存储周期为 1s 的条件下，满足 120d 以上的在线信息存储要求。存储方式且宜采用队列方式。

（6）外设接口模块

外设接口模块与触摸屏或上位机连接，用以显示整个电池阵列的相关信息，且满足人机交互需求。同时，可以接收触摸屏或上位机的控制信号。

4.2.2.2 BCMU 硬件架构

BCMU 是电池簇级别的电池管理单元，用于检测和管理一个电池簇的电和热相关参数，并提供电池簇和其他设备通信装置。BCMU 与 BMU 通信获取电池单体电压、温度数据，并根据电池状态控制 BMU 进行均衡动作；BCMU 与 BAMU 通信上传电池簇工作状态，并接受 BAMU 指令进行相应动作。

BCMU 硬件架构如图 4-3 所示。

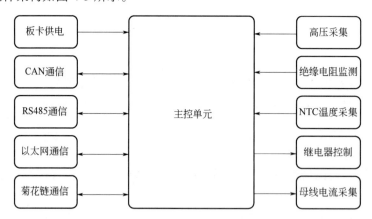

图 4-3 BCMU 硬件架构图

（1）板卡供电模块

板卡供电模块一般采用 AC/DC 电源模块，输入电压一般为 24V 平台，性能应满足《电化学储能电站用锂离子电池管理系统技术规范》（GB/T 34131—2017）的要求。

板卡供电模块除了满足内部电路需求外，还要充分考虑外部传感器的供电需求。

（2）CAN 通信模块

CAN 通信模块宜采用隔离的通信方式，CAN 收发器满足 CAN2.0 要求。并确保终端电阻的功率和可配置性。

（3）RS485 通信模块

RS485 通信模块宜采用隔离通信方式，并确保终端电阻的功率和可配置性。

（4）以太网通信模块

以太网通信模块一般用于 BCMU 与 BAMU 通信，满足工业以太网要求。

（5）菊花链通信模块

菊花链通信模块一般为 BCMU 和 BMU 专用的通信方式，通信协议各芯片厂家不同，需根据所选的模拟前端芯片进行匹配设计。

（6）高压采集模块

高压采集模块用于电池簇总压采集，电池簇总电压检测相对误差应不大于±0.5%FS（电池簇总压小于 1000V）和不大于±10V（电池簇总压不小于 1000V 且不大于 2000V），采样周期不大于 100ms。

（7）绝缘电阻监测模块

绝缘电阻监测模块是为检测高压系统对机壳的漏电情况，《电化学储能电站用锂离子电池管理系统技术规范》（GB/T 34131—2017）中对绝缘性能要求有明确的规定。常用国标电桥法。

（8）NTC 温度采集模块

NTC 温度采集模块可用于内部电气设备温度、环境温度等检测。

（9）继电器控制模块

继电器控制模块用于控制高压母线回路通断，建议至少具备 5 路继电器驱动电路，驱动方式通常采用高低边共同驱动或单高边驱动方式，驱动能力应满足继电器需求。

同时，需要对继电器进行工作状态监测，通常采用继电器后端电压监测或继电器辅助触点监测的方式。

（10）母线电流采集模块

母线电流采集方式，包括霍尔传感器采集和分流器采集。

4.2.2.3　BMU 硬件架构

BMU 是 BMS 最基础的电池管理单元，负责监测单体电池的电压和温度、执行单体均衡等功能。储能系统 BMU 硬件架构可以根据与 BCMU 之间的通信方式不同，分为 CAN 总线通信架构和菊花链通信架构。

（1）BMU 通用功能

① 单体电压测量。

电压采集电路，通常经过信号调理电路进入专用模拟前端，完成电压采集电路设计。其中 GB/T 34131—2017 规定单体电压测量误差应不大于±0.2%FS，采样周期应不大于100ms。

② 温度采集。

电池温度采集是电池热管理重要的数据来源。通常采用 NTC 传感器进行温度采集，一般采用电阻与 NTC 分压的原理，电路简单可靠。其中 GB/T 34131—2017 规定检测温度在-20～65℃范围内，温度检测绝对误差应不大于±1℃（含-20℃和65℃），检测温度在-40～-20℃和65～125℃范围内，温度测量绝对误差应不大于±2℃；采样周期应不大于1s。

③ BUSBAR 电压采集。

BUSBAR 用于电池串并联连接，由于 BUSBAR 自身存在内阻，在充放电过程中形成电压差，如果内阻较大，BMS 对 BUSBAR 附近的电池单体电压测量误差变大，最终影响系统状态的估算。为避免该问题的影响，当 BUSBAR 长度较长时，可以将 BUSBAR 当作一节电池进行采集，或特殊处理。

④ 均衡方式。

在电池的制作过程中，由于工艺问题或材质的不均匀，导致电池的容量、内阻和电压等参数值不一致；同时，在装机使用时，由于电池组中各个电池的通风条件、自放电程度等条件存在差异，也会影响电池的一致性，不仅直接影响电池组整体容量，还会制约电池组的整体功率性能。

为了缓解电池组单体电池不一致影响电池组性能问题，需要对电池系统进行均衡；目前主要应用的均衡方式有主动均衡和被动均衡两种。

主动均衡是以电量转移的方式进行均衡，效率高，均衡电流从 1～10A 不等。但主动均衡存在体积大、元件多、成本高、可靠性低等缺陷。

被动均衡是采用电阻放热的方式进行均衡，将高容量的电池进行放电，以热量形式释放电量，从而达到均衡的目的。被动均衡的优点是电路设计简单、技术成熟可靠、成本低，而缺点是均衡电流小。

⑤ 总线通信方式。

储能系统 BMU 与 BCMU 之间的通信方式分为 CAN 总线通信和菊花链通信。

CAN 总线通信方式的 BMU，需要集成微控制器和 CAN 总线、板卡供电等外围电路，硬件相对复杂，但抗干扰能力较强。

菊花链通信方式的 BMU，硬件设计相对简单，同样抗干扰能力相对较弱。

（2）CAN 总线通信 BMU 架构

CAN 总线通信方式的 BMU 硬件架构如图 4-4 所示，AFE（模拟前端采集芯片）模块负责采集电压和温度，将数据信息通过 SPI 传输给 MCU 进行处理，MCU 将处理后的数据通过 CAN 收发器发送到 CAN 总线，与 BCMU 进行通信；同时 MCU 将 BCMU 通过 CAN 总线下发的指令传给 AFE，控制 AFE 是否开启均衡。

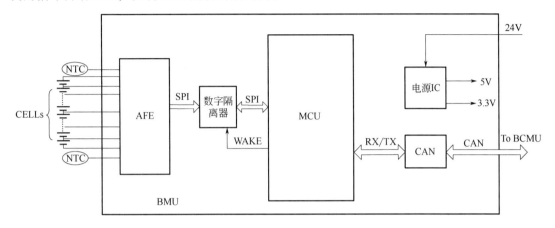

图 4-4　CAN 总线通信方式的 BMU 硬件架构

（单线箭头代表单端信号的信号流方向；总线箭头代表通信总线的信号流方向。）

① AFE（模拟前端采集芯片）。

AFE 用于采集电池单体电压、温度和用于控制电池均衡功能。

② 数字隔离器。

数字隔离器用于 AFE 与 MCU 之间隔离通信，通常采用 SPI 通信。

③ MCU 处理器。

MCU 用于数据的处理与转发，通常需要具备 SPI 和 CAN 通信接口。MCU 将 AFE 采集的数据进行处理后通过 CAN 总线传输给 BCMU；同时将 BCMU 下发的指令转发给 AFE，控制电池均衡功能是否开启。

④ 电源 IC。

电源 IC 通常采用 DC/DC 模块，输入电压为 24V 平台，性能应满足《电化学储能电站用锂离子电池管理系统技术规范》（GB/T 34131—2017）的要求。

电源 IC 用于板卡内部元器件供电需求以及部分对外输出供电需求，例如：MCU。

⑤ CAN。

CAN 通信用于 BMU 与 BCMU 通信，一般采用非隔离通信方式，CAN 收发器满足 CAN2.0 要求。

BCMU 和 BMU 采用 CAN 通信方案，如图 4-5 所示，每块 BMU 采集的电压/温度，通过 CAN 总线接口与 BCMU 通信，从而实现 BMU 与 BCMU 的信息交互。

（3）菊花链通信 BMU 架构

CAN 总线通信方式的缺点为元器件较多，体积较大，每个 BMU 单板都必须配备带 CAN

总线接口的 MCU 和外围电路。针对这一问题，主要 IC 生产商提供专用的集成电路解决方案，通用方案即采用菊花链通信方式。菊花链通信方式省去了 MCU 及外围电路，成本较低，体积较小。同时菊花链通信支持回环通信，菊花链通信单点短路时，能保证系统正常运行，增强了通信的可靠性。

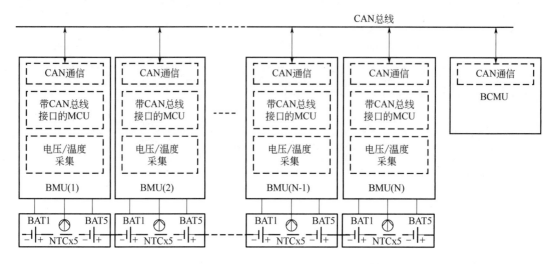

图 4-5　BCMU 和 BMU CAN 总线通信拓扑

菊花链通信方式的 BMU 硬件架构如图 4-6 所示，AFE 模块负责采集电压/温度，同时通过菊花链高通道接收下一级的 BMU 传输的数据，将数据信息通过菊花链低通道传输给上一级 BMU 或 BCMU；同时 BCMU 通过菊花链下发指令控制 AFE 是否开启均衡。

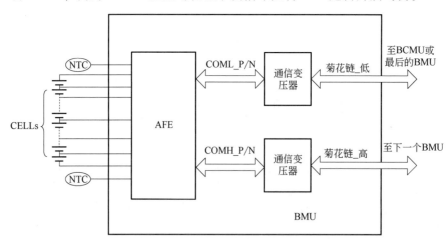

图 4-6　菊花链通信方式的 BMU 硬件架构

（注：COMH_P/N 为模拟前段输出的差分信号。）

① AFE（模拟前端采集芯片）。

AFE 用于采集电池单体电压、温度和用于控制电池均衡功能。

② 通信变压器。

通信变压器用于板卡间菊花链通信的隔离，需根据所选的模拟前端芯片进行匹配设计。

如图4-7、图4-8所示，每个BMU之间及BMU与BCMU之间通过菊花链隔离的方式连接，每块BMU采集的电压/温度，通过菊花链一级级传递，实现BMU与BCMU之间的通信。在此基础上，通过菊花链连接BMU（1）与BCMU，可实现菊花链回环通信，如图4-8所示。

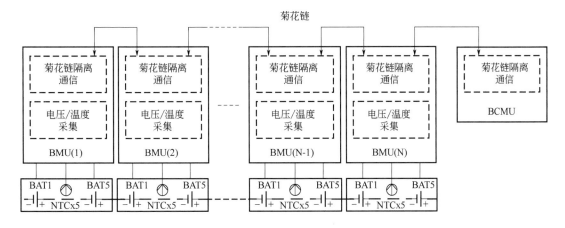

图4-7　BCMU和BMU的非回环菊花链通信拓扑

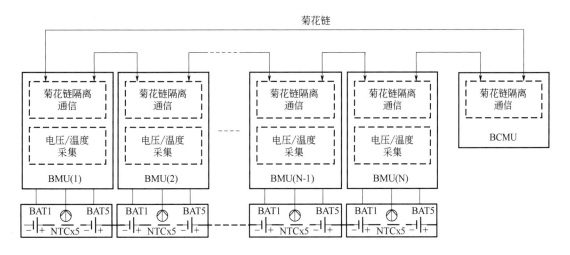

图4-8　BCMU和BMU的菊花链回环通信拓扑

4.2.3　可靠性设计

可靠性是硬件性能的重要指标，其是指在给定的操作环境与条件下，硬件在一段规定的时间内正确执行要求功能的能力。可靠性设计应重点关注FMEA分析、元器件降额设计、电性能设计、抗干扰设计等。

4.2.3.1　FMEA分析

硬件FMEA分析是通过电子元器件的潜在失效模式，分析其可能造成的后果，从而预先采取必要的措施，以提高产品可靠性的活动。

通过FMEA的分析，可以准确地掌握电子元器件失效模式的严重度、频度、探测度，进而评估出产品风险系数，并根据以上参数入手来改善风险系数，以提高产品的可靠性和安全性。

4.2.3.2 元器件降额设计

降额设计是使元器件或产品工作时承受的工作应力适当低于元器件或产品规定的额定值，从而达到降低基本失效率，提高使用可靠性的目的。

因电子产品的可靠性对其电应力和温度应力比较敏感，其中温度降额，主要依靠散热设计；而电应力降额设计一般原则为：各类元器件均有一个最佳的降额范围，在此范围内应力变化对其故障率影响较大。但是，过度的降额也不可取，会增加元器件数量；并且，降额到一定程度后，可靠性的提高是很微小的。储能 BMS 作为电池系统的核心部件，建议降额参照《元器件降额准则》（GJB/Z 35—1993）规定进行设计。

4.2.3.3 电性能设计

储能硬件板卡电性能设计一般要求：

（1）直流电压工作范围

对于额定工作电压为 12V 的电池管理系统，直流供电电压应为 10.8～13.2V。
对于额定工作电压为 24V 的电池管理系统，直流供电电压应为 21.6～26.4V。
对于额定工作电压为 48V 的电池管理系统，直流供电电压应为 43.2～52.8V。

（2）长时间过电压

要求硬件电路在直流供电调至额定工作电压的 1.5 倍，持续运行 1h。

（3）反向电压

要求硬件电路在供电电压反接工况下，持续运行 1min，将电源恢复正常状态后，板卡工作正常。

（4）通信线回路短路

要求硬件电路的通信线回路依次对地和电源短路 1min 以及差分对短路 1min，恢复正常以后板卡工作正常。

4.2.3.4 抗干扰设计

根据《电化学储能电站用锂离子电池管理系统技术规范》（GB/T 34131—2017）的要求，储能 BMS 硬件应重点关注抗干扰设计。如果硬件抗干扰措施得当，可以将大部分干扰隔离吸收。常见的硬件抗干扰措施有以下几个方面：

（1）尽量选择抗干扰能力强，信号频率低的元器件

板卡的信号时钟是系统中存在的主要噪声源之一，可能引起本系统自身的干扰。因此，在满足性能要求的前提下，尽量降低单片机的时钟频率和选用低速数字电路等方法来提高敏

感器件的抗干扰性能。

（2）硬件滤波

硬件滤波是电路设计常用的抗干扰技术。例如，BMU 在电池信号采集电路中增加一个参数设计合适的 RC 低通滤波器，可以滤除输入信号中的高频干扰噪声。

（3）MCU 外围配置抗干扰措施

MCU 与外设交互的总线一般通信速率较高，总线电路设计是否合理将直接影响到整个系统的稳定性。在总线上增加上拉电阻增强驱动能力，提高总线的抗干扰能力。

（4）PCB 设计及布线

PCB 是硬件系统的基础部分，提供了各种电子元器件之间的电气连接。PCB 设计的好坏对系统的抗干扰能力影响很大，因此，在 PCB 板设计中必须采取有效的抗干扰措施。

PCB 在布线过程中应尽量将模拟电路和数字电路分开，降低相互之间串扰；应减小信号环路面积，降低感应噪声；电源线尽量加粗，以降低传输线阻抗；PCB 走线应尽量短并避免 90°拐角和锐角走线，减小传输线寄生参数，保证传输线的阻抗连续。同时，应根据电路的功能进行布局，防止不同区域的射频电流相互耦合干扰。

（5）良好的接地

电气系统的"地"有两种含义：一是代表系统或电路的等电位参考点，为系统和电路的各部分提供一个稳定的基准电位，称为信号地；二是指大地，系统或电路的某些部分需要与该地连接以提供泄放回路和电磁屏蔽。在设计接地的过程中需要注意安规要求，通常系统接地的目的主要包括：一是系统的外部接地，避免能量积累，威胁人身安全，以达到安全的目的。二是为电路工作提供一个公用的参考接地点；三是硬件滤波抑制干扰。

在储能 BMS 中，数字地和模拟地应单独处理。由于，模拟信号在 A/D 转换前后分别是模拟信号和数字信号，其中数字信号是脉冲信号，dv/dt 压摆率大很容易对外辐射噪声，而模拟信号的输入阻抗较高，噪声很容易耦合到模拟信号中，造成模拟信号的数据波动，甚至跳变。因此设计上应将两者单点连接，既保证基准电位一致，又较少数字信号的噪声通过地耦合到模拟信号。

4.2.4　关键电路设计

BMS 功能为电池组状态监测，关键的电路包括：电池单体信息采集、母线电流采集。

4.2.4.1　基于专用 IC 的电池监测电路

随着半导体工艺集成度的提高，许多大型半导体器件生产企业均面向电池管理系统开发出专用集成芯片。这些专用 IC，每片可以测量 6～18 个电池串联通道的电压，并提供温度、电流测量端口。

专用 IC 设计的好处有以下几个方面：

① 基于专用 IC 的电路不再需要使用单独的隔离供电电源，同时专用 IC 一般配备有隔离串行通信总线，不需要额外考虑隔离通信的问题，电路得到了极大的简化，可明显减小电路板的面积。

② 测量精度高，测量速率快。

③ 很多专用 IC 都考虑了 ISO 26262 标准，可靠性高。

4.2.4.2 电流检测模块设计

（1）基于分流器的电流检测

分流器是一种测量直流电用的仪器，根据直流电通过电阻时在电阻两端产生电压的原理制成，具有精度较高的特点。基于分流器的电流监测方案如图 4-9 所示。

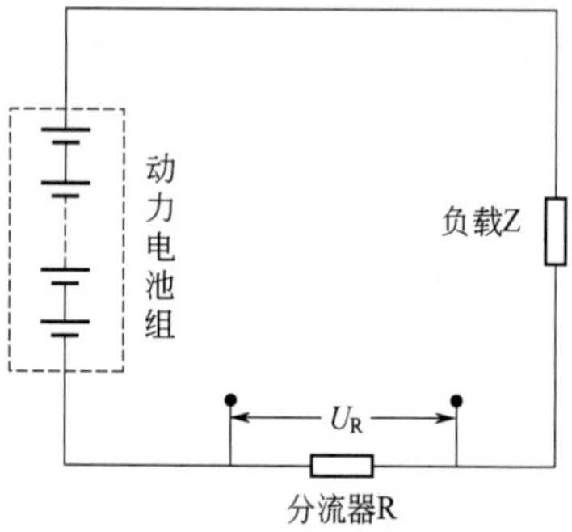

应依据回路的电流大小和精度，选择适当阻值和精度的分流器；对于温漂参数较大的分流器，应当增加分流器温度检测电路，用于温度补偿。

图 4-9　基于分流器的电流监测方案

（2）基于霍尔传感器的电流检测

霍尔电流传感器是利用霍尔效应原理来检测电流的电子元件，可以测量直流电和频率到几兆赫兹交流电所产生的电流。霍尔传感器利用电磁感应原理来测量电流信号，通过电磁场"感应"得到电压信号，经过适当的放大电路得到电压信号供 BMS 采集。

4.3 软件开发要点

4.3.1 软件架构设计

4.3.1.1 BAMU 软件设计

BAMU 通常安装于电池系统的控制柜内，用于管理一个电池集装箱内的一个或多个电池单元（PCS 直流侧接入的所有电池簇），包括电池系统数据的采集、计算，接收上级调度控制，按照控制保护策略，向各电池簇、空调、汇流柜等设备下发指令，同时，可记录所有控制指令和历史数据。BAMU 可实现对储能电池预制舱的全面控制与保护，实现与 PCS、储能监控层的通信。

BAMU 根据所述功能需要，软件架构自底向上设计 6 个软件模块，分别是运行环境模块、电池簇模块、通信模块、存储模块、权限模块、安全管理模块，BAMU 软件架构图见图 4-10。

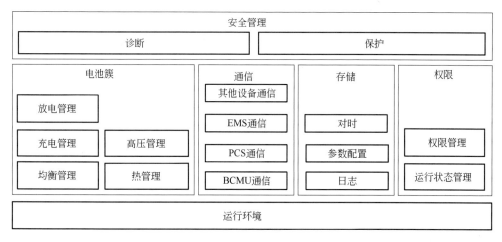

图 4-10 BAMU 软件架构图

下文展开介绍 6 个模块的具体划分：

（1）运行环境模块

BAMU 功能运行的环境，一般包括嵌入式实时操作系统、通信协议栈、设备驱动等。

（2）电池簇模块

① 放电管理：在放电过程中，控制电池电压在最低允许放电电压之上，将最大允许放电功率、放电电流发送给 EMS 和 PCS。

② 充电管理：在充电过程中，控制电池电压在最高允许充电电压以下，将最大允许充电功率、充电电流发送给 EMS 和 PCS。

③ 均衡管理：可控制各 BCMU 均衡功能的开启和关闭。

④ 热管理：向热管理系统发送电池温度信息及其他控制信号，实现热管理系统控制策略，可控制空调的开机、关机、下发目标温度和控制运行模式。

⑤ 高压管理：通过与 BCMU 通信，可控制电池簇的接触器闭合、断开，可控制电池簇风扇的开启和关闭，可控制汇流柜直流开关的分闸、合闸（该功能取决于汇流柜接口）。预留与 PCS 急停干接点，可主动发出急停信号。

（3）通信模块

该模块实现了 BAMU 对外设通信功能，支持市场主流通信协议，主要包括 IEC61850、ModbusTCP、ModbusRTU、EtherCAT、EAP、IEC60870-104、CAN 等。通信对象包括 BCMU、PCS、EMS、空调、触摸屏（简称 HMI）、烟雾传感器、温度传感器、湿度传感器等。

（4）存储模块

① 对时：具备对时功能。

② 参数配置：BAMU 采用模块化软件设计，具备全面的参数配置功能，可以对储能集装箱内设备通信、故障诊断、运行控制、算法策略、热管理、报表等功能模块进行参数设

定，实现对各功能模块运行策略的灵活调整。

③ 日志：储存不少于 100000 条事件。运行参数的修改、电池管理系统告警信息、保护动作、充电和放电开始/结束对应时间等均应有记录，时间记录应精确到秒。事件记录应具有掉电保持功能。每个报警记录应包含所定义的限值、报警参数，并列明报警时间、日期。

（5）权限模块

① 权限管理：BAMU 具有操作权限密码管理功能，任何改变运行方式和运行参数的操作均需要权限确认。

② 运行状态管理：BAMU 具有储能设备运行状态管理的功能，能够根据制订的控制策略自动运行，也可以通过远方和就地实现手动控制运行。

（6）安全管理模块

BAMU 具备对储能集装箱做全面故障诊断的功能，包括电池系统、消防系统、热管理系统、配电系统等。BAMU 通过实时监测电池系统数据、消防火警、可燃气体浓度超标、环境温湿度、内外部设备通信数据及急停输入等状态，对电池集装箱进行相应的保护动作，并将诊断结果形成事件以及数据记录下来。故障诊断数据可上报给 EMS 或其他监控系统，并可以长时间存储，方便问题追溯。

4.3.1.2　BCMU 软件设计

BCMU 作为储能系统的中间层，在整个系统中起着至关重要的作用。BCMU 安装在储能电池簇内，每组电池簇配置一套 BCMU，各簇 BCMU 之间相互独立，可同时接受上级控制，能达到高效执行、独立调配的目的，是连接 BMU 和 BAMU 的桥梁。BCMU 获取电池簇的电池信息，分析电池单体的电压状态、温度状态、电流状态，进行 SOX 状态估算，结合系统运行情况进行故障诊断和保护动作，并上报给 BAMU。

BCMU 根据所述功能需要，软件架构自底向上设计 6 个软件模块，分别是运行环境模块、电池模块、高压管理模块、通信模块、存储模块、安全管理模块，BCMU 软件架构图见图 4-11。

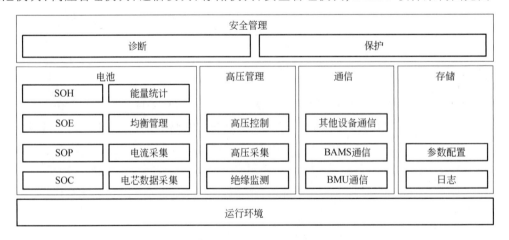

图 4-11　BCMU 软件架构图

下文展开介绍 6 个模块的具体划分：

（1）运行环境模块

BCMU 功能运行的环境，包括嵌入式实时操作系统、通信协议栈、设备驱动等。

（2）电池模块

BCMU 接收 BMU 上传的电压、温度等信息，计算电池最高最低电压、最高最低温度、电池平均电压和温度，实时采集母线电流，依据电池建模数据，执行 SOC、SOP、SOE、SOH 算法，以及全时均衡算法。

（3）高压管理模块

BCMU 接受来自 BAMU 的高压控制指令，控制高压接触器动作，实现电池簇上下电逻辑。BCMU 在运行过程中周期性地进行电池簇总压采集和绝缘电阻监测。

（4）通信模块

该模块实现了 BCMU 对外设通信功能。BCMU 将电池信息、电池簇允许充放电功率、运行状态等发送给 BAMU，并接收来自 BAMU 的控制指令；BCMU 向 BMU 发送采集指令和均衡指令，并获取 BMU 上传的电池电压、温度、均衡状态、故障状态等信息。

（5）存储模块

存储模块主要负责存储 BCMU 的运行数据，参数配置信息和日志等。运行数据包括 SOC、SOP、SOE、SOH、累计电量等数据，参数配置信息包括电池参数配置信息、传感器参数配置信息、故障保护阈值信息等。

（6）安全管理模块

安全管理模块包括故障诊断功能和保护功能等，故障诊断功能对电池簇运行状态进行实时诊断，包括电池过压、欠压，电池压差过大，电池过温、欠温，电流过大等故障，根据故障严重程度划分故障等级；保护功能将故障信息上传到 BAMU 进行报警，并根据故障严重等级，进行功率限制，必要时断开接触器以保护电池簇。

4.3.1.3 BMU 软件设计

BMU 作为电池管理系统的最底层，进行电池电压、电池温度等信息的采集，将数据上报给 BCMU。BMU 内部具有均衡电路，可按照 BCMU 指令启动电池均衡功能。

BMU 根据所述功能需要，软件架构自下向上设计 5 个软件模块，分别是运行环境模块、数据采集模块、均衡模块、诊断模块、通信模块，BMU 软件架构图见图 4-12。

下面展开介绍 5 个模块的具体划分：

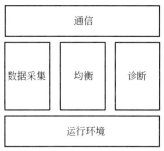

图 4-12　BMU 软件架构图

（1）运行环境模块

BMU 功能运行的环境，一般包括嵌入式实时操作系统、通信协议栈、设备驱动等。

（2）数据采集模块

数据采集模块用于采集电池电压、温度等信息。

（3）均衡模块

均衡模块用于接收 BCMU 发送的均衡指令，针对指定电池单体开启均衡功能，以达到簇级电池均衡状态。

（4）诊断模块

诊断模块可以诊断电池采集相关故障，并传输给 BCMU。电池采集相关故障包括采集线开路、短路，均衡电路开路，采集芯片温度过高等故障。

（5）通信模块

通信模块将电池电压、温度、均衡状态以及故障信息上报给 BCMU，接收 BCMU 的指令，包括采集指令、均衡指令等，并反馈执行结果。

4.3.2 软件核心技术

4.3.2.1 算法技术

（1）SOX 状态估算

① SOC 估算。

SOC 估算是 SOX 算法体系的基础，它能够表示电芯内部状态，从而建立工程应用与电芯内部状态的关联。在目前主流技术方案中，SOC 估算通常采用以安时积分法为主、电池模型校准为辅的方法。为了确保算法策略工程实用性，需要在算法策略中进一步考虑到温度、SOH、采集精度等因素的影响，对电池模型进行完善，保证电池 SOC 的估算精度。

② SOH 估算。

SOH 估算是确保电芯全生命周期内 SOX 算法精度的关键。SOH 计算需要基于电芯的循环寿命和日历寿命子模型，结合 Arrhenius 方程对温度方面进行修正，结合 SOC 联合估算在工况方面进行修正，从而确保 SOH 估算结果准确稳定可靠。

③ SOE 估算。

SOE 是储能系统最为关注的电池状态信息，它与系统决策调度直接相关。SOE 的估算与电池 SOC 的估算存在共通之处，它们都属于单次充放电循环时间尺度下的算法策略。但就复杂度而言，SOE 需要在 SOC 的基础上实现从"电荷量"到"能量"的升级，因此需要进一步对不同工况条件下电池的电压外特性进行建模。

④ SOP 估算。

SOP 用于表征电池的短时间充放电能力，决定了储能系统的功率吞吐能力。SOP 关注电池系统的短时间特性，例如电池的欧姆内阻、极化内阻，电气设备阻抗等。SOP 算法对电池建模的要求较高，尤其要求电池测试过程、BMS 运行过程时刻具备高频数据采样能力，以确保对电池瞬态特性的精确捕获。

（2）面向工程应用的算法技术

针对一些特殊应用或特殊需求，SOX 还可能包含 SOF（state of function，功能状态）、SOS（state of security）等内容。整体而言，SOP、SOC、SOE 和 SOH 分别从功率吞吐能力、剩余电荷量、剩余能量和剩余寿命四个维度对系统的运行状态进行描述，SOF、SOS 等则结合定制化需求对系统状态进行更加综合的研判。

回顾 BMS 的技术发展历程可以看到，SOX 状态估计算法经历了三个技术阶段：面向工程应用的算法技术、基于机理和模型的算法技术、结合云端大数据技术的算法技术。

SOX 概念的提出来源于工程应用，而非基础科学研究。例如 SOC 通常被认为反映了电芯的剩余可放出电荷量比例，而不是正负极集流体所附着活性物质的可用比例；SOP 通常被认为反映了安全工作区内电芯的可输出功率能力，而不是电芯电动势、阻抗及其影响因素的复杂公式。这个阶段的 SOX 算法只需要负责对应用现场电池系统的相关特性进行描述，至于算法精度、影响因素、背后机理等等并不是问题的关键。

以 SOC 算法为例，最初的 SOC 算法（电量计）用于在电池系统到达亏电/满电状态之前进行预警，以便现场人员提前进行操作。例如，最经典的电压判定法，即通过电芯/电池系统端电压直接反映系统 SOC 的方法，目前仍然应用在控制系统成本受限、工作电压跨度较大并且对 SOC 精度需求不高的场合。随着电源管理芯片成本的降低，BMS 对电池工作电流和温度的低成本采样成为可能，同步伴随着电荷累计法（即安时积分法）得到应用。对于诸如小型手持终端、长续航电子信息设备等低倍率窄温度区间的工况而言，安时积分法配合简单的电压校准策略能够有效满足客户的基本使用需求。然而随着锂离子电池问题日益得到关注，客户对 SOC 精度的要求不断提升。同时在宽温度区间、高运行倍率应用场景下，单纯的安时积分法难以保证算法精度。在此情况下，针对 SOC 算法的研究产生了两个分支：其一是继续延续工程化路线，不断完善校准策略，增强安时积分算法的适用性；其二是从电池机理出发，建立电池模型，提出基于机理和模型的 SOC 算法。

工程化 SOX 算法的一个典型案例是基于现场标定的计算策略，即通过对现场运行数据的分析，通过大量参数标定的方式实现适用于特定现场的 SOX 算法策略，例如，基于实时动态电压的 SOC 标定计算方法。这类方法的最大问题在于几乎不具备可推广性。当系统运行需求、电芯特性等发生变动时，参数标定结果不再适用，此时 SOX 计算结果会出现不可预料的误差。

面向工程应用的算法技术作为 SOX 算法面向需求来源的最直接体现，具有一定的工程应用价值。这类算法存在两方面典型问题：

① 算法底层大量使用开环策略，缺少闭环校准。

② 算法精度与具体工况强耦合。这两方面问题使得 SOX 算法精度提升受限，并且场景、工况的变化会对算法可靠性产生较大影响。最终导致这类算法无法在大规模标准化储能系统

集成应用中得到推广应用。

（3）基于机理和模型的算法技术

为了将 SOX 算法精度提升到与 BMS 采样精度相当的极限水平，必须消除 SOX 算法本身导致的精度损失。

首先，需要消除使用工况对 SOX 算法精度的影响，即消除 SOX 算法策略对使用工况的依赖性。传统 SOX 算法策略的设计往往试图"充分利用"控制策略提供的便利性，将电池特性的研究约束在确定性工况中某些特定工作点的范畴下，以实现该工况下 SOX 算法精度和稳定性。然而对于标准化储能产品而言，其确定性因素并非最终使用工况，而是系统设计方案。因此，SOX 算法设计的根源应该为系统本征特性，而非人为构想的工况。

其次，需要消除软硬件运行环境对 SOX 算法精度的影响，即消除 SOX 算法策略对 BMS 底层软硬件环境的依赖性。传统 SOX 算法策略的设计往往对 BMS 底层软硬件环境提出诸多要求或假设，例如，采样可靠性、调度周期稳定性等。与之相对应的则意味着传统 SOX 算法策略在功能安全方面投入不足。对于环境多变、工况复杂的现场，BMS 整体运行可靠性会与实验室环境存在显著差异。在此环境下，单纯基于计算机仿真完成设计验证的 SOX 算法将会出现诸多不确定故障，这将极大地限制标准化储能产品的适用性。因此 SOX 算法设计应充分考虑各项输入的不确定性，采用功能安全的方法进行审核。

最后，需要消除系统差异性对 SOX 算法精度的影响，即消除 SOX 算法策略对系统参数一致性的依赖性。对于大规模储能系统而言，电芯、电气、结构、环境温度、采集线束等不可避免地会存在公差，诸多公差的累积最终会导致系统之间存在一定幅度的不一致性。倘若 SOX 算法无法对其进行兼容，系统公差最终体现为 SOX 算法误差，使得不同子系统的 SOX 算法呈现出分散性误差。对于工程化应用的 SOX 算法而言，可靠性和鲁棒性方面的设计往往比理论前瞻性更加重要。

基于上述考虑，SOX 算法策略设计需要立足于实际储能系统的详细设计及其运行环境，在系统性梳理电芯、电池模块、电池簇等不同层级关键机理的前提下，建立精确、实用的工程化模型，并进而开展算法策略、控制策略、保护策略的研发和测试。

以 SOC 算法为例，随着单电芯模型的建立，以 Kalman 滤波器为代表的滤波器类算法得到广泛应用，形成了以电芯特性为核心的闭环 SOC 算法；随着电芯差异性模型的建立，针对单电芯的 SOC 算法被拓展形成针对电池系统各个单体电芯的 SOC 算法，并直接推动了均衡技术的提升；随着电池系统扰动模型的建立，抗外扰鲁棒性算法技术得以引入，SOC 算法的收敛性和稳定性得到进一步提升。

基于机理和模型算法技术的最大优势在于将 SOX 算法的设计依据锚定为电芯特性而非外部工况，这使得 SOX 算法具有较强的可推广性，甚至跨领域应用。进而会减少诸如梯次利用等项目的开发成本和周期。在开展基于机理和模型的算法技术研究过程中，常见的误区是过度强调理论完备性、忽略工程实用性，导致研发得到的"鲁棒算法"在实际系统中不堪一击。SOX 算法作为 BMS 的组成部分，其输入来源于 BMS，其输出服务于 BMS。SOX 算法研发过程必须时刻注意 BMS 整体的可用性和经济性，既要充分利用 BMS 的软硬件资源，又要注意控制运算量确保 BMS 运行稳定性，实现整体效益的最大化。

基于机理和模型的算法技术作为现阶段 SOX 算法策略主要解决方案，引入了模型作为算法策略的核心。这类算法的主要特点在于：

① 算法较多采用闭环策略，在系统运行过程中具备较强的稳定性。

② 算法方案基本实现与工况的解耦，跨领域通用 SOX 算法得到应用。然而随着算法策略复杂度的提升，尤其是针对大时间跨度的高阶系统模型的引入，SOX 算法运算量的增长速率显著高于 BMS 硬件算力的提升速率。进一步地，综合算力/运算效率的提升将成为提升产品质量的关键。

（4）结合云端大数据技术的算法技术

大数据技术的演进催生了超大规模云端数据存储服务和超高算力运算数据处理服务，同时云端服务能力的提升又反哺了大数据技术的快速迭代。背靠云端大数据技术，依托高速实时网络通信服务，CBMS（cloud-BMS，云端 BMS）应运而生。

相比较于 BMS 而言，CBMS 几乎具备不可限量的存储能力和运算能力，并且这些能力均可通过硬件拓展得到不断提升。因此在 BMS 算力捉襟见肘的情况下，不少研究人员转向研发基于 CBMS 的 SOX 算法策略。

与 BMS 相比，CBMS 的优势在于运算能力强、存储能力强、能够执行大幅度跨时间和空间的数据处理和运算。CBMS 的劣势在于实时性较差，无法像 BMS 一样基于高度实时性的现场数据做出及时响应。因此，CBMS 适合执行需要进行大规模、长时间段数据处理分析的任务，例如，系统均衡、风险预警、性能评估，但是不适合执行需要高实时性响应的任务，例如，安全报警、保护策略等。对于 SOX 算法而言，短时间尺度的算法策略适合在 BMS 端实现，长时间尺度的算法适合在 CBMS 实现。更进一步地，如何通过 CBMS 和 BMS 配合以实现更加可靠的 SOX 算法策略，是下一步研究的重点。

此外，针对储能系统而言，BMS 是最底层的控制单元，CBMS 是最顶层的控制单元，实现 BMS 和 CBMS 的联动将打通"策略-数据-分析-策略"的线上-线下迭代闭环。在 BMS 和 CBMS 之间还存在着多个层级的控制单元，真正意义上的"线上-线下"联动必不可少地会需要将这些控制单元通盘考虑，依据不同层级控制单元的能力特征进行任务分配，实现储能系统整体性的联动。在此框架下，可最大程度的保证 SOX 算法的稳定性和可靠性。

4.3.3.2 软件安全需求分析

软件安全需求分析按如下步骤进行：

① 在系统和分系统层次上分析与软件相关的工况、时序等，确定与软件相关的故障模式和危险发生的概率，以及输入、输出信号的关键性等级等。

② 在系统和分系统分析的基础上，针对与软件相关的危险及模式，在软件功能上进行深入细化分析，分析软件可能的运行模式及发生概率，确定与安全相关的运行模式、控制运行模式转换的关键控制信号和功能。

③ 通过分析软件执行的功能、数据流和控制流，从逻辑上确定与系统安全直接相关的关键功能和间接相关的重要功能，并针对这些功能可能的失效模式进行分析，提出纠正措施

或估计发生概率。

④ 确定软件的安全性需求和安全性关键软件特性，标识出软件顶层设计结构中存在的不安全模式，进行软件危险排序。

基于功能安全的软件开发步骤、目的及输出物见表 4-2。

表 4-2　基于功能安全的软件开发步骤、目的及输出物

步骤	目的	输出物
启动软件开发	计划和启动软件开发过程中各子阶段的功能安全活动	1. 安全计划 2. 软件验证计划 3. 建模和变成语言的设计和编码指南 4. 工具的应用指南
软件安全要求的定义	1. 定义软件安全要求 2. 细化软硬件接口要求 3. 验证软件安全要求和软硬件接口安全要求与系统设计规范的一致性	1. 软件安全要求规范 2. 软硬件接口规范（细化） 3. 软件原验证计划（细化） 4. 软件验证报告
软件架构设计	1. 开发用于实现软件安全要求的软件架构设计 2. 验证软件架构设计	1. 软件架构设计规范 2. 安全计划（细化） 3. 软件安全要求规范（细化） 4. 安全分析报告 5. 关联失效分析报告 6. 软件验证表格（细化）
软件单元设计和实现	1. 按照软件架构设计和相关软件安全要求定义软件单元 2. 按照定义实现软件单元 3. 静态验证软件单元的设计和实现	1. 软件单元设计规范 2. 软件单元的实现 3. 软件验证报告（细化）
软件单元测试	证明软件单元满足软件单元设计规范并且不包含非期望的功能	1. 软件验证计划（细化） 2. 软件验证规范 3. 软件验证报告（细化）
软件集成和测试	证明软件架构设计由嵌入式软件实现	1. 软件验证计划（细化） 2. 软件验证规范（细化） 3. 嵌入式软件 4. 软件验证报告（细化）
软件安全要求的验证	证明嵌入式软件满足了软件安全要求	1. 软件验证计划（细化） 2. 软件验证规范（细化） 3. 软件验证报告（细化）

4.4　BMS 系统的测试验证

测试是 BMS 产品开发过程中不可缺少的重要环节，是产品质量保证的手段。测试的目的是发现错误以及避免错误的发生，最终使产品更加完美。由于开发的每个环节都可能产生

错误，而越早发现错误，修正的成本越低，所以不应将测试仅仅看作一个独立阶段，而应当将其贯穿到软件开发的全生命周期中，这样才能在开发过程中尽早发现和预防错误，杜绝隐患，提高产品质量。

4.4.1 测试验证标准体系介绍

4.4.1.1 储能 BMS 测试验证标准体系

储能系统具有工作电压高、电流大、系统复杂等特点。一个电池系统含多组电池簇、多个控制单元。电池数量多，布线复杂，工作环境恶劣。其运行环境和安全需求与汽车产品相差较大。电力储能系统 BMS 功能安全要求及测试方法相关标准体系尚不完善，因此，需要参考现有标准，结合产品自身特性，进行功能安全设计评估及测试设计。

BMS 需要在符合电气安全、电磁兼容性、环境适应性等要求的基础上，确保对电池的监测控制和保护。按照《电化学储能电站用锂离子电池管理系统技术规范》(GB/T 34131—2017)的要求，储能系统 BMS 应满足以下标准：

① 《电磁兼容　试验和测量技术　静电放电抗扰度试验》(GB/T 17626.2—2018)。

② 《电磁兼容　试验和测量技术　电快速瞬变脉冲群抗扰度试验》(GB/T 17626.4—2018)。

③ 《电磁兼容　试验和测量技术　浪涌（冲击）抗扰度试验》(GB/T 17626.5—2019)。

④ 《电磁兼容　试验和测量技术　工频磁场抗扰度试验》(GB/T 17626.8—2006)。

⑤ 《电磁兼容　试验和测量技术　脉冲磁场抗扰度试验》(GB/T 17626.9—2011)。

⑥ 《电磁兼容　试验和测量技术　阻尼振荡磁场抗扰度试验》(GB/T 17626.10—2017)。

⑦ 《电磁兼容　试验和测量技术　0Hz～150kHz 共模传导骚扰抗扰度试验》(GB/T 17626.16—2007)。

⑧ 《电磁兼容　试验和测量技术　直流电源输入端口纹波抗扰度试验》(GB/T 17626.17—2005)。

⑨ 《电磁兼容　试验和测量技术　阻尼振荡波抗扰度试验》(GB/T 17626.18—2016)。

4.4.1.2 测试技术国标体系

BMS 具体测试流程则可参照软件测试已有行业标准，进行规范管理。具体可参考以下标准：

① 《计算机软件测试文档编制规范》(GB/T 9386—2008)。

② 《计算机软件测试规范》(GB/T 15532—2008)。

③ 《系统与软件工程　软件测试　第 1 部分：概念和定义》(GB/T 38634.1—2020)、《系统与软件工程　软件测试　第 2 部分：测试过程》(GB/T 38634.2—2020)、《系统与软件工程　软件测试　第 3 部分：测试文档》(GB/T 38634.3—2020)、《系统与软件工程　软件测试　第 4 部分：测试技术》(GB/T 38634.4—2020)。

④ 《软件工程　产品评价　第 6 部分：评价模块的文档编制》(GB/T 18905.6—2002)。

4.4.2 BMS 测试验证阶段划分

BMS 测试验证按照测试对象及阶段的不同可以划分为：软件单元测试、软件集成测试、硬件测试、软硬件集成测试、系统测试这几个环节,回归测试可出现在上述每个测试类别中。不同环节的测试目的不尽相同。单元测试主要测试单元是否符合"设计",集成测试则是同时验证"设计"与"需求",系统测试则着重测试系统是否符合"需求规格说明书"。本节将介绍各个测试环节的测试对象以及主要涵盖的测试内容。

(1)软件单元测试

单元测试又称为模块测试,是对软件中最小可验证单元进行检测和验证。一般来说模块的内聚程度高,每一个模块只能完成一种功能,因此模块测试的程序规模小,易检查出错误。单元测试影响范围较广,且较为基础。单元测试一般从程序内部结构出发设计测试用例,多个模块可以平行地独立进行单元测试。

测试方法以白盒测试为主,主要包括:逻辑覆盖法、插桩技术、基本路径测试法、域测试法、符号测试、Z路径覆盖法、程序变异测试法等。测试时需要注意:要保证一个模块中所有的路径至少被测试一次,所有逻辑值都要测试真和假两种情况,需检查程序的内部数据结构是否有效,需检查上、下边界及可操作范围内的所有循环。软件单元测试方法见表4-3,软件单元测试结构覆盖见表4-4。

表4-3　软件单元测试方法

序号	方法	序号	方法
1	走查	8	静态代码分析
2	结对编程	9	基于抽象说明的静态分析
3	检查	10	基于需求的测试
4	半形式化验证	11	接口测试
5	形式化验证	12	故障注入测试
6	控制流分析	13	资源利用率评估
7	数据流分析	14	背对背测试(模型与代码测试对比)

表4-4　软件单元测试结构覆盖

序号	方法
1	语句覆盖
2	分支覆盖
3	MC/DC

单元测试阶段的主要测试内容涵盖:程序语法检查、程序逻辑检查、模块接口测试、局部数据结构测试、路径测试、边界条件测试、错误处理测试、代码书写规范检查等。检查单元模块内部错误、检验信息是否能正确流入流出单元、检查模块内部数据在工作过程中能否保证其完整性、边界处能否正常工作、逻辑覆盖是否满足等。

（2）软件集成测试

集成测试是在所有模块都通过单元测试的基础上，按照系统设计说明的要求，将软件单元组装成各个子模块、模块、子系统或系统的过程中进行的测试，以确认各部分软件设计是否达到或实现相应软件技术指标及规格要求，是单元测试的逻辑拓展。集成测试主要针对程序内部逻辑接口结构进行测试，特别是对各子程序之间的接口设计进行测试。测试方案一般选用黑盒和白盒测试相结合，实施方案有多种，如自底向上、自顶向下、核心系统先行集成、桩驱动等。软件集成测试方法见表 4-5。

表 4-5　软件集成测试方法

序号	方法	序号	方法
1	基于需求的测试	5	背对背测试（模型与代码测试对比）
2	接口测试	6	控制流和数据验证
3	故障注入测试	7	静态代码分析
4	资源利用率评估	8	基于抽象说明的静态分析

集成测试主要测试的内容包括：基于 MIL 的接口及功能测试、基于 SIL 的模型及代码的背靠背测试、函数覆盖率及调用率覆盖度度量。以此验证各个单元组合起来能否实现预期要求、一个模块的功能是否会对另一个模块产生不利影响、全局数据结构、误差累积、模块接口、模块间相互调用。主要工作项子系统模块确认、模块组装、按照用例进行模块连接的充分测试。软件集成测试结构覆盖度要求见表 4-6。

表 4-6　软件集成测试结构覆盖度要求

序号	方法
1	函数覆盖
2	调用覆盖

集成测试质量是否合格，主要取决于集成测试设计制订是否合理、完整、准确。

（3）软硬件集成测试

软硬件集成测试即将待测软件和硬件等设备连接在一起，依据需求，进行一系列测试。是执行实际输出与预期输出之间的结果对比，是鉴定嵌入式软件系统的正确性、完整性和可靠性的过程，是保证系统能够正常、完整运行的保障依据。

测试方法以黑盒测试为主，主要包括：等价类划分法、边界值分析法、因果图法、判定表驱动测试、场景法、功能图法、错误推测法、正交试验涉及法等。测试时需要注意根据输入文件设计测试用例、根据功能的重要性确定测试的重点、站在用户的角度选择测试策略进行测试。

对于储能系统 BMS，测试覆盖的功能模块包括但不限于升级、电池组基本信息、故障告警及保护、高低压上下电、充放电控制策略、SOX 算法、均衡等。

（4）系统测试

系统测试是在完成集成测试的工作后，最终与系统中的其他部分组合在一起配套运行的测试。在储能电池系统 BMS 测试中此环节为针对整个电池簇的系统测试。任务是尽可能彻查程序中的错误，找出原因和位置，进行改正，提高 BMS 系统的可靠性。系统测试的环境是对 BMS 真实运行环境的最逼真模拟。有关真实性的一类错误，包括外围设备接口、外设、干扰、整个系统的时序匹配等，在这种运行环境下能够全面暴露出来。

系统测试的主要内容包括：通信检查、静态功能检查、充放电测试、性能测试、故障安全、电气接口特性测试等，一般选用黑盒测试。通过以上测试阶段来保证单个零部件满足系统需求。

（5）测试评审

测试评审的目的主要是检查各个阶段测试工作成果内容和格式的正确性、一致性和完整性。在各个阶段的每项测试工作活动完成后，进行对应的工作输出物的评审，评审对象包括测试计划、测试方案、测试规范、测试用例、测试报告和测试记录。

4.4.3 BMS 测试过程管理

BMS 测试过程一般包括四项活动，分别是测试策划、测试设计、测试执行、测试总结。

（1）测试策划

测试策划主要是进行测试需求分析、确定需要测试的内容或质量特性，确定测试的充分性要求，提出测试的基本方法，确定测试的资源和技术需求，进行风险分析与评估，制订测试计划，对全过程的组织、资源、原则等进行规定和约束，并制订测试流程各个阶段的任务以及时间进度安排。此阶段需要输出项目整体测试计划。

（2）测试设计

测试设计为依据测试需求，分析并选用已有的测试用例或设计新的测试用例；获取并验证测试数据；根据测试资源、风险等约束条件，确定测试用例执行顺序；建立并校准测试环境，主要评审测试计划的合理性和测试用例的正确性、有效性和覆盖是否充分。此阶段需要完成测试计划与测试用例。

（3）测试执行

测试执行阶段工作包括执行测试用例，获取测试结果；分析并判定测试结果。同时根据不同的判定结果采取相应的措施；出现异常情况中止测试时，需要判断是否停止测试，还是需要修改或补充测试用例集，并进一步测试。此阶段交付物为测试记录及执行完成的测试用例。

（4）测试总结

测试总结阶段为整理和分析测试数据的阶段，需要总结测试结果和被测项目，描述测试状态。最后完成测试报告和测试总结，并通过测试评审。

完整的测试过程中涉及的文档包括：测试计划、测试说明、测试用例、测试记录、测试报告和测试总结等。按照《信息技术 系统及软件完整性级别》（GB/T 18492—2001），测试文档可根据被测对象的完整性级别进行合理的取舍与合并。

4.4.3.1 测试计划

项目整体测试计划规定了整个测试中所有测试阶段的活动，是整个测试的指导性纲要。

测试计划需要包含以下内容：

① 测试目标。

② 发布条件：发布条件为标明测试何时结束的条件，默认条件包括测试范围全部完成，及不可抗力情况下无法完成测试，此外还需要综合考虑项目整体安排设定该项测试的最低质量要求和最长时间要求。

③ 测试阶段概述。

④ 定义测试里程碑：应根据测试范围、被测对象质量现状以及测试人员能力对测试时间周期进行评估，综合考虑项目整体计划安排定义测试里程碑时间节点。

⑤ 定义参与的测试人员。

⑥ 测试环境和测试工具简介。

⑦ 需求追溯管理等。

4.4.3.2 测试说明

测试说明描述了测试的范围、测试的方法、测试环境的规划与搭建、测试工具的设计与选择、测试用例的设计方法、测试代码的设计方案。需要涵盖如下内容：

① 各个测试阶段目标、范围：测试范围按照项目不同阶段来确定，对于研发阶段功能验证，应对新功能本身及受影响部分开展集成测试；对于量产后功能变更验证应开展对应的完整功能测试。

② 各个阶段测试方法。

③ 测试用例设计方法：测试用例来源一般包括需求文件分解、功能安全分析、基于经验及错误推断。

④ 测试环境规划和搭建：测试环境可同时包括开环与闭环部分，被测对象输入信号与输出信号间因被控对象存在关联关系时应搭建闭环测试环境。

⑤ 测试工具设计和选择。

4.4.3.3 测试用例

测试用例贯穿于整个测试的执行过程，是一组前提条件、输入、执行条件、预期结果的组合方案。编写测试用例是把整个测试的执行过程分解为测试步骤，以此验证被测对象的正确性。在确定项目整体测试方案和测试计划后，以此为依据制订系统测试方法规范，并根据测试规范设计详细的测试用例。

测试用例在设计时需要遵循：基于测试需求、基于测试方法、兼顾测试充分性和效率、测试执行可再现这几项原则。

测试用例的设计涵盖以下内容：

① 测试追溯：说明测试所依据的内容来源。

② 测试项目。

③ 用例标识：每个测试用例需要有唯一的名称和标识符。

④ 用例说明：简要描述测试的对象、目的和所用方法。

⑤ 前提条件：初始条件和初始参数配置等。

⑥ 操作步骤：实施测试用例的执行步骤。

⑦ 输入数据：测试用例执行过程中发送给被测对象的命令、数据、信号以及输入的时间顺序或事件顺序。

⑧ 期望结果：说明测试用例执行中由被测对象所产生的期望正确的结果。期望测试结果应该有具体的内容，不应是不确切的概念或描述。

⑨ 测试结果。

⑩ 通过判定：评价测试结果的准则，即判断测试用例执行中产生的中间和最后结果是否正确的准则。

⑪ 测试终止条件：整车和异常终止的条件。

测试用例来源一般包括需求文件分解、功能安全分析、基于经验及错误推断。

根据测试目的及需求本身可能带来的影响，需要针对需求文件拆分出的测试需求逐一编写测试用例。

基于经验的测试要求功能测试具有一定的自由度，应采取一定的基于经验的测试设计，如错误推测、场景测试。

以软硬件集成测试用例为例，各项软硬件集成测试方法见表 4-7。

表 4-7　软硬件集成测试方法

序号	方法	序号	方法
1	基于需求的测试	6	内部接口测试
2	故障注入测试	7	接口一致性检查
3	背对背测试	8	错误猜想测试
4	性能测试	9	资源利用率测试
5	外部接口测试	10	压力测试

基于功能安全设计要求来自对储能 BMS 系统的失效模式分析，对系统影响的 DFMEA，整体安全要求确定等环节。针对软件安全完整性，IEC 61508 有详细的规定要求，考虑到 IEC 61508 是针对电气、电子、可编程设备的通用安全标准，实际 BMS 研发过程中软件功能安全等相关内容多是参考标准 IEC 60730-1 附录 H 进行。针对硬件安全完整性，可通过硬件故障

裕度和安全失效分数分析计算的方式进行验证，也可基于最终用户反馈的元器件可靠性数据、对指定的安全完整性等级增强的置信度和硬件故障裕度。

4.4.3.4 测试记录

测试记录为对测试过程的数据及现象进行的记录，包括以下内容：

（1）测试结果数据：即测试用例执行后的结果，除了实际测试结果外，还应包含测试时间信息、测试执行人员信息。

（2）测试问题记录：需包含测试问题报告标识符；问题概述，即标识发现问题的测试项，并指出其严重级别；问题描述，其中包含测试项的编号、问题编号、输入描述及相关操作、预期结果、实际结果、测试问题描述、分析、修改意见、日期和时间、问题状态、解决方案等。

4.4.3.5 测试报告

测试报告是由测试工作组提交的最终测试结果报告，是对本次测试的总结，主要内容包括对测试对象功能及其他质量特性的综合评价。包含测试目的、测试依据、测试人员及其职责、测试用例、测试实际记录、测试结果分析、测试时间、测试结论、测试差异分析及优化建议等。

根据测试计划中测试项目通过或失败的判断依据，及测试数据的分析结果，进行测试报告的编写，得出测试结论。若测试过程发现异常现象，需要及时反馈本次测试设计负责人。一般性的异常，可以直接联系开发人员变更程序；严重的异常，需要与此系统项目开发团队一起开会讨论，形成会议纪要，按照会议决议进行修订，并回归测试。

4.4.3.6 测试总结

测试总结指的是测试活动的结果并根据这些结果进行评价，并对后续同类测试活动进行指导。测试总结应包含以下几方面。

① 总结对测试项的评价，标识已完成测试项，标注版本/修订级别及执行测试活动所处的环境。

② 差异：实际测试实施项与预期测试实施项的全部差异，实际执行情况与测试计划的全部差异，并详细说明每种差异产生的原因。

③ 测试充分性评价：应根据测试计划中规定的测试充分性准则对测试过程做出评价，确定未做充分测试的特征或特征组合，并说明理由。

④ 结果汇总：汇总测试的结果，标识已解决的所有时间，并总结其解决方案，标识尚未解决的所有问题。

⑤ 活动总结：总结主要的测试活动，总结资源消耗数据，例如人员的总体配置水平、每个主要测试活动所花费的时间。

⑥ 改进项：根据以上信息得出，在后续测试活动中需要改进的内容，并确定改进期限与责任人。

4.4.4 BMS测试验证工具链

使用自研平台进行软件需求、配置、版本、受控发布、变更及测试管理，同时兼容工具：

Matlab、Simulink、VectorCast 进行建模及单元测试，CANoe、dSpace Hil 测试硬件仿真平台进行软硬件集成测试，测试系统硬件平台主要提供 BMS 测试所需的电气环境，包括 BMS 的供电、电池总电压仿真、绝缘电阻仿真、开关及传感器信号仿真、输入/输出信号调理、执行器控制信号采集、故障注入等功能所需的硬件资源。系统软件用于试验管理、自动化测试脚本及测试序列开发、模型的参数化以及测试管理测试过程。

参考文献

[1] 廖晓军，何莉萍，钟志华，等. 电池管理系统国内外现状及其未来发展趋势 [J]. 汽车工程，2006（10）：961-964.

[2] 唐伟佳，史明明，刘俊，等. 储能电站电池标准与测试探讨 [J]. 电源技术，2020，44（10）：1558-1562.

[3] 王宏刚，姚国兴. 一种新型 SOC 估计算法的研究 [J]. 电源技术，2012，36（6）：834-836.

[4] 夏飞，王志成，郝硕涛，等. 基于卡尔曼粒子滤波算法的锂电池 SOC 估计 [J]. 系统仿真学报，2020，32（1）：44-53.

[5] YUAN Shifei, WU Hongjie, YIN Chengliang. State of charge estimation using the extended Kalman filter for battery management systems based on the ARX battery model [J]. Energies, 2013, 6（1）：444-470.

[6] 朱伟杰，史尤杰，雷博. 锂离子电池储能系统 BMS 的功能安全分析与设计 [J]. 储能科学与技术，2020，9（1）：271-278.

[7] GB/T 34131—2017.

[8] GB/T 9386—2008.

[9] GB/T 15532—2008.

[10] GB/T 38634.1—2020.

[11] GB/T 38634.2—2020.

[12] GB/T 38634.3—2020.

[13] GB/T 38634.4—2020.

[14] GB/T 18905.6—2002.

[15] 李龙. 软件测试实用技术与常用模板 [M]. 2 版. 北京：机械工业出版社，2010.

第**5**章
储能系统结构与电气设计

5.1 概述

一个完整的储能系统由电池组单元、能量管理系统（EMS）、电池管理系统（BMS）、储能变流器（PCS）及其他设备（集装箱、汇流、配电、温控、消防、视频监控、照明、箱内电缆等辅助系统）构成。其中电池组是储能系统最核心的构成部分。

本章主要针对储能系统中电池预制舱内的电池组集成技术及其内部关键设备的设计思路进行介绍。

5.2 结构设计

储能系统结构设计需要满足一些基本的设计准则，主要包括：制造工艺及可装配性设计准则、结构强度设计准则、环境适应性设计准则、结构安全防护设计准则、热防护设计准则等。

5.2.1 制造工艺及可装配性设计

储能系统结构设计过程中需要满足结构件在制造工艺及可装配性方面的设计准则。结构件常用的制造工艺包括钣金、注塑、铸造、锻造、焊接等。

（1）制造工艺

实际生产中，结构工艺性受到诸多因素的制约，比如，生产设备、批量可制造性、造型、加工精度、热处理、成本等。因此，结构设计中也需要充分考虑上述因素对工艺性的影响。

从产品结构工艺性出发，对结构设计有以下基本要求：

① 储能系统的总体布局和整体结构尽可能简单，并合理地划分为若干个部件。

② 合理选择材料和热处理方法，并按材料特性和加工工艺特点设计零件形状、标注尺寸、提出公差和技术要求。

③ 为了提高整机的可靠性和安全性，设计中尽可能采用经过验证的成熟结构。

（2）可装配性

结构件可装配性，就是结构件及其装配元件（零件或子装配体）容易装配的能力和特性。

可装配性是制约生产自动化的主要因素，故在结构设计的同时，尽可能兼顾下游的装配环节及其相关因素，即在产品设计阶段应尽早排除下游的隐患，避免大批量地返工。

从产品结构可装配性出发，对结构件的可装配性主要考虑如下三个特性：技术特性、经济特性、社会特性，其中每个特性结构树见图 5-1。

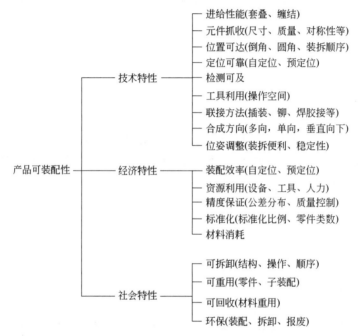

图 5-1 产品可装配性特性结构树

5.2.2 结构强度设计

储能产品的结构强度，需要结合其全生命使用周期，对产品各个阶段不同工况进行针对性的考虑。

对于一款储能产品来说，其完整的生命周期为制造—运输—调试—运维。针对生命周期当中的各个阶段，都有相应的评估和与之对应的结构强度设计准则。

（1）生产制造阶段

主要的考虑要素为电池模块、电池簇和集装箱的生产节拍、移动、搬运、吊装等短距离运输的安全可靠，主要的载荷是垂直方向的重力加速度载荷，而固定方式则和产品的转运设备及产线设计强相关。

（2）运输阶段

运输阶段可以分为海路（航空）运输、公路运输和野外短途运输。

① 海路（航空）运输主要以面向海外的储能产品为主，一般依照联合国针对危险品运输专门制定的《联合国危险物品运输试验和标准手册》的第 3 部分 38.3 款进行，即 UN 38.3 认证。这一认证要求锂电池运输前，必须要通过高度模拟、高低温循环、振动试验、冲击试验、55℃外短路、撞击试验、过充电试验、强制放电试验，才能保证锂电池运输安全，其中，与机械强度相关的测试项目便是海路运输中的主要要求。此外中国船级社的《集装箱检验规范》和《大型海工结构物运输和浮托安装分析指南》以及军用标准《军用装备实验室环境试验方法 第 23 部分：倾斜和摇摆实验》（GJB 150.23A—2009）可以用来校核海运过程中的集装箱搬运、堆码、运输、倾斜和摇摆。

② 公路运输主要是面向国内的储能产品从生产场地运输到设备现场期间，在公路上车辆行驶的部分。这些部分的路况较为安全，路面颠簸程度较低，但运输历程较长。与此相关的机械强度设计应参考的标准包括但不限于以下几条：《包装 运输包装件基本试验 第 23 部分：垂直随机振动试验方法》（GB/T 4857.23—2021）；《环境试验 第 2 部分：试验方法 试验 Fh：宽带随机振动和导则》（GB/T 2423.56—2018）；《军用装备实验室环境试验方法 第 16 部分：振动试验》（GJB 150.16A—2009）；《电力大件运输规范》（DL/T 1071—2014）。

③ 对于运输条件较为严苛的场景，可以参考《军用装备实验室环境试验方法 第 16 部分：振动试验》（GJB 150.16A—2009）进行一定的针对性设计，同时也可以基于《环境试验 第 2 部分：试验方法 试验 Fc：振动（正弦）》（GB/T 2423.10—2019）和《环境试验 第 2 部分：试验方法 试验 Ea 和导则：冲击》（GB/T 2423.5—2019）对客户现场的实际运输场景进行荷载采集和试验验证。

（3）调试阶段

调试阶段主要包括设备的吊装、就位等工作。随着储能系统集成程度的提升，储能系统（预制舱）的电量从 1～2MWh 逐步扩展到 3～6MWh，对于设备到现场后的吊装以及相关的设计提出了更高的要求。

（4）运维阶段

运维阶段需要对于储能产品在运行维护过程中抵抗恶劣环境的能力进行针对性设计，主要考虑环境荷载、工作荷载和地震荷载。

① 环境荷载，即产品在所在地自然环境气象条件下承担的荷载，包括风荷载、雪荷载和积冰荷载。其中风荷载和雪荷载的要求可以参照《建筑结构荷载规范》（GB 50009—2012）中第 7、8 章及附录 E 中的数据进行相关校核；积冰荷载则可以参照《高耸结构设计标准》（GB 50135—2019）中第 4 章的数据进行校核。

② 工作荷载，指产品在运行阶段及期间维护时所承担的荷载，包括动荷载及使用荷载。

动荷载，指储能产品运维过程中进入到集装箱地基或舱室内的人员、设备及工具的荷载，针对这一要求，可以参照《建筑结构荷载规范》（GB 50009—2012）中的第 5 章及附录 D 设置动荷载和地面荷载。使用荷载，指产品长期使用过程中储能产品本身的静态重力载荷和储能产品自身的膨胀变形对结构件施加的荷载，这两部分的机械强度设计需要结合产品自身的荷载、使用场景及安全等级进行。

③ 地震荷载，指地震过程中地基晃动带来的荷载。为了抵抗地震荷载带来的结构变形和应力，需要针对荷载的不同形式对储能产品进行抗震设计。对于面向国内的产品，应按照《建筑抗震设计规范（附条文说明）（2016 年版）》（GB 50011—2010）作为设计规范进行，部分载荷的组合形式及安全系数要求可参照《核电厂抗震设计标准》（GB 50267—2019）；地震动加速度输入则以《中国地震动参数区划图》（GB 18306—2015）为准。对于面向海外的产品，需要根据项目所在地区和客户的需求进行针对性设计，可以参照《变电站抗震设计推荐实施规程》（IEEE Std 693—2018）及《变电站结构设计导则》（ASCE MOP 113）等作为设计规范基准。

5.2.3　环境适应性设计

环境适应性设计准则是指储能系统需要确保其产品满足当地的使用环境和寿命设计准则。

结构件使用环境主要包括使用地的雨、雪、盐雾等。其中防腐要求和密封防护等相关要求一般参考如下标准准则：

（1）气候环境特点

针对项目地的气候环境特点，结构件设计需要满足不同条件的盐雾试验要求，通用的盐雾实验要求为不少于 96h，根据不同工况可增至 168～480h，个别相对苛刻使用环境可要求达到 720h。盐雾实验的具体要求和测试方法详见《电工电子产品环境试验 第 2 部分：试验方法 试验 Ka：盐雾》（GB/T 2423.17—2008）。

（2）户外的运行环境

对于整个储能系统外部结构件需要考虑户外的运行环境，为了保证储能系统的正常运行，储能系统的结构设计需要满足一定的 IP 等级设计准则，具体要求需根据客户需求与设备实际运行环境来进行设计。一般的储能系统，考虑到对于环境温度和湿度的有效控制，至少要求其防护等级满足 IP54。针对高风沙、高盐雾等地区，会将防护等级设置到 IP55 以上。

IP 防护等级由两个数字所组成，第 1 个数字表示电气防尘、防止外物侵入的等级（这里所指的外物含工具、人的手指等均不可接触到电器之内带电部分，以免触电）；第 2 个数字表示电气防湿气、防水浸入的密闭程度，数字越大表示其防护等级越高。具体说明见表 5-1、表 5-2。

表 5-1　IP 后第 1 个数字防尘等级

数字	防护范围	说明
0	无防护	对外界人或物无特殊防护

数字	防护范围	说明
1	防止直径大于 50mm 的外物侵入	防止人体（如手掌）因意外而接触到电器内部的零件，防止较大尺寸（直径大于 50mm）的外物侵入
2	防止直径大于 12.5mm 的外物侵入	防止手指因意外而接触到电器内部的零件，防止中等尺寸（直径大于 12.5mm）的外物侵入
3	防止直径大于 2.5mm 的外物侵入	防止直径或厚度大于 2.5mm 的工具、电线及类似的小型外物侵入而接触到电器
4	防止直径大于 1.0mm 的外物侵入	防止直径或厚度大于 1.0mm 的工具、电线及类似的小型外物侵入而接触到电器内部零件
5	防止外物及灰尘	完全防止外物侵入，虽不能完全防止灰尘侵入，但灰尘的侵入量不会影响电器的正常运作
6	防止外物及灰尘	完全防止外物及灰尘侵入

表 5-2　IP 后第 2 个数字防水等级

数字	防护范围	说明
0	无防护	对水或湿气无特殊防护
1	防止水滴浸入	垂直落下的水滴（如凝结水）不会对电器造成破坏
2	倾斜 15°时仍可防止水滴浸入	当电器由垂直倾斜至 15°时，滴水不会对电器造成破坏
3	防止喷洒的水浸入	防雨或防止与垂直的夹角小于 60°的方向所喷洒的水侵入电器而造成损坏
4	防止飞溅的水浸入	防止各个方向飞溅而来的水侵入电器而造成损坏
5	防止喷射的水浸入	防止持续至少 3min 的低压喷水
6	防止大浪浸入	防止持续至少 3min 的大量喷水
7	防止进水时水的浸入	在深达 1m 的水中防止 30min 的浸泡影响
8	防止沉没时水的浸入	在深度超过 1m 的水中防止持续浸泡影响，准确的条件由供应商针对各设备指定

（3）特殊使用环境需求

此外还需关注储能系统的一些特殊使用环境需求，比如高风沙地区，储能系统结构设计需要考虑防风沙设计，高海拔地区储能系统结构设计需要考虑低气压下的散热设计等。

5.2.4　安全防护设计

安全防护对于储能系统来说也是至关重要的，由于储能产品结构件外部的工作环境复杂多变，会面临风沙、落石、冰雹等突发灾害；内部环境会面临电磁干扰、温度冲击等，所以储能产品的安全设计也是至关重要的。在储能产品设计过程需要充分考虑其安全防护，即产品在满足自身功能的前提下，还需要能够有效防止内在的或者外在的冲击，还需要考虑到在储能系统中电芯后期老化或失效的情况下，如何避免结构失效对系统或者人员造成伤害。

5.3 电气设计

储能系统电池侧电气设计应参照《低压成套开关设备和控制设备 第1部分：总则》(GB 7251.1—2013)、《低压开关设备和控制设备 第1部分：总则》(GB 14048.1—2012)、《低压配电设计规范》(GB 50054—2011)、《交流电气装置的接地设计规范》(GB/T 50065—2011)、《电力工程电缆设计标准》(GB 50217—2018)、《电化学储能系统接入电网技术规定》(GB/T 36547—2018) 等相关标准。

电池系统的电气设计包含电池模块、电池簇、直流开关柜或汇流柜、控制柜、消防系统等相关设备的原理设计、电气和控制逻辑设计等。

5.3.1 设计基本原则

储能系统的电气设计，应根据储能系统的应用场景，系统性地考虑电击防护、供电可靠性、技术先进性以及经济合理性。

(1) 电击防护

当集装箱内部的电气设备出现绝缘损坏而使原来不带电的金属设备带电时，就有可能发生触电事故，所以必须正确地采取技术防护和阻止措施。为了更好地预防电气设备在安装、运行、维护和检修中发生触电事故，需要保证如下两点：

① 采取必要设计，防止带电导体的绝缘失效或损坏，减少电击类故障发生。

② 当电击类故障发生后，应有可靠、有效的措施防范对人的伤害，底线是不发生电击伤亡。按照国标要求，人身安全电压为：干燥环境接触电压限制 50V（工频有效值），潮湿环境接触电压限制 25V（工频有效值）；人体感应阈值电流 0.5mA，摆脱阈值 5mA，心室颤动阈值 30mA。

电击防护的详细设计要求参见 5.3.9。

(2) 供电可靠性

以新能源为主的新型电力系统对现有的电力可靠性管理体系提出了更高、更严格的要求。因目前各类新型储能技术尚处于不断完善与探索之中，尚有足够的性能提升潜力。因此，应该在减少发生故障的概率和减少发生故障时的停电范围方面，做好如下工作：

减少发生故障概率的方法：

① 合理的绝缘等级选择。

② 合理的线路敷设防护。

③ 优质的电器、电缆产品。

④ 适当控制温升，延长使用寿命。

减少发生故障时的停电范围的方法：

① 合理选择低压器件的类型。

② 正确的选择性动作参数设置。

③ 设计时考虑运行维护的方便性。

（3）技术先进性

技术先进性就是技术创新性。只有创新才能保证所开发的技术成果具有先进水平。储能电气设计先进性具体可以参考以下几个方面：

① 设计可靠的电气架构以及稳定高效的通信拓扑。

② 采用技术先进、质量可靠的低压电器产品。

③ 采用技术先进、质量可靠的电线、电缆、母线产品。

（4）经济合理性

经济合理性与技术先进性的关系密切，后者是前者的基础。随着技术的进步，经济合理性的要求也会提高。设计时需要考虑如下几点：

① 合理选择接线方式，减少线路成本。

② 在满足使用要求条件下，减少不必要的配电装置和电器；每段线路原则上只装一个保护电器，配电进线应装隔离开关，而不应该装断路器；三相四线制配电线路除特殊要求外，一般装三极断路器。

③ 保护电器应合理选用熔断器、断路器等多种产品。

5.3.2 电气绝缘设计

储能系统电池侧的绝缘设计主要参考《低压系统内设备的绝缘配合 第1部分：原理、要求和试验》（GB/T 16935.1—2008）、《绝缘配合 第1部分：定义、原则和规则》（GB 311.1—2012）、《电气绝缘 耐热性和表示方法》（GB/T 11021—2014）等相关标准；影响电气系统绝缘性能的主要因素有污染等级、瞬态过电压、绝缘材料类别和系统电压；合理的绝缘设计可以有效避免储能系统建设和运行过程中的人身事故和设备事故。

（1）电气系统的绝缘材料类别要求

根据 GB/T 7251.1—2013 的定义，电起痕指数（CTI）表示了绝缘材料漏电流大小的能力，将绝缘材料的性能进行如下分类：

① 材料组别Ⅰ：CTI≥600。

② 材料组别Ⅱ：400≤CTI<600。

③ 材料组别Ⅲ$_a$：175≤CTI<400。

④ 材料组别Ⅲ$_b$：100≤CTI<175。

（2）电气系统绝缘耐压等级选择

电化学储能系统中，电池侧故障产生的起火和损毁事故影响比较大，建议选择额定的绝缘耐压等级，大于该回路额定电压一个量级；比如额定电压 220/380Vac（交流）控制系统，选择额定电压 450/750Vac 的控制电缆。

（3）电气间隙和爬电距离

完成主要元器件和电流的绝缘耐压等级选择后，绝缘设计需要根据设备实际应用工况选择合适的电气间隙和爬电距离，以保障人身安全、设备安全和设计可行性；根据 GB/T 16935.1—2008 的定义。

1）电气间隙

电气部件之间或导电部件与设备防护界面之间测得的最短空间距离。即在保证电气性能稳定和安全的情况下，通过空气能实现绝缘的最短距离。

2）爬电距离

沿绝缘表面测得的两个导电零部件之间或导电零部件与设备防护界面之间的最短路径。即在不同的工况情况下，由于导体周围的绝缘材料被电极化，导致绝缘材料呈现带电现象。

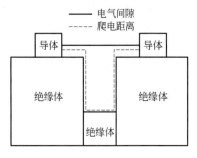

图 5-2　电气间隙和爬电距离

这两个参数的测量方式的区别参考图 5-2 所示。

在设备布局和概要设计之初就需要进行电气间隙和爬电距离计算和分析。

电气间隙和爬电距离的计算首先要考虑电池侧系统的瞬态过电压要求，根据 GB/T 16935.1—2008，电气系统的过电压类别如下：

① 过电压类别Ⅰ，指连接至具有限制瞬态过电压至相当低水平措施的电路的设备（例如，具有过电压保护的电子电路）上所承受的过电压。

② 过电压类别Ⅱ，指由配电装置供电的耗能设备（此类设备包含如器具，可移动式工具及其他家用和类似用途负载）上所承受的过电压。如果此类设备的安全（可靠）性和适用性具有特强要求时，则采用过电压类别Ⅲ。

③ 过电压类别Ⅲ，指安装在配电装置中的设备，以及设备的使用安全（工作可靠）性和适用性必须符合特殊要求者（此类设备包含如安装在配电装置中的开关电器和永久连接至配电装置的工业用设备）上所承受的过电压。

④ 过电压类别Ⅳ，指使用在配电装置电源端的设备（此类设备包含如电表和前级过电流保护设备）上所承受的过电压。

目前储能控制系统侧电源侧电压标称值一般是 380Vac（交流）；储能逆变器交流输出侧 690Vac 居多；随着储能应用的发展，电池侧电压等级也逐渐升高，超过 1000Vdc（直流）的电池侧系统逐渐成为主流。储能电气系统应按照过电压类别Ⅲ进行直流侧和交流侧设计。

根据《低压开关设备和控制设备　第 1 部分：总则》（GB/T 14048.1—2012），直接由低压电网供电的不同电压等级下电压瞬态过电压允许值如表 5-3 所示。

表 5-3　直接由低压电网供电的设备的额定冲击电压

基于 GB/T 156—2017[①]电源系统[①]的标称电压		从交流和直流标称电导出线对中性点的电压（≤）/V	不同过电压类别的额定冲击电压[②][④]			
三相/V	单相/V		Ⅰ /V	Ⅱ /V	Ⅲ /V	Ⅳ /V
		50	330	500	800	1500
		100	500	800	1500	2500
	120～240	150[⑥]	800	1500	2500	4000

基于 GB/T 156—2017[③]电源系统[①]的标称电压		从交流和直流标称电导出线对中性点的电压（≤）/V	不同过电压类别的额定冲击电压[②④]			
三相/V	单相/V		Ⅰ/V	Ⅱ/V	Ⅲ/V	Ⅳ/V
230/400		300	1500	2500	4000	6000
400/690		600	2500	4000	6000	8000
1000		1000	4000	6000	8000	12000

①现有不同低压电网及其标称电压详见 GB/T 14048.1—2012 附录 B；②有这类额定冲击电压的设备可用于 IEC 60364-4-44 规定的装置中；③三相四线配电系统用符号"/"表示，较低值为线对中性点电压，较高值为线对线电压，仅有一个值表示三相三线系统，并规定为线对线值；④过电压类别的解释详见 GB/T 14048.1—2012 4.3.3.2.2；⑤在日本，单相系统的标称电压是 100V 或 100～200V。然而，相对于该电压的额定冲击电压曲线对中性点电压 150V 的那一栏确定。

根据 GB/T 16935.1—2008，安装在海拔小于 2000m 的低压电气柜的最小电气间隙需满足表 5-4。

表 5-4　耐受瞬时过电压的电气间隙

要求的冲击耐受电压/kV	2000m 以下海拔最小电气间隙—非均匀电场情况			2000m 以下海拔最小电气间隙—均匀电场情况		
	污染等级/电气间隙（mm）对应关系			污染等级/电气间隙（mm）对应关系		
	Ⅰ	Ⅱ	Ⅲ	Ⅰ	Ⅱ	Ⅲ
0.5	0.04			0.04		
0.6	0.06	0.2		0.06	0.2	
0.8	0.80		0.8	0.1		
1.0	0.15			0.15		0.8
1.5	0.5	0.5		0.3	0.3	
2.0	1.0	1.0	1.0	0.45	0.45	
2.5	1.5	1.5	1.5	0.6	0.6	
3.0	2.0	2.0	2.0	0.8	0.8	
4.0	3.0	3.0	3.0	1.2	1.2	1.2
5.0	4.0	4.0	4.0	1.5	1.5	1.5
6.0	5.5	5.5	5.5	2.0	2.0	2.0
8.0	8.0	8.0	8.0	3.0	3.0	3.0
10.0	11	11	11	3.5	3.5	3.5

根据 GB/T 16935.1—2008 表 F.4，安装在海拔小于 2000m 的低压电气柜的最小爬电距离见表 5-5。

表 5-5　避免由于电痕化故障的爬电距离

额定绝缘电压/V	最小爬电距离/mm				
	污染等级				
	Ⅱ		Ⅲ		
	材料组别		材料组别		
	Ⅱ	Ⅲa，Ⅲb	Ⅱ	Ⅲa	Ⅲb
250	1.8	2.5	2.2	3.2	3.2

续表

额定绝缘电压/V	最小爬电距离/mm				
	污染等级				
	II		III		
	材料组别		材料组别		
	II	IIIa, IIIb	II	IIIa	IIIb
500	3.6	5	7.1	8.0	8.0
630	4.5	6.3	9	10	10
800	5.6	8	11	12.5	IIIb组别一般不推荐用于630V以上的污染等级3
1000	7.1	10	14	16	
1250	9	12.5	16	18	
1600	11	16	20	22	

根据 GB/T 16935.1—2008 表 A.2，电气间隙的海拔修正系数见表 5-6。

表 5-6 海拔修正系数

海拔/m	正常气压/kPa	电气间隙倍增系数
2000	80.0	1.00
3000	70.0	1.14
4000	62.0	1.29
5000	54.0	1.48
6000	47.0	1.70

储能系统电池侧的绝缘设计根据上述额定电压、额定冲击耐受电压、实际工况的温湿度、海拔、环境等参数即可以选择出合适的元器件绝缘等级、电气间隙和爬电距离。

（4）系统绝缘监测设计

由于电池系统的短路保护复杂性和实际运行的绝缘老化，储能系统电池侧一般需要设计绝缘监测。储能绝缘检测模块是储能 BMS 系统监控高压侧正负端对地绝缘电阻值的检测模块。其在绝缘阻值低至限值时上报故障信息，从而保证储能系统的安全、可靠运行。

该模块的选型和设计过程中需要考虑额定电压、供电范围、额定功耗、检测范围、检测精度、通信方式等关键参数。

5.3.3 电连接设计

储能系统，从单体电芯成组，到电池模块，到电池簇，再由电池簇组成电池系统，都是由电连接实现的。

（1）动力回路的电连接设计原则

① 设备内部铜铝连接的位置必须采用可靠的铜铝过渡工艺连接。

② 设备内部母排、线鼻子的连接使用的螺栓必须打力矩，做好标识；防止电气接触面压接不可控，定检的时候需要检查螺栓力矩标识；安装完成后，需要对主回路的连接面是否存在缝隙进行检查；对于碳钢和不锈钢螺栓，动力电缆和铜排之间采用螺栓连接时，本书给出的安装力矩参考值见表5-7。

表5-7 紧固力矩和检查力矩参考值

名称	碳钢 8.8 级		A2 不锈钢 70 级	
	紧固力矩值/N·m	检查力矩值/N·m	紧固力矩值/N·m	检查力矩值/N·m
M5	—	—	3	2.5
M6	8	6.8	9	7.5
M8	20	17	20	17
M10	40	34	40	34
M12	70	60	55	46
M14	90	76	100	85
M16	120	100	150	125

③ 储能连接器由于具有防错、防水、防尘、防触电等优点，且易维护、易操作，在储能系统的应用越来越广泛；在设计过程中，需要根据项目海拔、环境参数、电气参数等选择合适的插头插座。

（2）动力电缆的选型计算

储能系统直流侧动力电缆在设备中的敷设位于空气中，如果储能逆变器和电池设备不在同一个集装箱，可能会有一部分电缆通过电缆沟或者埋地敷设；埋地敷设的电缆（导体绝缘长期耐温70℃）的载流量可以通过《低压电气装置 第5-52部分：电气设备的选择和安装 布线系统》（GB/T 16895.6—2014）查询而得，其温度系数、敷设系数、土壤热阻矫正系数亦可以通过该标准查询，本书不过多论述。集装箱内的直流动力电缆有可能选择导体长期运行温度超过105℃的电缆，其额定载流量在该标准上是无法直接查询的。根据该标准90℃的电缆额定载流量、《电力工程电缆设计标准》（GB 50217—2018）及马国栋先生编制的《电线电缆载流量》，本书以导体长期运行温度125℃的电缆为例，给出长期运行温度超过105℃的电缆的载流量计算方法。

根据《电线电缆载流量》2.2.2 节空气中不受日光照射的 5kV 及以下的直流电缆载流量计算公式为：

$$I = \sqrt{\frac{\Delta\theta}{RT_1 + nR(1+\lambda_1)T_2 + nR(T_3 + T_4)}} \tag{5-1}$$

式中 I——导体中流过的电流，A；

$\Delta\theta$——高于环境温度的导体温升，K；需要注意的是，环境温度是指敷设电缆的场合下周围介质的温度；当电缆周围有局部热源的影响时，其热量也不直接使电缆周围的温度上升；

R——最高工作温度下导体单位长度的交流电阻，Ω/m，其具体数值可以根据 GB/T 3956—2008 附录 A 和附录 B 的计算公式计算；

T_1——根导体和金属套之间单位长度热阻，K·m/W；

T_2——金属套和铠装之间内衬层单位长度热阻，K·m/W；

T_3——电缆外护层单位长度热阻，K·m/W；

T_4——电缆表面和周围介质之间单位长度热阻，K·m/W；

n——电缆（等截面并载有相同负荷的导体）中载有负荷的导体数；

λ_1——电缆金属套损耗相对于所有导体总损耗的比率。

从公式（5-1）中可以看出环境温度均为30℃，而最高长期运行125℃导体的载流量和90℃的载流量对 $\sqrt{\Delta\theta/R}$ 成正比关系；可以据此算出其他绝缘耐热等级的电缆的载流量。

参照国标 GB/T 16895.6—2014，降低系数 $K=K_1K_2$，其中，K_1 为环境温度校正系数；K_2 为敷设方式降低系数。

其中导体最高温度为90℃的温度校正系数 K_1，根据 GB/T 16895.6—2014 表 B.52.14 查询；比如 XLPE 或 EPR、PVC 电缆的校正系数（节选）如表 5-8 所列。

表 5-8　环境空气温度不同于 30℃时的校正系数

环境温度/℃	PVC 电缆修正系数	XLPE 或 EPR 电缆修正系数
15	1.17	1.12
20	1.12	1.08
25	1.06	1.04
30	1	1
35	0.94	0.96
40	0.87	0.91
45	0.79	0.87
50	0.71	0.82
55	0.61	0.76

如果电缆的导体长期运行最高温度不是90℃，其载流量温度校正系统可以通过《电力工程电缆设计标准》（GB 50217—2018）附表 D.0.2 的方法进行计算得出。

电缆空气中敷设的系数 K_2 可以根据 GB/T 16895.6—2014 表 B.52.17 查询，比如多回路的单芯电缆敷设沿墙在空气中，其敷设降低系数（节选）见表 5-9。

表 5-9　敷设降低系数

敷设方式	多回路成束敷设电缆降低系数					
排列—电缆相互接触	回路数					
	1	2	4	6	8	16
成束敷设在空气中，沿墙、嵌入，或者封闭式敷设	1	0.8	0.65	0.57	0.52	0.38

（3）母排的计算选用方法

根据 GB 7251.1—2013 第 9.2 节提到的"表 6-温升限值"，用于连接外部绝缘导线的端子的温升一般不建议超过 70℃。母线和导体的温升受到下述条件限值：导电材料的机械强度；对相邻设备的可能影响；与导体接触的绝缘材料的允许温度极限；导体温度对预期相连的器件的影响；对于插接式触点，接触材料的性质和表面的处理。

根据该标准 GB 7251.1—2013 第 10.10 节的温升实验，制造商需要考虑设备所有附加测量点和限值后，再规定母排和导体的温升情况；如果满足上述所有判据，裸铜母线和裸铜导体的最大温升不超过 105K；实际上，在常规的电气设计中，考虑元器件的温升限制，并根据 GB 50060—2008 第 4.1.6 节，母排的最高长期运行温度一般不超过 70℃。

根据《建筑安装工程施工图集（第四版）电气工程　下册　供用电设备安装》第 DQ16-2 的图集，母排长期运行最终温度为 70℃情况下，环境温度初始为 25℃、35℃、40℃的情况下，单条铜排和铝排导体最大允许载流量 I_n 如表 5-10 和表 5-11 所列。

表 5-10　矩形铝母线载流量表

母线截面（宽×厚）/mm×mm	最大容许持续电流/A					
	25℃		35℃		40℃	
	平放	竖放	平放	竖放	平放	竖放
15×3	156	165	138	145	127	134
20×3	204	215	180	190	166	175
25×3	252	265	219	230	204	215
30×4	347	365	309	325	285	300
40×4	456	480	404	425	375	395
40×5	518	540	452	475	418	410
50×5	632	665	556	585	518	545
50×6	703	740	617	650	570	600
60×6	826	870	731	770	680	715
60×8	975	1025	855	900	788	830
60×10	1100	1155	960	1010	890	935
80×6	1050	1150	930	1010	860	935
80×8	1215	1320	1060	1155	985	1070
80×10	1360	1480	1190	1295	1105	1200
100×6	1310	1425	1160	1260	1070	1160
100×8	1495	1625	1310	1425	1210	1315
100×10	1675	1820	1470	1595	1360	1475
120×8	1750	1900	1530	1675	1420	1550
120×10	1905	2070	1685	1830	1620	1760

表 5-11　矩形铜母线载流量表

母线截面（宽×厚）/mm×mm	最大容许持续电流/A					
	25℃		35℃		40℃	
	平放	竖放	平放	竖放	平放	竖放
15×3	200	210	176	185	162	171
20×3	261	275	233	245	214	225
25×3	323	340	285	300	271	285
30×4	451	475	394	415	366	385
40×4	593	625	522	550	484	510
40×5	665	700	588	551	551	580
50×5	816	860	721	760	669	705
50×6	906	955	797	840	735	775
60×6	1069	1125	940	990	873	920
60×8	1251	1320	1101	1160	1016	1070
60×10	1395	1475	1230	1295	1133	1195
80×6	1360	1480	1195	1300	1110	1205
80×8	1553	1690	1361	1480	1260	1370
80×10	1747	1900	1531	1665	1417	1540
100×6	1665	1810	1557	1592	1356	1475
100×8	1911	2080	1674	1820	1546	1685
100×10	2121	2310	1865	2025	1720	1870
120×8	2210	2400	1940	2110	1800	1955
120×10	2435	2650	2152	2340	1996	2170

如在表 5-10、表 5-11 中查不到的规格和环境温度，其载流量建议采用《电线电缆载流量》（第二版）第 1.4 节母线排载流量计算；完成选型后，可以根据《通过计算进行低压成套开关设备和控制设备温升验证的一种方法》（GB/T 24276—2017）第 5.2 节进行开关柜内部中间和顶部的温升估算，也可以结合热仿真和相关测试辅助选型和验证。

（4）控制电缆的设计原则

① 控制电缆的连接（包括螺栓连接、插接、焊接等）均应牢固可靠，连接导线中间不应有接头。

② 每个端子的接线点一般不宜接两根导线，特殊情况时如果必须接两根导线，则连接必须可靠。

③ 控制电缆连接处应远离飞弧器件，不得妨碍电器的操作。

④ 如果存在备用芯，其预留长度至最远端处，满足接引最远端端子接线需要，一根电缆的所有备用芯集中捆绑，并套好有该电缆编号的套管，做好绝缘防护。

⑤ 控制电缆选型，应结合应用电压、电流、阻燃耐火要求、环境温度、海拔等情况，进

行合理选型。集装箱外部进线如采用埋地敷设方式应采用铠装线缆。

（5）布线设计

① 储能系统布线，应考虑不同敷设环境和敷设方式应防止电缆遭受机械性外力、过热、腐蚀等危害，便于安装和维修。

② 满足安装和安全要求条件下，应保证电缆路径最短。特别是动力回路，路径最短可起到节约成本和提升系统效率的作用。

③ 电缆在任何敷设方式，在其全部路径条件中发生转弯的位置，均应满足实际选型电缆允许弯曲半径要求。

④ 直流动力电缆的敷设不宜叠置，且走线应避免形成大的电磁环，动力电缆和控制电缆的敷设路径尽量避免重合或交叉；抑制电气干扰强度的弱电回路控制和信号电缆，与电力电缆并行敷设时宜远离；对电压高、电流大的电力电缆间距宜更远。

⑤ 因为布局原因，动力电缆和控制信号电缆如果发生路径重合或者交叉的情况下，应该考虑采用屏蔽、双绞或屏蔽双绞的信号电缆。

⑥ 电池簇所在区域的设计需要考虑爆炸环境，爆炸性气体危险场所敷设电缆，需要考虑电缆线路中不应有接头；如采用接头，必须具有防爆性和防静电设计。

（6）设备内部元器件选型

储能系统电气设备较多，电气设备的选用需要符合储能系统预期的实际环境和运行条件。满足国家标准规定的控制设备应能在如下条件下正常工作：

① 集装箱内外部环境温度。

集装箱外部的环境温度考验设备安装和故障离网过程中电气设备的耐低温能力；集装箱待机和运行情况下的内部温度影响电气设备的具体选型。

② 海拔。

电气系统的设计针对不同海拔的适应性必须考虑，一般情况下海拔 2000m 以下应能正常工作；海拔 2000m 以上由于介电强度的降低，和空气冷却的效果减弱，需要核实电气设计的适用性和降容要求。

③ 湿度。

电化学储能系统的应用环境比较广泛，需要考虑温湿度交变情况下的电气设备选型。

④ 污染等级。

电气设备预期使用的环境条件与该处污染等级有关；根据 GB 7251.1—2013 污染等级可分为 4 级。除非有关产品标准另有规定，工业用电气设备一般选取用于污染等级为 3 级或以上的环境。

⑤ 振动和碰撞。

电气设备的选用需要考虑安装过程中的碰撞，运输过程中的振动；特殊工况下，供方需要和用户达成相关协议。

⑥ 电磁兼容性。

选用的电气设备产生的电磁干扰不应超过储能系统预期使用环境允许的水平。控制系统的设计根据项目的使用环境，应该具有足够的抗扰度水平，以保证储能系统的正常运行。

5.3.4 储能电池侧系统的短路分析

（1）电池侧系统常见短路回路分析

电化学储能系统的主回路示意如图 5-3 所示。

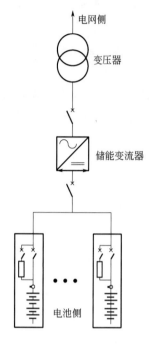

图 5-3 储能系统典型一次拓扑图

通过图 5-3 的一次拓扑图可以看出，储能系统的短路保护既需考虑储能变流器（PCS）的交流侧短路，也要考虑储能电池与 PCS 之间的直流侧短路。电化学储能系统的交流侧短路可以发生在储能变流器和变压器之间，也可以位于电池侧控制系统内。储能变流器交流侧的短路保护可以配置交流断路器或交流熔断器。电池侧控制系统通常采用 TN-C-S 接地系统，其短路保护需要根据《低压配电设计规范》（GB 50054—2011）第 5.2 节和第 6 节进行设计和计算。

直流侧的电源是由多个电池串并联而成，根据图 5-3 分析得出，直流侧可能出现的短路位置有：直流开关柜（系统中设置该柜的情况下）至 PCS 之间，电池簇出线至直流开关柜之间，直流侧电缆的正或者负极破损并通过壳体和电池的负极或者正极之间，电池本身发生损坏的正负极之间；由于电池数量众多，直流侧的短路保护比交流侧更复杂。

按电气设计的基本原理，直流侧推荐采用断路器、隔离开关或者其他检修开关在电池簇和 PCS 之间形成一个可靠的分断点，保证检修过程中的人身安全防护；采用熔断器对各可能发生短路的直流回路进行短路防护；采用接触器完成电池系统与 PCS 之间的投切。

（2）直流侧短路回路的最大预期短路电流计算

多簇并联的直流系统，其短路回路的最大预期短路电流发生在系统运行过程中，某簇内部直流母线发生短路，其他簇电池对该簇发生倒灌的情况下。

其预期短路电流计算需要考虑到：
① 等效短路回路的电压。
② 电池的内阻。
③ 回路中线缆和母排的内阻。
④ 各接触面的内阻等。

通过短路回路电压和系统内阻之和计算出最大预期短路电流；其短路电流的时间常数需要根据项目电池簇的安装排布结构，线缆的长度计算，仿真或者实验得出。

（3）导体的热稳定性校验

参考现行标准 GB 50054—2011 第 3.2.14 节，可以按照公式（5-2）对导体的热稳定性进行校验，计算结果如果不是常用截面积，应选择高一级的截面积。

$$S \geq \frac{I\sqrt{t}}{K} \tag{5-2}$$

式中　S——导体的截面积，mm^2；

　　　I——短路故障电流，A；

　　　t——保护电器自动切断故障电流的时间，s；

　　　K——由导体、绝缘、其他部分材料以及初始温度、最终温度等确定的系数。

对于储能系统，目前直流侧的电压等级需要根据实际项目确定，直流侧和 PCS 之间大都采用直流电缆进行连接。下面考虑直流侧系统额定电压 750Vdc，额定电流 140A，选用 XLPE（90℃）0.6/1kV，$1 \times 70mm^2$ 铜缆，并以短路点位置的实际短路电流为 8kA，系统短路时间常数 2ms，系统选择的熔断器的弧前时间为 10ms 为例，计算电缆的热稳定性。

对于 90℃的 XLPE 绝缘铜缆，根据《工业与民用供配电设计手册（第四版）》14 章表 14.3-5，K 值取 143；其短路分断时间 t 值为 0.01s，将 I、K 和 t 代入式（5-2）中得 $S > 5.6mm^2$，也就是在熔断器弧前时间 10ms 的情况下，大于 $1 \times 70mm^2$ 铜缆的热稳定性有较大余量。

（4）电气柜母排的动稳定性校验

根据《工业与民用供配电设计手册（第四版）》铜/硬铜导体最大允许应力 120～170N/mm；电气柜在电缆或者母线通过电流之后，电流会产生磁场，该磁场会对周围的导体产生作用力，该力称为电动力。

当系统出现短路情况时电流会突然增大，因此，会在短时间内出现很大的瞬时电动力，因此，可能导致铜排的断裂或固定点的失效，所以需要对于开关柜在短时电流冲击下的应力状态进行分析。

母排电动力和强度校核检验的过程如图 5-4 所示。

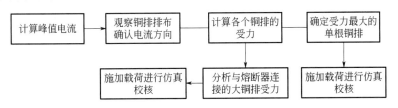

图 5-4　母排电动力校验过程

计算电动力的推荐方法是：

① 利用比奥萨法尔定律算出电流产生的磁场。

② 计算每一个导体微元的受力，并对整体进行积分。

设产生磁场的导体电流为 I_1，受到吸引的导体电流为 I_2，导体间距为 a，导体长度为 L，那么电流为 I_1 导体产生磁场的磁感应强度 B_1 为：

$$B_1 = \mu_0 H_1 = 4\pi \times 10^{-7} \times \frac{I_1}{2\pi a} = 2 \times 10^{-7} \times \frac{I_1}{a} \tag{5-3}$$

式中　B_1——磁场的磁感应强度；

H_1——磁场强度；

μ_0——空气中磁导率；

I_1——磁场的导体电流，A；

a——导体间距，mm。

经过电流 I_2 的导体所受的电动力 F_2 为：

$$F_2 = B_1 \int I_2 \mathrm{d}x = 2 \times 10^{-7} \times \frac{I_1 I_2}{a} \times L \tag{5-4}$$

式中 F_2——母排所受的电动力；

I_2——受到吸引的导体电流，A；

L——导体长度，mm。

按式（5-3）、式（5-4）计算出故障短路时母排受到的最大电动力，再与导体最大允许应力进行对比，分析导体的动稳定性。

5.3.5 电磁兼容性设计

储能系统在固定场所，并且距离较近的时候，由于大功率电力运行时，会出现各种电场磁场的干扰，典型的问题是 PCS 启动瞬间会干扰到 BMU 的温度采集，出现跳变等情况，导致系统被动保护，影响运行。

因此，如何解决储能系统的电磁兼容问题，提高储能系统的可靠性和安全性，是储能系统抗电磁干扰设计的重要方面。

电磁兼容性设计中设备选型、布线和接地的具体要求。

（1）选型和布线方面

控制系统设置隔离变压器和 UPS，保证系统纯净电源；电气柜的外壳采用金属外壳，具有良好的屏蔽性能，降低外界电磁干扰对系统的影响。由集装箱外部进入内部的信号线，屏蔽层在进入机柜处 360° 环形接地。当电缆不可避免需要交叉走线时，尽可能采用接近 90° 的定向走线。

（2）接地设计

实际应用中，接地是最有效的抑制骚扰源的方法；集装箱内设备外壳就近接地，接地位置保持良好的电气导通性，设备外壳的各侧板之间，设备安装位置，接触电阻越小越好；外壳金属件直接接大地，还可以提供静电电荷的泄放通路，防止静电积累。另外，将电源线和控制板信号线的接地排分开也是很好的方式。

5.3.6 控制系统进线电源接地方式

根据 GB/T 16895.1—2008，低压配电系统接地形式主要分为 TN、TT、IT 三大类，系统特性以符号表示。其字母含义为：

① 第一个字母表示电源系统与地的关系：T 表示某点对地直接连接；I 表示所有带电部

分与地隔离；某一点经高阻抗接地。

② 第二个字母表示装置的外露可导电部分与地的关系：T 表示外露可导电部分与地直接电气连接，它与系统电源的任何一点的接地无任何连接；N 表示外露可导电部分与电源系统的接地点直接做电气连接。

③ 后续的字母（如果有的话）——中性导体与保护导体的配置：C 表示中性导体与保护导体合并在一根导体中（PEN 导体）；S 表示将与中性导体或被接地的线导体分离的导体作为保护导体。

考虑储能站变压器副边 400Vac 的绕组中性点一般都是接地的，低压配电系统一般采用 TN 系统，其对人身安全的防护可靠性更高；根据中性导体与保护导体的配置关系，TN 系统又分为 TN-C、TN-S 及 TN-C-S 三种形式，其具体设计区别可以参考国家现行标准《建筑物电气装置》（GB 16895）系列、《供配电系统设计规范》（GB 50052—2009）等设计标准；通过对低压供配电相关标准的分析和实际应用，三种 TN 系统在人身安全、系统成本和性能的对比见表 5-12。

表 5-12　各类型供配电系统的性能比较

编号	系统类型	系统成本	人身安全保护	抗杂散电流电磁兼容性	N 线与 PE 线共模电压干扰状况
1	TN-C	低	一般	一般	好
2	TN-C-S	较高	较好	较好	较好
3	TN-S	高	好	好	一般

具体到电化学储能领域，电池侧控制系统里进线来自储能站变压器，其安装位置和电池侧是分开的；电池侧系统内部信号设备也比较多，需要考虑共模干扰的问题，也要考虑人身安全问题；所以推荐电池侧控制系统的进线电源采用 TN-C-S 三相四线方式。

5.3.7　防雷、接地和防静电防护

（1）防雷要求

储能系统的雷电防护系统主要参考《建筑物防雷设计规范》（GB 50057—2010），包括储能电站交流侧雷电防护系统、电池侧雷电防护系统；针对不同防雷区域采取有效的防护手段，主要包括雷电截收和传导系统、屏蔽、等电位连接、电涌保护等措施。

储能站交流侧雷电防护系统一般在项目施工时考虑。本书主要讲述电池侧系统的雷电防护。储能系统的防雷措施，如屏蔽保护、接闪器的设置、电涌保护器（SPD）等决定于储能系统所在的雷电防护区。

参照 GB 50057—2010 第 6.2 节的定义：

① LPZ0A 区：本区内的各物体都可能遭到直接雷击和全部雷电电磁场威胁。

② LPZ0B 区：本区内的各物体不可能遭到大于所选滚球半径对应的雷电流直接雷击，本区域内的电磁场强度没有衰减。电池侧系统集装箱外部一般处于 LPZ0B 区。

③ LPZ1 区：本区内的各物体不可能遭到直接雷击，流经各导体的电流比 LPZ0B 区更小，本区域内的电磁场强度可能衰减，这取决于屏蔽措施。集装箱内部一般处于 LPZ1 区。

④ LPZ2 区：是指处于 LPZ1 区内，同时具有一定雷电电磁脉冲屏蔽能力的区域。这个区域包括电气柜内部和电池簇内部。

电池系统的直流侧和控制系统进线位于 LPZ0B 区和 LPZ1 区之间，导致其遭受雷击的风险较高，从其自身价值及遭受雷击后可能产生的直接和间接损失考虑，电池侧系统应该按照 I 类防护水平进行防雷保护设计。

（2）接地系统

储能系统的接地按用途可以分为工作接地、保护接地、雷电防护接地，电位连接等。不同用途和不同电压等级的电气装置、设施，应使用一个总的接地装置，总的接地装置应为单一、整体结构，适合于整个储能系统，即共用接地装置。接地装置的接地电阻应符合其中最小值的要求。共用接地装置由接地体和接地线组成，接地体又包括水平接地体和垂直接地体；一般情况下，要求电池侧的接地电阻小于 4Ω；具体设置和要求，以及项目投运后的定期检查可以依据《建筑物防雷设计规范》(GB 50057—2010) 和《交流电气装置的接地设计规范》(GB/T 50065—2011)。

需要注意的是电池簇外壳接地是有可能通过短路电流的，其 PE 线截面的选择需要根据项目的实际情况，进行热稳定性校验。

（3）电涌保护器的设置

根据雷电防护区的划分，在雷电防护区交界面处安装适配的电涌保护器（SPD）。一般情况下，电缆过线位置位于 LPZ0 区与 LPZ1 区交界处，安装 I 级 SPD；在 LPZ1 区与 LPZ2 区交界处，安装 II 级 SPD；在 LPZ2 区与 LPZ3 区交界处，安装 III 级 SPD。

储能逆变器或者变压器位于电池侧集装箱外面，其进入集装箱的进线一般采用电缆沟或者埋地敷设；该位置的电缆不会被雷电直接击中，所以电池侧的避雷器可以选择 II 类压敏型 SPD。

电涌保护器设计和安装过程中，与动力端的连接导线尽量短直，长度不超过 0.5m；电涌保护器接地侧建议尽量靠近接地排，如果结构设计中不易做到，建议接地侧先和设备壳体连接固定，然后再引一根电缆到设备的 PE 排。SPD 连接线的最小截面积推荐值见表 5-13。

表 5-13　不同级别 SPD 连接线的最小截面积

防护级别	SPD 的类型	导线截面积/mm²	
		SPD 连接相线铜导线	SPD 接地端连接铜导线
第一级	开关型或限压型	6	16
第二级	限压型	4	6
第三级	限压型	2.5	4
第四级	限压型	2.5	4

注：组合型 SPD 参照相应保护级别的截面积选择。

信号电涌保护器接地端，宜采用截面积不小于 1.5mm² 的铜芯导线与局部等电位接地汇流排连接，接地线应平直。

SPD 在设计上采取优先供电的保护形式。为防止 SPD 发生故障时对地短路，可在 SPD 前端安装过电流保护器。过电流保护器的选择，要小于上级熔断器或开关器件的工作电流，避免造成越级跳闸。

（4）防静电保护要求

防静电保护主要参考《防止静电事故通用导则》（GB 12158—2006），《静电防护管理通用要求》（GB/T 39587—2020）等相关标准；储能电池系统在发生机械损伤，或者使用不当等意外情况时，有出现泄漏可燃气体的可能；储能系统防爆区域的设计需要考虑防静电的措施。

① 减少静电荷产生，对接触起电的物料，应尽量选用在带电序列中位置较邻近的，或对产生正负电荷的物料加以适当组合，使其最终达到起电最小。根据 GB 12158—2006 附录 B，静电起电极性序列表见表 5-14。

表 5-14　静电起电极性序列表

金属	纤维	天然物质	合成树脂	金属	纤维	天然物质	合成树脂
(+)	(+)	(+)	(+)	–		纸	
–	–	石棉	–	铬	–	–	–
–	–	人毛、毛皮	–	–	–	–	硬橡胶
–	–	玻璃	–	铁	–	–	–
–	–	云母	–	铜	–	–	–
–	羊毛	–	–	镍	–	–	–
–	尼龙	–	–	金	–	橡胶	聚苯乙烯
–	人造纤维	–	–		维尼纶	–	–
铅	–	–	–	铂	–	–	聚丙烯
–	绢	–	–	–	聚酯	–	–
–	木棉	棉	–	–	丙纶	–	–
–	麻	–	–	–	–	–	聚乙烯
–	–	木材	–	聚偏二氯乙烯	硝化纤维	–	–
–	–	人的皮肤	–	–	–	玻璃纸	–
–	玻璃纤维	–	–	–	–	–	聚氯乙烯
锌	乙酸酯	–	–	–	–	–	聚四氟乙烯
铝	–	–	–	(–)	(–)	(–)	(–)

表 5-14 中列出的两种物质相互摩擦时，处在表中上面位置的物质带正电；下面位置的带负电（属于不同种类的物质相互摩擦时，也是如此），且其带电量数值与该两种物质在表中所处上下位置的间隔距离有关，即在同样条件下，两种物质所处的上下位置间隔越远，其摩擦带电量越大。

② 使静电荷尽快地消散，在静电危险场所，所有属于静电导体的物体必须接地。对金属物体应采用金属导体与大地做导通性连接，对金属以外的静电导体及亚导体则应做间接接地。

③ 避免出现细长的导电性突出物和避免物料的高速剥离。

④ 限制静电非导体材料制品的暴露面积及暴露面的宽度。

⑤ 在遇到分层或套叠的结构时避免使用静电非导体材料等。

5.3.8 电气控制逻辑设计

在完成电气系统的设计工作后，需要整理系统中电气控制、消防控制、热管理系统等设备的控制逻辑。首先总结辅助触点及其他信号点的常开常闭的配合逻辑，再总结各元器件主动和被控保护的配合逻辑；最终形成电气方面的控制策略，反馈给上位机和下位机编程使用，实现各子控制系统的保护和配合。

5.3.9 电击防护重点注意事项

电击防护主要参考《电击防护 装置和设备的通用部分》（GB/T 17045—2020）和《低压电气装置 第 4-41 部分：安全防护 电击防护》（GB/T 16895.21—2020）等标准；其基本原则是正常条件下和单一故障情况下，危险的带电部分应是不可触及的。

发生以下任一情况，均认为是单一故障：

① 可触及的非危险带电部分变成危险的带电部分（例如，由于限制稳态接触电流和电荷措施的失效）。

② 可触及的在正常条件下不带电的可导电部分变成危险的带电部分（例如，由于外露可导电部分基本绝缘的损坏）。

③ 或危险的带电部分变成可触及的（例如，由于外壳的机械损坏）。

（1）直接接触防护（基本防护）

① 带电部分应完全用绝缘层覆盖；绝缘应符合上述国家现行标准规定。

② 当采用遮拦和外壳（外护物）防护；这种防护措施是用遮拦或者外护物防止人体与带电部分接触；其设置方法应该符合 GB/T 16895.21—2020 中的有关规定。

③ 采用阻挡物和置于伸臂范围之外的保护措施时，应符合下列规定：a. 阻挡物应能防止躯体不慎接近带电部分；b. 正常工作中，操作通电设备时，人体无意识地触及带电部分；阻挡物可不用钥匙或者工具即可挪动，但应能防止它被无意地挪动。

④ 置于伸臂范围之外。此时，可同时触及的不同电位设备的距离不应该在伸手可触及范围内；如果通常有人的位置在水平方向被一个低于 IPXXB 或 IP2X 防护等级的阻挡物所阻挡，伸臂范围应从阻挡物算起；在头的上方，伸臂范围应是从地面算起的 2.5m。

⑤ 在人手通常持握大或长的物件的场所，应计及这些物件的尺寸，在此情况下以上所要求的距离应予以加大。

（2）间接电击防护（故障防护）

间接电击防护的措施大致有以下几种方式：

1）自动切断电源的防护措施

① 基本防护：带电部分采用基本绝缘、遮拦物或外护物。

② 故障防护：采用保护接地和等电位连接，并使系统在故障的情况下自动切断电源。

对于储能系统中不超过 32A 的回路，其故障防护最长的切断电源时间不应大于 GB/T 16895.21—2020 表 41.1 的规定，其基本要求应该参考该标准 411.3 节。

储能系统中控制系统一般采用 TN 系统；电池放电的时候，并网主回路一般为 IT 系统；电池充电的时候，从电网侧看这个配电回路是 TT 系统；三种配电系统的故障防护分析如下。

TN 系统电击防护主要考虑因素，保护元器件的特性以及回路的阻抗应满足：

$$Z_s \cdot I_a \leqslant U_0$$

式中　Z_s——故障回路的阻抗（包括电源自身阻抗、电源至故障点的相导体阻抗、故障点至电源之间的保护接地导体阻抗等整个短路回路的内阻），Ω；

　　　I_a——保护器件在 GB/T 16895.21—2020 表 41.1 规定的时间内能正常动作的电流；采用剩余电流保护器（RCD）时，其动作电流 GB/T 16895.21—2020 表 41.1 规定的时间内切断电源的剩余动作电流，A；

　　　U_0——相导体对地标称交流电压，V。

TN 系统属于大电流接地系统，可以利用合适的过电流保护器兼做故障保护；另外无论是 TT 系统、TN 系统还是 IT 系统，采用辅助等电位联结作为附加保护都是人身安全防护的最有效方法；等电位连接的设置应满足下列要求：

① 辅助等电位联结可作为故障保护的附加保护措施。

② 采用辅助等电位联结后，为防护火灾和电气设备内热效应，在发生故障时仍需切断电源。

③ 辅助等电位联结可涵盖电气装置的全部或一部分，也可涵盖一台电气设备或一个场所。

④ 辅助等电位联结应包括可同时触及的固定式电气设备的外露可导电部分和外界可导电部分，也可包括钢筋混凝土结构内的主筋；辅助等电位联结系统应与所有电气设备以及插座的保护接地导体（PE）相连接。

⑤ 当不能确定辅助等电位联结的有效性时，考虑带电体和人站立位置的短路回路并进行校验。

IT 系统的电击保护设计可以采用下列方法：

在 IT 系统中，带电部分应对地绝缘。

在发生带电导体对外露可导电部分或对地的单一故障时，其短路电流比较小，属于小电流接地系统，过电流保护器件可能不会断开回路；所以其外露可导电部分应单独、成组或共同接地，第一次接地故障时应发出报警信号，并符合下式要求：

$$\text{交流系统 } Z_s \cdot I_a \leqslant 50V$$

$$\text{直流系统 } Z_s \cdot I_a \leqslant 120V$$

式中，Z_s 和 I_a 的定义同 TN 系统分析。

作为发电系统，IT 系统发生相对地短路时，不需要切断电源，这是该系统的优点；但应该装设漏电或绝缘检测装置来监测第一次带电部分与外露可导电部分或与地之间的故障。

电池系统放电过程中，IT 系统发生第一次故障后，在控制系统外壳发生第二次故障时，其电击防护要求可以参考《工业与民用配电设计手册》（第四版）第 15.2 节进行校验。

电池充电过程中 TT 系统电击防护设计要求：由于 TT 系统相对地短路故障电流较小，保护元器件可能不会发生断开；所以一般 TT 系统是需要配置漏电保护装置（RCD）进行人身安全防护的。

2）其他间接接触电击防护的措施有：将电气装置安装在非导电场所，双重绝缘或加强绝缘，电气分隔，特低电压（SELV 和 PELV）等，其设计方法可以参考本节提到的标准和手册。

5.4 模块设计

电池模块作为电芯和电池簇的中间环节，起到承上启下的作用，既受到来自电芯基础性能的影响，也受到来自电池簇需求性能的影响。

电芯的材料体系、规格尺寸、安全性能等对模块都有基础性的影响，例如不同电芯的规格尺寸，直接决定了模块边界尺寸的组合。此外，电芯的安全性能和封装方式，直接影响了模块的安全设计、传热路径的建立等。

来自电池簇的性能及规格需求，对模块的边界尺寸、机械接口、电气接口也有比较重要的影响。具体分析详见 5.3.1 节。

最后确定模块的需求边界后，模块的详细设计主要关注以下几个方面，如表 5-15 所列。

表 5-15 模块详细设计关注要点

机械	机械振动冲击强度 挤压 穿刺 膨胀	能量密度	质量比能量 体积比能量 轻量化
电气	电气绝缘 电气间隙 爬电距离 防触摸 等电位连接 可维修性	热管理	冷却 加热 均温 采集
滥用	外部短路 过充电 过放电	连接可靠性	过电流能力 电气连接可靠性 机械连接可靠性 防松
其他	UN38.3 运输安全要求	可制造性	生产效率 工艺可行性 优良率 成本

5.4.1 电池模块的设计考虑

（1）抗电芯膨胀设计

电池系统在充电和放电过程中会发生电化学反应，而电芯内部的结构也会随着化学反应的进行产生相应的变化。电池系统在充电过程中电芯会发生膨胀变形，电芯的厚度会增加；在放电过程中电芯的膨胀变形会回缩，厚度相比充满电量时会减小。但从整体趋势上来看，随着充放电循环的进行，膨胀变形的过程会持续进行，并使电池系统的整体膨胀变形量逐步累积，最终对于电池系统的电性能和结构性能产生影响。这一特性使得模块的结构设计需要有能力限制电芯膨胀引发的变形即抗电芯膨胀设计。

在限制电芯膨胀方面结构的设计思路一般分为两种：一种是通过增强刚性设计，实现对模块整体变形量的有效控制；另一种是在电芯间增加缓冲结构。下文介绍了两种常用的抗电芯膨胀结构设计方案：方案 1 是采用端板捆扎结构，包括端板与 PET 绑带捆扎或钢带捆扎或 PET 绑带与钢绑带结合使用，如图 5-5 所示。方案 2 是采用端板与侧板组合结构，端板与侧板采用焊接组合或通过压铆组合而成，如图 5-6 所示。

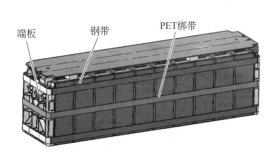

图 5-5　电芯膨胀控制结构方案 1（见彩图）　　　图 5-6　电芯膨胀控制结构方案 2

（2）成组方式

储能系统为了满足其支撑电网等能量需求，系统电压目前能达到 1500Vdc，甚至 2000Vdc，工作电流也从几十安培到几百安培，这就需要我们对现有电芯进行串并联组合设计。基本的原理是并联满足容量、电流要求，串联满足电压要求。

总体来讲，电池模块的连接主要分为 3 种：先串联后并联、先并联后串联和串联并联混合。

5.4.2　模块的电连接设计

电池模块内部电芯需要导通才能保证实现对稳定持续且可靠地与外界进行能量传递。目前常用的电芯有圆柱形电芯、方形电芯（又称硬壳电芯）和软包电芯，每种电芯都有正负极两个输出端。以储能系统中应用最广泛的方形电芯举例，电池模块通过连接不同电芯的 Busbar 来完成模块的电连接。对于 Busbar 与电芯极柱/极耳的连接通常有激光连续焊接、螺纹连接、超声波焊接、激光点焊、激光点焊 + 螺纹连接等，具体结构见图 5-7。

无论是用上述哪种连接方式，都必须保证成组后的电池模块在后续运输过程和实际运行过程的可靠性和耐久度。在不同的储能系统中可以根据电芯种类、工艺路线、能量密度等参数进行灵活地配置与选用。

对于连接 Busbar 的设计目前常用的有镍片、铜铝复合排、铜排、铝排，也会用到铜软连接、铝软连接、铜丝编织带连接、铝丝编织带连接等，如图 5-8 所示。对于 Busbar 的结构设计需要考虑材质的电阻率、关键尺寸加工精度、电流通过能力、抗震性能、抗老化性能等。

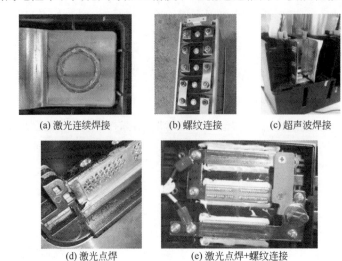

(a) 激光连续焊接　　　　(b) 螺纹连接　　　　(c) 超声波焊接

(d) 激光点焊　　　　　　(e) 激光点焊+螺纹连接

图 5-7　Busbar 与电芯极柱/极耳的连接形式（见彩图）

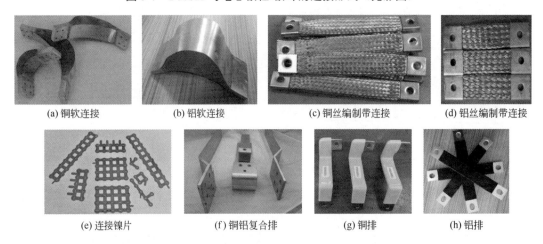

(a) 铜软连接　　(b) 铝软连接　　(c) 铜丝编制带连接　　(d) 铝丝编制带连接

(e) 连接镍片　　(f) 铜铝复合排　　(g) 铜排　　(h) 铝排

图 5-8　常见连接方式（见彩图）

5.4.3　设计考虑点

（1）绝缘间隙要求

结合 5.2.2 节的描述，应考虑模块所处的系统工作电压，再结合环境、过电压类别、材料组别等影响因素，制订合理的电气间隙和爬电距离。绝缘耐压应满足国家现行标准 GB/T 16935 系列的相关要求。

（2）等电位设计

模块箱体和电池簇机柜之间采用线缆或者螺栓形式进行等电位连接设计，采用线缆连接时应注意接触面涂导电漆。

（3）固定与转运结构

独立的储能模块的固定结构一般用于模块与电池系统的安装固定。

储能模块的固定结构通常采用在端板开固定孔通过螺栓与电池箱或者柜体固定连接。图 5-9（a）是常见的方形模块铝型材端板固定结构，图 5-9（b）是常见的软包模块钣金端板固定结构。

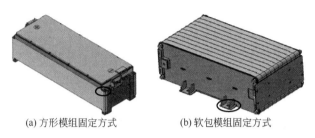

(a) 方形模组固定方式　　　　(b) 软包模组固定方式

图 5-9　电池模块固定方式（见彩图）

对于储能系统的一些大型的电池模块为了提高固定效率，可以在模块端板上设计定位孔，通过与之配合的定位销进行定位，方便整体安装固定，具体可参考图 5-10 所示的定位孔结构形式。

电池模块的转运结构，用于电池模块在工厂中与售后运维阶段的转运，提高生产与运维售后人员的维护效率；常用的转运结构为吊孔与吊耳等。

图 5-10　电池模块定位孔

（4）结构强度要求

储能模块的结构强度需满足产品在整个生产过程中的转运工况，整体的产品运输工况、产品自身的强度等需求；综合考虑产品全生命周期的力学状态进行针对性的强度设计。

（5）信号采集设计

电池模块信号采集是指电压采集和温度采集，一般电压采集 Busbar，温度采集会根据运行工况选择采集 Busbar 温度还是电芯温度，通常每个 Busbar 上需要一个电压采集点，温度采集点数量和位置需要根据热管理策略进行确定。常见的信号采集形式如图 5-11 所示。

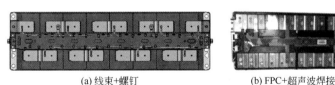

(a) 线束+螺钉　　　　　(b) FPC+超声波焊接

图 5-11　常见信号采集形式（见彩图）

5.4.4　热设计

储能模块在运行过程，电芯会产生热量，过高的热量积累和不同电芯间的温差过大都会影响储能系统的运行，结构设计中必须考虑模块的散热要求，并设计相关的散热结构；对于储能常用散热结构有铝制散热板、底部散热板、散热风道、液冷散热结构等。详细散热设计可见热管理章节。

5.4.5　高可靠性要求

（1）运输需求

储能系统运行场地路途一般比较遥远，涉及的运输工况也比较复杂，为了保证储能系统有效地运输到设备所在地，储能模块设计过程需要充分考虑储能产品从生产基地到项目所在地的运输工况，进行相关的强度仿真与设计工作。

常用的运输加强方案设计方法有电芯之间选用高强度结构胶、模块底部安装凝胶、模块增加加强梁、设计模块振动缓冲结构等方式。

（2）长运行寿命要求

客户对储能系统寿命的要求一般是 8～10 年；所以储能模块也需要保证在储能系统全寿命周期内，所有的零部件能够正常运行，以保证基本的电压和电量等功能要求。

（3）安全性要求

对于系统来说，电池模组的安全性至关重要；对电池模组安全性的要求一般主要为结构强度、绝缘耐压、防呆、阻燃要求、电连接可靠、热安全等。

5.5　电池簇设计

电池簇系统由若干电池模块与一个开关盒固定在机柜上组成，作为储能系统直流侧输出最小单元，根据标称电压设计合理的串并联方式，影响储能集装箱大部分电气件选型。电池簇内的电池模块由电池管理系统来进行温度、电流、电压等关键参数的采集和监控。

电池簇设计一般遵循以下几个步骤：电池簇总体方案设计、结构设计、开关盒设计、电气连接设计、安全设计等。

5.5.1　电池簇总体方案设计

电池簇根据热管理冷却形式分为风冷、液冷。顾名思义，风冷是利用储能系统级风道将冷却风送至电池簇进风口。液冷是利用管路将冷却液送至模块的液冷板，利用冷却液实现对电芯的降温。详见第 6 章相关内容。

每套电池簇一般配置 1 个开关盒，开关盒内集成接触器、熔断器、塑壳断路器或者隔离开关、预充控制电路、电流传感器、电池簇控制管理模块、开关电源等，具有电池簇电压、电流采集、过流过压保护等控制和保护等各项功能。

根据布线需求可以将开关盒放在电池簇上层或者下层，如图 5-12 所示。如果储能系统线束是在顶部排布，则选用顶置开关盒方案；反之，如果储能系统线束是在底部排布，则选用底置高压盒方案。

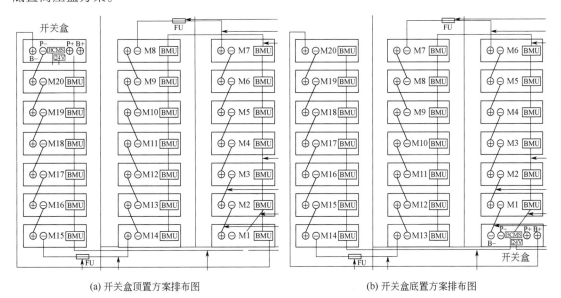

(a) 开关盒顶置方案排布图   (b) 开关盒底置方案排布图

图 5-12　高压盒不同放置方案排布图

5.5.2　电池簇详细设计

电池簇详细设计主要分 4 个方面。

（1）结构设计

电池簇在使用过程中为电池和各类型器件提供支撑，因此，必须要有足够的强度满足运输、抗震、使用等工况。参照"5.2　结构设计"。

（2）电气设计

电池簇需要有一定的绝缘、耐压、防静电、接地等设计，满足系统的高压防护、漏电保护、防静电保护等功能。具体详见"5.3　电气设计"。

（3）热管理设计

电池簇内电池排列较为紧密，间隙较小，使用过程中电池模块会产生大量的热，从而影响整个系统的性能，严重时会引发热失控甚至火灾爆炸，造成重大安全事故。因此电池簇需要进行热设计，确保整体温度均匀，具体详见第 6 章。

（4）安全设计

电池簇消防安全可以集成在储能系统级别，配合整个储能系统在集装箱内做消防设计，监控每一簇的温度变化，监控整个舱内的烟雾、火光，发生危险情况时，自动或手动启动声光报警器、气体喷洒指示灯等，开启消防系统，从而消除险情。

随着近年来对储能系统安全性能要求的提高，越来越多的厂家每一簇上均安装温感、烟感等传感器，以及设置独立的消防喷洒和控制系统，可以更精准的感知险情，更快速地启动消防系统。如图 5-13 所示。

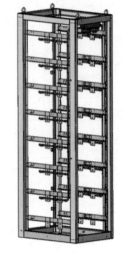

5.5.3 电池簇的电连接设计

电池簇的电连接常用的连接材料主要有两种：铜和铝，满足《电工用铜、铝及其合金母线 第 1 部分：铜和铜合金母线》（GB/T 5585.1—2018）、《电工用铜、铝及其合金母线 第 2 部分：铝和铝合金母线》（GB/T 5585.2—2018）及《加工铜及铜合金牌号和化学成分》（GB/T 5231—2022）。

铜、铝两种导体材料电气性能参数指标见表 5-16。

图 5-13　电池簇整合消防系统

铜的导电性能仅次于银，实用可靠，但密度大、价格高。

铝的导电性能仅次于铜，且具备密度小、价格低，但如果搭接存在以下缺点：

① 铝表面极易氧化，在搭接面会增大接触电阻而发热，甚至烧毁。

② 材质软，蠕变速率快，紧固后长时间工作易出现力矩衰减，因接触不良而发热甚至烧毁等现象。

表 5-16　铜、铝材料参数对比

导体材料比较参数	T2 铜排	铝排
直流电阻率	0.017777	0.029
电导率	97	59.5
载流量（设 T2 铜排为 100）	100	78
密度/（g/cm³）	8.89	2.7
表面接触电阻	小	大
抗氧化性能	好	差
蠕变	小	大
电气寿命	长	短
性价比	价格高、性能好	价格低、性能差

在实际使用时，铝与氧气反应会生成一层致密的氧化铝保护膜，有效阻止氧化继续，阻止表面接触电阻的逐渐增大，同时也会采集铝排的温度，可以通过温升随时发现接触不良等问题。

另外当铜排与铝排连接时，可以采用把铝排镀上锡或者焊镍片的方式，就可以避免铜铝之间电化学腐蚀现象的发生。

簇内非导电金属均需要进行等电位连接，电池簇机柜与模块箱体和高压箱连接位置采用线缆或者螺栓形式进行等电位连接设计，采用线缆连接时应注意接触面涂导电漆。如电池模块、高压箱与电池机柜的固定，需要充分考虑接地点位置及形式的设计。

5.6 储能系统预制舱设计

储能系统预制舱主要由电池簇、电气系统、温控系统、照明系统、消防系统、火灾预警系统等组成。

舱体总体设计应符合现行国家标准、设计规范要求，并结合工程实际，合理选用材料、结构方案和构造措施，保证结构在运输、安装过程中满足强度、稳定性和刚度要求及防水、防火、防腐、耐久性等设计要求。

具体参照标准有：《电力系统电化学储能系统通用技术条件》（GB/T 36558—2018）、《系列1集装箱 技术要求和试验方法 第1部分：通用集装箱》（GB/T 5338—2002）、《系列1：集装箱的技术要求和试验方法 保温集装箱》（GB/T 7392—1998）。如果需要海运的集装箱还需要满足《海运危险货物集装箱装箱安全技术要求》（GB 40163—2021）。

结构自重、检修集中荷载、屋面雪荷载和积灰荷载等，应按现行国家标准《建筑结构荷载规范》（GB 50009—2012）的规定采用，悬挂荷载应按实际情况取用。舱体的风荷载标准值，应按《门式刚架轻钢结构技术规程》（CECS102）附录A的规定计算。地震作用应按现行国家标准《建筑抗震设计规范（附条文说明）（2016年版)》（GB 50011—2010）的规定计算。

5.6.1 预制舱设计概述

作为储能系统承载的基础设施，预制舱式电池储能系统的安装平台提供了符合应用现场环境要求的物理、化学防护及固定平台。一般分为固定建筑式及预制舱式两种，预制舱一般指集装箱式、户外柜式两种。

（1）固定建筑式储能系统

固定建筑式储能系统指安装在固定建筑物内部，如厂房内、地下室内等场所，可以根据已有场地大小配置储能系统容量，或者根据需配置的系统容量新建固定式建筑物。

（2）预制舱式储能系统

储能系统固定建筑物式储能系统有建筑物建设周期长、无法移动、后期无法扩容等局限性。近年来储能系统需求越来越多样化，电气、控制等新需求不断涌入，更多智能化设施装配到系统内，对安装平台的便利性及灵活性提出了更高的要求。以集装箱、户外柜为代表的集成平台越来越多地被应用到储能系统中。

集装箱、户外柜平台可以实现标准化、模块化设计，工厂化生产、集中式施工管理。项目现场、集装箱厂商、集成商可以实现同步加工，缩短工程建设周期的同时，也减少了环境污染，同时也提升了后期调试及维护、扩容的便利性。集装箱储能系统可进行工厂化生产，直接在车间进行组装调试，大大节约了工程的施工和运维成本。

集装箱式预制舱与户外柜式预制舱有高度的通用性，两者都需要集成温控管理阻燃防爆系统、照明系统、消防安全等设计内容，两者可以互相借鉴。

预制舱式安装集成平台也有不足之处，如内部设备安装空间紧凑，所以在预制舱平台内有限的空间里，一般均按照电力标准规范中较小的电气安全距离应用需求进行布置，在一些特殊情况下，可能会出现漏电、短路等风险。

因此需要不断加入新技术、新材料、新工艺。储能系统学科也成为一个综合性的研究学科，实现储能系统的安全、稳定、智能运营。

① 户外柜式预制舱单舱容量较小，一般在<1000kWh，占地面较小，质量较轻，易于运输，从而降低了现场安装成本和调试时间。单舱集成可以根据客户需求实现更加灵活的系统配置，满足从千瓦时到兆瓦时的各种配置。完全可以按照储能系统的容量、应用现场、功能等进行定制化设计，并且拥有良好的易流通性。

② 集装箱式预制舱尺寸相对户外柜尺寸较大，应综合考虑舱内设备数量、尺寸、舱内维护通道、舱外维护通道、运输条件、场地条件等，一般推荐使用标准集装箱尺寸，如 20ft（1ft=30.48cm）、40ft，考虑到系统配置，45ft、48ft 也比较常见。集装箱单舱容量较大，一般为 2～6MWh。较轻的 20ft 集装箱空箱时可以用叉车转运。20ft 集装箱满载及大于 20ft 的集装箱只能用起吊车起吊，然后用运输车转运。因此，集装箱式预制舱运输不如户外柜方便。集装箱式预制舱单舱容量较大，一般应用在大型储能项目场合。

集装箱式储能也可以作为移动式储能系统应用。移动式储能系统以其较为突出的灵活便捷性近些年已广泛应用于电力系统输发配送等领域。移动式集装箱储能系统的模块化设计采用了国际标准化的集装箱尺寸，允许远洋和公路运输，可移动性强，不受地域限制。集装箱直接集成在运输车上；或者经过远洋或公路运输到地点后，与运输车集成。利用运输车的可移动性实现储能系统灵活配置，广泛应用在临时用电、保电增容等场合。

5.6.2 预制舱的结构设计

舱体总体结构设计应符合现行国家标准、设计规范要求，并结合工程实际，合理选用材料、结构方案和构造措施，保证结构在运输、安装过程中满足强度、稳定性和刚度要求及防水、防火、防腐、耐久性等设计要求。

集装箱体结构框架以金属结构件作为框架基础，应有足够刚性及承载能力，能满足电气元件的安装要求及操作和短路时所产生的机械应力、热应力和电动力，同时不得因成套设备的吊装、运输等情况而损坏或影响开关柜及所安装元件的性能。设备外壳平整、严密、美观、防腐蚀，应适应潮湿、盐雾、严寒、风沙等恶劣气候条件。

（1）舱体骨架设计要求

舱体骨架应整体焊接，保证足够的强度与刚度。舱体在起吊、运输和安装时不应变形或损坏。底板型钢尺寸需要根据荷载进行计算确定，保证底板型钢梁挠度变形符合结构设计规范要求，需要严格采取防腐措施。

（2）舱门和箱体

舱门设置应满足舱内设备运输及巡视要求，采用防火门，其余建筑构件燃烧性能和耐火极限应满足《建筑设计防火规范（2018 年版）》（GB 50016—2014）中第 3.2 节规定。

舱体外壳一般采用冷轧钢板经防腐工艺处理或采用不锈钢板制作。箱体四周、顶板、底板均应填充保温材料，确保整个预制舱保温隔热效果良好，且应满足《建筑材料及制品燃烧性能分级》（GB 8624—2012）中的防火要求，并使得舱体四周、顶板、底板不出现冷桥、结露点。

屋面板应采用轻质高强，耐腐蚀，防水性能好的材料，中间层应采用不易燃烧，吸水率低、密度和导热系数小，并有一定强度的保温材料。

预制舱外壳形状应不易积尘、积水，舱体制作尽可能少用外露紧固件，以免螺钉穿通外壳使水导入壳内。对穿通外壳的孔，均应采取相应的密封措施，若实在无法避免使用外露紧固件，则必须选用不锈钢紧固件，防止紧固件生锈。舱体与基础应牢固连接，宜焊接于基础预埋件上，舱体与基础交界四周应用耐候硅酮胶封缝，防止潮气进入。

舱体具备良好的隔热性能并配备相应的供暖、供冷、通风设施，保证产品在一般周围空气温度下运行时所有电气设备的温度不高于其允许的最高温度，不低于其允许的最低温度，并使得舱体内部无结露点。

门开启角度应不小于 90°，并设置开门后的限位固定装置。门需要有足够的强度，在吊装及运输后不影响门的开关和密封。门的设计尺寸须与所装设备的尺寸相配合，满足舱内设备搬运要求。

舱内地板应采用防静电设计，并方便电缆敷设与检修。

（3）吊装设计

为确保起重吊装作业的安全，吊装设计及吊装作业需要按照《建筑施工起重吊装工程安全技术规范》（JGJ 276—2012）实施。除此之外，标准尺寸集装箱还可以参照《系列 1 集装箱 装卸和栓固》（GB 17382—2008）进行设计及作业。设计时根据舱内设备载荷分布计算舱体骨架强度，包括顶部及底部强度，确保吊装作业安全。

集装箱起吊一般分为顶部吊装及底部吊装。

① 集装箱顶部吊装。

如果舱体需要进行顶部吊装，如图 5-14 所示，即通过集装箱顶部的 4 个角件起吊。需要根据舱内设备载荷分布计算舱体骨架强度，包括顶部及底部强度，确保顶部吊装作业安全。

② 集装箱底部吊装。

底部吊装一般有两种方式。

一种是通过集装箱底部的角件起吊，即底部四点起吊，如图 5-15 所示。

一种是通过集装箱底部的吊装柱进行吊装，如图 5-16 所示。此方案一般应用在集装箱较重的场合。集装箱如果质量较小（≤30t），可以设计为 4 个吊装柱；质量较大时，需要设计为 8 个吊装柱，即 8 点起吊，减小单根吊绳的应力，如图 5-16 所示。

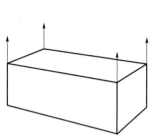
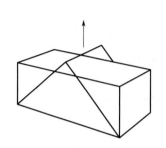
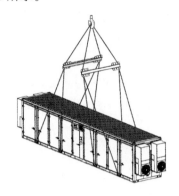

图 5-14　顶部吊装示意图　　图 5-15　集装箱底部角件起吊示意图　　图 5-16　底部 8 点起吊施工图

（4）防腐设计

舱体漆膜总厚度须满足对应等级要求，具体可参考储能系统的使用环境。

根据《腐蚀环境判定标准》（ISO 12944），将大气环境对裸露钢板的腐蚀程度分为以下六个级别——C1、C2、C3、C4、C5、C5-M。按照项目使用地腐蚀环境选择喷漆类型及厚度。一般可以按照表 5-17 选型。

表 5-17　漆膜厚度与腐蚀环境对照表

腐蚀环境	设计使用年限	最低干膜厚度/μm	
		不适用富锌底漆	使用富锌底漆
C2	低	80	—
	中	120	—
	高	160	—
C3	低	120	—
	中	160	—
	高	200	160
C4	低	200	160
	中	240	200
	高	280	240
C5-I	低	200	—
	中	300	240
	高	320	320
C5-M	低	—	—
	中	300	240
	高	320	320

漆膜厚度需要满足表 5-18 中的耐盐雾试验要求。

表 5-18 耐盐雾试验要求

腐蚀性级别	耐久性范围	ISO 6270-1 凝露试验/h	ISO 6227 中性盐雾试验/h	ISO 12944-9 循环老化试验/h
C2	低 L	48	—	—
	中 M	48	—	—
	高 H	120	—	—
	很高 VH	240	480	—
C3	低 L	48	120	—
	中 M	120	240	—
	高 H	240	480	—
	很高 VH	480	720	—
C4	低 L	120	240	—
	中 M	240	480	—
	高 H	480	720	—
	很高 VH	720	1440	1680
C5	低 L	240	480	—
	中 M	480	720	—
	高 H	720	1440	1680
	很高 VH	—	—	2688

舱体所有锁盒采用户外铝合金锁盒并配置工程塑料电力专用锁。

舱体底架槽钢必须经过喷砂、喷锌处理后，采用沥青漆重度防腐处理，保证底架不锈蚀。

（5）箱体的保温设计

目前可选用的保温材料很多，例如，膨胀聚苯乙烯泡沫板、保温砂浆、挤塑聚苯乙烯泡沫板、硬质聚氨酯泡沫、石灰水泥砂浆、酚醛树脂泡沫、石膏板、木材、玻璃棉毡、矿棉、岩棉板等，材料不同，其表观容、导热系数、燃烧性能等均有所不同，用户可以根据自己的实际用途进行选择。本文中以岩棉为例介绍集装箱的保温措施。

舱体的侧壁、箱门、顶部、底部均需在防护钢板内安装一定厚度的岩棉。保温棉可以选择岩棉夹芯板，或者塞入保温能力不弱于岩棉夹芯板的散装岩棉。岩棉夹芯板的性能根据《建筑用金属面绝热夹芯板》（GB/T 23932—2009）的标准检测。面材与芯材之间黏结牢固，芯材密实。保温棉应具有一定的耐火性能，可按照标准《建筑构件耐火试验方法 第 1 部分：通用要求》（GB/T 9978.1—2008）检测。

（6）密封设计

为保证舱内元器件的可靠稳定运行，箱体须具备保温、密封、防腐，有力地达到了防尘、防潮、防凝露的目的，箱体外壳防护等级不低于《外壳防护等级（IP代码）》（GB/T 4208—2017）中IP54的规定，适合严寒、风沙等恶劣气候条件。

为确保舱体的高低压、自动化、变压器等设备的可靠运行，并实现防尘、防潮、防凝露，预制舱舱体均需要密封，可采用硅橡胶或三元乙丙材料制作的密封条，确保长寿命、高弹性的密封需求。高压和低压的进出线电缆孔采用便于密封设计，为确保现场电缆连接后的有效密封，应配置电缆密封件并配备防火泥。

（7）通风设计

舱体应设置机械通风装置，舱内形成通风回路，当需要人员进入舱体维护时，可由舱外控制启动通风装置进行换气。进风口、排风口要进行多道防尘处理，防尘网应方便拆装和清洗。排风的风机需采用长寿命、免维护轴流式风机；风机的数量应满足排风和除湿的要求。

在有可能产生爆炸性气体的舱体内应配置防爆型通风设备，通风机的启停应与事故排风控制系统、气体监测系统联锁。考虑气候条件、环境因素，对于多风沙地区、极寒地区、高污秽地区，预制箱内可以选配配备微正压空调，通过微正压防尘技术，箱内气压略大于外部环境气压，外界气体在压力作用下无法沿缝隙进入舱体，达到防尘、防潮、防凝露效果，确保设备的稳定运行。微正压系统给密封良好的箱内源源不断地注入清洁空气，且能够保持箱内压力略大于舱外，门窗缝隙处泄漏的空气向外流动，灰尘无法通过这些缝隙进入箱内，保持箱内无尘环境。空调系统负责调节箱内温湿度，确保箱内恒温恒湿。

（8）紧急逃生与消防设计

步入式预制舱应在过道设置紧急逃生门，逃生门板上需设置"推杠式"紧急逃生门锁，满足人员紧急逃生要求。门锁需满足防火要求，高可靠，长寿命。

紧急逃生通道设置醒目的安全出口指示，相关通道指示设备均需安装应急电源，以保证在系统断电的情况下，出口指示灯亮。出口指示灯应满足《安全标志及其使用导则》（GB 2894—2008），如图5-17所示。

箱体内应配置有完善的烟雾报警系统、温湿度控制系统、开门报警系统，进一步保证系统的可靠性。

图5-17 紧急逃生出口标识

预制舱内火灾探测及报警系统的设计和消防控制设备及其功能应符合现行国家标准《火灾自动报警系统设计规范》（GB 50116—2013）的规定。火灾报警烟感探测装置采用吸顶布置。舱内配置足量高效阻燃式手提式灭火器，置于门口处，灭火器级别及数量应按火灾危险类别为中危险等级配置，在确保安全可靠的情况下，可设置固定式气体灭火系统。

5.6.3 集装箱的电气设计

（1）总体要求

集装箱内部电气设备的技术性能、标识、安全性、布线方式等均需要符合国家标准或行业标准中相关条款的要求。

（2）照明及门禁

可实现对集装箱内照明灯光的控制，为集装箱内部的监控提供一个安全的照明环境，管理人员可在现场用手动开关控制照明灯；门禁开关可以对门禁状态进行反馈。门禁信号线终点为甲方控制柜，乙方需将线缆预留至接线位置。

在室内要求设置应急照明，室外照明、配电间及控制室选用 LED 三防灯、灯具应防尘、防水、防爆，防护等级达 IP65 和《户内户外防腐低压电器　环境技术要求》(JB/T 9536—2013) 中规定的 WF2 及以上。

集装箱内应急照明灯，一旦系统断电，集装箱内的应急照明灯会立即投入使用，应急照明灯需具备足够的有效照明时间，应急光通量≥50lm。满足标准《消防应急照明和疏散指示系统》(GB 17945—2010)。

（3）线束及布线

供电系统内的电线电缆应全部采用使用不同颜色标识的室外型交联聚乙烯绝缘阻燃电缆，电缆必须有独立的绝缘层和护套层，长期工作温度不能低于 105℃，电线电缆的额定绝缘耐压值应高出实际电压值一个等级。照明电缆的截面积不能小于 2.5mm²；电源插座电缆的截面积不能小于 2.5mm²；集装箱内部电气设备接线线缆走线必须在线槽内走线，无裸露线缆，且不可以干涉柜体安装位置，可参考三维模型。

（4）内部绝缘防护

箱式储能电池室通道应铺设绝缘垫，绝缘电压不小于 5kV 的高质量阻燃绝缘垫。绝缘垫在整个集装箱的通道和设备柜间缝隙处要铺满，并剪裁整齐美观。

（5）接地

注意所有接地柱绝对不允许出现喷漆、生锈、焊瘤等状况，以确保接地线缆与接地柱接触良好，所有箱内接地柱与集装箱箱体保持等电位焊接，同时集装箱接地铜排与整个集装箱的非功能性导电导体（正常情况下不带电的集装箱金属外壳等）连通并形成可靠的等电位。

所有接地点必须有明显标识。集装箱的屋顶必须配置连接可靠的高质量防雷系统，防雷系统通过接地扁钢或接地圆钢连接至集装箱给用户提供的不少于 2 个的接地排上。

（6）防雷

① 储能系统防雷接地严格按照《建筑物电子信息系统防雷技术规范》(GB 50343—2012)、《建筑物防雷设计规范》(GB 50057—2010) 执行。储能系统的防雷设计，应保证在遭受雷击时项目内的电气设备及人身安全。防雷接地部分要求使用铜绞线，要满足《建筑物防雷设计规范》(GB 50057—2010) 的要求。

② 必须严格核算集装箱所在位置是否在原有防雷设备的覆盖范围之内、是否满足一级防

雷要求。如集装箱所在位置不在原有防雷设备的覆盖范围之内或不满足一级防雷要求则必须单独配置防雷系统，防雷系统通过接地扁钢或接地圆钢连接至集装箱给用户提供的不少于 2 个的接地排上。

③ 所有集装箱外部壳体须提供螺栓安装和焊接两种固定方式。螺栓固定点和焊接点须与逆变站壳体金属外壳可靠联通。箱体应提供 2 接地点，接地点位于预装式逆变站箱体的对角线位置。

④ 集装箱内部应提供一个将不属于设备主回路和/或辅助回路的预装式逆变站的所有金属部件接地的主接地导体系统。每个元件通过单独的连接线与之相连，该连接线应包含在主接地导体中。

⑤ 如果外壳的框架/水泥的加强筋是金属螺栓或焊接材料制成的，也可以作为主接地导体系统使用。

⑥ 密度，如用铜导体，当额定短路持续时间为 1s 时应不超过 $200A/mm^2$；当额定短路持续时间为 3s 时应不超过 $125A/mm^2$。其横截面积不应小于 $30mm^2$，它的端部应有合适的界限端子，以便和装置系统连接，如果接地导体不是铜导体，则应满足等效的热和机械应力的要求。

⑦ 接地系统在可能要通过的电流产生的热和机械应力作用后，其连续性应得到保证。

参考文献

[1] 刘亮，李雪城，陆朝阳，等. 预制舱防护设计关键技术 [J]. 电气时代，2021 (12)：66-67.

[2] 杜建建，周庆龙. 变电站设计中防风沙措施探讨 [J]. 黑龙江科技信息，2015 (21)：61.

[3] 周鹤良. 电气工程师手册 [M]. 北京：中国电力出版社，2008.

[4] 袁胜军，阳川，李博识，等. 电磁兼容接地分析与设计 [J]. 电子产品可靠性与环境试验，2022，40 (1)：72-75.

[5] 姚烨，薛文安. 低压系统 SPD 和后备过电流保护装置可靠性分析 [J]. 建筑电气，2021，40 (10)：7-11.

[6] 翁利国，练德强，洪达. 智能型低压 SPD 专用保护器设计 [J]. 现代建筑电气，2021，12 (11)：20-22.

[7] 吕志娟，殷帅兵. 预制舱机架结构分析与优化设计 [J]. 机械工程师，2022 (6)：132-135.

[8] 翟旺，李帅，白文龙. 专用集装箱吊具的优化设计 [J]. 起重运输机械，2018 (1)：134-137.

第6章
电池系统热管理设计及仿真分析

6.1 热管理系统概述

在电化学储能系统中，热管理系统作为整个储能系统的重要组成部分，对储能系统的安全、可靠、高效地运行发挥着极为重要的作用。对于储能电池系统来讲，无论是高温条件下运行所带来的系统寿命降低及安全隐患、低温条件下电池本体存在的析锂风险，还是整个储能系统内电池温度差异所导致的系统偏差，都与热管理系统息息相关。

电池系统通常采用空调内循环的方式对系统进行冷却或加热，散热介质一般为空气或者冷却液。电气舱一般采用环境风进行冷却，以降低散热系统能耗。此外，针对沿海或极寒等地区，结合项目所在地的特殊条件，也可以采用内循环的方式对电气舱进行温度控制。

根据储能系统内部对于电池舱和电气舱的不同散热需求，一般会根据其核心元器件的散热需求（电池舱重点关注电池的温控需求，电气舱重点关注 PCS 或控制柜内关键部件的散热需求）来制订针对性的热管理控制策略。

6.1.1 热管理的意义

温度对锂离子电池的容量、充放电功率和安全性等都有很大的影响。与动力电池系统相比，储能系统集成的电池数量更多，电池容量和充放电功率也更大，电池排列也较为紧密，间隙较小，且电池模块的能量密度高、运行工况复杂多变，时常有高充放电倍率与低充放电倍率频繁切换的情况出现。这就容易造成电池组之间会出现热量聚集、热量难以排出，系统内部产热不均匀、温度分布不均匀、电池间温度差异较大等问题。长此以往，必然会导致部分电池的容量、充放电性能及寿命等关键性能指标的快速下降，从而影响整个系统的性能，严重时会引发热失控甚至火灾爆炸，造成重大安全事故，如图 6-1 所示。

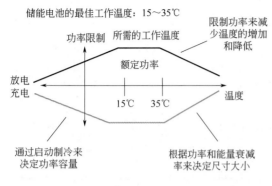

储能电池的最佳工作温度：15～35℃

功率限制 所需的工作温度

限制功率来减少温度的增加和降低

放电 充电

额定功率

15℃ 35℃ 温度

通过启动制冷来决定功率容量

根据功率和能量衰减率来决定尺寸大小

图 6-1 储能电池不同工作温度下产生的影响

（1）容量衰减

锂离子电池内部化学反应和物理变化不是完全的可逆反应，随着充放电次数增加，锂离子电池可用容量会以不同速率衰减，容量是反应电池基本特性的重要指标，而温度是影响锂离子电池容量衰减速率的关键因素。温度越高会加速副反应的发生，锂离子电池的容量衰减得越快；温度降低会使活性锂在电极表面沉积。对于储能系统，若电池长期在较高温度状态下工作，那么整个电池储能系统的实际运行容量会快速衰减，大幅偏离标称容量。而容量的衰减又会导致产热的增加。温度和容量衰减相互影响加剧电池的老化，缩短电池的使用寿命。因此对温度进行一定程度的控制，对电池的安全使用是非常重要的。

（2）热失控

锂离子电池的热失控主要分为热滥用、机械滥用以及电滥用三种方式。热滥用是指由于外部温度过高导致电池内部活性材料发生放热的化学反应，进而引发热失控；机械滥用是指电池由于外部的挤压、碰撞等恶劣条件引发的热失控；电滥用是指由于过充、过放以及短路等恶劣条件引发的热失控。

在储能系统中锂离子电池的充放电过程中，能量损失不可避免，一部分化学能（放电）或者电能（充电）会转变成热能。当锂离子电池工作产生的热量无法及时散出时，热量就会在电池内部积聚从而形成高温。当电池长期工作在高温状态下，电池内部的有害化学反应会越来越多，产热也越来越多，若散热不好的话，会导致温度不断升高，严重时造成温度和有害化学反应双双失控。随着电池温度的升高，SEI 膜分解并放热，电解液吸热蒸发，隔膜熔化，从而导致正负极发生短路，电池随即失效，严重时会引起燃烧、爆炸等安全问题。对储能系统而言，这一热问题尤为重要。一个电池热失控，可能引发连锁效应，造成重大事故。因此，电池系统工作过程中的温度控制非常重要，只有将电池维持在适宜的工作温度范围内，才能避免电池发生热失控，保证电池系统的安全性。

（3）低温损伤

当温度较低时，锂离子电池的容量会随着温度的下降而降低，这一现象在温度低于 0℃时越发明显。这是由于低温下电解质的传输性能及锂在石墨中的扩散速率显著下降导致。此外，在低温条件下，锂离子电池的充电性能要比放电性能差，这是电极和电解质界面处的电荷转移不良造成的。若在低温下循环，这种不良的电荷转移可导致锂在负极析出、积聚，形成锂枝晶，轻则造成不可逆的容量损失，降低电池的容量和热安全性，重则刺破隔膜造成短路。

锂离子电池热管理系统的设计，总的来说，就是根据电池运行的要求以及工作期间所要经受住的内、外热负荷的状况，采用一种或者多种热管理技术来组织电池内、外部的热交换过程，保证锂离子电池系统的温度水平保持在规定的范围内。

6.1.2 常用储能热管理技术路线

目前，锂离子电池热管理系统可采用的热管理技术主要包括以下几种：①以空气为介质的热管理技术，简称空冷或风冷；②以液体为介质的热管理技术，简称液冷；③基于相变材料的热管理技术，简称相变冷却；④基于热管的热管理技术，简称热管冷却。

（1）空冷

空冷是以空气为冷却介质，利用对流换热降低电池温度的一种冷却方式。空冷系统具有结构简单、轻便、可靠性高、寿命长、易维护及成本低等优点，广泛应用于电子设备和动力电池的冷却。但由于空气的比热容和导热系数都很低，空冷系统的散热速率和散热效率在一定程度上受到限制。这使得空冷比较适用于电池产热率较低的场合，现有储能系统多采用这种热管理技术。

锂离子电池空冷技术的研究主要关注优化空气流量、电池布局和流道等。有学者通过CFD仿真分析研究不同电池间距和空气流量对电池组温度分布的影响，其仿真结果显示在流量保持不变的情况下，随着间距的增大，最高电池温度增加，但是温度分布更加均匀。空气流向也是影响电池温度分布的一个重要因素。若空气始终往一个方向流动，必然使得在空气进出口的电池之间有较大的温差。

（2）液冷

液冷以液体为冷却介质，通过对流换热将电池产生的热量带走。可用作冷却介质的常见液体有水、乙二醇水溶液、纯乙二醇、空调制冷剂和硅油等。与空冷系统相比，虽然液冷系统结构复杂、成本较高，但是，液体冷却介质的换热系数高、比热容大、冷却速率快，可有效地降低电池的最高温度和提高温度分布的均匀性，同时液冷系统的结构较为紧凑。

液体与电池的接触模式有两种：一种是直接接触，电池单体或者模块沉浸在液体（如电绝缘的硅油）中，让液体直接冷却电池；另一种是在电池间设置冷却通道或者冷板，让液体间接冷却电池。液冷技术的研究主要关注于液体冷却介质的选择、流道的优化、流速的优化以及热电耦合模型等。目前各主流厂家均已推出集成液冷系统的解决方案。

（3）相变冷却

相变冷却是利用相变材料（phase change material，PCM）发生相变来吸热的一种冷却方式。相变冷却具有结构紧凑、接触热阻低、冷却效果好等优点。但是，相变材料的最大缺点是导热系数低、导热性能差、占空间、成本高。相应地，相变材料的储热和散热速率都很低，无法用于电池的高产热工况。相变材料吸收的热量需要依靠液冷系统、风冷系统、空调系统等导出，否则相变材料无法持续吸收热量，导致失效。因此，相变冷却技术多和其他热管理技术结合起来使用，能起到均匀电池温度分布、降低接触热阻以及提高散热速率等作用。

（4）热管冷却

热管是依靠封闭管壳内工质相变来实现换热的高效换热元件。一般由管壳、管芯及工质组成。热管具有高导热、等温、热流方向可逆、热流密度可变、恒温等优点，广泛应用于核电工程、太阳能集热、航天工程、电子设备冷却等领域。

目前，热管在大容量电池系统中的实际应用较少，热管冷却系统的研究主要集中于评估冷却性能、优化冷端冷却、建立预测模型等，相关研究尚处于实验室阶段。

不同冷却方式对电池性能有不同的影响，四种冷却方式对电池性能的影响对比见表 6-1 所示。

表 6-1　不同冷却方式对电池性能的影响

项目	空冷 强迫	液冷 主动	相变冷却 相变材料+导热材料	热管冷却	
				冷端空冷	冷端液冷
散热效率	中	高	高	较高	高
散热速率	中	较高	较高	高	高
温降	中	较高	高	较高	高
温差	较高	低	低	低	低
复杂度	中	较高	中	中	较高
寿命	中	长	长	长	长
成本	低	较高	较高	较高	高

6.1.3　热管理系统介绍

热管理系统一般包含：冷/热源、风扇/水泵冷却介质驱动部件、采集监控模块、热管理控制策略模块等。

（1）冷/热源

目前的主流方案是采用集成式工业空调、水冷机组、水冷机组+末端表冷器等方案。此外，针对寒冷或风沙较大的区域，还需额外选配加热模块、微正压模块等。冷/热源的配置要充分考虑到由电池系统、辅助电气设备、室外环境带来的冷/热负荷，并做好保温隔热设计，以保证电池系统运行在合适的温湿度范围内。

（2）风扇/水泵冷却介质驱动部件

风扇/水泵搭配风道/流道构成循环系统，实现整个电池系统与冷热源之间的能量交换。风扇、水泵等驱动部件决定了系统的换热效率，风道/管网的架构和排布决定了电池系统温度的一致性。

（3）采集监控模块

主要包含两部分：一部分为温湿度传感器用于监测环境温湿度、电芯温度、铜排温度、铝排温度等；另一部分用于监测采集空调、风扇的运行状态。同时，采集监控系统也会用来实现对整个电池系统的运行状态进行评估，及时反馈调节。

（4）热管理控制策略模块

控制部分一方面包含根据采集监控模块采集回来的数据进行条件判断，对风扇、空调的启停做逻辑控制和管控，同时兼备预警保护的功能。

储能热管理系统设计实质上可以分为两部分：一部分是在设计之初就要匹配到整个系统的冷却系统，包括冷却方案和冷却策略的制订等内容；另一部分则是在系统运行过程中随着天气、气候甚至环境的变化对系统的温控状态进行的实时监控和调整。

因此，设计人员在设计热管理系统时除了要根据需求进行温控系统的合理设计之外，还要充分结合在项目实际运行过程中反馈的状态参数，进行动态调整和优化。

6.1.4 热管理系统的要素

（1）合理的制冷量/热量配置

结合电池系统的运行工况、电池系统自身的换热效率、项目所在地的环境气候等因素对空调系统进行配置。考虑项目运行后期电池系统发热量增大，以及空调系统冷量下降，一般按照冷热负荷的 1.1～1.5 倍对空调系统进行配置。如果空调系统冷/热量配置不足，会造成电池系统温度过高。当然，如果空调系统制冷/热量超配过多，不仅会使前期投入成本增加，还会造成空调机组的频繁启停，进而影响空调系统的寿命。

（2）峰值温度控制能力

电池系统的寿命和温度强相关，其合适的运行温度区间一般为 (25 ± 5) ℃，一般来说电池系统所处的环境温度越高，其寿命衰减越快。因此，需要将电池系统所处的环境温度控制在合理温度区间以延长其日历寿命。在电池系统有负载，处在工作状态时，还要快速对其降温，延长循环寿命。电池系统静置温度一般在 (23 ± 5) ℃，其峰值工作温度一般控制在 35℃ 以内。

（3）足够的温度一致性控制能力

电池系统的充放电能力和电池系统的寿命遵循木桶原理，是由系统中最差的一颗电池决定的。所以良好的热管理系统必须使电池系统温度分布均匀，电池温度具有良好的一致性。一般风冷电池系统的峰值温差控制在 5～7℃ 以内，电池簇的峰值温差控制在 5℃ 以内。液冷系统通过合理的设计，可以将温差控制在 3～5℃。

（4）高效的湿度控制

电池储能系统运行环境的相对湿度一般控制在 85% 以内。湿度过高容易引发短路和绝缘风险，同时也会加剧内部器件的腐蚀和老化。目前工业空调的主流除湿逻辑是加热和制冷相结合，交替进行，此过程空调耗电较大，容易造成较大的系统温差。建议在沿海、南方湿度比较大的地区，增加电池舱的防护等级，减少水汽的进入，同时增配除湿模块。

（5）低功耗的设计需求

热管理系统的运行能耗对系统运行效率有着较大的影响。据统计，风冷系统热管理辅助功耗约占系统充放电电量的 3%～5%，液冷系统热约占 2%～3%。风扇/水泵等强迫对流散热部件的机械能最终也会转化成热量，从而造成二次的耗电。所以提高换热效率，尽可能减少强迫对流部件的运行时间，也是降低能耗的一个重要方向。

（6）稳定的热管理系统控制策略

热管理控制策略是热管理系统的灵魂，对储能系统的运行状态以及整个系统的运行效率等均有着至关重要的作用。热管理策略的制订需要考虑电池系统的运行工况、热管理系统的温控能力、项目地的环境等多种因素。稳定、鲁棒性强的热管理控制策略需要经过严格的仿真模拟与测试验证，避免引起逻辑上的冲突及单点失效等其问题导致的温控失效等隐患。目前，市场上主流的储能系统一般是根据电芯的温度对空调目标温度和带宽进行设置，使环境温度控制在一定的范围内，进而保证电池系统的换热效率。从目前的技术发展看，如何更好地实现对运行工况的预测以及结合外部日照、环境温度等参数制订合理的温控目标和能耗控制，成为了热管理系统温控的核心考虑要素。

（7）良好的监控预警能力

热管理系统应能通过合理地布置温湿度监控单元、核心器件参数监控，实时监测系统运行状态，并与安防系统实现联动控制保护，是目前对热管理系统预警保护提出的一个新的需求。

一个良好的热管理系统，需要参照历史运行状态并针对性地开展数据分析工作，通过统计运行数据、故障告警信息进行统计和分析，形成高效快速的诊断预警逻辑，进而能够对系统的异常状态进行提前预警。同时，也可以根据监测数据，结合热管理策略实时调整控制参数。

6.2 风冷方案设计

风冷冷却方式具有结构简单、成本低廉、可靠性高且易维护的特点，是目前储能系统中主流的冷却方案。电池储能风冷温度管理系统安装在电池室内，主要由空调、空调主风道、散热风扇、电池簇风道组成。储能系统的强迫风冷散热其冷源来自空调内循环提供，其冷却风的流动方向为空调出风口—空调主风道—电池簇散热风扇—电池簇风道—电池模块—空调回风口。冷空气在电池插箱内部从插箱底部、插箱侧面/电芯间缝隙穿过，带走电芯表面热量，实现冷却散热，达到温度控制目标。

在风冷储能系统散热方案的设计中，主要包括冷/热负荷计算、空调选型及布置、主风道设计、电池簇级别散热方案设计及部分工程方案设计等几个重点方面。

6.2.1 冷/热负荷计算

结合项目所在地的气候条件、集装箱保温设计要求、电池系统的运行工况、制冷和制热设备以及制冷和制热策略，对电池系统进行详细的冷/热负荷的计算。

（1）确定内部发热

根据运行工况，确定储能系统中电芯和电气组件的发热情况。相较于电池产热，接线端子、直流回路及控制系统的产热易于估算。因此，较为准确地估算电池充放电过程中的功耗发热量 Q_R 是进行储能系统空调冷却方案设计与选型的关键。

以锂离子电池为例，其充放电过程是一个总体上放出热量的可逆的电化学反应过程，但期间也伴随着锂离子在各种结构材料内嵌入、脱嵌以及转移等物理过程。实际估算电池发热量时，可将其等效为一个纯电阻电路，利用焦耳定律计算其大致的发热量，如公式（6-1）所示。

$$Q_R = \Sigma I^2 \times R \tag{6-1}$$

式中 Q_R——电池的发热量，W；

  I——系统中所有参与运行的电池电流，A；

  R——系统中所有参与运行的电池内阻，Ω。

（2）外部热量摄入

根据项目所在地和集装箱保温设计，确定外部峰值摄入热量。

围护结构负荷的计算是热管理系统设计的重要基础，由于围护结构的传热过程是关于时间的函数，不同的时间点对应的热状态都与历史状态有关，因此一个最简单的房间的负荷计算，也需要通过求解一组庞大的偏微分方程组才能完成。为了达到能够在工程设计中实际应用的目的，研究人员在开发可供工程师在设计中使用的负荷求解方法方面进行了不懈的努力。

目前，国内外常用的负荷求解的方法主要包括：①稳态计算法；②采用积分变换求解围护结构负荷的不稳定计算方法；③采用模拟分析软件计算法。

在储能领域中围护结构比较简单，因此，围护结构冷/热负荷计算采用负荷系数法，稳态计算公式计算出通过围护结构传递的冷/热负荷。计算公式如下：

$$Q_{围护} = KA\Delta T \tag{6-2}$$

式中 $Q_{围护}$——通过围护结构传入室内的所需的总冷/热负荷，W；

  K——围护结构的传热系数，W/（$m^2\cdot℃$），这里取 K=1.6W/（$m^2\cdot℃$）；

  A——集装箱的换热面积，m^2；

  ΔT——集装箱的内外温差，℃。

在计算室内外温差时，计算夏季冷负荷不能采用日平均温差，否则可能导致完全错误的结果。因为尽管夏季日间瞬时室外温度可能比室内温度高很多，但夜间却有可能低于室内温度，因此与冬季相比，室内外平均温差并不大，但波动的幅度却相对比较大，如果采用日平均温差的稳态算法，则导致冷负荷计算结果偏小。另一方面，如果采用逐时室内外温差，忽略围护结构的衰减延迟作用，则会导致冷负荷计算结果偏大。

6.2.2　空调选型及布置

根据系统的运行工况和系统所在地的环境等因素计算出热管理需求所需要的冷量，由此确定系统所需配备空调的功率和数量。再根据系统空间大小和成本限制等因素，确定空调的安装方案。风冷系统中空调的安装方式，根据电池系统布置形式的不同可分为顶装式、壁挂式、一体式和分体式，如图 6-2 所示。具体优缺点见表 6-2。

表 6-2　不同种布置方式空调的优缺点对比

布置方式	优点	缺点
顶装式	不占用外部空间	运行稳定性差，需做好防水设计
壁挂式	节省空间，布置灵活	功率较小
一体式	密封性和环境适用性好	占用内部空间
分体式	效能比高	布线及管路布置复杂

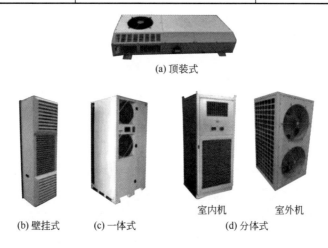

(a) 顶装式

(b) 壁挂式　　(c) 一体式　　　　室内机　　室外机
　　　　　　　　　　　　　　　　　　(d) 分体式

图 6-2　不同布置形式的空调（见彩图）

与传统空调设备相比，储能所采用的制冷设备一般具备如下特点。

（1）高效环保

采用高效节能风扇和压缩机，低噪声，延长空调使用寿命，降低电力消耗；多种送风方式，出风均匀，大风量，满足电池散热的小温差要求；采用环保制冷剂，满足环保要求。

（2）安全可靠

封闭的制冷循环，保护设备免受恶劣环境影响；来电自启动，具有多种保护功能，可靠性高。

（3）定制化解决方案

落地一体式、顶置一体式、分体式；顶部送风、背面送风、底部送风等；多种送风方式。多种风机类型：提供 AC 风机、EC 风机、高风压风机、低噪声风机，满足不同应用需求。

（4）智能控制

LCD 显示，操控更方便；多功能告警输出，实时系统监控，方便快捷的人机界面，使操控更加简单；可开放通信协议，根据电芯温度控制空调运行状态，当电芯温度较低时，空调进入待机模式，实现节能最大化。

6.2.3　主风道设计

要在封闭空间内部对大量电池进行有效散热，合理的风道设计十分关键。

目前，空调主风道设计一般分为两种思路。

（1）方案 1

一种是通过在矩形截面风道中添加不同长度、不同形态的导流板来调节风道内各处风阻，从而使各出风口流量均匀分配，如图 6-3 所示。该种方案的优点是设计及加工都较为简单，但缺点也很明显，气流冲击到导流板上会带来较大噪声、系统风阻较大且依赖较多的后期人工调节。

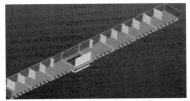

图 6-3　矩形风道示意图

（2）方案 2

第二种思路是采用静压风道方案进行设计，其设计原理是通过在设计阶段调整风道各截面的比例关系，找出最优风道截面比例后，从而实现风道各出风口处静压相同、流量相同的目的，如图 6-4 所示。该方案充分借助于参数化 CFD 仿真分析手段，通过参数配置、样本分析、全局寻优，最终寻找到最佳的截面比例关系，从而设计出流量分配均匀的静压风道。该种风道方案从设计端充分解决了空调系统流量分配的均匀性问题，且避免了导流板方案后期繁琐的人工调节、噪声过大、系统阻力过大等问题。

风道设计的目的是将风量校核得到的每个电池簇需要的冷量精准分配给每个电池模块，

确保每个电池模块温度分布一致，系统温差处于合理范围。

一般将风道设计分为计算校核、风道设计、仿真模拟三个步骤，需要遵循：①风道系统简洁、灵活、可靠，便于安装、调节、控制与维修；②风道断面尺寸要标准化；③风道的断面形状要与结构相配合，保证其密封性。

图6-4　静压风道示意图

（1）计算校核

计算校核的目的是在风道设计前期根据已有的系统布置和通风量要求，经济、合理地选择风管所用材料和截面尺寸；或在通风量发生变化时，校核风机的风压、风量等特征参数是否能满足温控要求。

（2）风道设计

风道设计的计算方法分为假定流速法、压损平均法和静压复得法。

常规的通风系统管道设计使用最多的是假定流速法，该方法的步骤是：先按技术经济要求选定风管的流速，再根据风管的风量确定风管的断面尺寸和阻力，然后对各支路的压力损失进行调整。

压损平均法和静压复得法是根据压力各个支路的压力分配来确定管道的断面尺寸和长度，通常适用于风压需求较大的通风系统。这两种方法步骤简单且设计精准，但有一定局限性。

（3）仿真模拟

风道设计完成后，需要在计算机上对其截面尺寸、风量大小进行仿真模拟，以确定风道设计在功能和结构上满足整个冷却系统的要求。

良好的空调主风道设计方案能够确保空调冷量均匀分配到各电池簇顶部，从而使各电池簇获得温度相同的环境气流。

6.2.4　电池系统散热方案设计

电池系统热管理方案主要分为两个方面：一是模块级别（电池簇/电池模块）热管理方案设计；二是系统级别（储能集装箱）热管理方案设计。下面将对这两方面进行介绍。

（1）电池簇/电池模块热管理方案设计

电池簇/电池模块热管理方案设计主要指传热路径的选择和测温点的布置。首先需要明确一点，整个热管理系统设计是为了尽可能地提高系统的换热效率和控制系统温差。因此，电池模块传热路径的设计要保证尽可能大的换热面积，实际设计时通常选择底面和侧面作为电池模块的换热面，尽可能地保证其散热效果的均匀性和高效性。测温点的布置则是为了后续对系统热行为的实时监控，因此要遵循全面、有代表性等设置原则。且测温点不可盲目增加，这样不仅增加了后续对数据进行分析的复杂程度，还增加了电池簇因为传感器增加而受到额外因素的干扰。

当有了多种电池模块散热的备选方案，就可以结合 CFD 仿真分析，利用现有冷却气流的散热能力，优化出冷却效率高、温度差异小的方案，如图 6-5 所示。

（2）储能集装箱热管理方案设计

科学合理的空调风道设计方案配合高效的电池簇散热方案，构成了储能集装箱的热管理散热架构，在整个散热架构设计完成之后，仍需对该散热架构置于集装箱当中的散热效果进行最后验证分析。

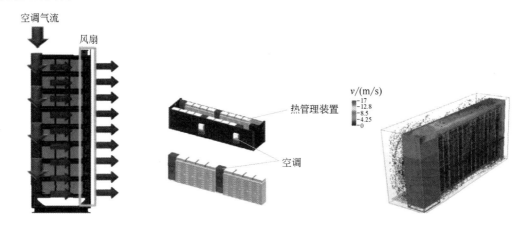

图 6-5　电池簇气体流向图　　　　图 6-6　储能集装箱散热方案及仿真分析（见彩图）

对整个储能集装箱电池系统建立仿真分析模型，需要充分考虑外界环境温度、太阳辐射强度、集装箱保温措施、空调的冷量供给、电芯的发热功率等边界条件，通过三维 CFD 仿真分析，查看集装箱内热流场的分布情况及电芯温升、温差等关键参数，充分验证系统散热架构的合理性和有效性，如图 6-6 所示。

6.2.5　部分工程方案设计

在风冷方案设计中对系统的隔热保温设计、防尘防水设计以及空调雨罩的设计也极为重要，以下将针对这三方面内容进行介绍。

（1）系统的隔热保温设计

储能系统实际运行时，系统内部与外界环境存在反向温差，如果系统的保温措施做得不好，则会导致热管理系统的温控能力下降，造成系统功耗增加。因此对系统采取必要的隔热措施也是冷却方案设计需要考虑的一个重点。

实际在建立冷却方案时，通常要采用适当的保温材料对系统进行保温。储能系统常用的保温材料有岩棉、聚氨酯等。通过对整个系统的保温加上合理的隔热设计，在大幅度节省功耗的同时，也可以有效地降低凝露等风险。

常见的保温材料为岩棉板或硬质聚氨酯泡沫。

1）岩棉板

岩棉板是一种人工处理加工的无机纤维，具有质量轻便、容易安装、保温隔热、绿色环保、不易燃烧、使用安全、性价比高、节省能源等多项优点。岩棉板的常用规格、尺寸、厚度与生产厂家、使用原料、制作工艺有关。市场上大部分岩棉板的常用规格为 40～250kg/m³，常用的尺寸有 1000mm×600mm 和 1200mm×600mm 两种，常用的厚度为 30～200mm。

不同使用途径的岩棉板，对板材的厚度尺寸要求不同，使用的环境不同，岩棉板的性能也有一定的差异。所以要根据使用途径，规定岩棉板的尺寸、规格、厚度。岩棉板还具有以下特点。

防火性能：它具有强大的尺寸稳定性，即使持续在火焰中燃烧，也不会产生火势蔓延和变形的问题。按照国家标准 GB 8624—2012，满足 A 级：不燃性建筑材料。

保温性能：对于大多数保温材料来说，能否阻隔外界冷空气的通过，是一个非常重要的指标。岩棉板的导热系数低，可有效保存室内温度。

降噪性能：岩棉板的功能强大，不仅可以隔热保温，还能够降低室外传播过来的噪声。

防水性能：岩棉板的憎水性高，可以起到防止水分渗透，延长使用寿命的作用。

2）硬质聚氨酯泡沫

以异氰酸酯和多元醇混合反应生成的具有防水和保温隔热等功能的硬质泡沫塑料，称为硬质聚氨酯泡沫，简称硬泡聚氨酯。具有以下特点。

① 防火性能：按照国家标准《建筑材料及制品燃烧性能分级》（GB 8624—2012），满足 B 级：难燃性建筑材料。耐火性能略差。

② 保温性能：硬质聚氨酯泡沫导热系数低，热工性能好。当硬质聚氨酯泡沫容重为 35～40kg/m³ 时，导热系数仅为 0.018～0.023W/（m²·K），约相当于挤塑板（EPS）的一半，是目前所有保温材料中导热系数最低的。

③ 防水性能：硬质聚氨酯泡沫具有防潮、防水性能。硬质聚氨酯泡沫的闭孔率在 95%以上，属于憎水性材料，不会因吸潮增大热导率，墙面也不会渗水。

（2）防尘防水设计

一般的储能系统，考虑到对于环境温度和湿度的有效控制，至少要求其防护等级满足 IP54。针对高风沙、高盐雾等地区，一般会将防护等级设置到 IP55 以上。同时，相应的防腐等级也会有相应的提高。

图 6-7 空调雨罩

（3）空调雨罩通风散热设计

空调雨罩，主要起到防止异物进入以及防水的作用。其防腐等级也要根据项目所在地进行控制和优化，如图 6-7 所示。雨罩安装后，需要进行打胶，以保证其密封性良好，并定期检查，防止影响热交换。同时，也要定期地清理维护，防止影响空调系统散热。

6.3 液冷方案设计

由于风冷系统散热效率低、占地面积比较大，故在大功率充放电场景中很难彻底解决电芯散热问题。相比之下，液冷储能产品采用液态冷却介质进行对流换热，散热效果则更好，通过控制电芯之间的温差，也能更大程度地保证电芯的一致性，使储能系统的稳定性和安全性获得显著提升。因此，随着储能系统对功率的要求不断增加，液冷散热方案也受到了更加广泛的关注。液冷散热系统采用液体作为传热工质，利用液体比热容较高且换热能力较强的特性，将低温液体与高温电池进行热量交换，从而达到降温目的。但是由于液体传热工质绝缘性较差，确定方案时还必须考虑管道密封导致的漏液问题。

液冷方式主要通过冷却液为电池系统降温。首先，通过冷凝器、压缩机等设备为冷却液强制降温，经过降温的低温冷却液流经电池系统内部与电芯发生热交换以后，再流回热交换器与低温制冷剂进行热交换，从而将电池产生的热量带出电池系统，如图 6-8 所示。液冷比风冷的散热效率更高，能满足大功率充放电的散热需求，同时液冷散热更均匀，电芯温差小，对于增强电池系统稳定性、提升寿命有很大帮助。

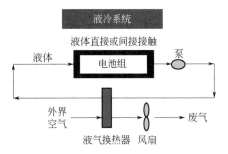

图 6-8　液冷系统流程图

在液冷储能系统设计中，主要有两种散热方案，一种是将电池直接浸在冷却液中，称为直接冷却。直接冷却方式要求冷却液具有黏度大、流动性较弱的特点，因此主要采用矿物油或硅基油作为传热介质。第二种是电池通过液冷板与电池间接接触散热，称为间接冷却，如图 6-9 所示。间接冷却是通过液冷板将热量由电池传导至冷却液完成散热的目的。间接冷却通常采用的冷却介质有水、乙二醇和两者的混合物等。水具有高导热性和高比热容的特点，但是凝固点较高，在冬季运行时易结冰。而乙二醇的凝固点则更低，因此选用水和乙二醇的混合物作为冷却工质，能很好地综合两者的优点和规避两者的缺点。乙二醇水溶液具有凝固点低，比热容和导热性更好的特性。与直接冷却相比，间接冷却在储能系统中更具有应用价值，因此，接下来主要介绍间接冷却的设计方案。

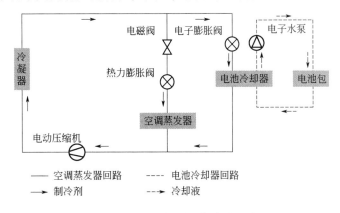

图 6-9　液冷系统间接冷却方案流程图

液冷设计主要包含以下几个步骤：冷负荷计算、冷水机组选型、液冷板设计、液冷管路方案设计、冷却策略制订和仿真模拟。冷负荷计算内容与风冷方案设计计算方法一致，详细请参考 6.2.1 节内容，本节不再展开叙述。以下将对其余 5 个方面展开介绍。

6.3.1 冷水机组选型

冷水机组选型为系统压缩机、冷凝器、蒸发器等部件的选型，如图 6-10 所示。这部分主要需要参考上一步对系统制冷能力的估算结果进行选择。

冷水机组利用膨胀压缩、冷凝液化、节流闪蒸和吸热蒸发四大步骤来进行热量交换，如图 6-11 所示。

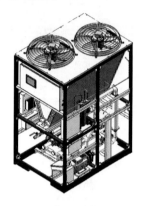

图 6-10 冷水机组示意图（见彩图）

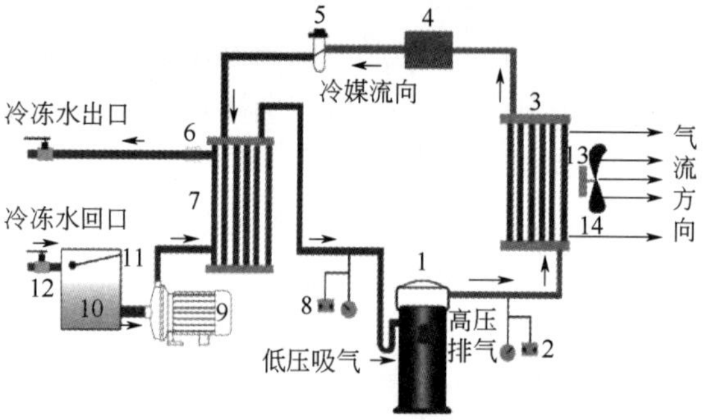

图 6-11 冷水机组原理图

1—压缩机；2—高压控制器；3—冷凝器；4—干燥过滤器；5—膨胀阀；
6—防冻开关；7—蒸发器；8—低压控制器；9—水泵；10—水箱；
11—浮球开关；12—球阀；13—电机；14—风扇

（1）压缩机

压缩机作为空调制冷系统的心脏，为相变换热循环提供动力。压缩机的选型条件主要是冷凝温度跟蒸发温度，设计时冷凝温度为室外温度+15℃，蒸发温度为供水温度-8℃。额定工况下的室外环境温度为 40℃，供水温度 15℃，冷凝温度选择 55℃，蒸发温度选择 7℃。

（2）冷凝器

冷凝器是制冷剂散热的场所，采用铜管铝翅片冷凝器，采用内螺纹铜管，加速扰动制冷剂，铜管外面套铝箔，利用机械胀管器胀紧铜管，使铜管与铝箔充分贴合，铝质量轻，导热性能好。

（3）冷凝风机

根据风机的流量特性曲线图选型、冷凝器进出风温差、冷凝负荷，并求解出冷凝需求风量，进行选型。冷凝风机应配备专用变频器，根据制冷系统压力进行转速调节，降低电网的负荷。

（4）蒸发器

蒸发器常采用板式蒸发器的结构，板式蒸发器的作用是将空调系统中的制冷剂在膨胀阀节流后蒸发，吸收并带走电池冷却回路中冷却液的热量，从而给电池降温，如图 6-12 所示。板式蒸发器的冷却液管道两端均应安装温度传感器，用于监测冷水机组出水温度和回水温度。板式蒸发器容易改变换热面积或流程组合，只要增加或减少几张板，即可达到增加或减少换热面积的目的。还有质量轻、价格低廉、制作方便等优点。因此，板式蒸发器常应用于冷水机组中。

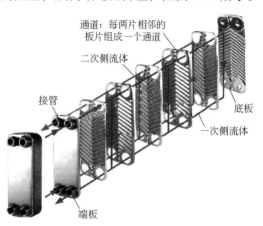

图 6-12　板式蒸发器（见彩图）

通道：每两片相邻的板片组成一个通道
二次侧流体
接管
底板
一次侧流体
端板

（5）膨胀阀

膨胀阀是制冷系统的四大部件之一，膨胀阀具有稳定的过热度，可使系统运行稳定。根据冷水机组的蒸发温度、制冷量，选用合适的膨胀阀。在储能系统中膨胀阀一般采用电子膨胀阀控制器，控制器控制电子膨胀阀线圈步数，利用步进电机控制电子膨胀阀阀芯开度，精确控制系统内部的过热度。

6.3.2　液冷板设计

间接冷却采用液冷板作为冷却液与电池之间的传热介质，因此液冷板的选择是保证冷却系统散热效果的关键一环。目前主流的液冷板有搅拌摩擦焊式、口琴管式、冲压式和板翅式等，如图 6-13 所示。各种液冷板的特性如表 6-3 所示。

表 6-3　不同形式液冷板的特性对比

分类	型材+搅拌摩擦焊式	口琴管式	机加+焊接式	吹胀式	冲压式	板翅式
原理	利用铝挤压工艺将液冷板流道直接成型，通过机加方式打通循环，采用摩擦焊接等进行流道和接管密封	采用铝挤压加工出流道，再与两端集流管焊接在一起	采用机加加工出流道，再与上盖板通过搅拌摩擦焊密封	通过网板印刷出石墨构成的管路，通过热轧将网板结合，吹气体将管路吹胀起来	依靠压力机和模具对铝材进行冲压，使之产生塑性变形，形成流道，上下壳体通过钎焊接在一起	在上下导热面板中填充锯齿形换热铜片，再通过真空钎焊技术进行冷板密封
优点	生产效率高，成本低，承重能力强	成本低，质量轻，结构相对简单，生产效率高	内部留到尺寸和路径可自由设计，适合功率密度较大，热源布局不规则或空间受限的方案，易加工	热传导效率高，制冷速率快，美观，质量轻	流道可任意设计，接触面积大，换热效果好，耐压强度高	表面清洁度高，流动性好，抗腐蚀能力强。抗热性能，流道均匀性较好

分类	型材+搅拌摩擦焊式	口琴管式	机加+焊接式	吹胀式	冲压式	板翅式
缺点	散热密度小，表面不适合设计太多螺丝孔	流道单一，接触面积小，管壁薄，换热效果一般，承重能力较差	容易发生泄漏，承重能力较差		成本较高，对平整度要求较高，安装难度大	制造工艺复杂

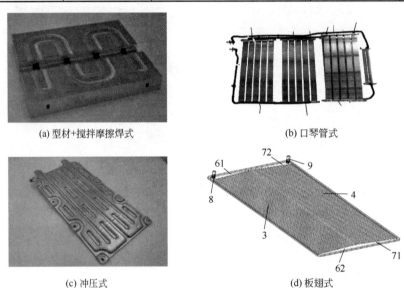

(a) 型材+搅拌摩擦焊式　　(b) 口琴管式

(c) 冲压式　　(d) 板翅式

图 6-13　不同形式的液冷板

电池系统对液冷板有着比较严苛的要求。首先要求导热性能要好，能够快速把电芯产生的热量带走，防止温度的急剧攀升；其次是密封可靠性要高，由于储能系统的工作电压很高，冷却液的泄漏会影响系统的绝缘性能，造成一定的安全风险。再次是轻量化要求，为了方便后续的检修，要求系统内每个部件都要做到轻量化，目前，市面上多采用密度低的铝作为液冷板的材料。

材料选择完毕后，需借助电池单体的发热状况来确定冷却板布置位置。根据工况不同，冷却板可布置在电池包底部或四周。在满足冷却目标时，优先选择底部冷却。

6.3.3　液冷管路方案设计

大型液冷储能电池簇往往由多个电池包及相关管路构成，如何通过合理的管路设计确保各电池包获得均一的冷却液流量，将直接影响电池簇的系统温差和系统温升。

（1）方案设计

液冷储能管路设计方案包含电池簇管路方案设计和主管路方案设计两步。

电池簇管路方案设计主要需考虑各个电池簇的温升和所需的冷量。通过对系统预期的运行工况和环境参数，得到每个电池簇大致的温升和所需的冷量。从而估算出电池簇管路的管径和布置路径。

冷却系统主管路将各电池簇管路通过串并联集成到一个大的系统当中，此时如何确保各电池簇获得相同的冷却液流量将直接影响整个大型液冷储能系统的温度均匀性。在整个系统主管路的设计过程中，应综合考虑系统流量分配和管路方案成本两个方面，争取在较低的成本控制下实现系统的流量均匀分配，根据管路流量分配受各处流速影响的不同设置出合理的系统串并联方案。

液冷管路方案的实际设计过程中可通过采用模拟仿真的方式对管路设计进行优化。首先利用 SpaceClaim 搭建电池簇系统管路模型，并利用 Fluent 对系统的流量分配进行仿真分析，对比优化多种管路的设计方案，使电池簇内各电池包获得均匀的流量分配，从而确保各电池包处于相同的冷却能力当中，最终使电池簇内各电池包的温升及电池包之间的温度差异维持在合理的区间范围内。

（2）管路的选型

液冷管路是冷却过程中冷却液在系统中传递热量、防止泄漏的重要部件，因此对于一个功能完善的冷却系统，管路的选型也十分重要。冷却管路的选型主要需要参考的指标包括管路本身液体泄漏量、耐酸性、耐冷却液动态疲劳性以及材料本身的加工难易程度和成本等因素。

表 6-4 列出了目前市面上可应用于储能系统的管路材料及其优缺点对比。

表 6-4　可应用于储能系统的管路材料及其优缺点对比

材料	金属	橡胶	尼龙	高分子聚合物
代表型号	铝管	硅胶软管	PA11、PA11T	TPV
优点	散热效率高、质量较轻	塑性较强，耐磨、耐寒，密封性较好	机械强度高，韧性好，有较高的抗拉、抗压强度。质量轻，加工工艺简单	抗老化性能、良好的耐热性能、抗永久变形性能、抗张强度、高韧性和高回弹性，以及环保性能和可重复使用、电绝缘性能
缺点	成本高	环境适应性较差、冷却效率低、质量偏高、易老化	抗低温能力、耐热性较差	强度较差

管路选型之初，管路连接方式的选择也是可能导致系统可靠性变差而必须要考虑的因素。所选的管路连接方式如果不能适配整个系统，不仅会增加整个设计成本，还会增加系统出现故障的风险。常见的管路连接类型有压缩式、压紧式、活接式、推进式、推螺纹式、承插焊接式、活接式法兰连接、焊接式及焊接与传统连接相结合的派生系列连接方式。这些连接方式根据其原理不同，其适用范围也有所不同。连接采用的密封圈或密封垫材质，大多选用符合国家标准要求的硅橡胶、丁腈橡胶和三元乙丙橡胶等，免除了用户的后顾之忧。

整个系统管路方案设计完成后，应搭建系统级热仿真模型，包含各系统管路、液冷板、电芯、保温棉、电池包外箱体等，通过不同环境温度、不同充放电倍率下的 CFD 热仿真，充分验证系统的温升、温差等关键设计目标参数能否满足热管理设计要求。

6.3.4　冷却策略制订

冷却系统的冷却策略是系统如何能更好达到预期温控要求最关键的一步。与风冷不同，液冷系统的冷却能力受系统的空间限制比较大。因此，除了要根据系统各支路需要的冷却液流量确定冷却液分配之外，还要考虑系统空间和管路布置反过来对冷却液的流速和压强的影响。

液冷系统的冷却液分配原则是为了使系统电池始终保持在合理的工作温度范围内。在此基础上，需要考虑工作电流、液冷板进口流量、进口温度、初始条件对电池最高温度、温差等各种参数对系统的影响。

下面分别阐述几个主要的影响参数对建立热管理策略的意义。

（1）冷却液进口流速

随着冷却液流速的上升，电池组的最高温度、平均温度和最大温差也会随之下降。并且，冷却液流速的增加是有上限的，超过上限后，增加冷却液流速并不能明显改善电池组的散热，且会导致系统流动阻力增大，进而导致系统功耗和液冷管网工作压力的增大。

（2）冷却液进口温度

随着冷却液进口温度的提高，电池最高温度也随之线性增加。当进口流量一定时，降低进口温度可以有效降低电池最高温度，但会增大电池之间的温差。

（3）运行工况

系统的温度与运行工况有关，系统的温升速率及冷量需求是随着电池系统的工作状态而变化的，因此，在建立热管理策略时，需要按照运行工况大小对策略本身进行区分。

此外，制订冷却策略时还需要考虑冷却液流速和压力对管路材料的影响。若系统充放电倍率较大，此时由于系统管路布置受到空间限制，若贸然增大流量则会对管路产生重大影响。高压流动的液体不仅要求管路时刻承受着冷却液的冲刷，还面临着冷却液回流时携带大量热量的严苛工况。因此，此时更需要对冷却策略进行合理设计，以达到高倍率和空间限制的平衡。

6.3.5　仿真模拟

当液冷系统设计完毕之后，需要利用计算机对其进行一维仿真验证。仿真验证是通过一维仿真，对上述包括冷却策略、液冷系统结构和部件选型能否达到预期效果的验证。将已经制订好的冷却策略和系统结构参数通过 CFD 仿真来验证是否能够达到实际储能系统的冷却要求，再根据结果的不足之处逐步完善冷却策略，以期使冷却系统最终能够达到预期冷却效果的目的。

6.4　相变冷却方案

相变冷却是利用材料在改变自身物理状态时存储能量的一种新型的被动式冷却方式，这种冷却方式效率高、散热速率快。随着储能温控换热以及对能耗的需求，也是目前行业内在持续开展研发的一条重要技术路线。

6.4.1 相变材料的选择

相变材料（phase change material，PCM）是一种能够在一定条件下改变自身物理状态（例如固-液相变）的材料。

相变材料按其相变温度可分为高温相变材料（＞200℃）、中温相变材料（100～200℃）和低温相变材料（＜100℃）。因此除了相变潜热，相变温度也是选择合适相变材料的重要参考指标。

通常，电池的最佳工作环境为20～40℃，目前可用于储能的低温相变材料包括水合盐、聚乙二醇、石蜡和一些以它们为基底的复合材料等。其中，石蜡因其性能稳定、无毒、无腐蚀性、价格低廉等特性，是电池相变冷却系统中比较常用的相变材料。石蜡作为相变材料的不足之处在于热导率较低，且在变为液态后流动性较强，容易导致泄漏等安全问题。因此在实际应用中依然面临着较大的限制。在实际使用中，人们往往采取在石蜡中添加石墨等热导率高的材料组成复合材料来解决单一材料热导率较低的问题，如图6-14所示。为了将电池运行产生的热量及时吸收而达到有效散热，并提高温度分布均一性，电池热管理系统对PCM导热性能要求较高，然而石蜡类低温有机PCM的导热系数很低[0.1～0.3W/(m²·K)]，这是限制PCM应用的很大原因。采用多元复合材料体系，其导热系数取决于各组元的起始导热系数和内部结构，能够在保持PCM较高的储热容量的同时有效提升材料的导热性能，这是目前增强PCM导热性能的基本思路。

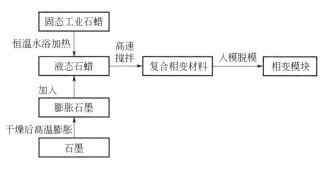

图 6-14 复合相变材料的制备

6.4.2 相变冷却

物体发生相变时释放或吸收的热量叫作相变潜热，又叫潜热。相变材料在相变过程中能吸收大量的相变潜热并维持自身温度几乎不变，从而能够将电池温度维持在合适的范围。当系统温度过高时，电池运行产生的热量便以潜热的形式储存在相变材料中，当系统处在低温环境下时则将这部分热量释放出来。实际使用时，需用相变材料将电池包裹或者把相变材料压制成板状夹在单体电池之间，如图6-15所示。相变冷却结构简单，空间利用率高，不需额外功耗，对系统的控温能力也更强。对一些具有间歇发热特性的非稳态工况运行的设备，相变材料有很好的适用性。

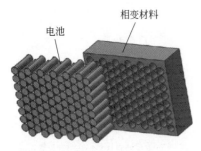

图 6-15　PCM 电池热管理示意图

相变冷却中通常利用的是固-液相变，与其他相变方式相比，固-液相变具有蓄热密度大、体积变化小和相变温度易控制等优点。与风冷和液冷不同，相变材料在热管理系统中的应用不需要运动部件，也不需要冷却通道或循环冷却系统，因此相变冷却不会额外消耗电能。相变材料的形状不固定，可以使用在任意形状的电池上。相变材料的相变潜热很高，少量的相变材料就可以存储大量的热量，有利于整个储能电池系统的轻量化。因此，相变材料作为锂电池热管理系统的冷却介质是十分理想的。

相变冷却系统具有独特的定容性，在电池持续放热过程中，若相变材料因吸热作用全部熔化或汽化，相变冷却系统就会失去冷却能力，直至电池放热结束相变材料自行冷却至固态。而在此期间电池的工作环境会急剧恶化，容易引发安全事故。因此，相变冷却系统在一些需要进行多个连续充放电循环的紧急情况或大功率充放电的工况下会表现出冷却能力不足，引发电池可靠性、安全性的问题。这也是制约相变冷却发展的一个重要因素。

6.4.3　热管冷却

热管冷却是一种特殊的相变冷却方式。众所周知，热传递有三种方式：辐射、对流、传导，其中对流传导最快。热管则是利用介质在热端蒸发后在冷端冷凝的相变过程（即利用液体的蒸发潜热和凝结潜热），得以实现热量的快速传导。根据液体在冷端冷却的方式不同，热管冷却又分为冷端液冷和冷端空冷。

热管的主要零部件为管壳、端盖（封头）、吸液芯、腰板（连接密封件）四部分。热管工作时，管内被抽成 $1.3 \times (10^{-1} \sim 10^{-4})$ Pa 的负压后充以适量的工作液体，使紧贴管内壁的吸液芯毛细多孔材料中充满液体后加以密封。管的一端为蒸发段，另一端为冷凝段，根据实际需要在两段中间也可布置绝热段，如图 6-16 所示。

热管工作时，一端受热使毛细管中的液体迅速汽化，蒸汽在热扩散的动力下流向另外一端，并在冷端冷凝释放出热量，液体再沿多孔材料靠毛细作用流回蒸发端，如此循环不止，直到热管两端温度相等（此时蒸汽热扩散停止）。这种循环是快速进行的，热量可以被源源不断地传导开来。

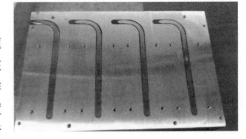

图 6-16　热管

在加热热管的蒸发段，管芯内的工作液体受热蒸发并带走热量，该热量称为工作液体的蒸发潜热，蒸汽从中心通道流向热管的冷凝段，凝结成液体，同时放出潜热，在毛细力的作用下，液体回流到蒸发段。这样，就完成了一个闭合循环，从而将大量的热量从加热段传到散热段。当加热段在下，冷却段在上，热管呈竖直放置时，仅靠重力即可满足工作液体的回流，无需毛细结构的管芯，这种不具有多孔体管芯的热管被称为热虹吸管。热虹吸管结构简单，工程上存在广泛的应用。

热管是依靠自身内部工作液体相变来实现传热的传热元件，具有以下基本特性。

（1）导热性

热管内部主要靠工作液体的汽、液相变传热，热阻很小，因此，具有很高的导热能力。与银、铜、铝等金属相比，单位质量的热管可多传递几个数量级的热量。当然，高导热性也是相对而言的，温差总是存在的，不可能违反热力学第二定律，并且热管的传热能力受到各种因素的限制，存在着一些传热极限。热管的轴向导热性很强，径向并无太大的改善（径向热管除外）。

（2）等温性

热管内腔的蒸汽是处于饱和状态，饱和蒸汽的压力决定于饱和温度，饱和蒸汽从蒸发段流向冷凝段所产生的压降很小，根据热力学中的方程式可知，温降亦很小，因而热管具有优良的等温性。

（3）可变性

热管可以独立改变蒸发段或冷却段的加热面积，即以较小的加热面积输入热量，而以较大的冷却面积输出热量，或者热管可以较大的传热面积输入热量，而以较小的冷却面积输出热量，这样就可以改变热流密度，解决一些其他方法难以解决的传热难题。

（4）可逆性

一根水平放置的有芯热管，由于其内部循环动力是毛细力，因此任意一端受热就可作为蒸发段，而另一端向外散热就成为冷凝段。此特点可用于宇宙飞船和人造卫星在空间的温度展平，也可用于先放热后吸热的化学反应器及其他装置。

（5）开关性能

热管可做成热二极管或热开关，所谓热二极管就是只允许热流向一个方向流动，而不允许向相反的方向流动。热开关则是当热源温度高于某一温度时，热管开始工作；当热源温度低于这一温度时，热管就不传热。

（6）恒温特性

普通热管的各部分热阻基本上不随加热量的变化而变化，因此当加热量变化时，热管各部分的温度不会随之变化。但人们发现了另一种热管——可变导热管，其冷凝段的热阻随加热量的增加而降低、随加热量的减少而增加，这样可使热管在加热量大幅度变化的情况下，蒸汽温度变化极小，实现温度的控制，这就是热管的恒温特性。

（7）环境适应性

热管的形状可随热源和冷源的条件而变化，热管可做成电机的转轴、燃气轮机的叶片、钻头、手术刀等，热管也可做成分离式的，以适应长距离或冲热流体不能混合的情况下的换热。热管既可以用于地面（重力场），也可用于空间（无重力场）。

由于热管的用途、种类和型式较多，再加上热管在结构、材质和工作液体等方面各有不同之处，故热管可分为低温热管、常温热管、中温热管、高温热管等。

6.4.4　复合冷却

此外，相变冷却还可以与风冷或水冷系统搭配使用。由于相变冷却的控温能力相较另外两种冷却方式更强，因此，在系统发热前期可以相变冷却为主，如果为防止由于电池倍率较高导致相变材料失去冷却能力，则可用风冷或液冷来增加冷量，使相变材料不致因为全部融化而失去冷却能力。相比纯 PCM 的被动热管理系统，与液冷相结合虽然会增加系统的净重，但整套混合热管理系统的电池模块质量与单纯液冷系统仍在同一个数量级，并且铝套管加 PCM 的设计能够有效地降低 PCM/电池的质量比至 13.4%。

6.5　先进的热管理仿真技术及应用

6.5.1　储能领域中仿真软件的介绍

（1）一维仿真软件的介绍（Simulink）

Simulink 是 MATLAB 最重要的组件之一，它提供一个动态系统建模、仿真和综合分析的集成环境。在该环境中，无需大量书写程序，而只需要通过简单直观的鼠标操作，就可构造出复杂的系统。Simulink 具有适应面广、结构和流程清晰及仿真精细、贴近实际、效率高、灵活等优点，基于以上优点，Simulink 已被广泛应用于控制理论和数字信号处理的复杂仿真和设计。同时有大量的第三方软件和硬件可应用于或被要求应用于 Simulink。

Simulink 是用于动态系统和嵌入式系统的多领域仿真和基于模型的设计工具。构架在 Simulink 基础之上的其他产品扩展了 Simulink 多领域建模功能，也提供了用于设计、执行、验证和确认任务的相应工具。Simulink 与 MATLAB 紧密集成，可以直接访问 MATLAB 大量的工具来进行算法研发、仿真的分析和可视化、批处理脚本的创建、建模环境的定制以及信号参数和测试数据的定义，如图 6-17 所示。

一维仿真基于不同的分析目标建立多级复杂度的电池模型，能模拟多种不同的工况边界下，快速分析电池系统充放电瞬态特性以及大时间尺度的老化规律，优化电池包热管理系统和充放电策略，并保证在进行实物试验前，设计方案和预期的结果一样。

热管理系统需要各个电池单体工作在合理温度范围内的同时尽量维持包内各个电池及电池模块间的温度均匀性。运用一维仿真软件能够针对风冷和水冷等不同冷却方案进行仿真研究，为研究和开发电池包热管理系统提供了设计指导和优化。

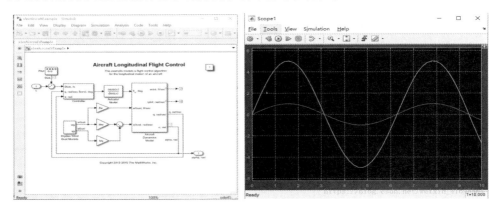

图 6-17　MATLAB 一维仿真模拟

（2）三维仿真软件的介绍

随着计算机性能的快速提升与计算流体力学（CFD）的发展，以及各种大型商用数值仿真软件的成熟，计算机仿真技术被越来越多地应用于包括储能系统在内的现代工业产品设计当中，其避免了传统设计方法中存在的反复试验、耗时过长且人力物力投入过高的弊端，能够有效提高产品的研发效率。通过 CFD 仿真分析，预先对初始设计方案的各项性能参数进行详细评估，及早发现初始设计方案存在的问题，并通过多次改进设计方案及仿真评估，最终设计出最优方案。通过该设计手段，能够大幅减少真实试验测试次数，极大降低试验测试成本，提高设计效率。

目前，常用的 CFD 仿真软件有 Fluent、Starccm+、Icepak、Flotherm 等成熟的大型商业热流体仿真软件。其中，隶属于 ANSYS 公司旗下的 Fluent 和 Icepak 仿真软件配合 ANSYS 软件包中强大的前处理软件 SpaceClaim，可以实现对设计构想的快速建模和精确仿真，SpaceClaim 强大的前处理功能极大简化了复杂耗时的前处理过程，为后续的仿真工作带来了极大便利。

Space Claim Direct Modeler（简称 SCDM）是基于直接建模思想的新一代 3D 建模和几何处理软件。SCDM 可以显著缩短产品设计周期，大幅提升 CAE 分析的模型处理质量和效率，为用户带来全新的产品设计体验。如图 6-18 所示。

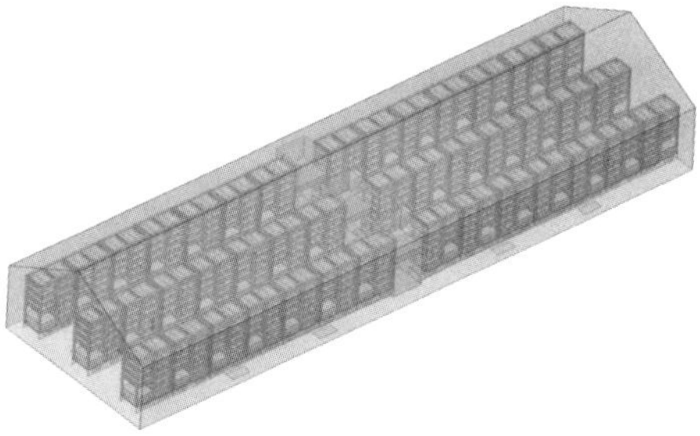

Fluent 是国际上比较流行的商用 CFD 软件包，在美国的市场占有率为 60%，凡是和流体、热传递和化学反应等有关的工业均可使用。它具有丰富的物理模型、先进的数值方法和强大的前

图 6-18　SpaceClaim 建模模型示意图

后处理功能，在航空航天、汽车设计、石油天然气和涡轮机设计等方面都有着广泛的应用，如图 6-19 所示。

Icepak 软件是由世界著名的 CAE 供应商 ANSYS 公司针对电子行业开发的一款专业电子

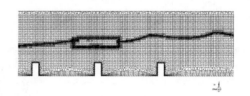

图 6-19 Fluent 仿真结果示意图（见彩图）

散热优化分析软件，利用 CFD 理论，可快速对各类电子产品进行散热模拟。目前，Icepak 在国内被广泛应用于航空航天、机车牵引、电力电子、医疗器械、汽车电子及各类消费性电子产品。设计的工业品包括通信机柜、手机终端、便携式计算机、变频器、变流器、LED、IC 封装、光伏逆变器等。Icepak 作为 ANSYS 系列软件中针对电子行业的散热仿真优化软件，目前在全球拥有较高的市场占有率，电子行业涉及的散热、流体等相关工程问题，均可使用 Icepak 进行模拟计算，如强迫风冷、自然冷却、PCB 各向异性导热计算、热管数值模拟、TEC 制冷、液冷模拟、太阳热辐射、电子产品恒温控制计算等工程问题，如图 6-20 所示。

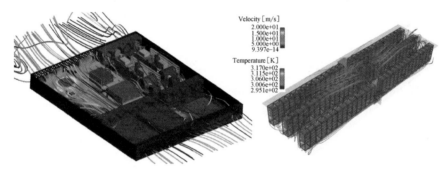

图 6-20 Icepak 仿真结果示意图（见彩图）

6.5.2 一维仿真软件在储能领域中的应用

随着国内储能技术的不断发展，市场对高能量密度、大倍率充放电的储能系统设计要求越来越高，如何在确保空调系统制冷效果的同时，尽可能地降低制冷系统的成本、能耗、布置空间等，成为目前储能热管理系统设计中必不可少的关键一环。在储能热管理系统的设计中，需要根据储能集装箱的使用环境、储能系统充放电倍率以及用户特殊需求来精确定义储能系统空调的制热及制冷目标，然后通过空调性能匹配分析，将系统热管理目标分解至空调系统的制热及制冷量要求，完成空调关键零部件选型，并在储能热管理系统开发过程中逐步评估设计变量及关联因素变动所引起的系统空调性能风险，因此，空调系统匹配分析对于储能热管理系统的开发是至关重要的。

空调系统匹配分析主要包含理论计算匹配、试验匹配及一维空调仿真匹配三种方法：理论计算匹配是在储能市场发展早期进行热管理系统零部件性能目标分解的主要方法，它只能进行粗略的评估，无法精确评估耦合因素（如电池瞬时发热功率变化、空调控制策略等）、不同环境、不同工况对空调效果的影响，结果存在很大的不确定性。

试验匹配包括搭建空调系统台架试验台、储能集装箱电池系统和储能集装箱内部内却系统（包括风扇、风道、管路等），其能够充分考虑环境参数、储能系统充放电工况等影响，但是试验匹配所需资源多、匹配成本高、试验周期长，已经无法满足当前储能热管理系统的开发需求。

一维空调匹配仿真可以结合储能空调系统降温试验进行仿真对标，从而提升仿真精度，能够为储能热管理系统开发的各个阶段提供空调性能匹配分析支持，同时具备需求资源少、验证及优化的周期短、成本低等优点，目前已逐步替代传统单纯的理论匹配计算或单纯试验匹配方法，成为当前主流的空调选型匹配方法，如图 6-21 所示。

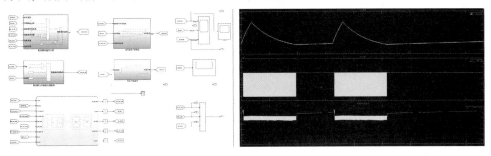

图 6-21 电池热管理系统在一维仿真软件中的应用示意图

6.5.3 三维仿真软件在储能领域中的应用

锂电池使用容易受到温度的影响，电池温度过高，会导致电池寿命衰减，电池组内部热量累积，严重时会引发起火。电池温度过低，也会导致电池容量严重衰减、析锂等问题。对电池系统的温度进行有效的管理和控制，显得尤为重要。

在储能系统热管理方案设计中，采用前处理软件 SpaceClaim 对设计方案快速进行热仿真模型建立，之后通过 Fluent/Icepak 热流体仿真软件对系统的流场及温度场进行精准预测，分析设计方案存在的问题与设计中存在的利弊，可以做到精确优化设计方案，有效提高预测精度和设计效率。

电池储能系统中电池柜的散热情况可使用三维仿真软件进行模型建立及散热情况分析，以得到电池柜的散热设计是否达到热管理要求的结论，如图 6-22 所示。

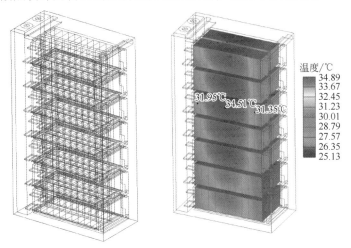

图 6-22 电池柜三维仿真模型线框图及温度分布（见彩图）

可采用 Fluent 对储能集装箱进行热仿真模拟，分析集装箱的整体温度分布、系统的最高温度、系统温差等内容，以便准确的评估整个系统的散热能力。如图 6-23 所示。

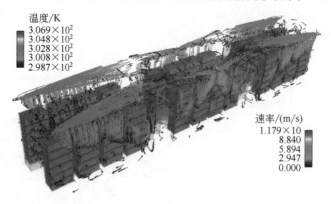

图 6-23 储能集装箱三维仿真图（见彩图）

6.6 储能电池系统的热管理新技术与发展趋势展望

6.6.1 储能电池系统的热管理新技术

风冷技术具有制造成本低、结构简单及可靠性高等优点，是目前最适用的热管理技术之一。然而，其受限于使用的环境及单体电池生热率。当面临环境高温及电池高充放电率时，由于空气的低传热系数使得传统的风冷技术将不能满足储能系统的热管理要求。金属泡沫热交换器、翅片散热器、冷却板等技术在前期的预研过程中均表现出良好的空气换热强化特性。然而，上述方法通常增加了较大的系统体积和质量。此外，热管技术和液冷技术等新兴的热管理技术已经在已有电池的热处理方案中具有成功的经验。但轻量化、防漏液、紧凑化依然是上述技术需要突破的瓶颈。将空气冷却、液体冷却、相变换热等传统的热管理技术相结合以弥补单一热管理技术具有的缺陷是未来储能电池系统热管理的重要研究方向。

6.6.2 储能电池系统的热管理发展趋势

（1）储能电池系统热管理系统的发展将在结构形式、节能减耗、冷却方式以及均温和温升四个方面进行升级

① 结构形式。风冷、液冷趋向一体化、集成化设计。
② 节能减耗。根据电池的产热模型，优化运行逻辑，有效提高冷却系统综合能效。
③ 冷却方式。高倍率选择液冷，低倍率选择风冷。
④ 均温和温升。综合利用电池本身的热特性，加强均温设计，有效提高均温性。

（2）电-热-流一体化的环境控制策略

传统的热管理系统均以粗放的、批量化热处理为主，而储能电池实际的工作过程中电池

热负荷随着工作特性的变化而变化，且同一状态下各电池间的散热量也呈现出较大的不一致性。因此，根据每一个电池模块在不同工况下的热负荷需求来精准地设计电池冷却系统迫在眉睫，解决上述问题的有效途径为电-热-流一体化的模拟仿真技术，即电池的电动力学及流体的流动和传热机制相耦合，从而提出集装箱储能系统一体化的环境控制策略。

随着集装箱储能技术向着高容量、紧凑化的方向发展，其热安全和热可靠性研究已经成为储能电池系统研究的焦点和重点。深入了解集装箱储能电池对温度、湿度的适应性，掌握目前已有集装箱储能系统的散热处理方法，突破现有控制方法的局限性，把握热管理发展的趋势，对建立全生命周期下的储能电池系统环境控制策略具有重要的科学意义。

参考文献

[1] 李峰，耿天翔，王哲，等. 电化学储能关键技术分析 [J]. 电气时代，2021（9）：33-38.

[2] 朱信龙，王均毅，潘加爽，等. 集装箱储能系统热管理系统的现状及发展 [J]. 储能科学与技术，2022，11（1）：107-118.

[3] 曹有琪，杜立飞，卢海，等. 锂离子动力电池发热特性及散热系统研究进展 [J]. 汽车工艺与材料，2021（12）：1-6.

[4] 刘先庆，王长宏，吴婷婷. 锂离子电池老化机理及综合利用综述 [J/OL]. 电池，2022，http：//kns.cnki.net/kcms/detail/43.1129.TM.20220329.1128.008.html.

[5] 高鸿涛，邝男男，赵光磊. 锂离子电池热失控仿真研究 [J]. 时代汽车，2022（5）：110-114.

[6] 邢涛，王宇斌，胡润文. 锂离子电池过充热失控实验研究 [J]. 电力机车与城轨车辆，2022，45（2）：94-99.

[7] 胡斯航，王世杰，刘洋，等. 锂离子电池热失控风险综述 [J]. 电池，2022，52（1）：96-100.

[8] 王春，余小东，尹福利，等. 基于不同热管理方案的动力电池低温动力性研究 [J]. 汽车工程学报，2022，12（2）：162-169.

[9] CHO H M, CHOI W S, GO J Y, et al. A study on time dependent low temperature power performance of a lithium-ion battery [J]. Journal of Power Sources, 2012, 198: 273-280.

[10] ZHANG Shengshui, XU Kang, JOW T R. Electrochemical impedance study on the low temperature of Li-ion batteries [J]. Electrochimica Acta, 2004, 49（7）: 1057-1061.

[11] WANG X, LI B, GERADA D, et al. A critical review on thermal management technologies for motors in electric cars [J]. Applied Thermal Engineering, 2022, 201: doi: 10. 1016/j. applthermaleng. 2021. 117758.

[12] 傅刚，黄艺坤. 基于数值模拟的动力电池热管理系统设计——评《电动汽车动力电池热管理技术》[J]. 电池，2021，51（3）：324-325.

[13] 钟国彬，王羽平，王超，等. 大容量锂离子电池储能系统的热管理技术现状分析 [J]. 储能科学与技术，2018，7（2）：203-210.

[14] FAN L, KHODADADI J M, PESARAN A A. A parametric study on thermal management of an air-cooled lithium-ion battery module for plug-in hybrid electric vehicles [J]. Journal of Power Sources, 2013, 238: 301-312.

[15] KARIMI G, DEHGHAN A R. Thermal management analysis of a lithium-ion battery pack using flow network approach [J]. Int. J. Mech. Eng. Mechatron., 2012, 1（1）: 88-94.

[16] WEI T, SOMASUNDARAM K, BIRGERSSON E, et al. Numerical investigation of water cooling for a lithium-ion

bipolar battery pack [J]. International Journal of Thermal Sciences, 2015, 94: 259-269.

[17] HUO Y, RAO Z, LIU X, et al. Investigation of power battery thermal management by using mini-channel cold plate [J]. Energy Conversion & Management, 2015, 89: 387-395.

[18] PANCHAL S, DINCER I, AGELIN-CHAAB M, et al. Experimental and theoretical investigation of temperature distributions in a prismatic lithium-ion battery [J]. International Journal of Thermal Sciences, 2016, 99: 204-212.

[19] TRAN T H, HARMAND S, SAHUT B. Experimental investigation on heat pipe cooling for hybrid electric vehicle and electric vehicle lithium-ion battery [J]. Journal of Power Sources, 2014, 265 (11): 262-272.

[20] ZHAO R, GU J, LIU J. An experimental study of heat pipe thermal management system with wet cooling method for lithium ion batteries [J]. Journal of Power Sources, 2015, 273: 1089-1097.

[21] GRECO A, CAO D, JIANG X, et al. A theoretical and computational study of lithium-ion battery thermal management for electric vehicles using heat pipes [J]. Journal of Power Sources, 2014, 257 (3): 344-355.

[22] YE Y, SHI Y, SAW L H, et al. Performance assessment and optimization of a heat pipe thermal management system for fast charging lithium ion battery packs [J]. International Journal of Heat and Mass Transfer, 2016, 92: 893-903.

[23] 雷波, 冼海珍. 基于热管技术的锂离子电池热管理研究进展 [J]. 湖北电力, 2021, 45 (6): 1-9.

[24] 邹燚涛, 裴后举, 施红, 等. 某型集装箱储能电池组冷却风道设计及优化 [J]. 储能科学与技术, 2020, 9 (6): 1864-1871.

[25] 王晓松, 游峰, 张敏吉, 等. 集装箱式储能系统数值仿真模拟与优化 [J]. 储能科学与技术, 2016, 5 (4): 577-582.

[26] 王馨甜. 动车组牵引电机风道结构的优化分析 [J]. 科技信息, 2011 (10): 508-509.

[27] 杨晚生, 张吉光, 张艳梅. 静压式空调送风道送风均匀性研究 [J]. 铁道运输与经济, 2005 (1): 79-81.

[28] 袁心怡, 卞世敏, 邵峥达, 等. 某地铁车辆空调送风道出风性能仿真优化及分析 [J]. 城市轨道交通研究, 2021, 24 (8): 140-144.

[29] 白亚平, 张柳丽, 牛哲荟, 等. 集装箱式储能系统热管理设计及试验验证 [J]. 河南科技, 2020, 39 (31): 25-28.

[30] 袁涤非, 顾锦书, 顾铭飞. 储能电池预制舱热管理模式浅析 [J]. 电力设备管理, 2021 (9): 229-231.

[31] 彭伟, 任恒, 王虎军, 等. 组合式电源插箱的热设计与优化分析 [J]. 电子科学技术, 2017, 4 (4): 4-7.

[32] 贾磊磊, 张旭, 李小尹, 等. 基于 Icepak 的屉式插箱结构风冷仿真 [J]. 山东工业技术, 2015 (17): 186-188.

[33] 田刚领, 张柳丽, 牛哲荟, 李占军, 罗军. 集装箱式储能系统热管理设计 [J]. 电源技术, 2021, 45 (03): 317-319+329.

[34] 张爽. 锂离子电池储能集装箱风冷式热管理系统仿真分析及优化设计 [D]. 哈尔滨: 哈尔滨工业大学, 2021.

[35] 张新强. 风冷式动力电池热管理系统技术数值研究 [D]. 广州: 华南理工大学, 2016.

[36] 张玉津. 集装箱式活动房围护结构的保温设计 [J]. 集装箱化, 2008 (8): 27-29.

[37] 林可峰. 基于气候适应性的寒地集装箱建筑适寒设计研究 [D]. 哈尔滨: 哈尔滨工业大学, 2020.

[38] 赵执婷. 无动力蓄能保温集装箱热工特性研究 [D]. 成都: 西南交通大学, 2014.

[39] 陆飞, 曾义凯. 锂离子电池热特性及液冷散热研究 [J]. 制冷与空调 (四川), 2021, 35 (6): 803-808.

[40] 张威, 何锋, 王文亮. 液冷锂电池组温度均衡性研究 [J]. 农业装备与车辆工程, 2022, 60 (3): 20-24.

[41] 周科, 柯秀芳, 张国庆, 等. 复合液冷板在电池热管理中的应用研究 [J]. 建筑热能通风空调, 2021, 40 (12): 59-62+97.

[42] 李夔宁, 张鸿翔, 周志, 等. 新能源汽车电池冷板性能分析及优化 [C] //2021 中国汽车工程学会年会论文集, 2021: 101-107.

[43] 王群. 液冷式电池热管理系统关键零部件设计和热管理策略研究 [D]. 重庆: 重庆理工大学, 2021.

[44] 王雯婷, 孙焕丽, 任毅, 等. 液冷电池系统冷却策略试验研究 [C]. 第 19 届亚太汽车工程年会暨 2017 中国汽车工程学会年会论文集, 2017: 390-398.

[45] 闫全英, 贺万玉. 相变储能及其应用研究 [J]. 材料导报, 2014, 28 (S2): 209-212.

[46] 林浩楠. 相变储热材料的研究进展 [J]. 冶金与材料, 2021, 41 (6): 41-42.

[47] 姜竹, 邹博杨, 丛琳, 等. 储热技术研究进展与展望 [J]. 储能科学与技术, 2022, 11 (9): 2746-2771.

[48] 金露, 谢鹏, 赵彦琦, 等. 基于相变材料的电动汽车电池热管理研究进展 [J]. 材料导报, 2021, 35 (21): 21113-21126.

[49] 闫全英, 王晨羽, 梁高金, 等. 用添加剂强化有机相变材料导热性能的研究 [J]. 太阳能学报, 2021, 42 (9): 205-209.

[50] 闫全英, 刘超, 刘莎. 正构烷烃热物性的理论预测及实验研究 [J]. 化工新型材料, 2019, 47 (7): 140-143.

[51] 李泽群. 相变储热技术在动力电池热管理中应用的仿真研究 [D]. 哈尔滨: 哈尔滨工业大学, 2020.

[52] 王宇鹏. 相变冷却用于复合电池热管理系统的结构优化研究 [D]. 吉林: 吉林大学, 2020.

[53] 杜雪涛. 水冷型热管散热系统在数据中心的应用研究 [D]. 广州: 华南理工大学, 2016.

[54] 贺元骅, 余兴科, 樊榕, 等. 动力锂离子电池热管理技术研究进展 [J/OL]. 电池, 2021, http://kns.cnki.net/kcms/detail/43.1129.TM.20210820.0921.002.html.

[55] 雷波, 冼海珍. 基于热管技术的锂离子电池热管理研究进展 [J]. 湖北电力, 2021, 45 (6): 1-9.

[56] 陈尚瑞. 动力电池热管理系统研究 [D]. 西安: 西安科技大学, 2020.

[57] 刘家良, 赵知辛, 黄鸣远, 等. 泡沫金属-PCM-液冷复合方式下动力电池散热分析 [J]. 新能源进展, 2022, 10 (1): 80-86.

[58] 闫涵超, 张西龙. 相变与空气复合的电池冷却系统散热性能研究 [J]. 低温与超导, 2021, 49 (12): 58-64.

[59] 刘凯祥. 基于风冷-相变材料耦合的锂离子电池热管理研究 [D]. 西安: 西安电子科技大学, 2021.

[60] 翟磊. 基于相变与液冷耦合的电池热管理系统研究 [J]. 汽车电器, 2022 (2): 22-27.

[61] 李秋, 肖冬梅, 武艺杰, 等. 基于 MATLAB-Simulink&AMESim 联合仿真的动力包电池热管理系统 [J]. 时代汽车, 2021 (19): 115-117.

[62] 史二宝. 一种基于 Simulink 的纯电动汽车电池管理系统 [D]. 西安: 长安大学, 2020.

[63] 霍去凡, 赵慧勇. 基于 Simulink 的电池风冷系统仿真 [J]. 湖北汽车工业学院学报, 2020, 34 (4): 47-51.

第7章

升压变流系统及成套配电装置集成关键技术

7.1 概述

升压变流系统及成套配电装置是储能电站的重要组成部分，升压变流系统及成套配电装置的直流侧连接电池系统，经过交直流转换、升压及配电开关柜的分配，将能量传输给配电网络，在储能电站中起到"承上启下"的重要作用。而依据储能系统的应用场景，升压变流系统及成套配电装置涉及直流、高/低压配电、控制电源配电、接地与防雷、安全标准和规范等多方面内容，在设计过程中，既要考虑储能系统自身内部设备的使用需求，还应结合应用场景考虑储能系统对上连接方案、外部故障隔离保护及对相邻或上级电网安全的影响。储能电站系统原理见图7-1，储能系统及升压变流系统见图7-2，成套配电装置见图7-3。

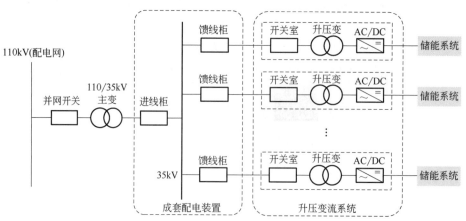

图 7-1　储能电站系统原理

图 7-2 储能系统及升压变流系统

图 7-3 成套配电装置（见彩图）

7.1.1 升压变流系统

升压变流系统（图 7-4）主要由储能变流器（简称 PCS）、升压变压器和配套的控制、保护、配电设备组成，用于实现储能电池系统至配电网络的交直流变换和高低压变换。

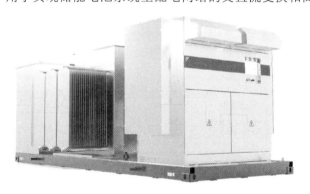

图 7-4 升压变流系统（见彩图）

PCS 直流侧与电池连接，交流侧与升压变压器低压侧连接，每台 PCS 对应一个储能单元，PCS 可实现双向充放电功能，既可以工作在有源逆变模式，实现直流到交流的变换向电网输送电能；也可以工作在有源整流模式，实现交流到直流的变换，从电网吸收电能储存在电池中。

升压变压器低压侧与 PCS 交流侧连接，高压侧与电网连接，可根据 PCS 交流侧电压和电网实际电压灵活进行升压变选型，实现 PCS 与电网的电压适配。升压变高压侧与成套配电装置连接，通过成套配电装置，实现储能系统接入电网。

7.1.2　成套配电装置

成套配电装置由开关装置与相关控制、测量、保护和调节设备等组合，还包括了相关的辅件、外壳和结构部件。用于配电系统，作为接受与分配电能之用，对线路进行控制、测量、保护及调整。控制功能：根据运行需要，将一部分储能系统投入或退出运行；保护功能：在电力设备或电力线路发生故障时，将故障部分从系统中快速切除，保证无故障部分的正常运行、设备和运行维修人员的安全。因此，开关柜是非常重要的配电设备，其安全、可靠运行对系统具有十分重要的意义。户内成套配电装置见图 7-5。

图 7-5　户内成套配电装置

储能电站由一套或多套储能单元组成，每套储能单元的电池系统经 PCS 变流、升压变压器升压后，通过开关柜并联连接，每个储能单元以单母线形式送出，接入并网点预留的开关柜间隔。

储能侧开关柜可分别集成在箱变内，开关柜之间通过电力电缆"手拉手"并联连接；也可集中放置在配电预制舱内，开关柜之间通过铜排并联连接。

就 10～35kV 高压开关柜而言，进线柜或出线柜是基本柜方案，同时可根据设计需求配置计量柜、PT 柜、母线分段柜等。

7.2　系统集成总体设计原则

7.2.1　升压变流系统单元容量确定

（1）PCS 额定功率确定

随着储能电站的应用和普及，PCS 额定功率也逐渐形成了一定标准，并逐渐向单机大容量和小尺寸的趋势发展。目前 1000V 电压等级集中式 PCS 单机功率多为 250kW、500kW 和 630kW；1500V 电压等级集中式 PCS 单机功率多为 1250kW、1375kW、1500kW、1575kW 和 1725kW；组串式 PCS 单机功率多为 50～200kW。

故 PCS 额定功率首先可根据电站需求总功率去选择，例如，规模为 5MW/10MWh、10MW/20MWh 的储能电站，可以由多套 2.5MW/5MWh 储能单元组成，每个储能单元的 PCS 选型 4×630kW 或 2×1250kW。

但此种选型方案还应有以下约束条件：

① PCS 额定功率应与升压变压器的容量匹配。变压器国标中规定的标准容量为 2000kVA、2500kVA、3150kVA 等。

② PCS 额定功率应与电池系统容量相匹配。根据不同项目工况要求，储能系统有 1 小时系统（1P）、2 小时系统（0.5P）、4 小时系统（0.25P）等分类，电池系统容量应支持系统以额定功率充电或者放电达到一定小时数。

③ 升压变流系统单元内，每台 PCS 或每个独立的 PCS 支路所连接的电池簇数量宜相同，方便各单元的功率调用。

④ PCS 直流电压范围应与储能电池簇直流电压相匹配。

（2）升压变压器容量确定

升压变压器容量原则上应大于系统额定功率并留有一定的余量。升压变流系统单元内还应考虑自身辅助用电的需求，并配置一定容量的隔离变压器。

7.2.2 升压变压器选型

PCS 交流侧一般采用三相三线的接线方式，升压变压器组别一般采用 Dyn11 的形式。

储能系统中使用的变压器大多为铜绕组干式变压器，符合《电力变压器 第 11 部分：干式变压器》（GB1094.11—2022）的要求。干式变压器具有不易燃烧、不易爆炸的特点，适合在防火要求高的场合使用。采用油浸式变压器时，变压器应与电池系统留有足够的安全距离。

7.2.3 PCS 集成形式选择

（1）升压变流一体式设计

升压变流一体式设计，即将 PCS 和升压变压器集成在同一舱体内，使储能电站主要组成部分变为"升压变流一体舱"+"电池集装箱"形式。PCS 交流侧与升压变压器低压侧于一体舱内部，通过线缆或铜排进行连接，升压变流一体舱（图 7-6）内 PCS 直流侧预留接口与电池集装箱汇流柜连接；升压变高压侧预留接口与高压开关柜连接或与下一台升压变高压侧进行"手拉手"连接。

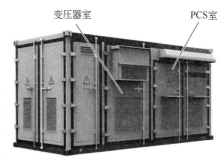

图 7-6 升压变流一体舱

此种方案的优点为，升压变流一体舱可厂内成套集成，现场整体安装，节约现场施工量，同时可有效减少整站占地面积及土建施工量。

（2）电池变流一体式设计

电池变流一体式设计，即将 PCS 和电池集装箱集成在同一舱体内（图 7-7），使储能电站主要组成部分变为"电池变流一体舱"+"箱变"形式。PCS 直流侧与电池簇通过线缆或铜排进行连接，PCS 交流侧预留接口与箱变低压侧进行连接，箱变高压侧预留接口与高压开关柜连接或与下一台升压变高压侧进行"手拉手"连接。

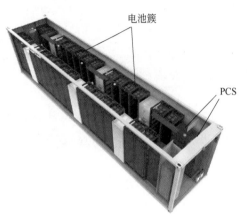

图 7-7 电池变流一体舱（见彩图）

此方案的优点有：

① 相比于升压变流一体舱方案，电站体积能量密度进一步提升。

② 所有直流线缆均在同一预制舱内，电池系统对外线缆只需箱内走线，降低短路风险，提高系统安全性。

③ 变压器独立成舱后，可直接选用市面上的箱变标准品，有助于缩减项目周期。

④ 可省去汇流柜相关成本。

7.2.4 成套配电装置选型

7.2.4.1 标准和规范

成套配电装置的主要技术标准有《高压交流断路器》（GB/T 1984—2014）、《高压交流隔离开关和接地开关》（GB/T 1985—2014）、《3.6kV～40.5kV 高压交流负荷开关》（GB/T 3804—2017）、《3.6kV～40.5kV 交流金属封闭开关设备和控制设备》（GB/T 3906—2020）、《高压开关设备和控制设备标准的共用技术要求》（DL/T 593—2016）以及《高压交流负荷开关 熔断器组合电器》（GB/T 16926—2009）等。开关柜额定电压为开关设备和控制设备所在系统的最高电压上限，在最高工作电压下，应能长期可靠地工作，储能电站常见的高压开关柜电压等级分为 7.2kV（对应 6kV）、12kV（对应 10kV）、40.5kV（对应 35kV），对 3～220kV 各级，其最高工作电压较额定电压高约 15%。开关柜额定电流是在规定的使用和性能条件下，开关设备应能够持续通过的电流的有效值，额定电流应当从《标准电流等级》（GB/T 762—2002）规定的系列中选取。

7.2.4.2 中置柜与环网柜选择

根据工程实践经验，储能电站中多采用中置柜和环网柜两种形式。如图 7-8 所示，以 100MW/200MWh 储能电站为例，各电池系统经 PCS 变流后通过变压器升压至 35kV，通过 110kV 升压站接入区域电网。则中置柜可作为 110kV 变电站的 35kV 储能馈线柜，向下配电至环网柜，各环网柜之间以"手拉手"方式连接组成环网系统。如图 7-8 所示，100MW/200MWh

储能系统，分为 4 套 25MW/50MWh 的储能单元，每套储能单元包括 10 套 2.5MW/5MWh 的电池系统，每套电池系统对应 1 套环网柜，各环网柜之间通过线缆实现"手拉手"并联，以 1 回线路接入升压站 35kV 中置柜。

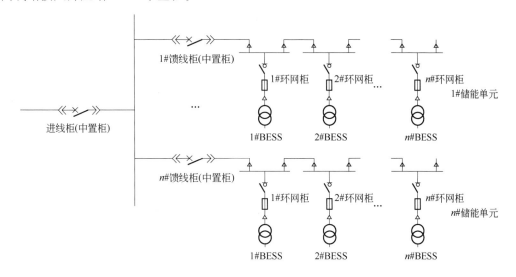

图 7-8　中置柜与环网柜组合方案

系统的首端线路保护由中置柜中的断路器完成，采用三段式电流速断保护。当储能系统侧发生短路时，负荷开关柜中的限流熔断器能够快速熔断，能够在短时间内切除故障电路并限制最大短路电流值，起到了很好的保护作用，另一方面也避免了中置柜断路器越级跳闸。

开关柜之间以及开关柜与变压器之间常采用高压线缆或铜排相连接。

对于升压变流系统来说，单台变压器容量为 2500kVA、2750kVA、3150kVA、3450kVA 不等，根据不同的电压等级，回路工作电流不同，需选用不同规格的熔断器，常见的熔断器额定电流为 63A、80A、100A、125A。回路工作电流在 100A 以下时，一般采用负荷开关环网柜，熔断器保护；回路工作电流≥100A 时，一般采用断路器环网柜，配置过流保护。为了节约成本，有时环网柜中也可采用断路器，在一些场合中取代中置柜。

7.2.4.3　高压断路器选型

选择高压断路器时应满足以下要求：

① 绝缘部分能长期承受最大工作电压，且能承受过电压。

② 长期通过额定电流时，各部分温度不超过允许值。

③ 断路器跳闸时间要短、灭弧速率要快。

④ 能满足快速重合闸。

⑤ 断路器的开断容量大于系统的短路容量。

⑥ 在通过短路电流时，有足够的动稳定性和热稳定性。

7.2.4.4　高压熔断器选型

在 3～66kV 的电站和变电所常用的高压熔断器有如下两大类。

一类是户内高压限流熔断器，额定电压等级分 3kV、6kV、10kV、20kV、35kV、66kV，常用的型号有 RN 1、RN 3、RN 5、XRNM 1、XRN Tl、XRN T2、XRN T3 型，主要用于保护电力线路、电力变压器和电力电容器等设备的过载和短路；RN 2 和 RN 4 型额定电流均为 0.5～10A，为保护电压互感器的专用熔断器。

另一类是户外高压喷射式熔断器，此类熔断器在熔体熔断产生电弧时电弧烧损反白纸产气吹拉长电弧，弧感抗改变相位，正好电流过零时产生零休，才能开断电路，限流作用不明显。常用的为跌落式熔断器，型号有 RW3、RW4、RW7、RW9、RW10、RW11、RW12、RW13 和 PRW 型等，其作用除与 RN1 型相同外，在一定条件下还可以分断和关合空载架空线路、空载变压器和小负荷电流。户外瓷套式限流熔断器 RW10-35/0.5～50-2000MVA 型中 RW10-35/0.5～1-2000MVA 为保护 35kV 电压互感器专用的户外产品。根据熔断器的形式和不同的保护对象来选择。

（1）按工作电压选择

1）一般条件

$$U_e \geq U_{we} \tag{7-1}$$

式中　U_e——熔断器额定电压，kV；

　　U_{we}——安装处电网额定电压，kV。

即熔断器的额定电压（kV）应不小于熔断器安装处电网额定电压（kV）。

2）对于限流型熔断器

以石英砂作为熔断器填充物的限流型熔断器只能按 $U_e = U_{we}$ 的条件选择，这种情况下，此类熔断器熔断产生的最大过电压倍数限制在规定的 2.5 倍相电压之内，此值并未超过同一电压等级电器的绝缘水平。如果熔断器使用在工作电压低于其额定电压的电网中，过电压倍数造成的威胁可能增大 3.5～4 倍。

（2）电流及保护特性选择

1）一般条件

$$I_e \geq I_{je} \geq I_{g \cdot zd} \tag{7-2}$$

式中　I_e——熔断器熔管的额定电流，A；

　　I_{je}——熔断器熔体的额定电流，A；

$I_{g \cdot zd}$——回路最大持续工作电流，A。

此条件为选择熔断器额定电流的总体要求，其中熔体额定电流的选择最为重要，它的选择与其熔断特性有关，应能满足保护的可靠性、选择性和灵敏度要求。

2）具体情况

① 保护配电设备（即 35kV 及以下电力变压器）

$$I_{je} = K I_e \tag{7-3}$$

式中　I_e——变压器回路额定工作电流，A；

　　K——可靠系数，无量纲，不考虑电机自启动时，取 1.1～1.3；考虑电机自启动时，取

1.5～2.0。

按此条件选择可确保变压器在通过最大持续工作电流，通过变压器励磁涌流，电动机自启动或保护范围以外短路产生的冲击电流时熔件不熔断，而且能保证前后级保护动作的选择性以及本段范围内短路能以最短时间切除故障。

② 保护电力电容器

$$I_{je}= KI_{c \cdot e} \tag{7-4}$$

式中　$I_{c \cdot e}$——电容器回路的额定电流，A；

　　　K——可靠系数，无量纲，对于喷射式熔断器，取 1.35～1.5；对于限流型熔断器，当一台电容器时，系数取 1.5～2.0；当一组电容器时，系数取 1.3～1.8。

③ 保护电力线路

$$I_e \geqslant I_{je} \geqslant I_{g \cdot zd} \tag{7-5}$$

（3）按开断电流选择

1）一般条件

$$I_{ke} \geqslant I_{dt}(S_{ke} \geqslant S_{dt}) \tag{7-6}$$

式中　I_{ke}（或 S_{ke}）——熔断器的额定开断电流，kA（或额定开断容量 MVA）；

　　　I_{dt}——短路全电流，kA（安装地点）。

对于限流型熔断器取 $I_{dt} \geqslant I''$（次暂态电流幅值）；对于非限流型熔断器取 $I_{dt} \geqslant I_{dt}$（稳态短路电流最大有效值）。

2）对于跌落式熔断器

跌落式熔断器的开断能力应分别按上、下限值来验算，在验算上限值时要应用系统的最大运行方式；验算下限值时，应用最小运行方式。

（4）短路电流的稳定性

对于限流型熔断器可不进行动、热稳定的校验；而对于非限流型熔断器，要求进行动、热稳定的校验工作。

热稳定校验：

$$I_{ch}^2 T_{re} \geqslant Q_t \tag{7-7}$$

动稳定校验：

$$I_{de} \geqslant i_{ch(3)} \tag{7-8}$$

式中　$i_{ch(3)}$——短路电流峰值；

　　　I_{ch}——稳态短路电流有效值；

　　　Q_t——熔断器额定热稳定值；

　　　I_{de}——熔断器额定动稳定值；

　　　T_{re}——熔断器工作最高环境温度。

（5）电压互感器的熔断器

需要按额定电压和开断能力以及额定电流选择。

（6）校核熔断器的灵敏度

$I_{dm} \geqslant 4I_e$ 即电网最小短路电流大于 4～7 倍的熔短器的熔体额定电流。

7.2.4.5　电流互感器选型

（1）额定电压

电流互感器额定电压应大于装设点线路额定电压。

（2）电磁互感器变比

应根据一次负荷计算电流 I_C 选择电流互感器变比。电流互感器一次侧额定电流标准比（如 20、30、40、50、75、100、150、$2 \times a/C$）等多种规格，二次侧额定电流通常为 1A 或 5A。其中 $2 \times a/C$ 表示同一台产品有两种电流比，通过改变产品的连接片接线方式实现，当串联时，电流比为 a/C，并联时电流比为 $2 \times a/C$。一般情况下，计量用电流互感器变流比的选择应使其一次额定电流 I_{1n} 不小于线路中的负荷电流（即计算 I_C）。如线路中负荷计算电流为 450A，则电流互感器的变流比应选择 500/5。保护用的电流互感器为保证其准确度要求，可以将变比选大一些。

（3）准确级

应根据测量准确度要求选择电流互感器的准确级并进行校验。表 7-1 和表 7-2 为不同准确级电流互感器的误差限值。

表 7-1　一般测量用电流互感器的误差限值

准确等级	额定电流/A	额定电流下的误差限值		二次负荷变化范围
		电流误差/%	相位差/（°）	
0.1	5 20 100 120	±0.4 ±0.2 ±0.1 ±0.1	±15 ±8 ±5 ±5	(0.25～1) Sr
0.2	5 20 100 120	±0.75 ±0.35 ±0.2 ±0.2	±30 ±15 ±10 ±10	(0.25～1) Sr
0.5	5 20 100 120	±1.5 ±0.75 ±0.5 ±0.5	±90 ±45 ±30 ±30	(0.25～1) Sr
1	5 20 100 120	±3 ±1.5 ±1 ±1	±180 ±90 ±60 ±60	(0.25～1) Sr
3	50 120	3 3	不规定	(0.5～1) Sr
5	50 120	5 5	不规定	(0.5～1) Sr

表 7-2 保护用电流互感器误差限值

准确级	额定一次电流下的电流误差/%	额定一次电流下的相位差/（°）	额定准确限值一次电流下的复合误差/%
5P	1	±60	5
10P	3	不规定	10

准确级选择的原则：计费计量用的电流互感器其准确级不低于 0.5 级；用于监视各进出线回路中负荷电流大小的电流表应选用 1.0～3.0 级电流互感器。为了保证准确度误差不超过规定值，一般还校验电流互感器二次负荷（伏安），互感器二次负荷 S_2 不大于额定负荷 S_{2n}，所选准确度才能得到保证。准确度校验公式：$S_2 \leqslant S_{2n}$。

二次回路的负荷 I 取决于二次回路的阻抗 Z_2 的值，则：

$$S_2 = I_2 n_2 \mid Z_2 \mid \approx I_2 n_2 (\Sigma \mid z_i \mid + R_{WL} + R_{XC})$$

或

$$S_2 V_1 \approx \Sigma S_i + I_2 n_2 (R_{WL} + R_{XC}) \tag{7-9}$$

式中　S_i，Z_i——二次回路中的仪表、继电器线圈的额定负荷和阻抗；

　　　　R_{XC}——二次回路中所有接头、触点的接触电阻，Ω，一般取 0.1Ω；

　　　　R_{WL}——二次回路导线电阻，Ω。

计算公式化为：

$$R_{WL} = L_C / (r \times s) \tag{7-10}$$

式中　r——导线的电导率，m/（$\Omega \cdot mm^2$），铜线 $r=53m/$（$\Omega \cdot mm^2$），铝线 $r=32m$（$\Omega \cdot mm^2$）；

　　　　S——导线截面积，mm^2；

　　　　L_C——导线的计算长度，m。

设互感器到仪表单向长度为 L_1，则：L_1 互感器为星形接法；$L_C=L_1$ 表示两相 V 形接线；$2L_1$ 表示一相式接线。

继电保护用的电流互感器的准确度常用的有 5P 和 10P。保护级的准确度是以额定准确限值一次电流下的最大复合误差% 来标称的（如 5P 对应的 ε%=5%）。所谓额定准确限值一次电流即一次电流为额定一次电流的倍数（$n=I_1/I_{1n}$），也称为额定准确限值系数。即要求保护用的电流互感器在可能出现的范围内，其最大复合误差不超过 ε% 值。

（4）动、热稳定度

需校验电流互感器的动稳定度和热稳定度，厂家的产品技术参数中都给出了动稳定倍数 K_{es} 和热稳定倍数 K_t，因此，按下列公式分别校验动稳定度和热稳定度即可。

1）动稳定度校验：

$$K_{es} \times I_{1n} \geqslant i_{sh} \tag{7-11}$$

2）热稳定度校验：

$$(K_t \times I_{1n})2t \geqslant I(3)\infty t_{ima} \tag{7-12}$$

式中　t——热稳定电流时间。

（5）额定容量

电流互感器二次额定容量要大于实际二次负载，实际二次负载应为二次额定容量的25%～100%。容量决定二次侧负载阻抗，负载阻抗又影响测量或控制精度。负载阻抗主要受测量仪表和继电器线圈电阻、电抗及接线接触电阻、二次连接导线电阻的影响。

7.2.5 系统配电设计

大容量电化学储能电站，考虑供电系统可靠性，宜采用双电源供电，互为备用。配电系统的设计应满足《低压配电设计规范》（GB 50054—2019）的相关规定。

（1）380V 单电源、220V 双电源供电

电池系统、升压变流系统内的用电负荷分为Ⅰ类和Ⅱ类，Ⅰ类负荷为控制系统等重要负荷，采用 220V 双电源供电；Ⅱ类负荷为风扇和空调等耗电量较大且不需要备用电源，采用 380V 单电源供电。供电方式如图 7-9 所示。

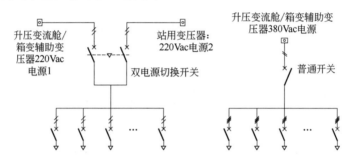

图 7-9　380V 单电源、220V 双电源供电方式

每套升压变流舱/箱变内配置一台辅助变压器，该变压器高压侧接在 PCS 交流侧和 35kV 升压变压器之间，变压器低压侧电压为 380/220V，配电柜内辅助用电回路设计为相互独立的 2 路：380V 单电源供电回路、220V 双电源供电回路，所述 220V 双电源一路从辅助变压器引入、一路从站用变压器引入，两路电源互为备用，确保供电可靠性，正常运行时从站用变压器取电。

辅助变压器和站用变压器均宜采用干式变压器，数量和容量结合储能电站规模计算确定。

（2）380V 双电源供电

另外还有一些电站，Ⅰ类和Ⅱ类负荷均可采用双电源供电。该供电方式有两类实现方式：①升压变流舱/箱变内配置辅助变压器，所述 380V 双电源一路从辅助变压器引入、一路从站用变压器引入；②设置两台站用变压器，两台站用变压器互为备用，该种供电方式适用于具备两段母线的电站，两段母线同时供电，分列运行。380V 双电源供电方式如图 7-10 所示。

（3）单电源供电

对于中、小容量储能电站也可采用单电源供电。

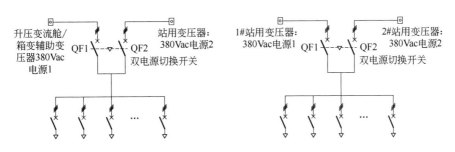

图 7-10 380V 双电源供电方式

7.3 储能变流器（PCS）

7.3.1 PCS 分类

PCS 是电池与电网或交流负荷的接口，它不仅决定了电池储能系统对外输出的电能质量和动态特性，也很大程度上影响了电池的安全与使用寿命。

依据储能电池系统直流电压等级，PCS 可分为直流 1000V 电压等级和直流 1500V 电压等级。直流 1000V 电压等级 PCS 单机功率通常为 50～630kW；直流 1500V 电压等级 PCS 单机功率通常为 1250～3450kW。

根据 PCS 结构形式可分为组串式和集中式。组串式 PCS 每个模块可独立运行，PCS 直流侧连接固定数量的储能电池簇（通常为 1 簇或 2 簇），PCS 交流侧并联后与升压变低压侧连接；集中式 PCS 直流侧一般并联了若干电池簇，经 DC/AC 变化后与升压变低压侧连接。储能变流器见图 7-11。

图 7-11 储能变流器（见彩图）

根据电路拓扑与变压器配置方式，PCS 基本类型可分为工频升压型和高压直挂型（表 7-3）。

表 7-3 PCS 按照电路拓扑与变压器配置方式分类

工频升压型	单级 AC/DC 变换器	两电平
		三电平
		多电平
	双极 AC/DC 变换器	前级非隔离型 DC/DC 变换器
		前级隔离型 DC/DC 变换器
高压直挂型	单级链式	H 桥链式
		模块化多电平 MMC
	双极链式	前级非隔离型 DC/DC 变换器
		前级隔离型 DC/DC 变换器

在电池系统充放电过程中，电池簇直流电压在一定的范围变化，因此，为了适应不同电网或负荷供电电压等级的需求，PCS 交流侧往往会配置工频变压器。一方面实现了交流电压的升压或整定，适应并网和离网场景，可为单相负荷供电；另一方面也改善了储能系统保护和电磁兼容抑制。

7.3.2　PCS 系统构成

目前应用最广泛的 PCS 类型为三电平拓扑结构，具有功率控制响应速率快、精度高、效率高、系统稳定性好等优点，能够充分满足电池储能系统的功能与性能需要。下文以三电平拓扑结构的 PCS 为例介绍 PCS 系统的构成。

三电平拓扑结构的 PCS 主要由主功率部分、信号检测部分、控制部分、驱动部分、监控显示部分、辅助电源部分构成，系统结构框图如图 7-12 所示。

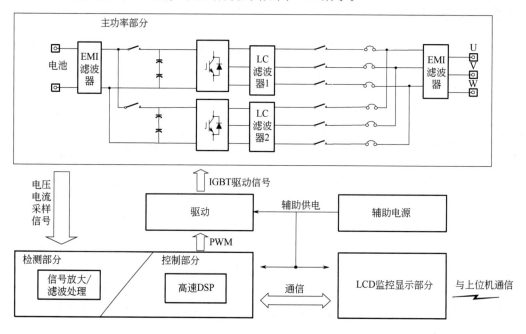

图 7-12　PCS 系统结构框图

（1）主功率部分

主功率部分主要由直流高压继电器、预充电路、直流侧熔丝、母线电容、IGBT 功率开关模块、LC 滤波器、交流接触器、交流侧熔丝、交流断路器等组成。

主功率部分是 PCS 的主体部分，是能量流动的通路。通过 IGBT 的导通与关断，实现能量形式的变换（DC/AC 变换或 AC/DC 变换）和能量的双向流动。

（2）信号检测部分

信号检测部分主要用于实现电压、电流信号的高精度检测及信号处理功能，以及故障信号的检测功能。

（3）控制部分

控制部分是 PCS 的核心部分。采用 TI 双核处理器为控制核心的控制平台开发，控制部分实现的功能主要有：

① 信号的采样和计算。

② PCS 控制。

③ PCS 的故障判断与保护。

④ 与 PCS 就地控制器（LCD）通信。

（4）IGBT 驱动部分

PCS 的驱动选用 IGBT 专用驱动，使 IGBT 工作于最优开关状态，提高了 IGBT 工作可靠性。同时驱动本身还对 IGBT 功率器件进行过流、过温等异常状态的检测，当有异常状态出现时，关断功率器件，达到保护器件的功能。

（5）监控显示部分

监控显示部分宜采用高清 LCD 液晶触摸屏作为输入输出接口，提供了友好的人机交互界面和提供多种通信接口，实现 PCS 就地控制器功能。

（6）辅助电源部分

辅助电源部分用于提供 PCS 控制系统供电。PCS 控制回路宜采用通过外部电源供电、交流侧自取电，直流侧自取电、三电冗余设计。

7.3.3 PCS 主要功能

7.3.3.1 运行控制功能

（1）启动与关停

PCS 启动时首先自检，并确认与 BMS、监控系统的通信是否正常，在设备故障或异常时告警，并详细记录相关信息。内设自复位电路，在正常情况下无程序死循环现象，因干扰而造成程序死循环时，能通过自复位电路自动恢复正常工作，若复位后仍不能正常工作，则发出异常信号或信息。

（2）控制方式

PCS 装置应具备四种控制方式：LOCK OUT（锁定退出），Local SBS（本地手动），Local Auto（本地自动），Remote（远程控制）。

① LOCK OUT（锁定退出）：PCS 本地控制单元被锁定，可接受电池管理系统的输入信号，并传输给监控系统，但会屏蔽监控系统上位机下达的命令，而且屏蔽装置自身的控制命令。

② Local SBS（本地手动）：该模式下，PCS 本地控制单元不接受监控系统上位机的远方

命令。允许操作人员在本地按照工况流程逐步操作、确认，最终实现工况的稳态运行。

③ Local Auto（本地自动）：该模式下，PCS 本地控制单元不接受监控系统上位机的远方命令，只接受本地单一的工况命令信号，自动完成完整的工况操作流程，并网后本地可根据需要手动调整负荷。

④ Remote（远程控制）：由调度层或者站控层远方发布命令，实现工况的自动启动或者停止。

本地控制在柜体的操作面板上完成，远方控制通过上级监控系统下达控制指令来完成，其中"本地控制"具有较高的优先级。

PCS 内部应设有充放电时间设定功能，可通过外部设定充电时间和放电时间。设定可通过远程完成，也可以通过本装置的操作面板来完成。时钟可通过计算机接口或者操作面板调节。

PCS 装置应可自动检测与监控系统的通信连接，通信中断时，通过声光示警，并按照本地设定的工作模式持续工作。

7.2.3.2 能量双向流动功能

PCS 实现双向充放电功能，既可以工作在有源逆变模式，实现直流到交流的变换向电网输送电能，如图 7-13 所示，也可以工作在有源整流模式，实现交流到直流的变换，从电网吸收电能储存在电池中，如图 7-14 所示。

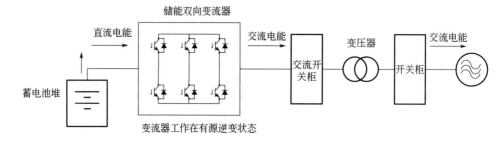

图 7-13　有源逆变模式

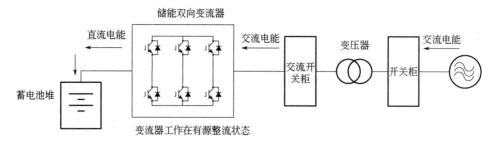

图 7-14　有源整流模式

7.2.3.3　P/Q 控制功能

PCS 采用电网电压定向的矢量控制，实现有功和无功功率的正交解耦，实现功率的解耦控制。根据瞬时功率理论，实现有功和无功功率的瞬时控制。可根据储能电站监控系统运行控制指令调节有功/无功功率的输出与吸收，并快速准确响应。

① 有功功率最大调节范围: ±PCS 最大功率(充电: −发电: +)。

② 无功功率最大调节范围: ±PCS 最大功率(进相: −滞相: +)。

③ 有功功率额定调节范围: ±PCS 额定功率(充电: −发电: +)。

④ 无功功率额定调节范围: ±PCS 最大功率(进相: −滞相: +)。

⑤ 系统设定参数: 有功功率值(kW),无功功率值(kVar)。

7.2.3.4 低电压穿越功能

PCS 应具有低电压穿越能力。在电网电压出现异常跌落时,通过对输出电流瞬时限制而不立即脱网,起到支撑电网的作用,提高了电网运行的可靠性。低电压耐受功能示意见图 7-15。

① PCS 并网点电压跌至 0 时,PCS 能够保证不脱网连续运行 0.15s。

② PCS 并网点电压跌至曲线 1 以下时,PCS 可以从电网切出。

③ 电力系统故障期间没有切出的 PCS,其有功功率在故障清除后应能快速恢复,自故障清除时刻开始,以至少 30%额定功率/秒的功率变化恢复至故障前的值。

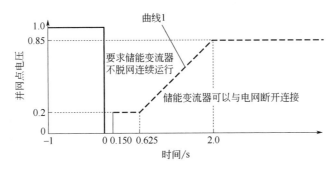

图 7-15 低电压耐受功能示意

①对于三相短路故障和两相短路故障,考核电压为并网点线电压;

对于单相接地短路故障,考核电压为并网点相电压。

②对于并入 10(6)kV 以下电压等级电网的 PCS,具备故障脱离功能即可

7.2.3.5 高电压穿越功能

当储能系统通过 10(6)kV 及以上电压等级接入公共电网的储能系统应具备图 7-16 所示的高电压穿越能力,交流侧电压在图 7-16 曲线 2 轮廓线及以下区域时,储能系统应不拖网连续运行,交流侧电压在图 7-16 曲线 2 轮廓线以上区域时允许储能单元与电网断开连接。

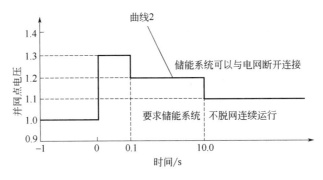

图 7-16 高电压耐受功能示意

7.2.3.6 离网运行功能

PCS 在离网系统中应具备独立逆变功能，能够输出恒定的电压和频率，实现给各种负载设备提供稳定的交流电压。

7.2.3.7 并离网转换功能

PCS 接收到后台或者本地的指令后，可进行并网运行状态和离网运行状态的相互转换。

7.2.3.8 一定频率范围内运行功能

PCS 宜采用基于矢量变换的数字锁相技术，当电网电压频率异常，有较大波动时，PCS 仍能够快速准确跟踪电网电压的频率和相位，使得 PCS 能在较宽泛的频率范围内正常运行，并且 PCS 频率异常耐受的范围和保护动作时间可通过就地控制器分段设置。PCS 满足的频率工作范围为 48～51.5Hz，PCS 满足的动作延时设定范围为 0.2s～持续运行。频率异常响应特性见表 7-4。

表 7-4　频率异常响应特性

频率范围/Hz	运行方式
<48	PCS 不应处于充电状态。 PCS 应根据允许运行的最低频率或电网调度机构要求确定是否与电网脱离
48～49.5	处于充电状态的 PCS 应在 0.2s 内转为放电状态,对于不具备放电条件或其他特殊情况,应在 0.2s 内与电网脱离;处于放电状态的 PCS 应能连续运行
49.5～50.2	连续运行
50.2～50.5	处于放电状态的 PCS 应在 0.2s 内转为充电状态,对于不具备充电条件或其他特殊情况,应在 0.2s 内与电网脱离。处于充电状态的 PCS 应能连续运行
>50.5	PCS 不应处于放电状态。 PCS 应根据允许运行的最高频率确定是否与电网脱离

7.2.3.9 电压响应

PCS 应检测并网点的电压，在并网点电压异常时，断开与电网的电气连接。电压异常范围及其对应的断开时间响应要求见表 7-5。

表 7-5　电压响应要求值

并网点电压 U	要求
$U<50\%UN$	最大分闸时间不超过 0.2s
$50\%UN \leqslant U<85\%UN$	最大分闸时间不超过 2s
$85\%UN \leqslant U<110\%UN$	正常运行
$110\%UN \leqslant U<120\%UN$	最大分闸时间不超过 2s
$120\%UN \leqslant U$	最大分闸时间不超过 0.2s

注：UN 为并网点的电网额定电压，最大分闸时间是指异常状态发生到 PCS 断开与电网连接时间。

7.2.3.10　通信接口与监控功能

PCS 具备与电池管理系统、就地监控系统、储能电站监控系统的通信接口。PCS 能够与电池管理系统通信，获取电池系统电压、电流、SOC、故障告警信息等；能将自身运行信息上送至就地监控系统；同时，PCS 与储能电站监控系统直接通信，开放功率调节功能、参数设定功能等通信接口，满足电网运行控制系统控制要求。

（1）通信接口

PCS 宜具备 CAN、RS485/RS232 和双以太网通信接口。

以太网通信接口用于与储能监控系统通信。

能与储能电站监控系统进行对时，上送数据具有时标。

（2）信息交互

与监控系统的信息交互：PCS 上传告警信息、开关量、模拟量等必要信息至储能站监控系统；下行量：储能站监控系统下达运行策略信息、控制信息等必要信息至 PCS。

与 BMS 的信息交互：BMS 发送电池系统充放电控制相关信息、告警信息等必要信息至 PCS。

7.2.3.11　故障记录功能

PCS 具有故障记录功能，并具有掉电保持，每份记录的信息包括故障时间和故障类型，以便进行事故分析。

7.2.3.12　PCS 保护和故障诊断功能

（1）第一类：电网及环境异常

当发生此类故障时，PCS 停止运行，进入待机模式。当电网和环境恢复正常后，PCS 恢复运行。

此类保护主要有：交流电压过/欠压保护；交流电压过/欠频保护；三相电压不平衡保护；过热、过湿保护；反孤岛保护。

（2）第二类：PCS 检测到长期运行会损坏 PCS 或周围设备的状态时，进入到限制运行模式

例如电池过充时，PCS 将停止向电池充电，进入限压运行模式，保护电池。

此类保护主要有：直流过充限压保护、直流过放停机保护、过载限功率保护、过流限流保护、输出直流分量超标保护、输出电流谐波超标保护。

（3）第三类：PCS 本身发生故障，故障可自恢复

当发生此类故障时，PCS 停止运行，进入保护模式，当故障消失后，PCS 恢复运行。

此类保护主要有：直流过压保护、直流过流保护、交流过流保护、PCS 过热保护、控制电源电压异常保护、通信故障保护。

（4）第四类：PCS 本身故障，但是需要人为参与排除故障

当发生此类故障时，PCS 停止告警，进入保护模式，排除故障后，需手动复归故障标志，发出开机指令，PCS 才可运行。

此类保护主要有：输入反接告警、交流反相序告警；直流输入短路保护；缺相保护；IGBT 模块过流保护；IGBT 模块过温保护；直流母线过压故障告警；IGBT 短路保护；可靠接地保护；对地电阻监测告警；交流熔断丝熔断保护；接触器状态异常保护。

PCS 应具有完备的故障监测和保护功能，一方面保证了 PCS 的安全可靠运行，也提高了整个电池储能系统的安全性和可靠性，降低了事故发生的可能。另一方面可对故障点全面监测，有利于故障的定位、分析和维护，特别是对于无人值守系统。当故障发生时，通过 PCS 就地控制器与就地监测单元以及储能电站监控系统的通信，检修人员与现场服务人员就可以进行故障的定位以及初步的分析，提出解决预案，有针对性地进行设备维修和维护的准备工作，降低系统的维护成本，提高系统的维护效率。

7.4 变压器

7.4.1 变压器基本功能和分类

变压器是一种静置的电力设备，它利用电磁感应原理，将某一数值的交流电压变成频率相同的一种或两种数值不同的交流电压，故称变压器。箱式变压器见图 7-17。

图 7-17 箱式变压器

变压器不仅可以改变交流电压数值，同时也相应改变了电流的数值，但变压器不能把能量变大或变小。实际上，变压器在工作中本身有能量损耗，故它输出的能量略小于输入的能量。

三相线路的视在功率为

$$S = \sqrt{3U_X} I_X \tag{7-13}$$

式中 U_X——线电压，V；

I_X——线电流，A。

从上式中看出，在输送相同功率情况下，

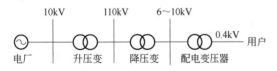

图 7-18 输配电系统示意图

若升高电压 U_X，则线路电流 I_X 成比例减小，这样既可以节约导线材料，又可以减小线路能量损耗和电压降。但从用户方面来讲，为了安全用电和降低用户设备的造价，电压又不能太高。这就出现了高压配电和低压用电的矛盾，而利用变压器就能既经济又方便地解决这个矛盾，输配电系统示意图如图 7-18 所示。

图 7-18 展示了在整个电能的产生、输送、分配和使用过程中，变压器是不可缺少的电力设备之一。

变压器的分类：

（1）按用途分

变压器主要包括电力变压器（输配电用）、感应调压器（调整电压用）、仪用变压器（测量用）、自耦变压器、特种变压器。

（2）按相数分

变压器主要包括单相变压器、三相变压器、多相变压器。

（3）按线圈分

变压器主要包括单线圈变压器（自耦变压器）、双线圈变压器、三线圈变压器。

（4）按冷却介质和冷却方式

变压器主要包括油浸式变压器、干式变压器。

7.4.2 变压器主要特征参数及试验

7.4.2.1 变压器绝缘材料

（1）工作频率

变压器铁芯损耗与频率关系很大，故应根据使用频率来设计和使用，这种频率称为工作频率。

（2）额定功率

在规定的频率和电压下，变压器能长期工作，而不超过规定温升的输出功率。

（3）额定电压

指在变压器的线圈上所允许施加的电压，工作时不得大于规定值。

（4）电压比

指变压器初级电压和次级电压的比值，有空载电压比和负载电压比的区别。

（5）空载电流

变压器次级开路时，初级仍有一定的电流，这部分电流称为空载电流。空载电流由磁化电流（产生磁通）和铁损电流（由铁芯损耗引起）组成。对于 50Hz 电源变压器而言，空载电流基本上等于磁化电流。

（6）空载损耗

指变压器次级开路时，在初级测得的功率损耗。主要损耗是铁芯损耗，其次是空载电流在初级线圈铜阻上产生的损耗（铜损），这部分损耗很小。

（7）效率

指次级功率 P_1 与初级功率 P_2 的百分比。通常变压器的额定功率越大，效率就越高。

（8）绝缘电阻

表示变压器各线圈之间、各线圈与铁芯之间的绝缘性能。绝缘电阻的高低与所使用的绝缘材料的性能、温度高低、潮湿程度有关。

7.4.2.2 变压器主要试验

变压器试验分为绝缘电阻试验、绕组直流电阻试验、工频耐压试验、接触电阻测试试验等。

（1）绝缘电阻试验

绝缘电阻试验采用 2500V 摇表对变压器高压绕组对低压侧、高压绕组对地侧、低压绕组对地侧绝缘电阻值进行测定，以不小于 300MΩ 为绝缘合格。

（2）绕组直流电阻试验

绕组直流电阻试验为测试高压绕组相间电阻值，高压侧三相互差小于 2%、低压侧对地电阻值互差小于 4% 为合格（适合于 2000kVA 以下配电变压器，大于时取 2% 为合格）。

（3）工频交流耐压试验

工频交流耐压试验以（出厂）交接试验耐压 35kV、预防性试验耐压 30kV 变压器无击穿、无异响（正常声音为持续"嗡嗡"声）、无闪络为合格。

7.4.3 变压器空载运行、负载运行及短路试验

7.4.3.1 空载运行及变比

如图 7-19 所示，当变压器的一次绕组接入额定频率的正弦交流电压 U_1，二次绕组开路（即二次电流为零）时，这种状态称为空载运行。在 U_1 作用下，一次绕组通过交变空载电流 I_0，它的数值为一次额定电流的 0.3%～3%，I_0 在铁芯中产生交变磁通，该磁通大部分经过铁芯构成闭合回路称为主磁通，用 Φ_0 来表示，主磁通幅值用 Φ_m 表示。此外还有一小部分磁通经空气气隙构成回路称漏磁通，用 Φ_{1L} 表示。交变的主磁通在一、二次绕组中分别产生频率相同的感应电势 E_1 和 E_2，其数值 E_1、E_2 为：

$$E_1 = cfW_1\Phi_m \tag{7-14}$$

$$E_2 = cfW_2\Phi_m \tag{7-15}$$

式中 c——比例常数；

f——电源频率，H_z；

W_1——线圈匝数；

W_2——线圈匝数；

Φ_m——磁通，Wb。

在空载情况下，由于数值很小，它在一次绕组内产生的压降很小，可以忽略不计。所以，一次绕组电势 E_1 等于外加电压 U_1；同时二次绕组开路，则二次绕组端电压 U_2 等于二次绕组电势 E_2，即：

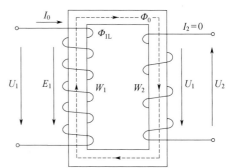

图 7-19 变压器空载运行

$$E_1 \approx U_1 \tag{7-16}$$

$$E_2 \approx U_2 \tag{7-17}$$

所以：

$$\frac{U_1}{U_2} = \frac{E_1}{E_2} = \frac{cfW_1\Phi_m}{cfW_2\Phi_m} = \frac{W_1}{W_2} \tag{7-18}$$

变压器不同线圈之间额定电压比值称为变压比。

在三相变压器中，变压比指不同线圈之间的线电压比值。由于三相变压器的连接方式不同，变压器的线电压与相电势可能不相等（例如 Y 连接时，线电压等于相电势的 $\sqrt{3}$ 倍）。因此，三相变压器的变比与一、二次侧线圈匝数比，应区别开来。

7.4.3.2 变压器的负载情况及调压

如图 7-20 所示为变压器的负载情况。当二次绕组通过电流 I_2 后，该电流在铁芯里产生磁通 Φ_2，企图使铁芯原有主磁通 Φ_0 发生改变。但当外加电压 U_2 不变时，$U_1 \approx E_1$。

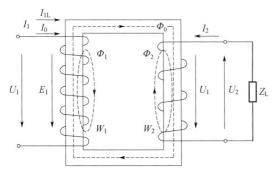

图 7-20 变压器负载运行

根据公式（7-18），主磁通的幅值 Φ_m 基本上保持不变，即 Φ_0 基本不变。因此，在一次绕组中就要增加一个电流分量 I_{1L}，它产生磁通 Φ_1 来抵消 Φ_2。由此可知，变压器二次绕组连接负载后，一次绕组中的电流 I_1 等于 I_0 与 I_{1L} 的向量和。当负载电流 I_1 增大或减小时，变压器的一次电流 I_1 也相应地增大或减小。如果忽略变压器在能量过程中本身的损耗，则一次绕组吸收的电功率与二次绕组输出的电功率相等。即：

$$U_1 I_1 = U_2 I_2 \text{ 或 } \frac{I_1}{I_2} = \frac{U_2}{U_1} = \frac{W_2}{W_1} \tag{7-19}$$

公式（7-14）表明，变压器一、二次绕组的电流与其匝数成反比。升压变压器的一次绕组匝数少，二次绕组匝数多，降压变压器与此相反。变压器在负载情况下运行时，其二次电压随负荷及一次网络电压的变化而变动，若电压变动值超过允许范围，将影响用电设备的正常运行。

因此，供电部门必须保证用户的电压质量，即电压应在规定范围内变动。为了达到上述目的，可从变压器一次绕组中抽出一定数量的分接头，利用分接开关改变线圈的匝数来实现电压调整。这是通常使用的主要方法之一。

7.4.3.3　变压器短路试验及阻抗电压

变压器短路试验是为了测定变压器的短路电压和短路时的损耗（铜损）。变压器短路试验一般是将低压绕组两端直接短路，利用自耦变压器使高压绕组两端所加电压由零逐渐增大，直到使高、低压绕组电流达到额定值。此种情况下，变压器所消耗的功率称为短路损耗，高压绕组所加的电压称为短路电压（伏特值），用 U_d（%）来表示。短路电压（或阻抗电压百分数）通常以额定电压的百分数来表示，即：

$$U_d = \frac{U_2}{U_1} \times 100\% \tag{7-20}$$

变压器的短路阻抗电压百分数是变压器的一个重要参数，它表明变压器内阻抗的大小，即变压器在额定负荷下运行时变压器本身的阻抗压降大小。它对于变压器在二次侧突然发生短路时，会产生多大的短路电流有决定性的意义，对变压器制造价格和变压器并列运行也有重要意义。

短路电压是变压器的一个重要特性参数，它是计算变压器等值电路及分析变压器能否并列运行和单独运行的依据，变压器二次侧发生短路时，将产生多大的短路电流也与阻抗电压密切相关。因此，它也是判断短路电流热稳定和动稳定及确定继电保护整定值的重要依据。

变压器短路试验时，其内部的物理现象与变压器满载（额定负载）运行时相似，但由于低压绕组是短路的，其两端电压为零。所以，短路电压 U_d 就是在额定电流时变压器一次和二次阻抗的总压降，故短路电压又称为阻抗电压。同容量的变压器，其电抗越大，短路电压百分数也越大，同样的容量通过，大电抗的变压器，产生的电压损失也越大，故短路电压百分数大的变压器的电抗变化率也越大。我国生产的电力变压器，阻抗电压百分数一般在 4%～24%范围内。

7.5　高压开关柜

7.5.1　高压开关柜主要结构

就高压开关柜而言，进线柜或出线柜是基本柜方案，同时有派生方案，如母线分段柜、计量柜、互感器柜等。此外，尚有配置固定式负荷开关柜、真空接触器手车、隔离手车等方案。

以出线柜为例，开关柜被分割成母线室、手车（断路器）室、电缆室和继电器仪表室，每一单元均良好接地。

图 7-21　35kV 开关柜（见彩图）

（1）母线室

母线室布置在开关柜的背面上部，供安装布置三相高压交流母线及通过支路母线实现与静触头连接之用。全部母线用绝缘套管塑封。在母线穿越开关柜隔板时，用母线套管固定。如果出现内部故障电弧，能限制事故蔓延到邻柜，并能保障母线的机械强度。

（2）手车（断路器）室

手车室内安装特定的导轨，供手车在内滑行与工作。手车能在工作位置、试验位置之间移动。静触头的隔板（活动门）安装在手车室的后壁上。手车从试验位置移动到工作位置过程中，隔板自动打开，反方向移动手车则完全复合，从而保障了操作人员不触及带电体。

（3）电缆室

电缆室内可安装电流互感器、接地开关、避雷器（过电压保护器）以及电缆等附属设备，并在其底部配制开缝的可卸铝板，以确保现场施工的方便。

（4）继电器仪表室

继电器室的面板上，安装有微机保护装置、操作把手、保护出口压板、仪表、状态指示灯（或状态显示器）等。继电器室内，安装有端子排、微机保护控制回路直流电源开关、微机保护工作直流电源、储能电机。

7.5.2　高压开关柜分类

（1）根据安装地点分

根据安装地点，高压开关柜分为户内型和户外型。

户内型用于户内（用 N 表示），例如：KYN28A-12，其中 K 表示铠装式金属封闭开关设备；Y 表示移开式，也叫中置式；N 表示使用条件为户内；28 表示设计序号；12 表示额定电压，kV。

户外型用于户外（用 W 表示），如 XLW 等开关柜，其中 X 表示金属封闭箱式开关柜。储能电站开关柜一般选用户内型。

（2）根据柜内主要器件的安装方式分

根据柜内主要器件的安装方式，高压开关柜分为移开式（用 Y 表示）和固定式（用 G

表示)。

固定式开关柜较为简单经济,是变电站厂矿企业应用比较多的一种高压开关柜类型;移动式手车柜互换性高,可提高供电的可靠性,常见的手车类型有:隔离手车、计量手车、断路器手车、PT 手车、变压器手车等。

移开式开关柜按照手车的安装位置,可分为落地式和中置式,落地式开关柜对手车与柜体机械联锁要求较高,国产技术很难保证以上要求,已逐渐被淘汰。中置式开关柜集断路器、操作机构于一体,体积相对较小,机械联锁可靠,外形美观,比较典型的型号有 KYN28 系列等。

(3) 根据柜体结构分

按柜体结构,高压开关柜可分为金属封闭式铠装开关柜(用 K 表示)、金属封闭间隔式开关柜(用 J 表示)、金属封闭箱式开关柜(用 X 表示)和敞开式开关柜(用 F 表示)四类。

7.5.3 储能电站常用开关柜

7.5.3.1 中置柜

中置柜,全称为金属铠装中置式开关柜,常见型号包括 KYN61-40.5、KYN28-12 等,作为接受和分配电能的成套开关装置,主要用于电站、发电厂、中小型发电送电变电站、工矿企业以及城市建设配电等,提供过负荷/欠电压/短路保护、监测与测量等功能。以 10kV 中置柜 KYN28-12 为例,该中置柜适用于三相交流额定电压 12kV、额定频率 50 (60) Hz 的电力系统。根据内部配置不同,中置柜可以作为进线柜、出线柜/馈线柜、PT 柜和隔离柜等。

中置柜由柜体和中置式可抽出部件(即手车)两大部分组成,根据用途不同,手车分为断路器手车、电压互感器手车、计量手车、隔离手车等,同规格手车可互相自由互换。以断路器柜为例,内部主要设备包括真空断路器、电流互感器、微机保护装置、操作回路附件、各种位置辅助开关等。

中置柜具有完善的五防功能:①防止带负荷误拉、误推手车;②防止带地刀误合开关;③防止带电误合地刀;④防止误入带电间隔;⑤防止带负荷误拉、误合隔离手车。

真空断路器作为核心器件,既可以开断、关合及承载运行线路的正常电流,也能在规定时间内开断、关合及承载规定的故障电流。依据断路器灭弧原理,断路器分为少油断路器、压缩空气断路器、六氟化硫断路器、真空断路器等,目前应用较多的是少油断路器、真空断路器和六氟化硫断路器;依据额定电压的不同,一般从电流等级 630A、1250A、1600A、6300A 的断路器中根据负荷电流选用,其中,10kV 系统中,630A、1250A 较为常用。断路器型号主要有:ZN12-10 型、ZN28A-10 型、ZN65A-12 型、ZN12A-12 型、VS1 型、ZN30 型、VD4 型等。主要技术参数包括:额定电压、额定电流、额定开断电流、关合电流、热稳定电流、额定耐雷电冲击电压、短时耐受电流等。

7.5.3.2 环网柜

环网柜是一组输配电气设备(高压开关设备)装在金属或非金属绝缘柜体内或做成拼装

间隔式环网供电单元的电气设备，具有结构简单、体积小、成本低、维修量小、运行费用低等优点。被广泛使用于城市住宅小区、高层建筑、大型公共建筑、工厂企业等负荷中心的配电站以及箱式变电站中。环网柜核心部分主要采用负荷开关+熔断器，原是一个连接两路电源的联络开关柜，能够从两路电源取电，用于环网式供电的负荷开关柜，可提高供电可靠性，一般不用来做设备控制、保护和计量，功能单一。现常用于代指环网式供电的负荷开关柜，所谓环网式供电是指每个配电支路设一台开关柜（出线开关柜），环形干线是由每台出线柜的母线连接起来共同组成的。环网柜原指用于环网式供电的负荷开关柜，现在常用于负荷开关柜，不管是否用于环网式供电。

环网柜的高压开关一般不采用结构复杂的断路器，而采用结构简单的带高压熔断器的高压负荷开关。高压负荷开关是一种功能介于高压断路器和高压隔离开关之间的电器，能够在回路正常条件（也可包括规定的过载条件）下关合、承载和开断电流以及在规定的异常回路条件（如短路），在规定时间内承载电流的开关装置，一般具有接通、断开和接地三工作位，结构简单、价格低廉。目前较常用的负荷开关有以空气为绝缘的压气式负荷开关、以 SF_6 气体作为绝缘的 SF_6 负荷开关以及全固真空负荷开关。

高压负荷开关的工作原理与断路器相似，一般装有简单的灭弧装置，但其结构比较简单。由于负荷开关不能开断短路电流，故常与限流式高压熔断器组合在一起使用，两者结合组成统一的功能模块即负荷开关熔断器组取代断路器，通过负荷开关操作正常电流，通过熔断器切除短路电流，在负荷开关熔断器组合中，任何一只熔断器熔断，都将引爆爆炸装置或撞针，使三级负荷开关联动切断回路，将切断回路功能从熔断器转至负荷开关，避免发生单相运行。利用限流熔断器的限流功能，不仅可以完成开断电路的任务并且可显著减轻短路电流所引起的热和电动力的作用。

环网柜按照内部设备布置，也分为负荷开关柜、负荷开关熔断器组合电器柜、隔离开关断路器组合柜、计量柜及各种专用柜等。

环网柜同样具备完善的防误操作联锁机构：①柜门关闭且接地开关未接入接地位置时，方可闭合负荷开关；②开关分闸时，方可接地；③接地开关接入接地位置时，方可打开柜门；④有些环网柜中加装危机保护装置，实现电流速断、反时限过电流保护、过负荷保护、零序及负序过电流保护、欠电压及非电量保护跳闸等保护功能，并具有多电量测量、遥控、遥信等监控功能，提高环网柜及配电网系统的自动化水平。

7.5.3.3　PT 柜

PT 柜，全称电压互感器柜或母线电压互感器柜，通常用于装设接于母线上的电压互感器，具有如下功能：

① 提供电气系统中的测量电压、仪器仪表电压和保护电压。

② 为功率表提供测量电压。

③ 可为相关设备提供操作和控制电源（PT）。

PT 柜采用组合结构，可根据具体工程配置不同数量及种类的 PT。柜内一般设置有电压互感器、熔断器、避雷器等主要器件。电压互感器是将高压按一定的变比将高压按比例转换成低压的装置，使其适应仪表的电压要求；熔断器的保险丝为电压互感器提供保护；避雷器主要起到过电压和防雷保护。

PT 柜内既有测量 PT 又有计量 PT，最初是要求测量 PT 和计量 PT 两者分开，因为计量用互感器的等级要高于保护用互感器的等级，但现在若无特殊要求则共用。

电压互感器按照安装地点分为户内式和户外式，35kV 及以下多制成户内式，35kV 以上则制成户外式。户内式常采用手车柜或固定柜方案，手车柜常采用以下方式：

① 熔断器手车：避雷器和熔断器安装在手车内部，PT 固定安装在电缆室下方或挂装在电缆室后梁上，PT 中性点经一次消谐器接地。

② PT 手车：PT、熔断器、避雷器、一次消谐器均安装在手车内部，PT 中性点经一次消谐器接手车摩擦接地极；规定方案常采用隔离开关作为 PT 的主开关，PT 固定安装在开关柜底部，PT 中性点经一次消谐器接地。按照绕组数目分为双绕组和三绕组电压互感器，三绕组电压互感器除一次侧和基本二次侧外，还有一组辅助二次侧，供接地保护用。

7.5.4　开关柜主要部件

7.5.4.1　高压断路器

3kV 及以上电力系统中使用的断路器称为高压断路器，它的主要功能是控制和保护。

① 控制功能：根据电网运行需要，高压断路器能投入或退出部分电力设备、电力线路。

② 保护功能：在电力设备或电力线路发生故障时，高压断路器能快速切除故障部分，保证电网无故障部分正常运行。

因此，高压断路器既可以开断、关合及承载运行线路的正常电流，也能在规定时间内开断、关合及承载规定的故障电流。

（1）高压断路器基本结构

1）开断元件

① 主要零部件：主灭弧室、主触头系统、主导电回路、辅助灭弧室、辅助触头系统、并联电阻。

② 功能：开断机关合电力线路，安全隔离电源。

2）支持绝缘件

① 主要零部件：磁柱、瓷套管、绝缘管等构成的支柱本体，拉紧绝缘子等。

② 功能：保证开断元件有可靠的对地绝缘，承受开断元件的操作力及各种外力。

3）传动元件

① 主要零部件：各种连杆、齿轮、拐臂、液压管道、压缩空气套管等。

② 功能：将操作命令及操作功能传递给开断元件的触头和其他部件。

4）操作机构

① 主要零部件：弹簧、液压、电磁、气动及手动机构的本体及配件。

② 功能：为开断元件合闸操作提供能量，并实现各种规定的操作。

断路器本体部分由导电回路、绝缘系统、密封件和壳体组成。整体结构为三相共箱式。其中导电回路由进出线导电杆、进出线绝缘支座、导电夹、软连接与真空灭弧室连接而成。

操作机构为电动储能，电动分合闸，同时具有手动功能。整个结构由合闸弹簧、储能系统、过流脱扣器、分合闸线圈、手动分合闸系统、辅助开关、储能指示灯等部件组成。

断路器利用高真空中电流流过零点时，等离子体迅速扩散而熄灭电弧，达到切断电流的目的。

（2）高压断路主要参数

① 额定电压（标称电压）：它是表征断路器绝缘强度的参数，是断路器长期工作的标准电压。为了适应电力系统工作的要求，断路器又规定了与各级额定电压相应的最高工作电压。对 3～220kV 各级，其最高工作电压较额定电压约高 15%；对 330kV 及以上，最高工作电压较额定电压约高 10%。断路器在最高工作电压下，应能长期可靠的工作。

② 额定电流：它是表征断路器通过长期电流能力的参数，即断路器允许连续长期通过的最大电流。

③ 额定开断电流：它是表征断路器开断能力的参数。在额定电压下，断路器能保证可靠开断的最大电流，称为额定开断电流，其单位用断路器触头分离瞬间短路电流周期分量有效值的千安数表示。当断路器在低于其额定电压的电网中工作时，其开断电流可以增大。但受灭弧室机械强度的限制，开断电流有一个最大值，称为极限开断电流。

④ 动稳定电流：它是表征断路器通过短时电流能力的参数，反映断路器承受短路电流电动力效应的能力。断路器在合闸状态下或关合瞬间，允许通过的电流最大峰值，称为电动稳定电流，又称为极限通过电流。断路器通过动稳定电流时，不能因电动力作用而损坏。

⑤ 关合电流：是表征断路器关合电流能力的参数。因为断路器在接通电路时，电路中可能预伏有短路故障，此时断路器将关合很大的短路电流。这样，一方面由于短路电流的电动力减弱了合闸的操作力，另一方面由于触头尚未接触发生击穿而产生电弧，可能使触头熔焊，从而使断路器造成损伤。断路器能够可靠关合的电流最大峰值，称为额定关合电流。额定关合电流和动稳定电流在数值上是相等的，两者都等于额定开断电流的 2.55 倍。

⑥ 热稳定电流和热稳定电流的持续时间：热稳定电流也是表征断路器通过短时电流能力的参数，但它反映断路器承受短路电流热效应的能力。热稳定电流是指断路器处于合闸状态下，在一定的持续时间内，所允许通过电流的最大周期分量有效值，此时断路器不应因短时发热而损坏。国家标准规定：断路器的额定热稳定电流等于额定开断电流。额定热稳定电流的持续时间为 2s，需要大于 2s 时，推荐 4s。

⑦ 合闸时间与分闸时间：这是表征断路器操作性能的参数。各种不同类型的断路器的分、合闸时间不同，但都要求动作迅速。合闸时间是指从断路器操动机构合闸线圈接通到主触头接触这段时间，断路器的分闸时间包括固有分闸时间和熄弧时间两部分。固有分闸时间是指从操动机构分闸线圈接通到触头分离这段时间。熄弧时间是指从触头分离到各相电弧熄灭为止这段时间。所以，分闸时间也称为全分闸时间。

⑧ 操作循环：这也是表征断路器操作性能的指标。架空线路的短路故障大多是暂时性的，短路电流切断后，故障即迅速消失。因此，为了提高供电的可靠性和系统运行的稳定性，断路器应能承受一次或两次以上的关合、开断或关合后立即开断的动作能力。这种按一定时间

间隔进行多次分、合的操作称为操作循环。

（3）高压断路器接线方式

断路器的接线方式有板前、板后、插入式、抽屉式，用户如无特殊要求，均按板前供货，板前接线是常见的接线方式。

① 板后接线方式：板后接线最大的特点是可以在更换或维修断路器时，不必重新接线，只需将前级电源断开。由于该结构特殊，产品出厂时已按设计要求配置了专用安装板和安装螺钉及接线螺钉。需要特别注意的是由于大容量断路器接触的可靠性将直接影响断路器的正常使用，因此安装时必须引起重视，严格按制造厂要求进行安装。

② 插入式接线：在成套装置的安装板上，先安装一个断路器的安装座，安装座上 6 个插头，断路器的连接板上有 6 个插座。安装座的面上有连接板或安装座后有螺栓，安装座预先接上电源线和负载线。使用时，将断路器直接插进安装座。如果断路器坏了，只要拔出坏的，换上一只好的即可。它的更换时间比板前、板后接线要短，且方便。由于插、拔需要一定的人力，因此目前中国的插入式产品，其壳架电流限制在最大为 400A。插入式断路器在安装时应检查断路器的插头是否压紧，并应将断路器安全紧固，以减少接触电阻，提高可靠性。

③ 抽屉式接线：断路器的进出抽屉是由摇杆顺时针或逆时针转动的，在主回路和二次回路中均采用了插入式结构，省略了固定式所必需的隔离器，做到一机二用，提高了使用的经济性，同时给操作与维护带来了很大的方便，增加了安全性和可靠性。特别是抽屉座的主回路触刀座，可与 NT 型熔断器触刀座通用，这样在应急状态下可直接插入熔断器供电。

7.5.4.2 高压负荷开关

高压负荷开关是一种功能介于高压断路器和高压隔离开关之间的电器，能够在回路正常的条件下（也可包括规定的过载条件）关合、承载和开断电流以及在规定的异常回路条件（如短路）下，在规定的时间内承载电流的开关装置。

高压负荷开关的工作原理与断路器相似。一般装有简单的灭弧装置，但其结构比较简单。由于负荷开关不能开断短路电流，故常与限流式高压熔断器组合在一起使用，利用限流熔断器的限流功能，不仅可以完成开断电路的任务并且可显著减轻短路电流所引起的热和电动力的作用。

高压负荷开关主要参数：

（1）额定电压（U_r）

额定电压标准值为：3.6kV、7.2kV、12kV、24kV、40.5kV。

额定电压、额定频率、额定绝缘水平、额定电流和温升、额定短路耐受电流及峰值耐受电流。

（2）额定有功负载开断电流（I_1）

负荷开关在其额定电压下能够开断的最大有功负载电流。

（3）额定闭环开断电流（I_{2a}和I_{2b}）

负荷开关能够开断的最大闭环电流，可以分别规定配电线路闭环开断电流和并联电力变压器闭环开断电流额定值。

（4）额定空载变压器开断电流（I_3）

负荷开关在其额定电压下能够开断的最大空载变压器电流。

（5）额定电缆充电开断电流（I_{4a}）

负荷开关在额定电压下能够开断的最大电缆充电电流。

（6）额定线路充电开断电流（I_{4b}）

负荷开关在额定电压下能够开断的最大线路充电电流。

（7）额定接地故障开断电流（I_{6a}）

对于中性点绝缘或谐振接地系统，额定接地故障开断电流是负荷开关在其额定电压下能够开断的故障相的最大接地故障电流。

（8）额定短路关合电流（I_{ma}）

负荷开关在其额定电压下能够关合的最大峰值预期电流。

（9）通用负荷开关的额定开断和关合电流

通用负荷开关每一个开合方式规定的额定值如下：
① 额定有功负载开断电流等于额定电流。
② 额定空载变压器开断电流等于额定电流的1%。
③ 额定配电线路闭环开断电流等于额定电流。
④ 额定电缆充电开断电流见表7-6所示。
⑤ 额定线路充电开断电流见表7-6所示。
⑥ 额定短路关合电流等于额定峰值耐受电流。负荷开关在其额定电压下应具有成功关合两次或多次额定短路关合电流的能力。

表 7-6　通用负荷开关的额定电缆和线路充电开断电流

额定电压 U_r/kV	额定电缆充电电流 I_{4a}/A	额定线路充电电流 I_{4b}/A
3.6	4	0.3
7.2	6	0.5
12	10	1
24	16	1.5
40.5	21	2.1

7.5.4.3　高压熔断器

熔断器是指当电流超过规定值时，以本身产生的热量使熔体熔断，断开电路的一种电器。熔断器广泛应用于高低压配电系统和控制系统以及用电设备中，作为短路和过电流的保护器，是应用最普遍的保护器件之一。

高压熔断器一般包括熔丝管、接触导电部分、支持绝缘子和底座等，熔丝管中填充用于灭弧的石英砂细粒。熔件是利用熔点较低的金属材料制成的金属丝或金属片，串联在被保护电路中，当电路或电路中的设备过载或发生故障时，熔件发热而熔化，从而切断电路，达到保护电路或设备的目的。

① 熔断体（熔体、熔丝、核心）：正常工作时起导通电路的作用，故障情况下熔体将首先融化，从而切断电路实现对其他设备的保护。

② 熔断器载熔件：用于安装和拆卸熔体，采用触点的形式。

③ 熔断器底座：用于实现各导电部分的绝缘和固定。

④ 熔管：用于放置熔体，限制熔体电弧的燃烧范围，并可灭弧。

⑤ 充填物：一般采用固体石英砂，用于冷却和熄灭电弧。

⑥ 熔断指示器：用于反映熔体的状态，即完好或熔断。

7.5.4.4　接地开关

接地开关是用于电路接地部分的机械式开关，属于隔离开关类别。它能在一定时间内承载非正常条件下的电流（例如短路电流），但不要求它承载正常电路条件下的电流。

接地开关主要作用：

① 代替携带型地线，在高压设备和线路检修时将设备接地，保护人身安全。

② 造成人为接地，满足保护要求。

③ 接地开关配置在断路器两侧隔离开关旁边，起到断路器检修时两侧接地的作用。

7.5.4.5　高压避雷器

高压系统的避雷器用于保护电气设备免受雷击时高瞬态过电压危害，并限制续流时间，也常限制续流幅值的一种电器。按照过电压时间，过电压分为长时过电压、长期过电压（如单相按地导致的其余两相对地过电压）、暂态过电压（如弧光接地导致的过电压）及瞬时过电压（冲击过电压，如雷电过电压和开关器件操作过电压）；按照发生机理分为大气过电压，即雷电过电压和内部过电压，如真空断路器等开关设备的操作过电压、线路谐振过电压及电弧过电压等。避雷器和 SPD 一样，只能够对瞬时冲击电压进行保护，而不能够用于系统长期过电压保护，长期过电压只能够通过其他相应的方法加以避免。

避雷器过电压保护的机理，也是通过内部的非线性电阻装置与被保护设备并联安装，平时处于高阻截流状态，当瞬时过电压来袭时，非线性电阻快速转变为低阻导通状态，分流电涌电流、消耗过电压。其过电压保护水平等于避雷器自身导通残压和引线上电压降之和，应小于电气设备绝缘耐冲击电压。过电压消失后，避雷器应恢复高阻状态，截断后续工频电流。

避雷器与低压系统中 SPD 的区别主要在于其精度差、体积大且残压较高，并不适合低压末端设备，且主要用于雷击保护，而 SPD 却可以用于一切瞬时过电压的保护包括雷电过电压和内部开关器件操作过电压等。避雷器在高压接线端主要采用共模接地方式，即每只避雷器皆接于相线与地之间，而 SPD 却有差模、共模和全模按线方式，能够提供相间、相对地及中性线对地等多种保护。

目前，用于避雷器的非线性电阻装置主要为氧化锌电阻，在进行选型时主要关注的电气参数如下。

① 持续运行电压 U_c，一般选择为高压系统线电压的 1.32 倍，表征避雷器能够承受的 30min 的长时工频过电压最大值。

② 额定电压 U_r，一般选择为持续运行电压 U_c 的 1.25 倍，表征避雷器能够承受的时长 10s 的暂态工频过电压最大值。

③ 残压 U_p，考虑到避雷器引线上的电压降，一般选择为被保护设备耐压 U_w 除以 1.2～1.4，表征避雷器在额定雷电放电电流下两端出现的冲击电压最大值。

④ 额定放电电流 I_n，表征避雷器能够承受 10 次 8/20μs 标准雷电波冲击，且不至损坏情况下的最大放电电流，高压系统避雷器额定放电电流有 20kA、10kA、5kA、3kA 和 1kA 五种，但大多选用 5kA。这是因为，据统计 80% 以上雷电流都在 10kA，通过其他防雷措施的分流，雷电流已经被削弱，实际进入避雷器的冲击电流按照 50% 雷电流计算即可。至于最大放电电流 I_{max}。表征避雷器能够承受的单次 8/20μs 标准雷电波冲击下的最大放电电流，属于破坏性测试指标。

7.5.4.6　电压互感器

电压互感器是一个带铁芯的变压器，它主要由一、二次线圈，铁芯和绝缘组成。当在一次绕组上施加一个电压 U_1 时，在铁芯中就产生一个磁通 φ，根据电磁感应定律，则在二次绕组中就产生一个二次电压 U_2。改变一次或二次绕组的匝数，可以产生不同的一次电压与二次电压，这样可组成不同比的电压互感器。电压互感器将高电压按比例转换成低电压，即 100V，电压互感器一次侧接在一次系统，二次侧接测量仪表、继电保护等，主要是电磁式的（电容式电压互感器应用广泛），另有非电磁式的，如电子式、光电式。

电压互感器的作用是把高电压按比例关系变换成 100V 或更低等级的标准二次电压，供保护、计量、仪表装置使用。同时，使用电压互感器可以将高电压与电气工作人员隔离。电压互感器虽然也是按照电磁感应原理工作的设备，但它的电磁结构关系与电流互感器相比正好相反。电压互感器二次回路是高阻抗回路，二次电流的大小由回路的阻抗决定。当二次负载阻抗减小时，二次电流增大，使得一次电流自动增大一个分量来满足一、二次侧之间的电磁平衡关系。可以说，电压互感器是一个被限定结构和使用形式的特殊变压器。简单地说就是"检测元件"。

电压互感器的基本结构和变压器相似，它有两个绕组，一个叫一次绕组，一个叫二次绕组。两个绕组都装在或绕在铁芯上。两个绕组之间以及绕组与铁芯之间都有绝缘，使两个绕组之间以及绕组与铁芯之间都有电气隔离。电压互感器在运行时，一次绕组 N_1 并联接在线路上，二次绕组 N_2 并联接在仪表或继电器。因此在测量高压线路上的电压时，尽管一次电压很高，二次却是低压的，可以确保操作人员和仪表的安全。

电压互感器主要技术参数如下：

① 额定一次电压：作为电压互感器性能基准的一次电压值。

对三相电压互感器和用于单相系统或三相系统线间的单相电压互感器，其额定一次电压应符合 GB/T 156—2017 规定的某一系统电压的标称值。对于接在三相系统线与地之间或接在系统中性点与地之间的单相电压互感器，其额定一次电压标准值为额定系统标称电压的 $1/\sqrt{3}$ 倍。

② 额定二次电压：作为电压互感器性能基准的二次电压值。

额定二次电压是按互感器使用场合的实际情况来选择的。接到单相系统成接到三相系统线间的单相电压互感器和三相电压互感器的标准值为 100V；供三相系统中相与地之间的单相电压互感器，当其额定一次电压为某一数值除以 $\sqrt{3}$ 时，额定二次电压必须是 $100/\sqrt{3}$，以保持额定电压比值不变。

③ 实际电压比：实际一次电压与实际二次电压之比。

④ 额定电压比：额定一次电压与额定二次电压之比。

⑤ 电压误差（比值差）：互感器在测量电压时所产生的误差，它是由实际电压比与额定电压比不相等造成的。

电压误差的百分数用式（7-21）表示。

$$电压误差(\%)=(K_n U_s - U_p)/U_p \qquad (7\text{-}21)$$

式中　K_n——额定电压比；

　　U_p——实际一次电压，V；

　　U_s——在测量条件下，施加 U_p 时的实际二次电压，V。

⑥ 相位差：互感器的一次电压与二次电压相量的相位差。

⑦ 准确级：对电压互感器所给定的等级。互感器在规定使用条件下的误差应在规定的限值内。

⑧ 设备最高电压 U_m：最高的相间电压方均根值，是互感器绝缘设计的依据。

⑨ 系统最高电压：在正常运行条件下，系统中任意一点在任何时间下的运行电压最高值。

⑩ 额定绝缘水平：一组耐受电压值，表示互感器绝缘所能承受的耐压强度。

⑪ 额定频率。

⑫ 额定电压因数：与额定电压相乘的一个因数，以确定电压互感器必须满足规定时间内有关热性能要求和满足有关准确级要求的最高电压。

⑬ 额定输出标准值：在额定二次电压及接有额定负荷条件下，互感器所供给二次电路的视在功率值。

功率因数为 0.8（滞后）的额定输出标准为：10VA、15VA、25VA、30VA、50VA、75VA、100VA，大于 100VA 的额定输出值可由制造方与用户协商确定。对于三相电压互感器而言，其额定输出值是指每相的额定输出。

7.5.4.7　电流互感器

电流互感器由闭合的铁芯和绕组组成。它的一次侧绕组匝数很少，串在需要测量的电流的线路中，因此经常有线路的全部电流流过，二次侧绕组匝数比较多，串接在测量仪表和保护回路中。电流互感器在工作时，它的二次侧回路始终是闭合的，因此，测量仪表和保护回路串联线圈的阻抗很小，电流互感器的工作状态接近短路。电流互感器是把一次侧大电流转换成二次侧小电流来测量，二次侧不可开路。

电流互感器的作用是可以把数值较大的一次电流通过一定的变比转换为数值较小的二次电流，用来进行保护、测量等用途。如变比为500/1的电流互感器，可以把实际为500A的电流转变为1A的电流。

电流互感器主要技术参数如下：

（1）额定容量

额定二次电流通过二次额定负荷时所消耗的视在功率。额定容量可以用视在功率 V·A 表示，也可以用二次额定负荷阻抗 Ω 表示。

（2）一次额定电流

允许通过电流互感器一次绕组的用电负荷电流。用于电力系统的电流互感器一次额定电流为 5~25000A，用于试验设备的精密电流互感器为 0.1~50000A。电流互感器可在一次额定电流下长期运行，负荷电流超过额定电流值时叫作过负荷，电流互感器长期过负荷运行，会烧坏绕组或减少使用寿命。

（3）二次额定电流

允许通过电流互感器二次绕组的一次感应电流。

（4）额定电流比（变比）

一次额定电流与二次额定电流之比。

（5）额定电压

一次绕组长期对地能够承受的最大电压（有效值以 kV 为单位），应不低于所接线路的额定相电压。电流互感器的额定电压分为 0.5kV、3kV、6kV、10kV、35kV、110kV、220kV、330kV、500kV 等几种电压等级。

（6）10%倍数

在指定的二次负荷和任意功率因数下，电流互感器的电流误差为 10%时，一次电流对其额定值的倍数。10%倍数是与继电保护有关的技术指标。

（7）准确度等级

表示互感器本身误差（比差和角差）的等级。电流互感器的准确度等级分为 0.001~1 多种级别，与原来相比准确度提高很多。用于发电厂、变电站、用电单位配电控制盘上的电气仪表一般采用 0.5 级或 0.2 级；用于设备、线路的继电保护一般不低于 1 级；用于电能计量时，视被测负荷容量或用电量多少依据规程要求来选择。

（8）比差

互感器的误差包括比差和角差两部分。比值误差简称比差，一般用符号 f 表示，它等于实际的二次电流与折算到二次侧的一次电流的差值，与折算到二次侧的一次电流的比值，以百分数表示。

（9）角差

相角误差简称角差，一般用符号 δ 表示，它是旋转 180 后的二次电流向量与一次电流向量之间的相位差。规定二次电流向量超前于一次电流向量。δ 为正值，反之为负值，用分（′）为计算单位。

（10）热稳定及动稳定倍数

电力系统故障时，电流互感器受到由于短路电流引起的巨大电流的热效应和电动力作用，电流互感器应该有能够承受而不致受到破坏的能力，这种承受的能力用热稳定和动稳定倍数表示。热稳定倍数是指热稳定电流 1s 内不致使电流互感器的发热超过允许限度的电流与电流互感器的额定电流之比。动稳定倍数是电流互感器所能承受的最大电流瞬时值与其额定电流之比。

参考文献

[1] 蔡旭，李睿. 大型电池储能 PCS 的现状与发展 [J]. 电器与能效管理技术，2016（14）：1-8.

[2] 蔡旭，李睿，李征. 储能功率变换与并网技术 [M]. 北京：科学出版社，2019.

[3] 余勇，年珩. 电池储能系统集成技术与应用 [M]. 北京：机械工业出版社，2021.

[4] 桑顺，高宁，蔡旭，等. 功率–电压控制型并网逆变器及其弱电网适应性研究 [J]. 中国电机工程学报，2017（8）：2339-2350.

[5] 朱明正，高宁，陈道，等. 基于锂电池的储能功率转换系统 [J]. 电力电子技术，2013，47（9）：75-76.

[6] 何登，李春茂，华秀洁，等. 一种简化三电平 SVPWM 方法研究 [J]. 电力电子技术，2014，48（5）：74-76.

[7] 中国建筑设计院有限公司. 10～35/0.4kV 变压器知识及招标要素 [M]. 北京：中国建筑工业出版社，2016.

[8] 中国建筑设计院有限公司. 10～35kV 配电柜知识及招标要素 [M]. 北京：中国建筑工业出版社，2016.

第 **8** 章

储能监控与能量管理系统

储能监控与能量管理系统（以下简称"储能 EMS"）是储能电站就地监视和数据采集、接受调度控制、功率设备控制的核心计算机监控系统，主要采集、处理储能电站端储能设备运行数据、配网信息等数据，通过对控制系统和功能应用的集成，实现对储能电站的实时监视、分析和控制。具备有功功率自动控制（AGC）、无功电压控制（AVC）、紧急调频功能等高级控制功能；通过远动装置接入调度数据网，具有良好的在线可扩展性，维护简便，满足电力系统二次安全防护的要求。

大规模储能电站的储能 EMS 采用双机双网结构，主要硬件设备采用冗余配置，避免单点硬件故障导致系统失效。系统同时兼具实时历史数据库及其管理系统功能，满足对电池管理系统、储能变流器、协调控制器、配电设备、环境监测系统等设备进行数据采集、监视控制，从而为电站数字化管理提供一体化解决方案。

8.1 总体要求

储能 EMS 区别于传统的变电站监控与数据采集系统（SCADA），主要体现为数据测点规模大、分布式控制节点多、控制保护复杂。电池储能系统的容量与电池单体的数量有直接关系，例如，百兆瓦时的锂离子电池储能系统单体电池数量可达到 20～40 万颗，为提升控制保护的可靠性以及系统能力，监控系统一般直接采集到电池单体的电压和温度，直采测点规模可达到 50 万以上，逻辑测点 20 万以上，对控制系统的架构设计和实时数据库能力要求较高。

根据储能电站的应用场景和规模不同，储能 EMS 的控制策略侧重也略有区别。风电场站和光伏场站一般按照发电容量的 10%～20%配置储能，主要解决新能源消纳、电网稳定性调节、辅助现货市场交易运行、跟踪发电计划曲线等问题，要求储能 EMS 能够接受新能源场站能量管理系统的 AGC/AVC 控制，辅助新能源场站完成调度指令的运行，当新能源场站配置的储能系统达到一定规模，电网将要求储能系统建立独立的调度通道，接受电网调度的直调，运行时也将考虑新能源场站的运行状态。传统发电电源（如火电）配置储能，主要为提高 AGC 考核指标、辅助机组深度调峰等应用方式，储能 EMS 一般接受电厂远动装置（RTU）的指令，并直采电厂分布式控制系统（DCS）的机组运行状态，储能 EMS 综合判断后，控制储能系统的出力，辅助机组的运行。工商业储能为用户进行并网点负荷调节，通过储能系统能量搬移的特性，依据电网的分时电价政策，改变用户原有的负荷特性曲线，进而减免自身电费，储能 EMS 常见的控制策略包括削峰填谷、负荷跟随等，可实现用电量的需量管理，大规模分布式的工商业储能，结合当地政策可参与虚拟电厂交易市场，形成不同地理区域储能系统的聚合控制。开发储能监控与能量管理系统，应遵循以下原则。

8.1.1　标准性原则

储能 EMS 的规划、设计和建设应遵循相关国家标准、电力行业标准、电网公司企业标准以及相关国家部委技术文件的规定，统一规划、统一设计、重在实用、适当超前。操作系统宜采用国产操作系统或 Linux/Unix 操作系统。数据库管理系统应包括历史数据库、实时数据库。与调度数据网通信应采用 IEC60870-5-104 电力系统国际通信协议，网络通信采用 TCP/IP 公共信息模型协议。

8.1.2　一体化设计原则

储能 EMS 遵循一体化设计思想，采用分布式系统结构，在统一的支撑平台的基础上，可灵活扩展、集成和整合储能电站监控各种应用功能，各种应用功能的实现和使用应具有统一的数据库模型、人机交互界面，并能进行统一维护。功能和配置应以储能电站一次系统的规模、结构以及运行管理的要求为依据，与储能电站的建设规模相适应，为电网和储能电池提供监测、控制和分析功能的综合性业务服务平台。

8.1.3　高可靠性原则

储能 EMS 的重要单元或单元的重要部件应为冗余配置，保证整个系统功能的可靠性不受单个故障的影响。快速准确地采集和处理电网、储能电池的各种信息量，及时反应电网和储能电池的运行情况。

储能 EMS 应能够隔离故障，切除故障应不影响其他各节点的正常运行，并保证故障恢复过程快速而平稳。

硬件设备选型应符合现代工业标准，所选的服务器、工业交换机等设备应具备高可靠性，并具有相当的生产历史、在国内计算机领域占有一定比例的标准产品。所有设备具有可靠的质量保证和完善的售后服务保证。

软件设计开发应遵循软件工程的方法，经过充分测试，程序运行稳定可靠、系统软件平台应选择可靠和安全的版本。在任何情况下，不能因本系统的缺陷导致储能电站的运行事故。

集成不同厂家的软、硬件产品应遵循共同的国际和国内标准，以保证不同产品集成在一起能可靠地协调工作。

8.1.4 高安全性原则

储能 EMS 宜具有高度的安全保障特性，能保证数据的安全和具备一定的保密措施，执行重要功能的设备应具有冗余备份。系统运行数据要有双机热备份，防止意外丢失。

构筑坚固有效的专用防火墙和数据访问机制，最大限度地阻止从外部对系统的非法侵入，有效地防止以非正常的方式对系统软、硬件设置及各种数据进行访问、更改等操作。储能 EMS 一般采用独立网卡接入升压站计算机监控系统（NCS），实现储能区域设备与升压站调度数据网的物理隔离，通过 NCS 的专用防火墙、纵向加密、正反向隔离装置实现网络安全隔离，与其他电力监控系统之间（如 NCS）应是相对独立的关系。

禁止非电力监控系统对储能电站监控系统数据的直接调用，满足电力系统二次安全防护的要求。

8.1.5 开放性原则

系统平台的各功能模块和各应用功能提供统一标准接口，支持用户和第三方应用软件程序的开发、互联和集成，应具有良好的软件和硬件在线可扩展性，逐步扩充、逐步升级，不影响正常运行。

容量可扩充，包括可接入的储能设备数量、系统数据库的容量等，不应该有不合理的设计容量限制。

软件应提供方便的开发接口、算法接口、开发规约接口、历史数据库接口、实时库接口。

系统应具有跨平台性，支持多国语言、支持主流的操作系统和数据库。

8.1.6 易用性原则

软件应提供友好的就地或远程人机界面，包括但不限于实时数据监测、历史曲线查询、设备控制等画面。宜采用图库一体化技术，数据库、人机界面同步更新，方便维护人员画图、建库，并保证两者数据的同步性和一致性。

软件能够为用户提供系统编译运行环境，以保证在软件修改和新模块增加时用户能独立生成可运行的完整系统。

操作应提供在线帮助功能，系统维护应具有流程和向导功能，具备简便、易用的维护诊断工具，使系统维护人员可以迅速、准确地确定异常和故障发生的位置和原因。

应提供图库功能、模板功能、批处理功能、自动校验功能、一键导入数据库功能，减少重复烦琐的工作，避免人为失误、提高工程实施效率。

8.2 典型系统架构设计

8.2.1 系统结构

计算机监控系统一般由站控层、协调控制层（间隔层）、设备层组成，并采用分层、分布、开放式网络系统实现连接。

站控层由计算机网络连接的工程师站、数据服务器、应用服务器（可由协调控制器兼任）、前置服务器（可由数据服务器兼任）、远动装置、对时装置等设备构成，为站内运行提供人机界面，实现协调控制层（间隔层）设备的控制管理，形成全站的监控和管理中心，并可与各级调度监控中心通信。

协调控制层（间隔层）由协调控制器、间隔层网络设备和通信接口等设备构成，完成面向单元设备的监测控制。

设备层由储能电池系统、储能变流器、变压器、成套设备、综保装置等设备构成，主要为储能电站的执行设备和保护装置。

（1）工程师站

工程师站兼顾操作员站，选用主流图形工作站，可根据需要配置单屏或多屏显示器，并具有多媒体功能，部署国产操作系统或 Linux/Unix 操作系统。主要为人机交互平台，具有监控和维护功能，用于图形及报表显示、事件记录及报警状态显示和查询、设备状态和参数的查询、操作指导、操作控制命令的解释和下达、储能 EMS 的维护、管理，可完成数据库的定义、修改，系统参数的定义、修改，报表的制作、修改及网络维护、系统诊断等工作。运行人员可通过工程师站对储能电站一次及二次设备进行运行监测和操作控制，对储能 EMS 的维护仅允许在工程师站上进行，并有可靠的登录保护。

（2）数据服务器

储能电站一般配置两台数据服务器，部署实时数据库和历史数据库，承担数据处理、数据存储、数据分析、数据分发、数据检索功能。

（3）协调控制器

协调控制器主要用于协调控制多台 PCS，实现高级控制功能，主要实现一次调频、动态无功调节、源网荷储等毫秒级快速功率调节功能，并实现对 PCS 的功率分配调节命令，控制调节优先级为：一次调频 > AGC；动态无功调节 > AVC。协调控制器接收外部功率指令，控制储能系统整体输出，保证整体输出功率的实时性与准确性。一次调频、动态无功调节是根据电网的频率以及电压主动调整储能系统输出的有功及无功，达到频率以及电压快速调节的目的。此外，协调控制器还可以根据各电池系统的剩余可充、放电量状态进行功率分配，使各电池系统的性能状态达到均衡。

协调控制器具备多段母线、多条出线的自适应运行控制功能，在大容量储能电站中应用时，可以通过采集多段母线的出线电压、电流信号、出线断路器及母线分段开关的状态，实现对于多段母线多条出线主接线配置下，运行中不同连接拓扑的自适应控制。

协调控制器具备模拟量采集处理功能，模拟量采集并网点电流、电压等信号。

（4）网络数据传输设备

网络数据传输设备包括采集交换机、通信交换机和主网络交换机，网络采用冗余交换式以太网结构。网络交换速率采用 100M/1000M 自适应，构成分布式高速工业级以太网，支持交流、直流供电，电口和光口数量满足储能电站用要求。网络结构满足以下要求：①单网故障或单点网络故障不影响系统功能运行；②主网络交换机可具有 SNMP 网络管理协议，可以对交换机进行在线监视和控制，如端口运行工况、网络流量等。

其他网络设备。包括光/电转换器，接口设备（如光纤接线盒）和网络连接线、电缆、光缆等。

8.2.2 网络结构

储能 EMS 一般采用星型网络（共享式或交换式以太网），功率 5MW 或容量 10MWh 以上的电化学储能电站宜采用双网冗余配置，其余电化学储能电站可采用单网。

电池管理系统、储能变流器、变压器、成套设备等执行设备分别接入数据网和控制网，综保装置、计量装置接入数据网，以保证信息交换的可靠性与实时性为基本原则。

储能变流器与电池管理系统之间设计数据交互通信总线，前者获取电池系统的状态信息，以便电池系统的高效、可靠运行。

应用服务器具备与站控层网络通信功能，同时可接收电池管理系统及储能变流器的数据，提供优化的控制策略及服务。

监控系统与上级调度数据网的纵向连接以及监控系统内部各系统的横向连接应符合电力二次系统安全防护的要求。

（1）单网结构

储能 EMS 一般采用星型网络（共享式或交换式以太网），功率小于 5MW 且容量小于 10MWh 的电化学储能电站可采用单网配置，单网型拓扑结构如图 8-1 所示。

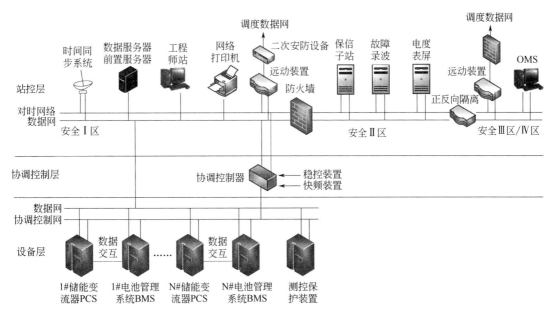

图 8-1　单网型拓扑结构

（2）双网结构

储能 EMS 一般采用星型网络（共享式或交换式以太网），功率为 5MW 或容量 10MWh 及以上的电化学储能电站宜采用双网冗余配置，双网型拓扑结果如图 8-2 所示。

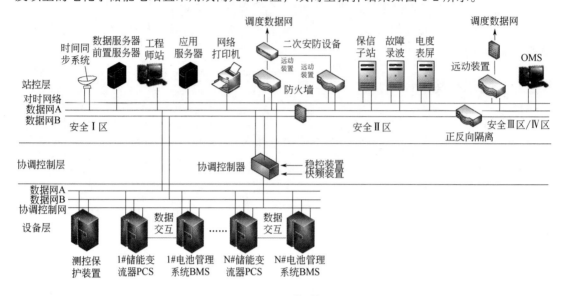

图 8-2　双网型拓扑结构

（3）协调控制网

储能电站功率快速协调控制系统的系统架构如图 8-2 中的协调控制网所示，采用协调控制器实现稳态（AGC/AVC）、暂态控制（动态无功调节、一次调频）等功能，控制命令经过协调控制器功率分配后下发到各个 PCS 设备，可采用全站共网划分 VLAN 的模式。

规模较大的储能电站，可采用协调控制器主备或主从的模式，保证全站功率控制的响应时间和控制精度。

8.2.3　软件结构

储能 EMS 软件主要包括系统软件、支撑软件平台、应用软件。

（1）系统软件

系统软件包括操作系统、关系数据库、基于内存的实时数据库、时序数据库等。关系数据库系统一般采用开源 MySql 数据库或者 Oracle/达梦/金仓等商用数据库，数据库为 Client/Server 结构体系，提供方便的网络访问，数据库应具备安全的事务处理能力，当系统发生故障时保证数据不丢失。基于内存的实时数据库采用 Client/Server 体系结构，在分布式运行环境下，能够实现数据库全网共享。具备严密的多服务器一致性，支持实时数据库的备份或镜像，以及并发访问控制。时序数据库需要实现高效压缩存储，压缩比可达 1:10，满足实时存储、集群部署、并发访问控制。实时数据库和关系型数据库都应支持安全级别及用户权限管理，提供 C++API 访问接口。

（2）支撑软件平台

支撑软件平台是在系统软件的基础上建立的分布式实时运行及开发环境，位于操作系统与应用功能之间，实现对所有应用功能的全面、通用服务和支撑，为应用功能的一体化集成提供平台。

支撑平台应提供以下通用服务：网络数据传输、实时数据处理、历史数据处理、图形界面、报表、系统管理、权限管理、告警、计算等。

支撑平台应提供标准的服务访问或编程接口，支持用户新应用软件的开发以及第三方软件的集成。

（3）应用软件

应用软件应包括系统组态工具、数据库管理工具、SCADA、人机界面、报表显示打印、数据统计分析、AGC/AVC、一次调频、紧急调压、优化策略控制、数据传输转发。系统自诊断等模块。随着业务场景和用户需求的不断变化，应用软件也会不断变化、扩展。

8.2.4 通信接口

（1）储能 EMS 与远动装置通信接口

储能 EMS 一般接入风电/光伏场站或独立储能电站内升压站监控系统的远动装置(RTU)，远动装置经过二次安防设备接入调度数据网，接受电网的遥调和遥控指令，并向电网上送遥测和遥信数据，采用 IEC60870-5-104 通信规约。当风电/光伏场站配储能时，储能 EMS 需配合新能源发电运行，通过总站 EMS 协调控制风电/光伏能量管理平台和储能 EMS，一般总站 EMS 与风电/光伏能量管理平台为同一套能量管理系统。通信结构示意图见图 8-3。

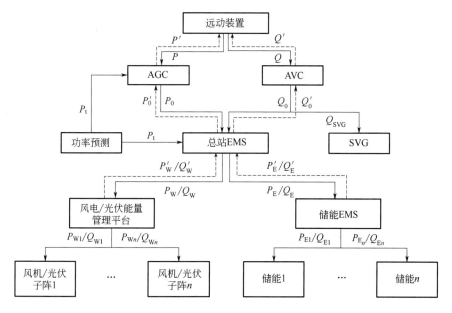

图 8-3　通信结构示意图

① 遥信数据举例：典型遥信测点表见表 8-1。

表 8-1　典型遥信测点表

遥信点号	描述	备注
地址：×××1	AGC 允许控制信号	储能允许调度 AGC 控制状态，1 允许；0 不允许
地址：×××2	AGC 远方/就地状态	AGC 远方调度可控，1 远方；1 就地
地址：×××3	AGC 充电完成	达到设置的充满条件，1 充电完成；0 未完成
地址：×××4	AGC 放电完成	达到设置的放空条件，1 充电完成；0 未完成
地址：×××5	AGC 充电闭锁	禁止充电，1 闭锁，0 未闭锁
地址：×××6	AGC 放电闭锁	禁止放电，1 闭锁，0 未闭锁
地址：×××7	AVC 上调节闭锁	禁止上调节，1 闭锁，0 未闭锁
地址：×××8	AVC 下调节闭锁	禁止下调节，1 闭锁，0 未闭锁
地址：×××9	AVC 指令异常闭锁	指令超出调节范围，1 闭锁，0 未闭锁
地址：××10	AVC 电压/无功控制模式	1 电压控制模式，0 无功控制模式
地址：××11	AVC 允许控制信号	储能允许 AVC 调度控制状态，1 允许；0 不允许
地址：××12	AVC 远方/就地状态	AVC 远方调度可控，1 远方；0 就地
地址：××13	一次调频退出	1 退出，0 未退出
地址：××14	紧急控制装置告警	1 告警，0 正常
地址：××15	紧急控制装置故障	1 故障，0 正常
地址：××16	#1 号储能单元故障总	1 故障，0 正常
地址：××17	#1 号储能单元异常总	1 异常，0 正常
地址：××18	#1 号储能单元 1001 变流器停机	1 停机动作，0 未动作
地址：××19	#1 号储能单元 1001 变流器待机	1 待机动作，0 未动作
地址：××20	#1 号储能单元 1001 变流器充电	1 充电动作，0 未动作
地址：××21	#1 号储能单元 1001 变流器放电	1 放电动作，0 未动作
地址：××22	#1 号储能单元 1001 变流器故障	1 故障动作，0 未动作
地址：××23	#1 号储能单元 1002 变流器停机	1 停机动作，0 未动作
地址：××24	#1 号储能单元 1002 变流器待机	1 待机动作，0 未动作
地址：××25	#1 号储能单元 1002 变流器充电	1 充电动作，0 未动作
地址：××26	#1 号储能单元 1002 变流器放电	1 放电动作，0 未动作
地址：××27	#1 号储能单元 1002 变流器故障	1 故障动作，0 未动作
地址：××28	#2 号储能单元故障总	1 故障，0 正常
地址：××29	#2 号储能单元异常总	1 异常，0 正常

遥信点号	描述	备注
地址：××30	#2 号储能单元 1011 变流器停机	1 停机动作，0 未动作
地址：××31	#2 号储能单元 1011 变流器待机	1 待机动作，0 未动作
地址：××32	#2 号储能单元 1011 变流器充电	1 充电动作，0 未动作
地址：××33	#2 号储能单元 1011 变流器放电	1 放电动作，0 未动作
地址：××34	#2 号储能单元 1011 变流器故障	1 故障动作，0 未动作
地址：××35	#2 号储能单元 1012 变流器停机	1 停机动作，0 未动作
地址：××36	#2 号储能单元 1012 变流器待机	1 待机动作，0 未动作
地址：××37	#2 号储能单元 1012 变流器充电	1 充电动作，0 未动作
地址：××38	#2 号储能单元 1012 变流器放电	1 放电动作，0 未动作
地址：××39	#2 号储能单元 1012 变流器故障	1 故障动作，0 未动作
	……	

② 遥测数据举例：典型遥测数据表见表 8-2。

表 8-2 典型遥测数据表

遥测点号	描述	单位	格式	倍数
地址：×××1	变流器总台数	台	浮点数	1
地址：×××2	储能电站额定功率	MW	浮点数	1
地址：×××3	储能电站额定容量	MWh	浮点数	1
地址：×××4	电站 SOC 上限	%	浮点数	1
地址：×××5	电站 SOC 下限	%	浮点数	1
地址：×××6	可用储能变流器总数	台	浮点数	1
地址：×××7	电站实际 SOC	%	浮点数	1
地址：×××8	有功目标反馈值	MW	浮点数	1
地址：×××9	可用 SOC 量测	%	浮点数	1
地址：××10	可用 SOC 上限	%	浮点数	1
地址：××11	可用 SOC 下限	%	浮点数	1
地址：××12	最大充电功率允许值	MW	浮点数	1
地址：××13	最大放电功率允许值	MW	浮点数	1
地址：××14	有功功率实际值	MW	浮点数	1
地址：××15	最大功率放电可用时间	h	浮点数	1

遥测点号	描述	单位	格式	倍数
地址：××16	最大功率充电可用时间	h	浮点数	1
地址：××17	可增感性无功	MVar	浮点数	1
地址：××18	可增容性无功	MVar	浮点数	1
地址：××19	当前无功总出力	MVar	浮点数	1
地址：××20	可提供最大容性无功容量	MVar	浮点数	1
地址：××21	可提供最大感性无功容量	MVar	浮点数	1
地址：××22	母线电压目标值	kV	浮点数	1
地址：××23	无功目标值	MVar	浮点数	1
地址：××24	电站总充电量	MWh	浮点数	1
地址：××25	电站总放电量	MWh	浮点数	1
地址：××26	电站当日总充电量	MWh	浮点数	1
地址：××27	电站当日总放电量	MWh	浮点数	1
地址：××28	电站运行状态	—	浮点数	1
地址：××29	#1号储能单元1001变流器运行状态	—	浮点数	1
地址：××30	#1号储能单元1001变流器直流侧电压	V	浮点数	1
地址：××31	#1号储能单元1001变流器直流侧电流	A	浮点数	1
地址：××32	#1号储能单元1001变流器直流侧总功率	MW	浮点数	1
地址：××33	#1号储能单元1001变流器交流侧线电压	kV	浮点数	1
地址：××34	#1号储能单元1001变流器交流侧电流	A	浮点数	1
地址：××35	#1号储能单元1001变流器交流侧总有功功率	MW	浮点数	1
地址：××36	#1号储能单元1001变流器交流侧总无功功率	MVar	浮点数	1
地址：××37	#1号储能单元1001变流器并网点功率因数	—	浮点数	1
地址：××38	#1号储能单元1001变流器交流侧频率	Hz	浮点数	1
地址：××39	#1号储能单元1001电池组SOC量测	%	浮点数	1
地址：××40	#1号储能单元1001电池组SOH	%	浮点数	1
地址：××41	#1号储能单元1001变流器总充电量	MWh	浮点数	1
地址：××42	#1号储能单元1001变流器总放电量	MWh	浮点数	1
地址：××43	#1号储能单元1001变流器当日总充电量	MWh	浮点数	1
地址：××44	#1号储能单元1001变流器当日总放电量	MWh	浮点数	1
地址：××45	#1号储能单元1002变流器运行状态	—	浮点数	1

遥测点号	描述	单位	格式	倍数
地址：××46	#1号储能单元1002变流器直流侧电压	V	浮点数	1
地址：××47	#1号储能单元1002变流器直流侧电流	A	浮点数	1
地址：××48	#1号储能单元1002变流器直流侧总功率	MW	浮点数	1
地址：××49	#1号储能单元1002变流器交流侧线电压	kV	浮点数	1
地址：××50	#1号储能单元1002变流器交流侧电流	A	浮点数	1
地址：××51	#1号储能单元1002变流器交流侧总有功功率	MW	浮点数	1
地址：××52	#1号储能单元1002变流器交流侧总无功功率	MVar	浮点数	1
地址：××53	#1号储能单元1002变流器并网点功率因数	—	浮点数	1
地址：××54	#1号储能单元1002变流器交流侧频率	Hz	浮点数	1
地址：××55	#1号储能单元1002电池组SOC量测	%	浮点数	1
地址：××56	#1号储能单元1002电池组SOH	%	浮点数	1
地址：××57	#1号储能单元1002变流器总充电量	MWh	浮点数	1
地址：××58	#1号储能单元1002变流器总放电量	MWh	浮点数	1
地址：××59	#1号储能单元1002变流器当日总充电量	MWh	浮点数	1
地址：××60	#1号储能单元1002变流器当日总放电量	MWh	浮点数	1
地址：××61	#2号储能单元1011变流器运行状态	—	浮点数	1
地址：××62	#2号储能单元1011变流器直流侧电压	V	浮点数	1
地址：××63	#2号储能单元1011变流器直流侧电流	A	浮点数	1
地址：××64	#2号储能单元1011变流器直流侧总功率	MW	浮点数	1
地址：××65	#2号储能单元1011变流器交流侧线电压	kV	浮点数	1
地址：××66	#2号储能单元1011变流器交流侧电流	A	浮点数	1
地址：××67	#2号储能单元1011变流器交流侧总有功功率	MW	浮点数	1
地址：××68	#2号储能单元1011变流器交流侧总无功功率	MVar	浮点数	1
地址：××69	#2号储能单元1011变流器并网点功率因数	—	浮点数	1
地址：××70	#2号储能单元1011变流器交流侧频率	Hz	浮点数	1
地址：××71	#2号储能单元1011电池组SOC量测	%	浮点数	1
地址：××72	#2号储能单元1011电池组SOH	%	浮点数	1
地址：××73	#2号储能单元1011变流器总充电量	MWh	浮点数	1
地址：××74	#2号储能单元1011变流器总放电量	MWh	浮点数	1
地址：××75	#2号储能单元1011变流器当日总充电量	MWh	浮点数	1
地址：××76	#2号储能单元1011变流器当日总放电量	MWh	浮点数	1
地址：××77	#2号储能单元1012变流器运行状态	—	浮点数	1

遥测点号	描述	单位	格式	倍数
地址: ××78	#2 号储能单元 1012 变流器直流侧电压	V	浮点数	1
地址: ××79	#2 号储能单元 1012 变流器直流侧电流	A	浮点数	1
地址: ××80	#2 号储能单元 1012 变流器直流侧总功率	MW	浮点数	1
地址: ××81	#2 号储能单元 1012 变流器交流侧线电压	kV	浮点数	1
地址: ××82	#2 号储能单元 1012 变流器交流侧电流	A	浮点数	1
地址: ××83	#2 号储能单元 1012 变流器交流侧总有功功率	MW	浮点数	1
地址: ××84	#2 号储能单元 1012 变流器交流侧总无功功率	MVar	浮点数	1
地址: ××85	#2 号储能单元 1012 变流器并网点功率因数	—	浮点数	1
地址: ××86	#2 号储能单元 1012 变流器交流侧频率	Hz	浮点数	1
地址: ××87	#2 号储能单元 1012 电池组 SOC 量测	%	浮点数	1
地址: ××88	#2 号储能单元 1012 电池组 SOH	%	浮点数	1
地址: ××89	#2 号储能单元 1012 变流器总充电量	MWh	浮点数	1
地址: ××90	#2 号储能单元 1012 变流器总放电量	MWh	浮点数	1
地址: ××91	#2 号储能单元 1012 变流器当日总充电量	MWh	浮点数	1
地址: ××92	#2 号储能单元 1012 变流器当日总放电量	MWh	浮点数	1
	……			

③ 遥调数据举例: 典型遥调数据表见表 8-3。

表 8-3　典型遥调数据表

遥调点号	描述	系数	单位	备注
地址: ×××1	储能 AGC 出力指令	1	MW	调度主站下发的储能 AGC 控制指令, 正值: 表示放电, 负值: 表示充电
地址: ×××2	储能 AVC 出力指令	1	MVar	调度主站下发的储能 AVC 控制指令, 正值: 表示容性, 负值: 表示感性

（2）储能 EMS 与储能变流器（PCS）系统接口

储能 EMS 与 PCS 之间采用数据网和协调控制网, 数据网传输通信实时性要求不高的遥测、遥信、遥控和遥调, 协调控制网主要是储能 EMS 向 PCS 下发的有功、无功指令, 以及反向读取用于做闭环控制相关的数据。EMS 与 PCS 之间的通信协议常见的有 IEC 61850、IEC 60870-5-104、Modbus TCP 三种, PCS 作为服务器端、储能 EMS 作为客户端, 通信由客户端发起。

（3）储能 EMS 与储能 BMS 系统接口

储能 EMS 通过与储能 BMS 通信, 获取储能电池的实时运行状态。EMS 与 BMS 之间的通信协议常见的有 IEC61850、IEC 60870-5-104、Modbus TCP 三种规约，BMS 作为服务器端，EMS 作为客户端，通信由客户端发起。EMS 一般只是获取 BMS 信息，向 BMS 发送控制命令一般包括设备启停命令。

（4）储能 EMS 与对时系统接口

电力系统是一个实时系统，为保证系统内各设备采用统一的时间基准。在电网或储能电站出现异常或发生复杂故障的情况下，EMS 和故障录波装置需要准确记录各保护动作事件发生的先后顺序，用于对故障进行反演和分析。虽然每个装置都含有内部时钟，但由于各装置间的内部时钟经常有细微差异，初始时间也可能设置不准，无法保证装置与装置之间，装置与 EMS 之间的时间完全一致。因此，就要求采用统一的时钟源对站内所有设备进行对时。

（5）储能 EMS 与 DCS 系统接口

当储能系统接入火电厂控制系统时，储能 EMS 需接入电厂分布式控制系统 DCS，获取机组的运行状态，以满足储能辅助机组运行策略的要求，一般采用硬接线方式，包括数字量输入输出、模拟量输入输出信号。

8.3 系统安全接入

储能系统的应用场景不同，二次系统的接入方案略有区别，主要体现在接入的节点位置，本节以独立储能电站为例，介绍电力监控系统的安全防护方案。

8.3.1 安全防护目标

电力监控系统安全防护方案的重点是确保电力监控系统及调度数据网络的安全，目标是抵御黑客、病毒、恶意代码等通过各种形式对电力监控系统发起恶意破坏和攻击，特别是能够抵御集团式攻击，防止由此导致的一次系统事故、大面积停电事故及电力监控系统的崩溃或瘫痪。

8.3.2 相关的安全法规

《中华人民共和国网络安全法》《国家能源局关于印发电力监控系统安全防护总体方案等安全防护方案和评估规范的通知》（国能安全〔2015〕36 号）、国家发改委 2014 年第 14 号令《电力监控系统安全防护规定》等。

8.3.3 安全防护总体原则

储能电站电力监控系统安全防护方案严格参照信息等级保护要求和电力监控系统安全防护评估要求，遵循"安全分区、网络专用、横向隔离、纵向认证、综合防护"原则。网络安全拓扑结构见图 8-4。

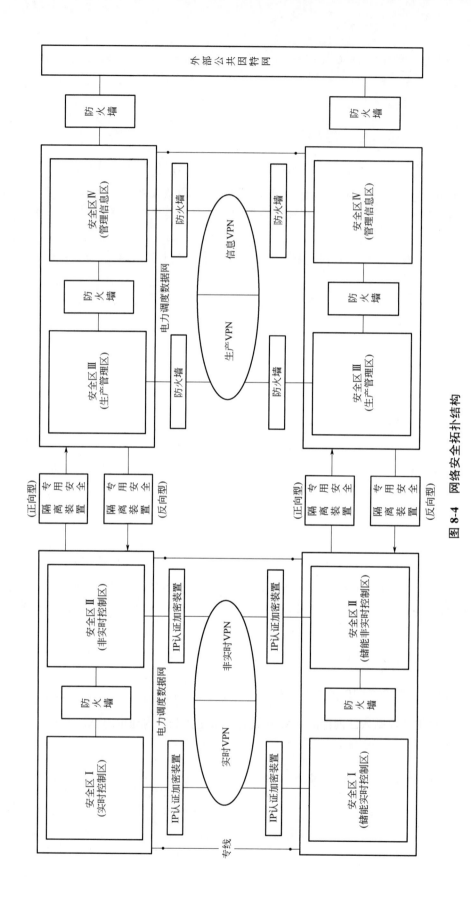

图 8-4 网络安全拓扑结构

8.3.4　安全分区

（1）生产控制大区的安全区划分

原则上划分为生产控制大区和管理信息大区。生产控制大区可以分为控制区（又称安全区Ⅰ）和非控制区（又称安全区Ⅱ）。

① 控制区（安全区Ⅰ）。

控制区中的业务系统或功能模块（或子系统）的典型特征有：是电力生产的重要环节，直接实现对电力一次系统的实时监控，纵向使用电力调度数据网络或专用通道，是安全防控的重点与核心。

控制区的典型业务系统包括电力数据采集和监控系统、能量管理系统、广域相量测量系统、配电网自动化系统、变电站自动化系统等，其主要使用者为调度员和运行操作人员，数据传输实时性为毫秒级或秒级，其数据通信使用电力调度数据网的实时子网或专用通道进行传输。该区内还包括采用专用通道的控制系统，如：继电保护、安全自动控制系统、低频（或低压）自动减负荷系统、负荷管理系统等，这类系统对数据传输的实时性要求为毫秒级或秒级，其中负荷管理系统为分钟级。

② 非控制区（安全区Ⅱ）。

非控制区中的业务系统或其功能模块的典型特征有：是电力生产的必要环节，在线运行但不具备控制功能，使用电力调度数据网络，与控制区中的业务系统或功能模块联系紧密。

非控制区的典型业务系统包括调度员培训模拟系统、调度自动化系统、继电保护及故障录波信息管理系统、电能量计量系统、电力市场运营系统等，其主要使用者分别为电力调度员、水电调度员、继电保护人员及电力市场交易员等。在厂站端还包括电能量远方终端、故障录波装置及发电厂的报价系统等。非控制区的数据采集频度是分钟级或小时级，其数据通信使用电力调度数据网的非实时子网。

（2）管理信息大区的安全区划分

管理信息大区是指生产控制大区以外的电力企业管理业务系统的集合。电力企业可根据具体情况划分安全区，但不应影响生产控制大区的安全。

（3）生产控制大区内部安全防护要求

① 禁止生产控制大区内部的 e-Mail 服务，禁止控制区内通用的 Web 服务。

② 允许非控制区内部业务系统采用 B/S 结构，但仅限于业务系统内部使用。允许提供纵向安全 Web 服务，可以采用经过安全加固且支持 HTTPS 的安全 Web 服务器和 Web 浏览工作站。

③ 生产控制大区重要业务（如 SCADA/AGC、电力市场交易等）的远程通信必须采用加密认证机制，对已有系统应逐步改造。

④ 生产控制大区内的业务系统间应该采取 VLAN 和访问控制等安全措施，限制系统间

的直接互通。

⑤ 生产控制大区的拨号访问服务,服务器和用户端均应使用经国家指定部门认证的安全加固的操作系统,并采取加密、认证和访问控制等安全防护措施。

⑥ 生产控制大区边界上可以部署入侵检测系统 IDS。

⑦ 生产控制大区应部署安全审计措施,把安全审计与安全区网络管理系统、综合告警系统、IDS 管理系统、敏感业务服务器登录认证和授权、应用访问权限相结合。

⑧ 生产控制大区应该统一部署恶意代码防护系统,采取防范恶意代码措施。病毒库、木马库以及 IDS 规则库的更新应该离线进行。

根据电力监控系统安全分区原则,结合储能电站应用系统和功能模块的特点,将各功能模块分别置于控制区(安全 I 区)、非控制区(安全 II 区)和管理信息大区(安全III区)。储能电站监控系统安全分区表见表 8-4。

表 8-4　储能电站监控系统安全分区表

序号	业务系统	安全 I 区	安全 II 区	管理信息大区(安全III)
升压站区域				
1	计算机监控系统	计算机监控系统		
2	远动装置	远动装置		
3	微机五防系统	微机五防系统		
4	同步向量测量装置(PMU)	同步向量测量装置(PMU)		
5	电能量采集终端		电能量采集系统	
6	电能质量在线监测装置			电能质量在线监测装置
7	SVG 控制装置	SVG 控制装置		
8	保护信息子站		保护信息子站	
储能区域				
9	EMS 能量管理系统			

8.3.5　网络专用

电力调度数据网是为生产控制大区服务的专用数据网络,承载电力实时控制、在线生产交易等业务。安全区的外部边界网络之间的安全防护隔离强度应该和所连接的安全区之间的安全防护隔离强度相匹配。

储能电站建立专用的电力数据网络接入电力调度数据网,实现与其他数据网络的物理隔离,在技术手段上形成实时、非实时相互隔离的子网。保障上下级各安全区的纵向互联在相同安全区进行,避免安全区纵向交叉。

电力调度数据网划分为逻辑隔离的实时子网和非实时子网,分别连接控制区和非控制区。采用 MPLS VPN 技术、安全隧道技术、PVC 技术、静态路由等构造子网。

储能电站电力调度数据网采用以下安全防护措施：

（1）网络路由防护

按照电力调度管理体系及数据网络技术规范，采用虚拟专网技术，将电力调度数据网分割为逻辑上相对独立的实时子网和非实时子网，分别对应控制业务和非控制业务，保证实施业务的封闭性和高等级的网络服务质量。

省调、地调各配置 1 套调度数据网，每套包含 1 台路由器、1 台实时交换机、1 台非实时交换机。安全 I 区计算机监控系统、微机五防系统、SVG 控制装置共同组网，并通过远动装置接入实时交换机上传调度，安全 I 区相量测量装置与其他系统无数据交互，直接接入实时交换机上传调度；安全 II 区电能量采集终端、保护信息子站，直接接入非实时交换机上传调度。

（2）网络设备的安全配置

储能电站网络设备的安全配置包括关闭或限定网络服务、避免使用默认路由、关闭网络边界 OSPF 路由功能、采用安全增强的 SNMPv2 及以上版本的网管协议、设置受信任的网络地址范围、记录设备日志、设置高强度的密码、开启访问控制列表。

设备空闲端口封堵：网络交换机（调度数据网）和安全防护设备等，其空闲端口应使用物理封堵和软件配置关闭相结合的封闭方式进行封闭。

IP+MAC 地址绑定：在关闭交换机空闲端口下的前提下，还需对运行端口进行业务 IP 地址与设备 MAC 地址绑定，从而保证网络设备的唯一准入。IP+MAC 地址绑定主要用于调度数据网实时和非实时交换机。绑定前应认真梳理运行业务 IP 地址和对应的 MAC 地址，只对业务接口做绑定，级联口、连接路由器或者加密装置的上行口不做绑定，绑定后应核对确认各系统业务正常。

电力调度数据网采用安全分层分区设置的原则。省级以上调度中心和网调以上直调厂站节点构成调度数据网骨干网（简称"骨干网"）。省调、地调和县调及省、地直调厂站节点构成省级调度数据网（简称"省网"）。

县调和配网内部生产控制大区专用节点构成县级专用数据网。县调自动化、配网自动化、负荷管理系统与被控对象之间的数据通信可采用专用数据网络，不具备专网条件的也可采用公用通信网络（不包括因特网），且必须采取安全防护措施。

各层面的数据网络之间应该通过路由限制措施进行安全隔离。当县调或配调内部采用公用通信网时，禁止与调度数据网互联。保证网络故障和安全事件限制在局部区域之内。企业内部管理信息大区纵向互联采用电力企业数据网或互联网，电力企业数据网为电力企业内网。

8.3.6 横向隔离

横向隔离是电力二次安全防护体系的横向防线。采用不同强度的安全设备隔离各安全区，在生产控制大区与管理信息大区之间必须设置经国家指定部门检测认证的电力专用横向单向安全隔离装置，隔离强度应接近或达到物理隔离。电力专用横向单向安全隔离装置作为生产控制大区与管理信息大区之间的必备边界防护措施，是横向防护的关键设备。生产控制大区内部的安全区之间应当采用具有访问控制功能的网络设备、防火墙或者相当功能的设施，实现逻辑隔离。

按照数据通信方向电力专用横向单向安全隔离装置分为正向型和反向型。正向安全隔离装置用于生产控制大区到管理信息大区的非网络方式的单向数据传输。反向安全隔离装置用于从管理信息大区到生产控制大区单向数据传输，是管理信息大区到生产控制大区的唯一数据传输途径。反向安全隔离装置集中接收管理信息大区发给生产控制大区的数据，进行签名验证、内容过滤、有效性检查等处理后，转发给生产控制大区内部的接收程序。专用横向单向隔离装置应该满足实时性、可靠性和传输流量等方面的要求。

严格禁止 e-Mail、Web、Telnet、Rlogin、FTP 等安全风险高的通用网络服务和以 B/S 或 C/S 方式的数据库访问穿越专用横向单向安全隔离装置，仅允许纯数据的单向安全传输。

储能电站采用安全互联、隔离设备使各安全区中的业务系统得到有效保护，即安全Ⅰ、Ⅱ区之间采用电力专用防火墙装置实现数据互联，具有访问控制功能的设备或相当功能的设施进行逻辑隔离。具体措施如下：

① 安全Ⅰ区与安全Ⅱ区横向互联：在安全Ⅰ区与安全Ⅱ区之间配置了2台防火墙，用于保信子站与安全Ⅰ区信息交互的横向边界防护、用于安全Ⅱ区的恶意代码与安全Ⅰ区信息交互的横向边界防护。

② 安全区与管理信息大区隔离。

③ 管理信息大区与外部边界隔离。

④ 升压站监控与储能区域数据互联。

储能区域的能量管理系统数据为实时数据，与电力监控系统的数据进行直连。

8.3.7　纵向认证

纵向加密认证是电力二次系统安全防护体系的纵向防线，采用认证、加密、访问控制等技术措施实现数据的远方安全传输以及纵向边界的安全防护。对于重点防护的调度中心、发电厂、变电站在生产控制大区与广域网的纵向连接处应当设置经过国家指定部门检测认证的电力专用纵向加密认证装置，或者加密认证网关及相应设施，实现双向身份认证、数据加密和访问控制。暂时不具备条件的可以采用硬件防火墙或网络设备的访问控制技术临时代替。

纵向加密认证装置及加密认证网关用于生产控制大区的广域网边界防护。纵向加密认证装置为广域网通信提供认证与加密功能，实现数据传输的机密性、完整性保护，同时具有类似防火墙的安全过滤功能。加密认证网关除具有加密认证装置的全部功能外，还应实现对电力系统数据通信应用层协议及报文的处理功能。

对处于外部网络边界的其他通信网关，应进行操作系统的安全加固，对于新上的系统应支持加密认证的功能。

重点防护的调度中心和重要厂站两侧均应配置纵向加密认证装置。当调度中心侧已配置纵向加密认证装置时，与其相连的小型厂站侧可以不配置该装置，此时至少实现安全过滤功能。

传统的基于专用通道的数据通信不涉及网络安全问题，新建系统可逐步采用加密等技术保护关键厂站及关键业务。

在调度数据网纵向边界采用认证、加密、访问控制等手段实现数据的安全传输。在安全Ⅰ区与安全Ⅱ区纵向边界加装4台电力专用纵向加密认证装置，分别连接调度数据网系统的实时业务与非实时业务（安全Ⅰ区纵向边界接入的业务有远动、PMU，安全Ⅱ区纵向边界接入的业务有保护信息子站、电能量远方终端）。该装置通过密钥与装置证书建立加密隧道，支持包过滤访问控制，具备远程配置和安全日志审计功能。

8.3.8　综合防护

综合防护是结合国家信息安全等级保护工作的相关要求对电力监控系统从主机、网络设备、恶意代码防范、应用安全控制、审计、备用及容灾等多个层面进行信息安全防护的过程。

（1）网络安全监测

储能电站在电力监控系统的安全Ⅰ区和安全Ⅱ区各部署1套网络安全监测装置，采集本站控制区及边界的服务器、工作站和安防设备自身感知的安全数据及网络安全事件，实现对网络安全事件的本地监视和管理，同时转发至调控机构网络安全监管平台。

（2）主机加固

储能电站电力监控系统等关键应用系统的主服务器，以及网络边界处的通信网关机、Web服务器等，使用安全加固的Linux操作系统。

非控制区的网络设备与安全设备已经过身份鉴别、访问权限控制、会话控制等安全配置加固。对网络设备和安全设备实现支持HTTPS的纵向安全Web服务，能够对浏览器客户端访问进行身份认证及加密传输。

外部存储器、打印机等外设的使用不得接外部设备，专设专用，使用前先进行查杀病毒。

生产控制大区中禁止使用具有无线通信功能的设备，在设备上张贴明显标签标示，空闲端口开展配置关闭和物理封闭。管理信息大区业务系统使用无线网络传输业务信息时，具备接入认证、加密等安全机制。

储能电站电力监控系统等业务系统，对用户登录应用系统、访问系统资源等操作进行身份认证，提供登录失败处理功能，根据身份与权限进行访问控制。

对于电站内部远程访问业务系统的情况，进行会话控制，并采用会话认证、加密与抗抵赖等安全机制。

（3）入侵检测

根据实际业务情况，在省调、地调的生产控制大区各部署1台入侵检测装置。入侵检测装置与控制区的接入层交换机镜像口直接连线，所有接入层交换机的数据都会通过数据镜像被入侵检测装置进行流量数据分析，来检测隐藏于网络边界的入侵行为。

（4）专用安全产品的管理

储能电站安全防护工作中涉及使用横向单向安全隔离装置、纵向加密认证装置、防火墙、入侵检测系统等专用安全产品的，按照国家有关要求做好保密工作，禁止关键技术和设备的扩散。

（5）防恶意代码

防恶意代码系统实现对全网各系统及全部流量的代码采集、分析、处理能力，并提供恶意代码按需检查，实时监控，安全漏洞的发现与修补，核心文件的检测与保护，网络安全风险的防范等。

（6）等保测评

储能电站根据相关部门要求，定期开展等保测评工作，具体时间根据公安部要求实行。

8.4 监控和数据采集（SCADA）软件

8.4.1 主要功能

系统 SCADA 功能主要是将前置系统采集的各类数据进行处理，并进行计算和统计，将结果显示、打印和保存，实现对电网运行状态的实时监视，和对各类事件、事故的分析。

（1）数据采集

系统的数据采集功能包含对模拟量、状态量、脉冲量的采集。针对不同监控对象，系统的具体数据采集功能如下：

① 储能元件的数据采集。

对储能元件运行状态参数进行采集，包括电压、电流、荷电状态、温度等遥测信号，以及开关状态、事故信号、异常信号等遥信信号。

② 储能变流器的数据采集。

对变流器的电压、电流、温度等遥测信号，以及开关状态、事故信号、异常信号等遥信信号进行采集。

③ 配电网接口的数据采集。

对配电网接口的电压、电流、相位、频率、有功功率、无功功率、功率因数、有功电量、无功电量等遥测信号，以及开关状态、事故信号、异常信号等遥信信号进行采集。

④ 变压器温控器的数据采集。

对变压器温控器的每相运行温度等遥测信号，以及异常信号等遥信信号进行采集。

对于其他诸如消防报警系统、空调系统等信号采集，采集常规信号即可。

（2）数据处理

系统的数据处理功能具体如下：

① 能够对来自现场设备或控制单元的实时数据和相关设备状态信息的数据质量进行检验。

② 能够对系统存储的相关设备数据按时间、报警等筛选条件进行查询。

③ 能够将采集的实时数据生成报表、历史数据记录、趋势曲线等。

④ 支持数据的量程转换、可灵活定义数据的计算方法。

⑤ 对遥测数据的处理包括越限、零漂、死数等，遥信数据的处理包含变位告警闪烁。

⑥ 对遥控数据的处理支持选择、执行、取消操作，并支持遥调操作。

（3）统计分析

统计分析能够提供算术及逻辑计算功能，包括：加、减、乘、除、乘方、乘方、取整、大于、小于、不等于、逻辑与、逻辑非、逻辑或、三角函数、取最大最小值、取绝对值、字符串格式化等。参与运算的量可以是实时数据和历史数据，可以是模拟量、状态量、计算量、电度量。算术及逻辑计算的周期可由用户设定、计算可设定定时控制、计算结果可存入历史数据库。

对重要数据（如储能电量、充放电时间、故障电池数等），系统提供列表、曲线、柱状图等多种显示方式，同时提供多种分析功能，例如，可以查看站内所有能源子系统的指定数据的统计分析结果，可以选择特定电池组查看其统计分析数据等。

（4）控制与调节

系统支持对发、输、配、储、用各环节设备的远程控制和调节，支持各种规约控制，包括 IEC 60870-5-104、IEC61850、Modbus RTU/TCP 规约等。

遥控支持对储能变流器（PCS）的控制（遥控无功补偿装置）、断路器和隔离开关的分合、投/切远方控制装置（就地或远方模式），以及成组控制方式（预定义控制序列，实际控制时可按预定义顺序执行或由运行人员逐步执行，控制过程中每一步的校验、控制流程、操作记录等支持与单点控制采用同样的处理方式）。

遥调支持对逆变器等的控制（包括有功功率控制、无功功率控制等）。

遥控和遥调操作必须在具有相应权限的工作站上才能进行；同时，操作员必须有相应的操作权限。

（5）SOE

系统能够接收事件顺序记录（SOE），并给出相应的 SOE 告警信息。SOE 记录按时间先后顺序和其他预定义的索引存入数据库中，包括日期、时间、厂站名、事件内容和设备名等，可以方便地检索和进行复杂的组合查询。

（6）人机界面

图形界面主要采用图模库一体化技术，实现矢量化、多平面、多层次的一体化图形系统。主要的功能包括图形编辑、图元编辑、间隔编辑、图形浏览等功能。绘图组态工具所具有的特点如下：

① 提供所见即所得的跨平台绘图技术。

② 编辑图形时，支持更改、回退、重做、拷贝、粘贴、拖拽、合并、拆分（属性）操作。

③ 支持图元的组合、解组、对齐、均匀分布、相同大小等排列操作。

④ 支持图形的平移、缩放、导航（全局缩小）、鹰眼（局部放大）等功能。

⑤ 支持各种电站相关元件的图元定制。

⑥ 支持历史、实时趋势曲线。

⑦ 支持各种表格、棒图、饼图等多种显示方式。

⑧ 支持着色、动画、闪烁及文字报警。

⑨ 提供交互式操作管理。

⑩ 显示系统总览。

⑪ 显示重要参数及运行状态。

⑫ 显示系统网络图。

⑬ 显示变电站、储能电站接线图，画面可根据电站数目增减。

⑭ 系统实时数据显示。

⑮ 显示月、日的负荷曲线和电压曲线，包括实时曲线和计划曲线。

⑯ 显示各种实时表格和历史表格。

⑰ 显示各种棒图和饼图。

⑱ 显示趋势曲线图。

⑲ 显示最新报警信息。

（7）故障告警

系统中事项查询工具对监控系统采集的数字量变位、SOE、模拟量越限、监控自诊断事件和各种操作事件进行实时故障告警处理，为运行人员提供实时报警服务，提供无人值守、运行人员查看和处理提示功能。

系统支持根据不同角色用户的需求修改窗口配置，包括事项显示样式、操作设置和语音报警规则、报警页签（包括运行事项、变位事项、监控系统实现、操作事项）等。

（8）事故追忆

事故追忆功能将事件发生前后一段时间内的系统运行状态记录下来，供运行人员事后真实、方便的分析、研究、重演。计算机配置菜单中提供"追忆配置"选项对事故追忆进行配置，实时监控界面提供事故反演和事故追忆按钮。

（9）时钟同步

储能 EMS 设备可以从站内时间同步系统获得授时（对时）信号，保证 I/O 数据采集单元的时间同步达到 1ms 精度要求。当时钟失去同步时，可自动告警并记录事件。计算机监控系统站控层设备可优先采用 NTP 对时方式，间隔层设备的对时接口可优先选用 IRIG-B 对时方式。

（10）网络数据传输

网络数据传输采用动态平衡双网技术，对底层网络数据传输进行封装，实现服务器和工作站各个节点之间透明的网络数据传输。

（11）实时数据处理

实时数据处理采用 C/S 分布式结构，实现高效的实时数据处理、存储和管理。

（12）历史数据处理

历史数据处理主要用于实现系统与商用数据库的交互，实现各种数据在商用数据库中的存储与管理，提供简便的数据库备份和恢复工具。

（13）报表服务

报表服务支持报表的定义编辑、显示、存储、打印等功能，可以灵活定义和生成时报、日报、月报、年报等，报表的生成时间、内容和格式可由用户定义。

（14）权限管理

权限管理支持用户按照功能、角色、用户、组等维度来构建权限体系；可以灵活定义责任区，建立责任区、人员、设备之间的关联关系。

8.4.2　核心实时数据库

数据库系统作为 SCADA 系统中的重要模块，是进行数据采集、处理和存储的基础，也是系统中其他模块实现交互的纽带。实时数据库系统是其事务和数据有定时特性或显式的定时限制的数据库系统。系统的正确性并不仅仅依赖于逻辑结果，而且还依赖于逻辑结果产生的时间，其正确性在一定时间内才是有效的。实时数据是 SCADA 系统的最基本的资源，实时数据库是整个系统的数据处理的核心，相对于传统的关系数据库，实时数据库在基本原理、访问技术、性能指标方面有着显著的区别。而传统的关系型数据库在事务的处理和调度上忽略了时间因素的影响，不适合 SCADA 系统中所涉及的数据快速处理等时间关键型事务的处理。考虑到 SCADA 系统所要求的较高的实时性，就必须对数据库进行专门的设计。

系统中的实时数据库则采用了内存型数据库技术。SCADA 系统的各种数据和信息的分析与处理都在内存中进行，这为系统实现事务的快速处理提供了保障。内存型数据库在保证了 SCADA 系统实时性的同时，需要具备并发实时事务的处理及其优先级、多重访问数据库的锁机制、异常情况下的数据恢复等能力。

在 SCADA 系统中，实时数据库通常承担了一个转存工具的角色，也可以将其类比成现实生活中的仓库。实时数据库可将由设备采集上来的外部数据或者通过数据库接口修改过的实时数据存储起来。当系统中的图形显示、数据处理、第三方接口等模块需要数据时，可以不必去就地设备中采集数据，只需要通过数据库的接口访问实时数据库就可以成功的获取实时数据。实时数据库系统是就地设备与人机接口的桥梁，实时数据库在 SCADA 系统中的作用如图 8-5 所示。

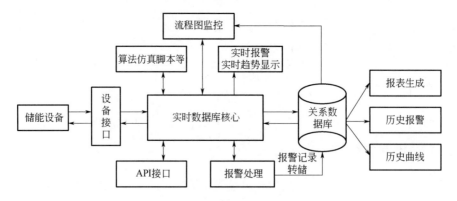

图 8-5 实时数据库的系统功能

8.4.3 关键技术指标

（1）可用性

① 年可用率≥99.99%。

② 运行寿命≥8 年。

③ 冗余热备用节点之间实现无扰动切换，热备用节点接替值班节点的切换时间≤5s；（主备通道的切换时间≤20s）。

④ 冷备用节点接替值班节点的切换时间≤5min。

⑤ 任何时刻冗余配置的节点之间可相互切换，切换方式包括手动和自动两种方式。

⑥ 任何时刻保证热备用节点之间数据的一致性，各节点可随时接替值班节点投入运行。

⑦ 设备电源故障实现无缝切换，对双电源设备无干扰。

（2）可靠性和运行寿命指标

① 关键设备平均故障间隔时间（MTBF）≥30000h。

② 系统能长期稳定运行，在值班设备无硬件故障和非人工干预的情况下，主备设备不发生自动切换。

③ 模拟量测量综合误差≤1。

④ 遥测合格率≥98%。

⑤ 遥信正确率≥99%。

⑥ 遥控正确率≥99.99%。

⑦ 系统可用率＞99%。

⑧ 平均无故障时间（MTBF）≥20000h。

（3）信息处理指标

① 主站对遥信量、遥测量、遥调量和遥控量处理的正确率为 100%。

② 遥信动作准确率 100%。

③ 遥控准确率 100%。

④ 遥调准确率 100%。

⑤ 主站设备与系统 GPS 对时精度＜100ms。

（4）实时性指标

① 数据采集扫描周期 1～10s。

② 系统控制操作响应时间（从按执行键到设备执行）＜1s。

③ 画面调用时间＜3s。

④ 画面实时数据刷新时间 5～30s。

⑤ 实时数据查询响应时间＜3s。

⑥ 历史数据查询响应时间＜10s。

⑦ 模拟量测量综合误差≤0.5%。

⑧ 电网频率测量误差≤0.005Hz。

⑨ 站内事件顺序记录分辨率（SOE）≤2ms。

⑩ 遥测信息响应时间（从 I/O 输入端至远动工作站出口）≤3s。

⑪ 遥信变化响应时间（从 I/O 输入端至远动工作站出口）≤2s。

（5）系统存储容量指标

① 历史数据存储时间不少于 1 年。

② 当存储容量余额低于系统运行要求容量的 80% 时发出告警信息。

③ 磁盘（数据库）满时，应保证系统正常运行功能。

（6）系统容量支持能力

① 模拟量 YC 为 50000。

② 状态量 YX 为 20000。

③ 遥控量 YK 为 10000。

④ 遥调量 YT 为 10000。

⑤ 计算量为 20000。

8.5 能量管理控制策略

电池储能系统具有有功/无功连续解耦控制的能力，其有功动态调节能力使其可发挥类似发电机对电网的频率调节作用，其无功动态调节能力使其可发挥对电网的电压调节作用。面向不同应用场景，储能 EMS 能够实现系统调峰、一次调频、二次调频、自动电压控制等功能。典型应用场景下的控制策略如下。

8.5.1 调峰

电网调峰（削峰填谷）为储能电站接受电网调度，调度主站根据负荷情况安排储能电站的运行方式，通过调度计划方式下发储能电站实施系统的能量搬移。在负荷峰时阶段控制电池放电，将负荷控制在合理水平。负荷较低时，选取合适的时段以合适的方式充电。从而实现削峰填谷，减小负荷曲线的峰谷差率。

以风电、光伏等新能源发电系统为例，在一天内小时级别的发电能力与用电负荷存在较大的不匹配性，光伏发电在夜晚用电高峰时段（一般为 19~22 点），全无电力输出，而风电系统又往往可能在夜间负荷最低点（一般为 0 时），满功率发电，具有鲜明的不确定性和反调峰特性，一方面造成系统备用需求增加，另一方面导致电网净负荷峰谷差增大。加之电网负荷增速的不断下降，系统中的源荷供需矛盾加剧，调峰问题越发凸显。为了解决电力系统调峰问题，不得已实行"弃风限电"举措，造成大量弃风电量浪费，而为了有效消纳弃风，利用火电机组深度调峰来提高风电并网空间问题的手段应运而生，但这一措施严重影响火电机组使用寿命，且低负荷运行会增加机组运行成本，火电企业调峰意愿不足。储能应用于电网调峰可减轻火电机组的调峰压力，延缓高重载率变电站的升级扩容。

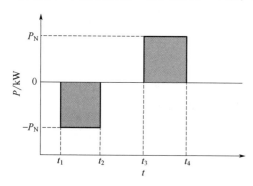

图 8-6 储能调峰策略原理图

由于负荷高峰的持续时间一般较短，利用电化学储能系统对能量在时间上的平移性，可最大限度地利用线路传输能力有效地减少峰谷负荷差，如图 8-6 所示。

8.5.2 一次调频

当电网频率变化时，储能在其可调容量允许的范围内，充分利用自身反馈速率快的特征，改变其充、放电功率，参与系统频率的调节，减少电网频率的变化。该功能主要由储能 EMS 根据采集到的并网点频率信息控制 PCS 自动实现，另一种方式为 PCS 自主检测频率，当频率出死区后，根据当前储能电池系统的能力，按照既定的下垂曲线进行有功功率的调节。电力系统调频过程见图 8-7。

以负荷扰动引起频率下降为例，电力系统调频过程如图 8-7 所示。在惯性响应阶段，频率偏差变化率绝对值由最大值逐渐减小到 0，频率偏差的绝对值由 0 逐渐增大到最大值；在下垂响应阶段，频率偏差变化率绝对值由 0 逐渐增大再逐渐减小到 0，频率偏差的绝对值逐渐减小；在二次调频阶段，频率偏差的绝对值逐渐减小，频率偏差变化

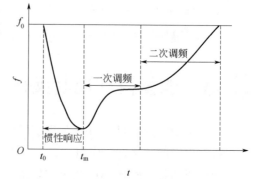

图 8-7 电力系统调频过程

率在 0 附近波动。

　　储能系统参与一次调频的基本控制模式主要有虚拟惯性控制和虚拟下垂控制。虚拟惯性控制为模拟同步发电机的惯性响应，它对频率偏差变化率的改善效果显著；虚拟下垂控制为模拟同步发电机和负荷的频率偏差响应，它对稳态频率偏差改善效果显著。此外，还有一种储能系统参与一次调频的恒定功率控制模式，即储能电池根据电网需求以恒定的功率出力，该控制模式可使电网频率迅速恢复到稳定值。

　　在电化学储能参与一次调频时，还应充分考虑储能电池系统的 SOC、SOH 状态，避免在连续负荷扰动时出现储能电池系统过充过放，以安全为主要原则。

　　根据国家标准《并网电源一次调频技术规定及试验导则》（GB/T 40595—2021）的要求，接入 35kV 及以上电压等级的储能电站、风电、光伏等并网电源应具备一次调频功能。其中储能电站一次调频动态性能应满足下列规定：

（1）一次调频死区

　　储能电站一次调频的死区应设置在±0.03～±0.05Hz 范围内，根据电网需要确定。

（2）一次调频限幅

　　储能电站一次调频功率变化幅度原则上不设置限幅，必要时限幅应不小于 20%额定有功功率。

（3）一次调频调差率

　　储能电站一次调频调差率应为 0.5%～3%，根据电网需求确定。

（4）一次调频动态性能

　　储能电站在充电及放电状态下均应具备一次调频能力。频率阶跃扰动试验中，储能电站一次调频动态性能应满足下列规定：

①　一次调频有功功率的滞后时间应不大于 1s。
②　一次调频有功功率的上升时间应不大于 3s。
③　一次调频有功功率的调节时间应不大于 4s。
④　一次调频达到稳定时的有功功率调节偏差不超过±1%额定有功功率。

8.5.3　二次调频

　　二次调频功能主要在电网频率变化时，按照一定要求对电网提供有功支撑。储能 EMS 的 AGC 系统自动接收调度主站下发的有功功率控制目标指令，进行约束条件判断和误差修正后，对 PCS 有功出力进行闭环调节，使储能电站总有功保持或接近目标值。

　　储能系统辅助传统发电电源进行二次调频（AGC 调频）是常见的应用场景，电网调度通过 AGC 系统调节机组的出力来控制电网系统的频率和联络线功率，以通信方式将遥调指令发送给电厂远动装置（RTU），RTU 通过电缆与机组集散控制系统 DCS 通信，对电厂汽轮发电机组负荷进行控制。因此，需对 RTU 下发的机组功率指令信号及反送 RTU 功率信号进行调整。储能项目机组控制系统如图 8-8 所示。

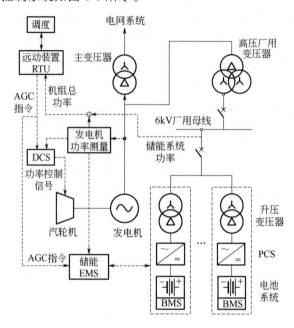

图 8-8　火储联合调频储能系统原理图

按照机组的最小调整原则，机组的控制系统暂时不做改变，采用"储跟机"的策略设计储能控制系统，原有系统模式无须改造，仅需将 AGC 指令和当前机组状态信息同时转发储能 EMS，储能 EMS 根据指令及机组状态控制储能变流器的输出功率。由于储能系统响应速率很快，在储能 EMS 的调节下可较好与机组配合完成 AGC 指令执行。储能有功控制是储能 EMS 的核心，通过采集电网 AGC 运行状态、AGC 目标指令、机组运行状态与机组出力，计算判断电池所需配合的功率值，控制电池进行充放电，实现功率输出，并通过 RTU 将储能系统的出力叠加至机组出力上。

电网调度 AGC 下发功率遥调报文至电厂 RTU，RTU 将 AGC 负荷指令送至机组 DCS 和储能 EMS，储能 EMS 接收 AGC 指令，同时监控火电机组出力、储能系统出力与储能系统运行状态，根据实时运行数据判断系统总体状态，并确定储能系统对机组出力的修正模式和修正量，同时控制储能系统可靠保持在正常运行区间。储能 EMS 主要功能和控制方式如下。

（1）确定机组 AGC 状态

当机组处于 AGC 自动运行状态，对机组出力与 AGC 指令间偏差进行补偿；反之，不对上述偏差进行补偿，保持储能系统静置。当机组一次调频动作时，机组退出 AGC，储能系统静置。

（2）确定储能系统出力需求

当机组处于 AGC 自动运行状态时，根据电网 AGC 指令、机组实际出力，确定储能系统出力需求。当机组实际出力低于 AGC 指令要求时，储能系统放电馈送电能；反之，当机组实际出力高于 AGC 指令要求时，储能系统充电吸收电能；从而主动弥补机组实际出力与 AGC 指令间的偏差。

（3）控制储能系统实际出力

储能 EMS 根据储能系统出力需求，以及并联储能单元状态，进行各储能变流器（PCS）的充、放电功率分配。

（4）保持储能系统运行状态

储能 EMS 在控制各储能单元充、放电功率的同时，对各储能单元状态进行动态管理，避免储能电芯过度充放。同时，监控储能单元设备运行参数和健康状态，对设备运行进行管理。

8.5.4 自动电压控制

在电力系统正常运行下，全网中电源和无功补偿设备输出的无功功率与负荷消耗的无功功率及网络无功损耗保持动态平衡，此时电压稳定在稳态区间 $[U_{min}, U_{max}]$ 内，在此电压状态下，储能只需在必要时参与电网稳态调压，即 AVC 自动电压控制；若电网发生故障造成电压跌落，当电压降低到某个临界值 U_{lim} 后，由于无功缺额较大，即使继电保护快速动作切除故障，电压将仍无法恢复至正常区间内，严重时甚至将出现电压崩溃。因此，在电压处于 $[0, U_{min}]$ 时，储能应参与电网紧急动态无功支撑，加速电压恢复并避免电压崩溃。储能电站无功控制功能范围见图 8-9。

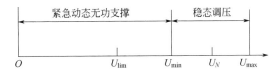

图 8-9 储能电站无功控制功能范围

储能系统参与电网的无功调节可分为动态无功支撑和自动电压控制（AVC），前者为暂态支撑技术，动态制订的储能无功出力方案，可实现自适应调压和紧急故障状态下的动态无功支撑，相较传统的下垂控制，较大程度提升电网电压性能。自动电压控制主要在电网电压变化时按照一定要求对电网提供的无功支撑。调度下发全站的无功指令，储能 EMS 收到后，根据电站内 PCS 和电池的运行状况，按一定策略分解调度指令值，并下发给每个 PCS 执行。

为了提高电网暂态电压稳定水平，储能系统应在故障切除后准确判断电压状态，并根据不同的电压状态选择不同的无功出力方式。

电网调度 AVC 主站基于地调辐射网络结构和无功就地平衡的准则，考虑储能电站作为连续无功源的无功电压特性，将其纳入地调 AVC 主站无功电压控制。构建储能电站的控制单元模型，将储能电站内的 PCS 构建为 AVC 子站模型，可设置其主站命令控制模式，并关联与储能 EMS 的交互遥信、遥测、遥调信息，为控制策略生成和执行提供模型基础。储能电站 AVC 控制流程见图 8-10。

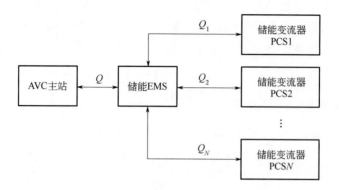

图 8-10　储能电站 AVC 控制流程

参考文献

[1] 刘明义. 电池储能电站能量管理与监控技术 [M]. 北京：中国电力出版社，2022.

[2] 国家能源局.《电力监控系统安全防护总体方案》国能安全 [2015] 36 号 [R]. 2015.

[3] Wikipedia. Real time database [EB/OL]. 2008, https: //encyclopedia. thefreedictionary. com/Real+time+database.

[4] 冯波. 变电站 SCADA 系统数据库的设计与开发 [J]. 济南：山东大学，2013.

[5] 修晓青，李建林，惠东. 用于电网削峰填谷的储能系统容量配置及经济性评估 [J]. 电力建设，2013，34 (2)：1-5.

[6] 李欣然，崔曦文，黄际元，等. 电池储能电源参与电网一次调频的自适应控制策略 [J]. 电工技术学报，2019，34 (18)：3897-3908.

[7] 黄珂琪. 电池储能参与电网电压调节的控制策略研究 [J]. 长沙：湖南大学，2020.

第9章
储能系统设计验证

产品在设计开发过程中，测试验证是必不可少的环节，一方面可以验证产品性能是否满足设计指标，另一方面可以在验证过程中提早发现设计缺陷，进而保证最终产品的质量。随着电池系统的大规模推广应用，其综合性能，尤其是安全性能，越来越引起市场的重视。近年来，电池储能系统质量问题频频发生，诸如安装干涉、容量不合格等，甚至出现多起安全事故问题，其中很大一部分案例是产品自身设计缺陷导致的，最终给客户带来了一系列的损失，因此，产品的设计验证是产品在推向市场之前的必要工作。

目前，系统设计验证，一方面是借鉴已有行业、国家、国际标准法规，另一方面来源于企业根据自身产品特性的设计和多年工程应用经验总结。现行标准法规是产品进入市场应用的基本条件。

9.1 相关标准法规体系解析

随着电化学储能技术的快速发展以及应用场景的不断扩展，国内外针对电池系统的性能、安全等方面都出台了相关的法规标准，来规范和引导储能行业的健康发展。

综合国内外储能相关标准法规来看，从系统层级和构成方面，涵盖电池单体、电池模块、电池簇以及整个电池系统；从标准考察方向来看，涵盖基础性能、功能安全及安全特性等方面。

9.1.1 国内相关标准法规体系

国内电化学储能相关标准规范主要由国家市场监督管理总局、中国国家标准化管理委员会发布，主要有：

（1）《电力储能用锂离子电池》（GB/T 36276—2018）

针对电力储能用锂离子电池，规定了从电池单体、电池模块到电池簇的规格、技术要求、试验方法和检验规则等内容。

（2）《电化学储能系统接入电网技术规定》（GB/T 36547—2018）

适用于额定功率 100kW 及以上且储能时间不低于 15min 的电化学储能系统，规定了其接入电网的电能质量、功率控制、电网适应性、保护与安全自动装置、通信与自动化、电能计量、接地与安全标识、接入电网测试等技术要求。

（3）《电化学储能系统接入电网测试规范》（GB/T 36548—2018）

适用于额定功率 100kW 及以上且储能时间不低于 15min 的电化学储能系统，规定了其接入电网的测试条件、测试设备、测试项目及方法等。

（4）《电力系统电化学储能系统通用技术条件》（GB/T 36558—2018）

适用于电力系统以电化学储能电池为储能载体、额定功率不小于 100kW 且储能时间不少于 15min 的储能系统，规定了电力系统电化学储能系统、储能设备的技术要求。

（5）《移动式电化学储能系统技术要求》（GB/T 36545—2018）

适用于 380V 及以上接口电压等级的移动式电化学储能系统，规定了其结构、基本要求、系统性能、试验、标志、储存、运输以及运行维护的要求。

（6）《电化学储能电站用锂离子电池管理系统技术规范》（GB/T 34131—2017）

适用于电化学储能电站的电池管理系统，规定了电池管理系统的使用条件、功能要求、检验和试验项目。

9.1.2 国外相关标准法规体系

国际标准主要包含 IEC、UL、UN38.3 等系列标准，涵盖储能电池系统的基本性能、功能安全、安全特性及运输等方面的要求。

（1）欧盟国家

欧盟国家主要执行国际电工委员会（IEC）系列标准。IEC 成立于 1906 年，是世界上成立最早的非政府性国际电工标准化机构，为了统一制订有关认证准则，IEC 还于 1996 年成立了合格评定委员会（CAB），负责制订包括体系认证工作在内的一系列认证和认可准则。IEC 储能相关执行标准主要有：

① 《含有碱性或其他非酸性电解液的二次电池和电池组——用于工业应用的二次锂电池和电池组的安全要求》（IEC 62619—2022），是储能电池的国际安全标准，为工业用（含固定式）锂蓄电池和锂蓄电池组的安全要求和测试方法；侧重于储能电池和电池系统的安全要求，不仅对电池单体和电池模块进行外部短路、撞击、跌落、热滥用、过充、强制放电等安全测试，而且对电池系统进行过充电压保护、过充电流保护、过热保护、耐热失控蔓延等功能安

全进行评估。

②《含有碱性或其他非酸性电解质的二次电池和电池组——用于电能存储系统的二次锂电池和电池组的安全要求》(IEC 63056—2020)，涵盖了用于电力储能系统的二次锂电池和电池组的安全要求，并且遵循 IEC 62619 要求，规定了最高直流电压为 1500V 的电力储能系统用二次锂电池和电池组的安全要求和测试方法。

③《电能存储系统——第 1 部分：词汇》(IEC 62933-1: 2018)，规定了并网电力储能系统中单元参数、试验方法、规划、安装、安全和环境问题方面的术语。

④《电能存储系统——第 2-1 部分：单元参数和测试方法-通用规范》(IEC 62933-1: 2018)规定了电力储能系统的单元参数和测试方法。

（2）北美地区

北美地区主要执行美国保险商试验所（简称 UL）系列标准。UL 安全试验所是美国最有权威的，也是世界上从事安全试验和鉴定的较大的民间机构。UL 认证在美国属于非强制性认证，主要是产品安全性能方面的检测和认证。储能相关执行标准主要有：

①《用于固定、车辆辅助动力和轻轨应用的电池》(UL 1973—2018)，是全球储能电池系统的安全标准，标准主要涵盖给光伏、风能、后备电源、通信基站使用的各类储能电池，还包括对电力储能系统的结构评估和测试评估。

②《评估电池储能系统中热失控火灾传播的测试方法》(UL 9540A—2019)，是用以评估电力储能系统大规模热失控火蔓延情况的测试方法，涵盖电池单体、电池模块到电池系统热失控的测试方法。

另外，电池产品在国际间运输，需要执行《危险品运输测试和标准手册》标准 (UN 38.3)，涉及安全和性能测试方面，是联合国针对危险品运输专门制定的《联合国危险物品运输试验和标准手册》的第 3 部分 38.3 款，即要求锂电池运输前，必须要通过高海拔模拟、高低温循环、振动、冲击、外短路、撞击、过充电、强制放电等试验。

虽然不同的国家和地区对电化学储能系统有着不同的准入标准，但出发点都是基于系统基本性能、功能安全及安全特性等方面。由于标准只是产品市场准入的基本条件，无法验证系统产品是否符合企业自身的设计指标，因此还需要结合企业自身相关特殊性设计和工程应用经验，来制订完善的产品设计验证方案，确保电池系统安全可靠运行。

9.2 模块测试验证

电池模块作为储能系统的基本组成单元，在模块层级进行全面的测试，能够确保相关问题早发现、早解决，降低项目整体的成本和代价。模块测试验证主要分为三大类，分别是基础测试、基本性能测试和安全性能测试。其中，基础测试主要指外观、标识、尺寸和质量等方面的检查；基本性能测试主要指对不同条件下的充放电性能、储存性能和循环性能等进行测试；安全性能测试是指对电池模块在一些极端条件下表现出的性能进行测试，主要依靠是否会发生起火爆炸现象来测试电池模块的性能。

9.2.1 基础测试

（1）外观检验

产品的外观是产品设计最直接的表现，在一定程度上体现了产品规范性和品质状态。一

图 9-1　电池模块外观照片（见彩图）

个好的产品一定是兼具可靠的使用功能以及良好的品质外观，因此，产品外观检验是十分重要的。

对于电池模块，外观检验是通过目视的方法。如图 9-1 所示的电池模块，检查电池模块的外观状态，要求外观应无变形及裂纹，表面应干燥、无外伤、无污物，排列整齐、连接可靠。

（2）标识检查

电池模块上包含了诸多提示标识，如正负极标识、危险警告标识以及生产厂家标识等，这些标识对电池模块的组装和对外展示均有重要作用。因此，对电池模块的标识检查是必不可少的。

标识检查是通过目视的方法，检查电池模块上的采集线束、提示标识是否正确，以确保在电池模块组成电池系统后，能够实现正常的采集、通信功能和良好的标识警示效果。

（3）螺钉紧固检查

电池模块在生产完成后，一般都会经过长途运输送至项目应用现场，如果电池模块上的固定螺钉没有完全紧固，运输过程中的振动会导致螺钉松动，关键零部件受损，甚至会发生安全事故，因此，即使是一颗小小的螺丝钉也要做好充分的检查工作。

螺钉紧固检查是通过目视与抽样测试的方式检查固定螺钉是否锁紧，并确认螺钉上是否标注止动线，进而确保电池模块在运至项目现场后能够较方便地检查运输后的螺钉紧固情况。

（4）外形尺寸和质量测量

在对电池系统设计时，电池模块的尺寸和质量、动力线长度、电池架的尺寸都是经过严格设计考量的，如果电池模块尺寸超出偏差范围，有可能会导致电池模块无法放入电池系统框架中，或导致动力线无法实现两个电池模块之间的正常连接；如果电池模块质量超出偏差，则有可能影响电池系统的能量密度等性能参数，因此，对电池模块的外观尺寸和质量测量检测是十分必要的。

电池模块的外观尺寸和质量测量是以抽检的方式进行实际测量，将实际测量结果与相关设计参数进行比对，确保电池模块的外形尺寸和质量符合相应的设计标准。

9.2.2 基本性能测试

（1）初始充放电能量试验

电池模块由多个电芯串/并联组成，由于电芯的不一致性，会导致成组后的电池模块充放

电容量、能量有所减少。因此，对电池模块进行初始充放电能量试验是十分必要的。

电池模块充放电容量、能量的测试方法一般分为电流法和功率法，车用锂电池一般采用电流法进行测试，即以恒流-恒压的方式充电，以恒流的方式放电。电力储能用锂电池通常以功率法测试初始充放电能量，如图 9-2 所示的某电池模块初始充放电测试曲线。通过恒功率充放电的试验方法进行测试，并以初始充电能量、初始放电能量、能量效率以及试验样品的初始充放电能量极差平均值作为技术指标要求，对电池模块的基本性能进行考核。

（2）DCR 测试

电池模块 DCR（direct current resistance）指的是电池模块的直流阻抗，直流阻抗不仅会影响电池模块的能量效率，还是增加电池模块发热量的关键因素，因此，获取 DCR 对电池模块的性能评估是十分重要的。

由于电池模块一般是多个电芯经铜、铝排连接构成，因此，电池模块的 DCR 不仅包含电芯的内阻，还包含焊接铜铝排的电气连接电阻。DCR 的测试方法一般是在常温下，以较大倍率的电流对电池模块进行短时间的放电，通过放电前后的电压差以及放电电流计算电池模块的DCR。如图 9-3 所示的电池簇内电池模块 DCR 分布情况，不同电池模块的 DCR 存在一些差异。

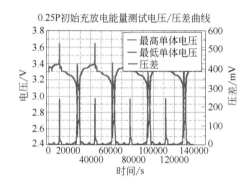

图 9-2　电池模块初始充放电测试曲线（见彩图）　　图 9-3　电池簇内电池模块 DCR 分布情况

（3）倍率充放电性能试验

电力储能用锂电池主要应用于削峰填谷和火力发电的调频调峰，尤其是调频调峰的应用场景，经常需要锂电池进行大倍率电流充放电，以此来满足火力发电的功率调节的需求，因此，锂电池的倍率充放电性能就显得尤为重要。

电池模块的倍率充放电性能试验是采用功率法，分别以不同的功率对电池模块进行恒功率充放电测试。电池模块分为能量型和功率型，分别以相应倍率下的充电能量保持率、放电能量保持率以及能量效率作为技术指标要求，对电池模块的倍率充放电性能进行考核，如图 9-4 所示为某电池模块

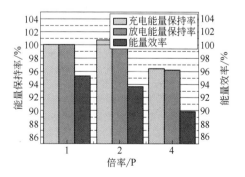

图 9-4　电池模块倍率充放电测试
能量保持率与能量效率图

倍率充放电测试能量保持率与能量效率图。根据相关国标规定，能量型电池模块倍率充放电性能的技术指标要求要高于功率型电池模块。

（4）高温充放电性能试验

电力储能用锂电池的应用场景比较复杂，在所有的环境因素中，温度对电池的充放电性能影响最大。由于锂电池经常会在高温环境下运行，因此，锂电池高温充放电性能需要重点关注。

电池模块的高温充放电性能试验是采用功率法，在高温下（通常为45℃）对电池模块进行恒功率充放电测试，并将充电能量与初始充电能量的比值、放电能量与初始放电能量的比值以及能量效率作为技术指标要求，对电池模块的高温充放电性能进行考核。

（5）低温充放电性能试验

由于锂电池的特性，低温条件下，电解液的黏度降低，导电性下降，活性物质的活性也会降低，会使电解液的浓度差变大，极化增强，使充电提前终止，从而降低电池容量。温度下降，电极的反应速率也下降，影响锂电池的充放电性能。因此，锂电池低温充放电性能试验是十分必要的。

电池模块的低温充放电性能试验采用功率法，在低温下（通常为5℃）下对电池模块进行恒功率充放电测试，将电池模块分为能量型和功率型，分别以充电能量与初始充电能量的比值、放电能量与初始放电能量的比值以及能量效率作为技术指标要求，对电池模块的低温充放电性能进行考核。其中，功率型电池模块充电能量与初始充电能量的比值以及放电能量与初始放电能量的比值对应的技术指标要求比能量型的相应要求要低一些。

（6）能量保持与能量恢复能力试验

锂电池在实际应用过程中，除了进行连续充放电运行工况，也会存在满电状态下搁置备用的情况，这种应用工况常见于UPS的使用场景中。因此，满电状态下搁置备用后的能量保持与能量恢复能力需要我们重点关注。

锂电池能量保持与能量恢复能力分为室温能量保持与能量恢复能力和高温能量保持与能量恢复能力，其中，能量保持指的是锂电池在满电状态下搁置后，以功率法完全放空时的能量。能量恢复能力是以充电能量恢复率和放电能量恢复率来表征，指的是锂电池在满电状态下搁置后，以功率法进行标准充放电，通过计算充电恢复能量、放电恢复能量分别相对于初始充电能量、初始放电能量的比值获取能量恢复率。能量保持与能量恢复能力试验是以常温下和高温下的能量保持率、充电能量恢复率以及放电能量恢复率作为技术指标对电池模块的能量保持与能量恢复性能进行考核。

（7）储存性能试验

与能量保持与能量恢复能力试验不同，储存性能试验是在半电状态下进行搁置，搁置的环境温度和时间要比能量保持与能量恢复能力试验更加严苛，考察锂电池在长期高温下存储后的性能。

电池模块存储性能试验是将电池模块以 50%SOC 的状态放置于高温环境（通常为 45℃）下一段时间（通常为 28d），以功率法对存储后的电池模块进行充放电测试，并以充电能量恢复率和放电能量恢复率作为技术指标对电池模块的储存性能进行考核。

（8）循环性能试验

锂电池主要由正负极材料、电解液、隔膜、集流体和电池外壳组成，正负极材料由两种不同的锂离子嵌入化合物组成。相同条件下电池容量衰减得越快，电池品质就相对越差。锂离子电池的循环性能是衡量其质量的重要指标，因此，电池的循环性能需要重点关注。

电池模块的循环性能试验采用功率法，在室温（通常为 25℃）下对电池模块进行恒功率充放电测试，并将电池模块分为能量型和功率型，分别以循环次数达到规定要求时的充电能量保持率与放电能量保持率作为技术指标要求，对电池模块的循环性能进行考核。如图 9-5 所示为某电池模块循环寿命曲线。

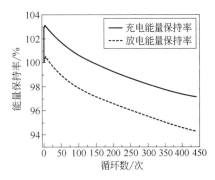

图 9-5　电池模块循环寿命曲线

9.2.3　安全性能测试

（1）绝缘性能试验

正常情况下，电池模块是一个独立的单元，电池模块的正极和负极对壳体是完全绝缘的，但不排除由于安装、运输或电池在持续运行过程中发生电芯膨胀而导致绝缘问题。当电池模块出现多点绝缘性能下降时，会形成短路回路，产生热量积聚效应，严重时会引起电气火灾。因此，保证电池模块的绝缘性能，对保证系统稳定、安全地运行具有重要意义。

电池模块的绝缘性能试验通常要求待测对象为满电状态，将电池模块的正、负极与外部装置断开，如电池模块内部有接触器应将其处于吸合状态；如电池模块附带绝缘电阻监测系统，应将其关闭；对不能承受绝缘电压试验的元件，测量前应将其短接或拆除。选择合适电压等级的绝缘电阻测量仪进行测试，试验电压施加部位应包括电池模块正极与外部裸露可导电部分之间和电池模块负极与外部裸露可导电部分之间，当电池模块最大工作电压 U_{max} ＜ 500V 时，测量仪的电压等级为 500V，当电池模块最大工作电压 500≤U_{max}＜1000V 时，测量仪的电压等级为 1000V。一些国标要求绝缘性能试验的通过标准应按标称电压计算，电池模块正极与外部裸露可导电部分之间、电池模块负极与外部裸露可导电部分之间的绝缘电阻均不应小于1000Ω/V，但是在实际应用过程中，通常要求电池模块的绝缘电阻应达到 MΩ 级别。

（2）耐压性能试验

电池模块运行过程比较复杂，有时会出现异常情况，导致电池模块被施加高压，耐压测试能有效地测试被测试对象所能承受的高电压是否在规定值内，避免在日后工作过程中存在一些安全隐患。耐压性能试验的电压等级应高于绝缘性能试验的电压等级。

电池模块的耐压性能试验一般要求待测对象为满电状态，通过将电池模块的电源断开，主电路的开关和控制设备应闭合或旁路；对半导体器件和不能承受规定电压的元件，应将其断开或旁路；安装在带电部件和裸露导电部件之间的抗扰性电容器不应断开，一般国标要求在电池模块正极与外部裸露可导电部分之间、电池模块负极与外部裸露可导电部分之间施加相应的电压，测试时不应发生击穿或闪络现象。实际测试过程中，也通常以耐压测试过程中的漏电流作为技术指标要求，对电池模块的耐压性能进行考核。

（3）过充电试验

电池模块是由多个电芯和外框架等多部件组合而成，由于模块内部电芯的串并联结构不同，且电芯在模块内的散热性较差，当电池模块发生滥用，如过充电情况，易引起热失控，造成严重的后果，因此，电池模块的过充电试验是十分重要的。

电池模块的过充电试验一般要求待测对象为满电状态，电池模块以恒流方式充电至任一电池单体电压达到电池单体充电终止电压的 n 倍（通常为 1.5 倍）或时间达到 1h 时停止充电，充电电流取 $1C_{rcn}$ 与产品的最大持续充电电流中的较小值，测试后观察 1h，通常以是否有膨胀、漏液、冒烟、起火、爆炸现象作为技术指标要求，对电池模块的过充电性能进行考核，要求电池模块测试过程中不应起火、爆炸。

（4）过放电试验

相比于电池模块的过充电试验，电池模块过放电试验的风险等级相对较低，但是由于会对电池模块造成严重的不可逆损害，并且过放电后的电芯可能导致电芯内部短路，同样具有起火爆炸的风险，因此，电池模块过放电试验也是十分必要的。

电池模块的过放电试验一般要求待测对象为满电状态，电池模块以恒流方式放电至时间达到 90min 或任一电池单体电压达到 0V 时停止放电，放电电流取 $1C_{rdn'}$ 与产品的最大持续放电电流中的较小值，测试后观察 1h，通常以是否有膨胀、漏液、冒烟、起火、爆炸现象作为技术指标要求，对电池模块的过放电性能进行考核，要求通过标准为电池模块测试过程中不应起火、爆炸。

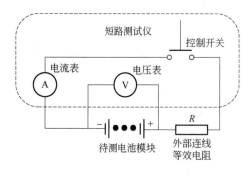

图 9-6　电池模块短路试验原理图

（5）短路试验

在电池模块生产、装配、售后维护或使用过程中，因模块、连接线束较多，很可能出现误操作，导致电池发生外短路，电池模块虽然电压等级较低，但是短路时也会形成几千安培的电流，瞬间产生巨大的能量释放，会带来起火、爆炸的危险，严重危及人员和系统的安全。

电池模块的短路性能试验一般要求待测对象为满电状态，如图 9-6 所示，将电池模块正、负极经外部短路 10min，外部线路电阻应小于 5mΩ，短路后观察一段时间（通常为 1h）；以短路测试后是否有膨胀、漏液、冒烟、起火、爆炸现象作为技术指标，对电池模块的短路试验进行考核，要求通过标准为电池模块测试过程中不应起火、爆炸。

（6）挤压试验

电池模块在运输和装配过程中存在受到挤压的风险，挤压后可能使电池出现短路，无论是内部短路还是外部短路，都容易导致起火、爆炸现象，因此，挤压试验是反应产品性能最直接的检测手段之一。

电池模块的挤压试验一般要求待测对象为满电状态，如图 9-7 所示，挤压方向与电池模块在储能系统布局上最容易受到挤压的方向相同，如果最容易受到挤压的方向不可获得，应垂直于电池单体排列方向施压。挤压试验后观察一段时间（通常为 1h），以挤压试验后是否有膨胀、漏液、冒烟、起火、爆炸现象作为技术指标，对电池模块的挤压试验进行考核。

（7）跌落试验

电池模块在运输和装配过程中同样存在跌落的风险，相比于挤压试验，电池模块跌落的风险等级相对较低，电池模块跌落通常会造成电池模块中某些电芯发生形变或外壳破裂，影响电池性能或导致漏液等现象，对后续的使用产生影响和安全隐患，但是电池模块通常不会在跌落后立即发生起火爆炸现象。

电池模块的挤压试验一般要求待测对象为满电状态，如图 9-8 所示，将电池模块的正极或负极端子朝下从高处自由跌落到水泥地面上，试验后观察电池模块。以跌落测试后是否有膨胀、漏液、冒烟、起火、爆炸现象作为技术指标，对电池模块的性能进行考核。

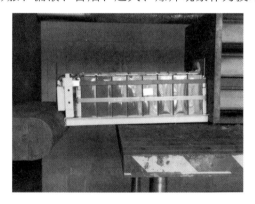

图 9-7　电池模块挤压试验照片

图 9-8　电池模块跌落试验照片

（8）盐雾与高温高湿试验

储能系统运行环境复杂，若是在海边或高温高湿的环境中使用，电池模块容易出现生锈，影响模块的结构强度，进而影响到产品的正常功能与安全，因此，电池模块进行盐雾与高温高湿试验是有必要的。

盐雾测试是一种利用人工模拟盐雾环境条件来考核产品或金属材料耐腐蚀性能的环境试验。它分为两大类：一类为天然环境暴露试验；另一类为人工加速模拟盐雾环境试验。人工加速模拟盐雾环境试验是利用具有一定容积空间的试验设备——盐雾试验箱，如图9-9所示，在其容积空间内用人工的方法，制造盐雾环境来对产品的耐盐雾腐蚀性能质量进行考核。它与天然环境相比，其盐雾环境的氯化物的盐浓度是一般天然环境盐雾含量的几倍或几十倍，使腐蚀速率大大提高，在该环境下对产品进行盐雾试验，得出结果的时间也大大缩短。

电池模块的盐雾与高温高湿试验一般要求待测对象为满电状态，对电池模块进行多次喷雾-贮存循环以及高温高湿贮存，通常以盐雾与高温高湿试验过程中是否有膨胀、漏液、冒烟、起火、爆炸现象作为技术指标，对电池模块的性能进行考核。

（9）热失控扩散试验

电化学电池以不可控制的方式通过自加热升高其温度的事故即为热失控。热失控电池产生的热量高于它可以消散的热量时，热量进一步积累，可能导致爆炸和气体释放，进而引起火灾。如果电池系统中，由于一个电芯产生热失控而引发其他电芯热失控，即为热失控扩散。

电池模块的热失控扩散试验一般要求待测对象为满电状态，可从过充和加热两种方式中选择一种作为热失控触发方式，选择可实现热失控触发的电池单体作为热失控触发对象，如图9-10所示，其热失控产生的热量应非常容易传递至相邻电池单体，例如，选择电池模块内最靠近中心位置的电池单体，或被其他电池单体包围且很难产生热辐射的电池单体。

测试过程中通常以电池压降、电池温度以及温升速率判定是否发生电池单体热失控，当与触发对象相邻的电池单体发生热失控时，判定为电池模块发生热失控扩散。热失控触发过程中及触发结束1h内，如果发生起火、爆炸现象，试验应终止并判定为电池模块发生热失控扩散。

图 9-9　电池模块盐雾与高温高湿试验照片　　图 9-10　电池模块热失控扩散试验照片（见彩图）

9.3　电池簇测试验证

电池簇由电池模块采用串联、并联或串并联连接方式，且与储能变流器及附属设施连接后成为能够独立运行的电池组合体，如图9-11所示。作为储能系统的基本功能单元，在电池簇层级进行全面的测试能够实现储能系统大部分的功能验证，因此，在储能系统集成前对电池簇进行全面的测试验证是十分有必要的。电池簇测试验证主要分为三大类，分别是基础测试、基本性能测试和安全性能测试。其中，基础测试主要指外观、接线、安装固定等方面的检查；基本性能测试主要指 BMS 采集、基本功能实现以及簇内电芯一致性等方面的检查；安全性能测试指电池簇的绝缘、耐压性能和一些极端条件下 BMS 保护策略响应情况的检查。

图 9-11　电池簇照片

9.3.1　基础测试

（1）外观检测

电池簇通常是由多个电池模块和一个高压箱构成，由于在电池模块级别已经完成了相应的外观检测，因此，电池簇的外观检测主要是针对高压箱进行检测。检测时的关注点主要包括：外壳是否无破损、变形，正负极标识是否清晰、正确，线束是否无破损、裸露，是否按照作业指导书绑扎固定等。

（2）接线检查

由于电池簇的结构特点，高压箱与电池模块之间以及电池模块与电池模块之间均需要通过多个动力线和通信线束连接，接线复杂且易出现接线不紧固的问题，因此，高压箱的接线检查是有必要的。需要通过检查线束线号与接线的实物端子定义是否一致、接线是否牢固来判断接线是否合格。

（3）安装固定检查

高压箱内包含多种器件，其中包括继电器、熔断器、预充电阻、电池管理系统板卡等关键零部件，某些关键器件松动可能会导致充放电时的热量大量累积，容易造成安全事故，安装错误的器件则有可能导致相关器件的损坏，甚至导致严重的后果。因此，高压箱内的器件安装检查是有必要的。

器件安装检查主要是检查所有器件安装是否正确、可靠，其中，接触器作为关键零部件之一，需要重点检查其方向是否与作业指导书的要求一致。由于所有器件均是由螺钉固定到高压箱内，电池簇在运输过程中可能会导致高压箱内的螺钉发生松动，为了能够有效识别出螺钉是否松动，需要进行螺钉固定检查，即检查所有螺钉是否已按照作业指导书要求打力矩并画止动线。检查通过的标准应是力矩已打，止动线已标识。

9.3.2　基本性能测试

（1）上电检测

对于如图 9-12 所示装配后的高压箱，需要对其进行上电测试，即给高压箱供电，闭合供电开关，查看高压箱上主控指示灯状态，当主控指示灯处于常亮状态时，说明高压箱能够正常工作。

图 9-12　电池簇高压箱照片

（2）BMS 软硬件版本号检测

储能电池系统在设计开发过程中，通常会进行多次软、硬件版本的变更，每一次变更都会体现在项目存档文件中，因此，在一个项目中会出现多个软硬件版本号。为了不混淆软硬件版本，有必要在测试时读取并记录主控软、硬件版本号，即使用上位机读取并记录主控软、硬件版本号，测试通过的判定标准为主控软、硬件版本号和项目存档文件保持一致。

（3）BMS 系统检测

除了 BMS 软、硬件版本号的管控，不同项目的 BMS 配置参数、电池掩码、温度掩码也存在较大差别，一旦参数出现错误或不匹配的问题，电池系统将出现故障，因此，对每一个高压箱进行 BMS 系统检测是必要的。

在连接电池管理系统与电池监测单元通信的条件下，检查上位机读取 BMS 配置参数、电池掩码、温度掩码是否正确，是否有系统故障上报。测试通过的判定标准为通信正常，配置参数、掩码正确，上位机显示无故障信息。

（4）主控绝缘检测

由于储能电池系统具有高能量、高电压的特点，运行过程中一旦出现绝缘问题，将可能导致起火、爆炸的危险，严重影响系统和人员的安全。因此，在储能电池系统运行过程中持续检测电池系统的绝缘阻值是至关重要的。为了验证 BMS 的绝缘检测功能能够正常运行，对绝缘检测功能进行检测也是十分必要的。

主控绝缘检测的试验对象为高压箱，通常是将主控上低压电，记录上位机显示的绝缘阻值 R，测试通过的标准应为绝缘阻值 R 大于规定值。

（5）继电器功能检测

继电器作为储能电池系统中的关键器件之一，能够影响整个储能电池系统动力回路的通断。一个电池簇的高压箱内通常具有多继电器，系统动力回路的通断有多个继电器协调配合实现控制。一旦高压箱内的某一个继电器出现异常，电池系统将无法正常运行，因此，继电器的功能测试是必不可少的。

继电器功能检测通常按照一定逻辑闭合或断开高压箱中的继电器，被检测的继电器通常包括：主正继电器、主负继电器、预充继电器以及风扇继电器。用万用表测量高压箱中各继电器的通断状态或输出端的电压值，确认上位机控制继电器的对应关系和实物状态是否一致。需要注意的是，对于风扇继电器，还需要确认风扇是否正常工作，风扇吹风方向是否符合项目设计要求。

（6）总电压检测

通常情况下，储能电池系统具备总电压检测的功能，总电压检测分为两种形式：一种是通过电压采集传感器采集电池动力回路的总电压，称之为采集总电压 U_{bat}；另一种是通过采集单体电池电压，结合电池系统配置参数将所有电芯单体电压累计求和得到的总电压，称为累计总电压 U_{sum}。

总电压检测主要是针对累计总电压进行检测，通过读取、记录上位机上显示的电池簇累计总电压值，进一步判断电池配置参数是否正确，若累计总电压在合理范围内，则说明累计总电压值符合标准。

（7）总电压误差检测

上述所说的采集总电压与累计总电压均会由于电池系统传感器的采集精度误差造成总电压的误差，其中，采集总电压主要受高压箱内动力回路的高压采集传感器的精度影响，累计总电压会受到电池监测单元板卡上的单体电压采集精度影响，为了确认上述两种总电压的真实误差，进行总电压误差检测是有必要的。

通过高精度万用表测量电池簇正极与负极之间的电压，获取测量总电压 U_0，将高精度万用表获取的测量总电压分别与采集总电压、累计总电压进行比较，得到 $\Delta U_1=|U_0-U_{bat}|$，$\Delta U_2=|U_0-U_{sum}|$，如果 ΔU_1、ΔU_2 均小于规定值，则判定总电压误差检测合格。

（8）静态单体电压检测

电池在长期搁置以后，电芯的自放电会导致电池电压缓慢下降。根据自放电对电池的影响，可以将自放电分为两类：一类为损失容量能够可逆得到补偿的自放电；一类为损失容量无法可逆补偿的自放电。

在对电池系统测试时，有必要对静态单体电压进行检测。使用上位机读取电池簇中所有电池单体电压的最大值 U_{max} 与最小值 U_{min}，通常条件下，$-\Delta U$（电芯初始电压）$\leqslant U_{min} \leqslant U_{max} \leqslant +\Delta U$（电芯初始电压），$\Delta U$ 的取值一般在 $0.01V$ 左右。

（9）静态压差检测

电池系统中电芯的不一致性很大程度地影响着电池系统的性能。主要体现在容量、电压、内阻、自放电速率等方面，对于测试验证来说，最直观、有效的方法是通过电芯的电压来评判电池的不一致性。因此，电池静态压差检测是非常重要的。

电池静态压差检测的方法是通过上位机读取电池系统中所有电池单体电压最大值与最小值的差值 ΔU，通常情况下，对于不同类型的锂电池，对应的压差标准也不同，对处于电压平台期的磷酸铁锂电池的压差要求要比三元电池更加严苛。

（10）静态单体温度检测

在电池簇生产装配后，为了保证电池管理系统的正常检测功能，并保证电池温度处于合理的温度范围内，应对电池簇进行静态单体温度检测，该检测项通常以检测到的单体电池温度作为技术指标，判定标准比较宽泛，结合电池所处的环境温度，确保电池温度接近环境温度即可。

（11）静态温差检测

电池簇是由多个电芯串并联构成，由于电池簇的结构和一些环境因素，会造成电池簇中各单体电芯存在比较小的温差，一旦电池簇中的温差较大时，则判断有电芯异常或电池系统参数配置错误，因此，基于静态单体温度检测的基础上，需进行静态温差检测，确保电池温度和电池系统参数配置正常。

（12）电流精度检测

电流检测是电池管理系统的基本功能之一，电流检测的精度对SOC估算有着极其重要的影响。影响SOC的因素很多，主要包括：原始电流的测量精度、环境温度、电芯的寿命衰减以及电池的充放电倍率。在储能系统中，由于热管理系统的作用，运行环境相对稳定，这种情况下就是简单的电流积分，中间不存在电池充放电倍率或者温度环境的变化，考验出来的SOC的精度就是电流的采样精度。因此，在测试验证过程中，电流精度检测是十分重要的。

通常情况下，以高精度的电池系统充放电设备对电池簇进行不同电流的充放电，选取的电流范围应包含系统设计的最大持续充放电电流，将传感器采集到的数据与充放电设备的数据进行对比，以电流偏差作为技术指标对电池管理系统的电流精度进行考核。

（13）DCR测试

对于单体电芯而言，电池的内阻包括欧姆电阻和极化电阻。在温度恒定的条件下，欧姆电阻基本稳定不变，而极化电阻会随着影响极化作用的因素而变动。

锂电池内阻的影响因素分为外界因素和电池自身因素。外界因素主要包括温度和电流；环境温度是各种电阻的重要影响因素，由于温度影响锂电池电化学材料的活性，从而影响电化学反应的速率和离子运动的速率。电流的大小与极化内阻有直接关联，电流越大，极化内阻越大。另外，电流的热效应对电化学材质的活性也会产生较大影响。

对于电池系统的直流内阻，除了电芯自身的内阻外，还应包含动力回路中的器件连接电阻等。通常使用短时大电流对电池系统进行充、放电测试，通过计算电压差值和电流的比值作为电池系统的直流电阻。

（14）动态压差测试

电池充放电过程的电压值是该电池热力学和动力学状态的综合反映，既受电池生产过程中各工序工艺条件的影响，又受电池充放电过程中电流、温度、时间和使用过程中偶然因素的影响，因而，电池组内各个电池的电压值不可能完全一样，进而导致动态压差的形成。

室温条件下，以恒流 I_c 充电 T_1（min），以恒流 I_d 放电 T_2（min），记录充电过程中最大动

态压差 ΔU_1，放电过程中最大动态压差 ΔU_2。以充放电过程的压差作为评价动态压差测试的技术指标。通常情况下，为保持测试前后，电池的荷电状态一致，要求 $I_c \times T_1 = I_d \times T_2$，即保持充放电容量对称，其中，$I_c$ 为系统设计最大持续充电电流与测试环境温度下电池允许的最大持续充电电流中的较小值；I_d 为系统设计最大持续放电电流与测试环境温度下电池允许的最大持续放电电流中的较小值。

（15）电芯温升及温差测试

电池在使用时由于内部结构发生电化学变化而产生热量，从而导致电池温升。由于电池内阻、容量的差异，以及单体电芯在电池簇中的位置、散热能力不同，会导致电池簇在充放电测试时电芯的温升不同，造成温差。另外，当电池簇中某一电芯存在极耳焊接问题或动力回路中存在连接松动问题，通过短时充放电可以发现并定位问题。因此，在动态压差测试的同时，需要记录充放电过程中上位机显示电芯的温升 T 和温差 ΔT。以温升 T 和温差 ΔT 作为评价电芯温升及温差测试的技术指标。

（16）初始充放电容量/能量试验

电池初始充放电容量/能量是电池簇的基本性能要求之一，如图 9-13 所示，通过对电池簇进行恒功率充放电，获取电池簇的容量和能量。其中，电池的容量（C）指的是能够容纳或释放多少电荷，容量的单位为安培小时（Ah），简称安时，1Ah 指的是强度为 1A 的电流通电 1h 的容量。电池的能量（E）表示的是电池能够做多少功，单位是瓦时（Wh 或 kWh）。

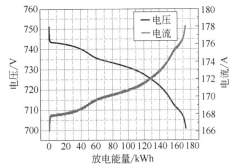

图 9-13　电池簇放电过程曲线

在电池簇级别，一般更常见的是大计量单位千瓦时（kWh），1kWh 表示功率为 1kW 的电器 1h 所消耗的能量，能量值约为 3.6MJ，1kWh 的电就是 1 度电。

9.3.3　安全性能测试

（1）绝缘性能试验

高压电池系统的电气安全直接关系到人身安全，绝缘失效会造成高压对人体的直接伤害，因此，绝缘性能试验是必不可少的。

高压电池本身带有电能，其绝缘性能试验（图 9-14）属于是对带电体的检测，测试对象为满电状态的电池簇。测试时，将电池簇的正、负极与外部装置断开，如电池簇内部有接触器，应将其处于吸合状态；如电池簇附带绝缘电阻监测系统，应将其关闭；对不能承受绝缘电压试验的元件，测量前应将其短接或拆除，选择合适电压等级的绝缘电阻测量仪进行测试，试验电压施加部位应包括电池簇正极与外部裸露可导电部分之间和电池簇负极与外部裸露可导电部分之间。对于绝缘性能试验，国标要求绝缘电阻应满足 $1000\Omega/V$，但在实际生产制造过程中，相关企业对绝缘性能试验的要求会更加严格。

（2）耐压性能试验

耐压性能试验也称为电介质强度测试，是确定电子绝缘材料足以抵抗瞬间高电压的一个非破坏性的测试。进行耐压测试可以查出可能存在的瑕疵，譬如在制造过程期间造成的漏电距离和电气间隙不够。另外，作为型式试验之一，耐压性能试验也是必不可少的。

对于电池簇而言，通常要求待测电池簇为满电状态，如图 9-15 所示，参考《电力储能用锂离子电池》（GB/T 36276—2018），将电池簇的电源断开，主电路的开关和控制设备应闭合或旁路；对半导体器件和不能承受规定电压的元件，应将其断开或旁路；安装在带电部件和裸露导电部件之间的抗扰性电容器不应断开；试验开始时施加的电压不应大于规定值的 50%，然后在几秒钟之内将试验电压平稳增加至规定的最大值并保持 5s。通常要求是：在电池簇正极与外部裸露可导电部分之间、电池簇负极与外部裸露可导电部分之间施加相应的电压，不应发生击穿或闪络现象。

图 9-14　电池簇绝缘试验照片（见彩图）

图 9-15　电池簇耐压试验照片

（3）外部短路试验

在电池簇生产、装配、售后维护或使用过程中，因电池模块、连接线束较多，很可能出现故障，导致电池发生外短路，电池簇短路形成几千安培甚至上万安培的电流，严重危及人员和系统的安全，为了保证电池簇和人员的安全，防止电池短路及过载现象的发生，需在电池簇高压回路中选用高压熔断器进行保护，熔断器被有意设计成回路中最薄弱的环节，在正常工作下，熔断器不会熔断，当回路中发生短路或严重过载时，熔断器中的熔丝或熔片会立即熔断，以保护电路及电气设备。

电池簇外部短路试验一般要求待测对象为满电状态，电池簇在环境温度（25±5）℃的条件下，搁置 1h 或者使其达到热稳定状态。之后，在外部电阻上相互连接'+'及'-'端子使其发生外部短路。包括电线在内的全部外部电阻控制在 50mΩ 以下；无电流的状态持续 5min 时终止试验。制造商规定的功能不启动时，视为控制不合格，并终止试验，通常为 1h，以短路测试后是否有膨胀、漏液、冒烟、起火、爆炸现象作为技术指标，对电池簇的外部短路试验进行考核。

（4）过放电试验

在电池管理系统中，电池的放电截止电压是预先设定的，当电池簇在放电过程中，放电电压低于放电截止电压时，电池易发生过放，导致电池发生不可逆的损害，甚至会发生热失控，导致起火、爆炸的危险。

电池簇的过放电试验一般是对待测对象进行大电流放电，设定放电终止电压值相比制造商规定的放电电压下限值低 10% 以上，电池簇以恒流方式进行标准放电，放电电流选取 $1C_{rdn}$ 或制造商规定的标准放电电流；若启动电池簇的保护装置或者电压相比放电电压下限值低 10%，则终止试验。试验完成后，对过放电试验进行考核的技术指标包括以下几方面：①电池簇是否无泄漏、外壳破裂、起火或爆炸现象；②是否能够正常切断且不触发异常终止条件；③试验后的绝缘电阻是否在合理范围内；④测试过程中电池簇继电器的响应时间是否在合理范围内。

（5）过充电试验

在电池簇的电池管理系统中，电池的充电截止电压是预先设定的，电池簇在充电过程中，充电电压高于充电截止电压时，电池很容易过充，进而发生热失控，导致起火、爆炸的危险。

电池簇的过充电试验一般是对待测对象进行大电流充电，电池簇用制造商规定的方法充电至相比制造商规定的充电电压上限值高 10% 以上的电压，若启动电池簇保护装置或者电压相比充电电压上限值高 10%，则终止试验。与过放电试验相似，对过充电试验进行考核的技术指标也包括以下几方面：①电池簇是否无泄漏、外壳破裂、起火或爆炸现象；②是否能够正常切断且不触发异常终止条件；③试验后的绝缘电阻是否在合理范围内；④测试过程中电池簇继电器的响应时间是否在合理范围内。

（6）过电流试验

储能电池系统在复杂的使用环境中，当出现长时间的异常大电流时，整个动力电源回路形成一定的热量积累，也会导致起火、爆炸的危险。

电池簇的过电流试验一般是对待测对象进行大电流充电，若电池系统是否能够正常切断，则终止试验。与过充、过放电试验相似，对过流试验进行考核的技术指标也包括以下几方面：①电池簇是否无泄漏、外壳破裂、起火或爆炸现象；②是否能够正常切断且不触发异常终止条件；③试验后的绝缘电阻是否在合理范围内；④测试过程中电池簇继电器的响应时间是否在合理范围内。

（7）过温试验

储能电池系统在运行过程中，由于长时间的持续工作或处于高温环境，整个动力电源回路积累了大量的热量，会导致起火、爆炸的危险。

电池簇的过温试验一般是用额定电流对电池簇进行充电的同时，提高电池簇的温度，使其高于制造商规定的上限温度 5℃以上，若启动电池簇的保护装置或者电池簇的温度高于温度上限 5℃以上，则终止试验。与上述试验相似，对过温试验进行考核的技术指标也包括以下几方面：①电池簇是否无泄漏、外壳破裂、起火或爆炸现象；②是否能够正常切断且不触发异常终止条件；③试验后的绝缘电阻是否在合理范围内；④测试过程中电池簇继电器的响应时间是否在合理范围内。

9.4 电池系统测试验证

储能电池系统是以电化学电池为储能载体，通过储能变流器进行可循环电能存储、释放的系统，主要应用于水力、火力、风力和太阳能电站等储能电源电站、调峰调频电力辅助服务，应用场景大多为室外环境。储能电池系统作为一个大型综合系统，如图9-16所示，包含了复杂的结构、策略和功能，需要进行测试的种类也十分复杂，如果任何一个小模块出现问题，都可能会导致整个电池系统无法正常运行，因此，对储能电池系统进行全面的测试验证是十分必要的。储能系统测试验证主要分为四大类，分别是外观尺寸、安装接线及电气安全、功能测试以及性能测试。

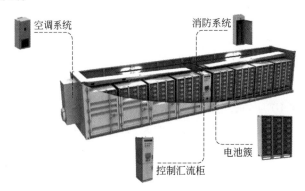

图 9-16 电池储能系统图片

9.4.1 外观尺寸

（1）外观检测

在对电池系统外观检测时，通常是在良好的光线条件下，用目测法检验储能系统的外观。外观检测的要求主要包含以下几点：

① 外观应无变形及裂纹，表面应平整、干燥、无外伤、无污物等，标识清晰、正确。
② 储能系统各柜体、箱体材质和处理措施应满足与客户确定的技术要求。
③ 储能系统各柜体、箱体应焊接牢固，焊点饱满、光滑，不得有虚焊、漏焊、焊穿等问题。
④ 储能系统各柜体、箱体上标识和铭牌应清晰无误，标识及铭牌内容应满足与客户确定的技术要求。

（2）外形尺寸检测

储能电池系统体积较大，构成复杂，集装箱内通常包含电池簇、控制柜、汇流柜、空调和消防系统等，在进行外形尺寸检测时，应用量具测量储能系统各柜体、箱体的外形尺寸。在有限的箱体空间内，储能系统各柜体、箱体的外形尺寸及对应公差范围应符合设计图纸的技术要求。

（3）端口标识检测

储能电池系统在工厂可完成90%以上施工项目，运输至现场后，仅需线路连接、调试，即可投入使用。接线时需根据储能系统的各端口标识依次连接。另外，对于储能电池系统的运行维护和售后维修，端口标识也是指导操作的重要部分。通常情况下，在良好的光线条件下，用目测法检验储能系统的各端口标识。储能系统各电气接口应有明显的标识，且标识正确、无误，标识上无锈蚀或被污物遮挡。

9.4.2　安装接线及电气安全

（1）机械安装检测

储能电池系统在工厂装配完成后，经过长距离运输被送至项目现场，运输期间会造成储能电池系统的振动，在对电池系统装车和卸车过程中，也会导致电池系统的轻微倾斜和晃动，若机械安装不当，则可能引起安全事故。因此，对电池系统进行机械安装检查是有必要的。

由于储能电池系统的构成比较复杂，因此，机械安装检查需要针对每个板块进行检查，主要包括：柜体安装、电池簇安装、热管理设备安装、消防设备安装以及辅助设备安装。具体检测方法和判定要求如下：

① 柜体安装。

方法：检查储能系统中各柜体的安装紧固情况，如控制柜、电池柜、汇流柜等。

要求：柜体安装无倾斜，固定良好、无晃动，且符合设计图纸要求。

② 电池簇安装。

方法：检查电池簇中各高压箱和电池模块的安装情况。

要求：高压箱和电池模块安装排布正确，符合技术图纸要求，固定良好、无晃动，丝印清晰、正确。

③ 热管理设备安装。

方法：检查热管理相关设备的安装情况，如空调、风道等。

要求：a. 空调柜体安装无倾斜，固定良好、无晃动，且符合设计图纸要求；

b. 风道安装位置正确，百叶窗可以正常调节，且符合设计图纸要求。

④ 消防设备安装。

方法：检查储能系统中消防相关设备的安装情况。

要求：消防设备安装固定良好、无晃动，消防管道布置正确，连接处紧密牢靠，且符合设计图纸要求。

⑤ 辅助设备安装。

方法：检查储能系统中的辅助设备安装情况，如监控、温湿度传感器、烟雾传感器、门禁行程开关、照明设备、应急灯等。

要求：辅助设备安装齐全、固定良好，安装位置符合设计图纸要求。

（2）电气连接检测

储能电池系统属于高压系统，系统内的电气线路纷繁复杂，存在危险因素，线路敷设时绝缘不良或未设置接地装置，容易导致触电事故，局部发热引燃易燃物质也会导致火灾事故，因此，电气连接检测是十分必要的。

在电气连接检测时，通常是针对储能系统中控制柜、汇流柜、电池簇等关键设备的进行电气接线检查。应确保线缆排布规整、有序，连接紧固可靠，线缆标识清晰、正确，接线正确，符合设计图纸要求。

（3）通信连接检测

储能电池系统由多个设备构成，各设备之间以不同的通信方式进行连接，由能量管理系统统一控制，完成相应的充放电运行。由于储能系统体积较大，各设备之间的通信线长度较长，生产过程中容易出现接错或漏接的情况，因此，检查储能系统中控制柜、汇流柜、电池簇等设备的 CAN 通信线、RS485 通信线、以太网通信线等连接状态是有必要的。通常要求线缆排布规整、有序，连接紧固可靠，并且线缆标识清晰、正确，接线正确，符合设计图纸要求。

（4）接地电阻测试

储能电池系统中包含多种电气设备，在使用过程中经常会产生静电，甚至会遭到雷击，容易造成生命财产的损失。因此，从电池系统的安全性考虑，需要对接地电阻进行测量，确保接地电阻在合理的范围内，从而达到保护接地装置，避免因为静电和雷击而产生危险。对于储能系统而言，通常是使用接地电阻测试仪，测量储能系统中接地母排和各柜体裸露可导电部分之间的电阻。

（5）绝缘性能检测

对于电池系统而言，不仅要对电池簇进行绝缘性能检测，还要对汇流柜进行相应的测试。测试汇流柜的绝缘性能时，汇流柜在不上电的状态下，断开所有电池簇动力线与高压箱的连接，使用绝缘表分别测量汇流柜铜排连接的电池簇侧正、负极和 PCS 侧正、负极对柜体的绝缘阻值，以及电池簇侧正极与 PCS 侧正极之间，电池簇侧负极与 PCS 侧负极之间的绝缘阻值 R，以绝缘阻值 R 作为衡量绝缘性能的指标。

（6）耐压性能检测

与独立的电池簇不同，在储能电池系统中，为了提高系统容量，会将多个电池簇并联于汇流柜中，因此，在对储能系统进行耐压性能测试时，实际测试对象为汇流柜。在进行耐压测试时，汇流柜不上电的状态下，断开所有电池簇动力线与高压箱的连接，使用耐压测试仪在汇流柜铜排连接的电池簇侧正、负极和 PCS 侧正、负极之间，以及电池簇侧正极与 PCS

侧正极之间，电池簇侧负极与 PCS 侧负极之间施加相应的电压，进行耐压测试，要求汇流柜不应发生击穿或闪络现象，耐压测试仪不报警。

9.4.3　功能测试

（1）电池系统静态功能检测

储能系统中包含多个电池簇，按照一定的顺序对每个电池簇赋予对应的 ID 编号，每一个 ID 都代表一个独立的电池簇，因此，为了确保所有电池簇均能正常工作，对每个电池簇进行静态功能检测是有必要的。

通常情况下，令储能系统中电池簇上低压电，用上位机调试软件设置各电池簇对应的主控 ID 等参数，并读取各电池簇的软、硬件版本号、主控配置参数、电池管理单元数量、电池数量、电池掩码、温度掩码、静态电压、温度、霍尔零漂及 SOC、SOH 状态等信息，确保储能系统中每一个电池簇的参数、静态数据正常，无异常或报警信息。

（2）通信功能检测

储能系统中包含多种数据，相关数据均通过通信功能传输给控制单元，通信功能是实现储能系统正常运行的必要条件，因此，对储能系统进行通信功能检测是十分必要的。

通常情况下，通过系统内各监测单元获取的系统信息实现对系统通信功能的检测，其中，系统信息主要包括电池系统静态数据、直流电能表数据、绝缘检测仪数据、温度传感器数据、湿度传感器数据、空调状态数据、消防控制器状态、控制柜触摸屏状态等，该检测要求各设备及模块通信正常、数据上传准确、无误。

（3）控制功能检测

储能系统中的控制功能主要是通过控制柜控制断路器来实现。控制柜控制功能测试时，使用万用表分别测量断路器在断开和闭合条件下输入、输出端的电压，结合图纸设计要求判断控制功能是否正常。汇流柜控制功能测试时，分别在本地控制模式和远程控制模式下测量断路器是否能够正常工作。电池系统控制功能测试时，在电池管理系统上电的条件下，依次控制高压箱中主正、主负、预充、风扇继电器闭合/断开，确认继电器控制功能正常，各继电器能够正常执行闭合/断开指令。

（4）热管理系统功能检测

热管理系统是电池管理系统的主要功能之一，通过导热介质、测控单元以及温控设备构成闭环调节系统，使动力电池工作在合适的温度范围内，以维持其最佳的使用状态，保证电池系统的性能和寿命。因此，对热管理系统功能检测是十分必要的。

电池热管理方案主要分为风冷与液冷两大类。对于采用风冷方式的电池系统，需要对空调的功能以及工作条件下风道出风口角度和出风情况进行检测，对于采用液冷方式的电池系统，则需要对压缩机的功能和液冷管道的密闭性进行检测，确保电池系统的热管理功能能够正常运行。

（5）其他分系统检测

对于其他分系统，主要包括消防系统、水浸系统、门禁系统、应急灯和逃生通道等进行检测和确认。

① 消防系统。

锂电池储能系统的消防安全对于保障电池储能系统的安全稳定运行具有重要作用，对于消防系统的检测，通常使用烟雾发生器，触发烟雾传感器动作，通过判断消防系统报警器是否正常响应、消防联动机构是否正常响应，且是否符合系统设计逻辑来确认消防系统的功能。需要注意的是，为防止消防气体误喷发，可提前拆除消防设施上的触发继电器。

② 水浸系统。

储能电池系统通常放置于户外，环境气候复杂，持续的降雨天气会给电池系统带来溢水事故的风险。因此，储能电池系统中增加水浸系统可以在苗头未起之时及时发出告警，防止水浸情况急剧扩大，造成危险事故。

对于水浸系统的检测，通常是短接水浸传感器信号输入对应的干接点，通过查看水浸传感器蜂鸣器是否发出警报声，并查看控制器上对应的状态指示灯是否正常响应来判断水浸系统的功能是否正常。

③ 门禁系统。

门禁系统是出入口门禁管理系统，是一种现代化安全管理系统，它涉及光学、结构设计、生物识别技术、射频识别技术、计算机技术等多种技术的结合。将门禁系统应用于储能电池系统，可有效防止其他人员随意进入电池系统中，造成安全隐患。

对于门禁系统的检测，通常是通过开启和关闭储能系统集装箱的各通道门，确认门禁系统是否能够正常工作且符合设计逻辑。

④ 应急灯。

消防应急照明系统主要包括事故应急照明、应急出口标志及指示灯，是在发生火灾或其他事故时提供照明，电源切断后，引导被困人员疏散或展开灭火救援行动而设置的。储能系统作为一个高能量、高电压的系统，配置应急灯并对应急灯进行有效检测是有必要的。

对于应急灯的检测，通常是断开控制柜内总电源开关，确认系统断电后应急灯应能够正常启动照明。

⑤ 逃生通道。

逃生通道标志的合理设置，对人员安全疏散具有重要作用，可以更有效地帮助人们在浓烟弥漫的情况下，及时识别疏散位置和方向，迅速沿发光疏散指示标志顺利疏散，避免造成伤亡事故。

对于储能系统中的逃生通道标识，通常是将储能系统通电，查看逃生通道标识，确认逃生通道标识保持常亮。

9.4.4　性能测试

（1）充放电联调测试

在储能系统的测试验证中，不仅要进行静态测试，还要进行充放电联调等动态测试。充放电测试可分为两种方式进行，分别为对充测试和直连电网测试。

对于单元电池系统总功率比较大的储能系统，通常情况下，需要采用两个单元电池系统以对充测试的方式进行大功率充放电，如图 9-17 所示，PCS1、PCS2 同时以相反的充放电方向进行对充，实现单元电池系统的充放电动态运行。

防止电池系统在未完全验证情况下因使用大功率充放电而造成损害，在实际充放电测试时，通常采用阶梯提高充放电功率的方式，从小功率逐步提高到单元电池系统允许的最大持续充放电功率进行测试。

对于单元电池系统总功率较小的储能系统，在电网允许的范围内，可以采用单个单元电池系统直连电网的方式进行充放电测试，如图 9-18 所示为单元电池系统直连电网测试方案。

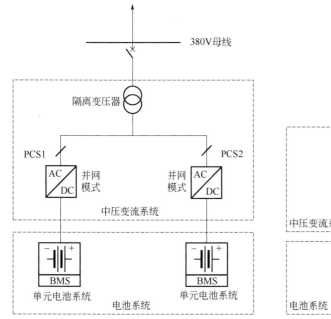

图 9-17　单元电池系统对充测试方案　　　图 9-18　单元电池系统直连电网测试方案

与对充方案相似，充放电测试时，通常采用阶梯提高充放电功率的方式，从小功率逐步提高到单元电池系统允许的最大持续充放电功率，进行测试。

对于充放电联调测试，通常以下列 4 点作为考核充放电联调的技术指标：

① 单元电池系统和 PCS 采集数据正常，确保电池系统的动态采集功能正常。

② 电池系统最高温度和温差小于规定值，确保电池系统的动态性能。

③ 各电池簇动态压差小于规定值，防止电芯极耳或采集线有焊接或安装问题。

④ 电池室内没有明显异味，防止电池系统中的电气连接件有连接松动等问题。

（2）热管理性能测试

热管理系统的作用是使电池在运行过程中保持在相对稳定的环境温度下，相关设计主要是基于仿真结果进行温度预测，但储能实际运行环境相对复杂，仿真结果与实际情况会存在一定差异，因此，有必要通过实际充放电对电池系统热管理性能进行测试。

通常基于上述充放电联调测试的测试环境，在开启热管理系统的调节下，结合实际工况持续运行一段时间，以电池系统最高温度和温差作为技术指标对热管理性能测试进行考核。

（3）系统电量及效率测试

系统电量及效率是电池储能系统的基本要求，因此，对储能系统进行电量及效率测试是十分必要的。

由于储能电池系统的应用场景不同，其运行工况及电压使用区间也存在较大差异。因此，在进行系统电量及效率测试时，通常会按照项目约定的储能系统运行工况及电压使用区间，对储能系统进行满充、满放，记录系统的充电电量和放电电量；若受限于厂区配电条件，无法实现整个储能系统级别的满充、满放，可以在电池簇级别上进行等效测试。此项测试的考核标准不做具体数值的规定，储能系统/电池簇实测充放电电量满足项目设计及技术协议要求即可。

9.5 并网测试验证

储能电池系统在实际应用时需接入电网，根据电网的调度指令进行充放电。为保障电力系统安全稳定运行，落实国家能源局和国家电网公司加强储能系统并网运行管理的要求，在储能电池系统并网前需进行充分的测试验证，确保储能电池系统在接入电网时既不会影响机组及电网的正常运行，也不会影响电厂用电切换的灵活性。对于接入多段母线的储能装置，严禁通过储能系统形成高低压电磁环网运行。对于储能系统的并网测试，通常是由第三方检测机构使用并网检测车进行测试，根据《电化学储能系统接入电网技术规定》（GB/T 36547—2018）验证储能电站的各相并网性能是否满足要求。

基本测试项目内容如下：①低电压穿越测试；②高电压穿越测试；③电网适应性测试；④电能质量测试；⑤直流分量测试；⑥充放电响应时间测试；⑦充放电调节时间测试；⑧充放电转换时间测试；⑨额定能量测试；⑩额定功率能量转换效率测试；⑪功率控制测试；⑫过载能力测试；⑬防孤岛测试。

9.5.1　低电压穿越测试

所谓低电压穿越，是指储能电池系统并入电网的发电站，电网电压跌落后，在规定的电压跌落时间内，发电站可以不脱离电网继续保持运行，并且能够提供无功电流支撑电网。进行低电压穿越测试前，储能系统应工作在与实际投入运行时一致的控制模式下。确认完 5 个跌落点和跌落时间后，需进行空载测试，被测试储能系统变流器应处于断开状态。在空载测试结果满足要求的情况下，进行低电压穿越负载测试，负载测试时电网故障模拟发生装置的配置应与空载测试保持一致。

9.5.2　高电压穿越测试

随着国家特高压输电线路的建设，为保证新能源系统接入特高压后保证新能源电站和特高压电网稳定安全运行，高电压穿越测试应运而生。进行高电压穿越测试前，储能系统应工作在与实际投入运行时一致的控制模式下。至少确认 2 个抬升点和抬升时间后，需进行空载测试，被测试储能系统变流器应处于断开状态。调节电网故障模拟发生装置，模拟线路三相电压抬升，记录储能系统并网点电压曲线并判断空载测试结果。在空载测试结果满足要求的情况下，进行高电压穿越负载测试，负载测试时电网故障模拟发生装置的配置应与空载测试保持一致。

9.5.3 电网适应性测试

风电机组等新能源系统无法适应电网电压变化、频率波动、三相电压不平衡、闪变与谐波等电网扰动的影响，风电脱网事件时有发生，且呈现分布范围越来越广、影响范围越来越大、出现频率越来越高的特点，相应的风险也同样适用于储能电池系统。开展电网适应性测试是为落实国家政策法规提供技术支撑，促进新能源健康发展的重要手段。电网适应性测试包括频率适应性测试、电压适应性测试以及电能质量适应性测试，在测试过程中，分别使用模拟电网装置模拟电网频率变化、电网电压变化以及电网电能质量的变化等电网扰动，验证储能系统对电网频率偏差、电网电压偏差以及三相电压不平衡的适应能力，是一种考核被测储能电池系统运行能力及保护配置的一种检测行为。

9.5.4 电能质量测试

电能质量是指电力系统中电能的质量。由于电压、电流或频率偏差引起用户设备工作异常或损坏的任何电力问题，都属于电能质量问题。电能质量的主要参数包括：电压偏差、频率偏差、功率因数、三相电压不平衡度、谐波、暂时过电压与瞬态过电压等。电能质量问题会造成设备过热、烧毁、电容器击穿、功率因数下降、无功功率增加等现象。因此，电能质量测试是储能电池系统并网测试中十分重要的一项测试。

9.5.5 直流分量测试

交流电网中的直流分量是指在交流电网中由于非全相整流负荷等原因引起的直流成分影响。直流分量会使电力变压器发生偏磁，从而引发一系列的影响和干扰。直流电流注入电网会产生极大危害。直流电流注入电网，首先影响的就是各级变电站中的变压器设备。直流电流的注入会引起变压器的直流偏磁。直流偏磁导致变压器励磁电流和谐波电流的急剧增加，可能引起变压器铁芯磁饱和，导致铁芯的磁致伸缩。同时在周期性变化的磁场作用下，硅钢片会改变尺寸，引起振动和噪声；而磁致伸缩产生的振动是非正弦波的，变压器噪声的频谱中含有多种谐波分量，并且随着磁通密度的增大而增大。直流偏磁引起的高振动对变压器的危害也是十分严重的，可能会引起变压器内有关部件的松动，进而威胁变压器的安全运行。直流电流并入电网，还可能直接供应给交流负载，直流分量会造成电流的严重不对称，损坏负载。因此，在储能电池系统并入电网之前，对其进行直流分量测试是十分必要的。

9.5.6 充放电响应时间测试

充放电响应时间通常是指当储能电站处于待机状态（0kW）时，通过远程监控软件计算储能电站下达出力指令到储能系统接收到该指令所需要的时间。一般情况下，储能电站响应时间会略大于储能单元响应时间。分析其原因，一方面是因为储能电站的响应时间不仅决定于响应时间最慢的储能单元，且不同储能单元间的控制特性存在差异，导致各自的有功调节速率和控制精度不同；另一方面，通信延迟使时间具有不确定性，随着储能电站规模的增大，通信层级增加，指令周期不同步，导致机组的调节特性减弱。储能电站的分层控制将使总指令周期变长，通信效率降低。另外，储能电站的有功控制精度受所有储能单元有功误差的直接影响，储能单元的响应误差无法通过闭环调节及时消除时将造成全站控制精度降低。因此，充放电响应时间测试对储能电站的协调控制有着重要意义。

9.5.7　充放电调节时间测试

充放电调节时间与充放电响应时间不同，充放电调节时间是指在额定功率充放电条件下，将储能系统调整至热备用状态，分别对充电调节时间与放电调节时间进行测试。

（1）充电调节时间步骤

充电调节时间步骤分为以下几步：
① 记录储能系统受到控制信号的时刻，记为 t_1。
② 记录储能系统充电功率的偏差维持在额定功率的±2%以内的起始时刻，记为 t_2。
③ 按照 $\Delta t = t_2 - t_1$ 计算充电调节时间。
④ 多次重复测试步骤①～步骤③，取多次测试结果的最大值。

（2）放电调节时间步骤

放电调节时间步骤分为以下几步：
① 记录储能系统受到控制信号的时刻，记为 t_3。
② 记录储能系统放电功率的偏差维持在额定功率的±2%以内的起始时刻，记为 t_4。
③ 按照 $\Delta t = t_4 - t_3$ 计算放电调节时间。
④ 多次重复测试步骤①～步骤③，取多次测试结果的最大值。

充放电调节时间体现了储能系统的调节稳定性能，是整个储能电站系统的重要参数之一。

9.5.8　充放电转换时间测试

充电到放电转换时间测试是指在额定功率充放电条件下，将储能系统调整至热备用状态，分别进行充电到放电转换时间测试与放电到充电转换时间测试。

（1）充电到放电转换时间测试步骤

① 设置储能系统以额定功率充电，向储能系统发送以额定功率放电指令，记录从 90%额定功率充电到90%额定功率放电的时间 t_5。
② 多次重复测试步骤①，充电到放电转换时间取多次测试结果的最大值。

（2）放电到充电转换时间测试步骤

① 设置储能系统以额定功率充电，向储能系统发送以额定功率放电指令，记录从 90% 额定功率充电到 90% 额定功率放电的时间 t_6。

② 多次重复测试步骤①，充电到放电转换时间取多次测试结果的最大值。

充放电转换时间体现了储能系统的电力器件转换响应性能，也是整个储能电站系统的重要参数之一。

9.5.9　额定能量测试

储能系统额定能量分为充电额定能量和放电额定能量，测试时被测设备应处于稳定运行状态，以额定功率充电至充电终止条件，以额定功率放电至放电终止条件，放电终止条件和充电终止条件宜采用电压、电流和温度等参数，但测试终止条件应唯一且与实际使用时保持一致，这样可以保证测试结果的唯一性和公正性。测试时，应考虑储能系统的辅助能耗，使得测试结果更为准确。储能系统额定能量不仅能够反映储能系统的整体特性，而且也是储能系统经济性的重要体现，因此，额定能量测试是储能系统并网测试极其重要的一个环节。

9.5.10　额定功率能量转换效率测试

能量转换效率是能量转换机的有用输出与输入之间的比值。对于储能电池系统而言，储能系统能量转换效率采用同循环过程中的额定放电能量和额定充电能量的比值计算，效率取 3 次的平均值。影响能量转换效率的主要原因一方面是由于充放电过程中电池内部的电阻产热消耗能量，另一方面是由于储能系统中的电气回路造成了损耗。能量转换效率也是储能电池系统经济性的重要影响因素之一，因此，对储能系统进行额定功率能量转换效率测试是十分必要的。

9.5.11　功率控制测试

功率控制测试包括有功功率控制测试、无功功率调节能力检测和功率因数调节能力测试，目的是检测储能系统并网运行时，输出有功功率能力和控制性能以及输出无功功率能力和控制特性，以确认这些特性是否能够满足电力系统调度要求。有功功率调节能力测试时，按照升功率和降功率两种模式进行测试。无功功率调节能力测试时，按照充电和放电模式两种模式进行测试，测试前要根据现场区域电网的实际情况进行，在保证电网的安全稳定运行的条件下完成测试；若区域电网不允许无功功率测试，需要和委托方进行协调。功率因数调节能力和过载能力测试时，按照充电和放电模式两种模式进行测试，测试前也要和委托方充分沟通，在确保现场满足要求时方可进行。功率控制作为储能电站控制系统中的重要部分，在储能系统并网前进行功率控制测试是十分必要的。

9.5.12　过载能力测试

储能系统的过载能力是通过功率提出的，过载能力测试的主要目的是验证储能系统在有功功率超过额定功率时的系统状态响应，测试时可通过增加负载与调节储能变流器相结合的方式实现。过载能力测试作为安全防护类测试，能够验证储能系统的承载能力和保护策略，确保在后续运行中即使出现异常情况，储能系统能够及时响应，避免出现安全事故。

9.5.13 防孤岛测试

孤岛效应是指电网突然失压时，并网光伏发电系统仍保持对电网中的邻近部分线路供电状态的一种效应。这种效应同样适用于储能电池系统。"孤岛效应"对设备和人员的安全存在重大隐患，体现在以下两方面：一方面是当检修人员停止电网的供电，并对电力线路和电力设备进行检修时，若并网储能系统的逆变器仍继续供电，会造成检修人员伤亡事故；另一方面，当因电网故障造成停电时，若并网逆变器仍继续供电，一旦电网恢复供电，电网电压和并网储能系统中逆变器的输出电压在相位上可能存在较大差异，会在这一瞬间产生很大的冲击电流，从而损坏设备。为了避免上述情况的发生，在储能系统并网前进行防孤岛效应测试是十分必要的。防孤岛效应测试是一种 RLC 交流测试负载测试，根据其技术特点，可以分为三大类：被动检测方法、主动检测方法和开关状态监测方法。在实际应用中，无论使用哪一类方法，都需要在储能系统并网测试时进行充分验证，保证整个储能电站能够正常、稳定地运行。

系统设计验证主要是基于已有行业、国家以及国际标准中的相关要求，结合企业根据自身产品特性的设计和多年工程应用经验总结，以不同层级的产品作为测试验证对象，从外观要求、基本电性能以及安全性能等不同角度对测试对象进行验证，测试结果不仅可以验证产品性能是否满足设计指标，并且可以在验证过程中尽可能提早发现设计缺陷，进而保证最终产品的质量。

参考文献

[1] 茅龚丹. 储能电池技术标准发展动态 [J]. 装备机械，2016 (4)：6.

[2] 唐伟佳，史明明，刘俊，等. 储能电站电池标准与测试探讨 [J]. 电源技术，2020，44 (10)：5.

[3] 高平，许铤，王寅. 储能用锂离子电池及其系统国内外标准研究 [J]. 储能科学与技术，2017，6 (2)：5.

[4] 汪夹伶，侯朝勇，贾学翠，等. 电化学储能系统标准对比分析 [J]. 储能科学与技术，2016 (4)：7.

[5] 金挺，宋杨，王彩娟，等. 动力及储能型锂离子蓄电池系统 UN38.3 检测技术研究 [J]. 电池工业，2017 (3)：4.

[6] 王彩娟，宋杨，席安静，等. 大型锂离子电池系统 UN38.3 检测技术研究 [J]. 电池工业，2014，19 (4)：4.

[7] 何志超，杨耕，卢兰光，等. 基于恒流外特性和 SOC 的电池直流内阻测试方法 [J]. 清华大学学报（自然科学版），2015 (5)：6.

[8] 廖丽霞. LiFePO$_4$-MCMB 锂离子电池低温性能及电解液影响研究 [D]. 哈尔滨：哈尔滨工业大学，2012.

[9] 赵世玺，郭双桃，赵建伟，等. 锂离子电池低温特性研究进展 [J]. 硅酸盐学报，2016，44 (1)：10.

[10] 胡晨，金翼，朱少青，等. 磷酸铁锂电池低温性能的改性方法简述 [J]. 应用化学，2020，37 (4)：380-386.

[11] 井冰，芦朋，李博. 锂电池容量衰减和循环寿命影响因素浅析 [J]. 中国安全防范技术与应用，2022 (3)：61-67.

[12] 李翔，张慧，张江萍，等. 锂离子电池循环寿命影响因素分析 [J]. 电源技术，2015，39 (12)：4.

[13] 李增烁. 二次回路多点故障引起的直流绝缘降低探究 [J]. 技术与市场, 2020, 27 (3): 2.

[14] 牛志远, 姜欣, 谢镔, 等. 电动汽车过充燃爆事故模拟及安全防护研究 [J]. 电工技术学报, 2022, 37 (1): 13.

[15] 石磊, 徐言哲, 张卓然. 基于锂电池放电曲线的发热功率研究 [J]. 船电技术, 2022, 42 (2): 4.

[16] 康丹苗, Noam Hart, 肖沐野, 等. 锂金属电池研究中对称电池的短路现象 [J]. 物理化学学报, 2021, 37 (2): 6.

[17] 孙智鹏, 陈立铎, 卜祥军, 等. 动力电池挤压机械损伤后性能演化研究 [J]. 电源技术, 2020, 44 (7): 4.

[18] 马瑞鑫, 刘吉臻, 汪双凤, 等. 锂离子电池热失控扩展特征及抑制策略研究进展 [J]. 科学通报, 2021, 66 (23): 14.

[19] 石下. 积极应对电池储能电站安全事故风险 [J]. 电力系统装备, 2019 (17): 2.

[20] 靳文涛, 徐少华, 张德隆, 等. 并网光伏电站 MW 级电池储能系统应用及响应时间测试 [J]. 高电压技术, 2017, 43 (7): 8.

第10章
储能系统智能制造
技术与生产管理

10.1 概述

储能技术按照储存介质进行分类，可以分为机械类储能、电气类储能、电化学类储能、热储能等，本章重点介绍电化学储能，以下简称"储能系统"。

储能系统的工艺设计，既要满足产品的安全和性能的可靠性要求，还要考虑生产中的安全、节拍、成本等要求。为了便于生产过程管控，储能系统按结构层级可分成5部分，分别为电芯、模组、电池模块、电池簇（包括高压箱）、集装箱系统。主要工艺流程如图10-1所示。

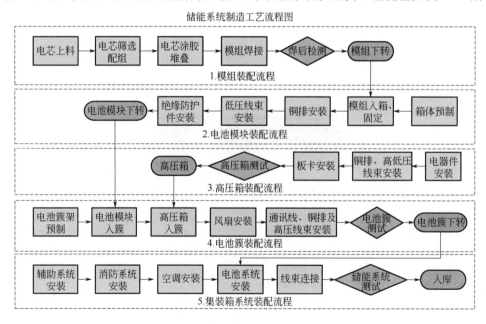

图 10-1　储能系统制造工艺流程

在生产过程中，电芯上线、模组下线、电池模块下线、电池簇下线、集装箱系统下线都会进行动态或静态测试，以确保产品的安全和性能。

储能制造行业，根据公司技术和工艺路线的不同，每家公司生产过程设置不同，有的公司涉及到整个生产环节，有的只做其中一部分。随着行业产业链的成熟，分工越来越精细化，系统集成商可专注于系统集成，这更有利于资源合理利用、降低生产成本。本章重点介绍储能产品各层级的生产工艺、关键工艺、生产流程管控及自动化与信息化制造技术等知识。

10.2 储能系统生产制造过程介绍

本节对储能系统中的各层级，包括模组、电池模块、电池簇及储能集装箱系统按照生产流程及制造工艺进行介绍。

10.2.1 模组结构和生产工艺

模组是指将若干电池单体通过导电连接件串联或并联成一个电源，各零部件通过工艺加工方式、固定在结构设计位置，协同发挥电能充放存储的功能。

模组按照电芯形状结构一般分为三种：方形铝壳电芯模组、软包电芯模组和圆柱形电芯模组，下面以储能系统中常用的方形铝壳模组的结构形式、工艺流程进行说明。

（1）方形铝壳电芯模组结构简介

在方形铝壳电芯模组设计中，虽然目前行业在大力推行电芯及模组的标准化，但模组结构还是多种多样，模组结构主要根据用户和使用需求来确定，最终导致模组的制造工艺也不相同。模组一般由端板、电芯、Busbar（汇流排）、线束隔离板、端板绝缘板、绑带、上盖等主要部件组成，图 10-2 是一种储能系统中较为典型的方形铝壳电芯模组结构。

图 10-2　方形铝壳电芯模组（见彩图）

（2）方形铝壳电芯模组工艺流程介绍

① 电芯分选。

模组工艺设计时，需要考虑模组电性能的一致性，确保系统整体性能达到或满足使用要求。为了保证模组电性能的一致性，需要对电芯来料进行严格控制。电芯厂家一般在出货前会按照电芯的电压、内阻和容量规格进行分组，但电芯厂家与系统集成厂家的需求是不同的，考虑到制造工艺、成本、电芯性能等因素，在模组生产时，系统集成厂家会按自己的标准重新对电芯进行分选、配组。

电芯分选标准的制定需充分考虑产品质量、生产效率、成本问题。分选前需要对电芯的外观进行目视检查，是否存在绝缘膜破损、绝缘膜有气泡、绝缘膜翘起、电芯漏液、正负极表面存在破损、污垢等不良现象。

② 等离子清洗。

等离子清洗是一种干法清洗，主要是依靠等离子中活性离子的"活化作用"，达到去除物体表面污渍的目的。这种方式可以有效地去除电芯极柱端面的污物、粉尘等，为模组激光焊接提前做好准备，以减少焊接的不良品；同时清洁电芯表面的脏污，粗化电芯表面蓝膜，提高涂胶的附着力。

③ 电芯涂胶。

电芯涂胶的主要目的有两个：一是用于固定电芯（增加电芯间摩擦力），防止电芯间发生错动位移；另一个是把电芯和模组的热量通过胶水传递出去。胶水的主要性能指标有黏结力、抗剪强度、热导率、耐老化、电气绝缘性、阻燃性、寿命等。

由于胶水的性能和配方不同，涂胶的工艺方法和设备也不同，在胶水选择和涂胶工艺方面，需要考虑胶水的安全环保性能、胶水的表干时间、胶水的用量。打胶时需注意胶量的控制，避免产生溢出从而影响其他工序生产及性能。

④ 绝缘耐压测试。

绝缘耐压测试的目的主要是检验电芯的极性，电芯间的绝缘性能以及各电芯与端板之间的绝缘性能。

⑤ Busbar 激光焊接。

模组焊接在模组生产中是非常关键的一道工序，若焊接不良品流出，可导致安全隐患，也可能导致模组报废。Busbar 与电芯极柱一般采用激光穿透焊。激光焊接介绍详见第 10.3 节关键工序介绍。

⑥ 焊后检测。

在焊接过程中，焊接设备一般对焊接的参数都有监控，如果监测到参数异常，设备会自动报警。由于影响焊接质量的因素（内在因素：焊接功率、焊接速率、增幅、离焦量；外在因素：保护气、环境、镜片等）很多，只通过参数监控来判断焊接质量，效果不是很理想；在实际生产过程中会通过焊后视觉设备外观检验，再次检查和确认焊接效果。

⑦ EOL 测试。

EOL 测试一般也称下线测试，是生产过程中质量控制的关键环节，主要针对模组的特殊特性进行测试，主要测试项目如下：a. 绝缘耐压测试；b. 内阻测试；c. 电压采样测试；d. 尺寸检测；e. 外观检查。

测试项目可根据用户和产品使用要求来修订，其中安全检测项目是必不可少的。

⑧ 模组的尺寸控制

模组的关键尺寸偏差过大，模组在电池模块中会无法安装，严重的甚至会导致模组报废。要控制好关键尺寸，需要通过模组堆叠、挤压、捆扎安装来实现；这就需要对电芯来料尺寸、堆叠挤压工装的设计、堆叠压力进行管控，定制量检具对模组尺寸进行检验把关。

10.2.2 电池模块结构和生产工艺

(1)电池模块简介

电池模块由若干模组采用串联、并联或串并联连接方式，且只有一对正负极输出端子的电池组合体，如图10-3所示。电池模块生产作为模组生产的后续生产过程，占据储能生产的一个重要环节，并且生产过程中，多为装配作业，自动化程度相对模组生产较低，所用人力较多。

图10-3 储能电池模块（见彩图）

(2)电池模块生产流程介绍

根据电池模块整体结构，整个电池模块生产流程如图10-4所示。

图10-4 电池模块生产流程图

① 电池模块外壳预制/插接件安装预制。

电池模块外壳/支架材质分绝缘材质、非绝缘材质，非绝缘材质多为金属钣金件，价格相对低廉，需进行绝缘预制，保证绝缘，绝缘材质多为高分子树脂材料。实际生产过程中，有效管控外壳/支架、绝缘材料部件加工精度的同时，两者之间的装配配合也是保证绝缘防护的关键事项。

为保证生产效率，实现电池模块连续生产，将插接件，BMU提前预制后，再上组装产线装配，连接件固定区分极性进行固定；预制BMU时为防止电子器件失效，需在静电防护条件下进行安装固定。

② 模组吊装固定。

传统模组入箱是通过人工搬运或半自动吊装设备吊入的方式，人工搬运效率低下、劳动强度大、安全风险较大。随着机械手及视觉识别技术的发展及普遍应用，模组自动入箱在电池模块生产中已成为现实。其主要是采用机械手、抓取工装并加以视觉识别系统辅助来实现模组自动抓取及定位入箱，如图10-5所示。

图 10-5　机械手抓取模组（见彩图）

③ 采集线束连接。

采集线束需按照图纸进行加工制造，一般由专业的线束供货商代工制造，保证线束端子压接可靠，线束插接件接线正确，具体按照线束工艺标准执行。线束连接按照产品电气原理图进行装配，依照紧固要求对线束端子进行紧固锁紧。温度采集点在电池模块上需按照设计要求，进行分布，并且点胶进行固定，粘贴牢靠。

为保证从采集线束走线合理且方便固定捆扎，电池模块会设计安装线束载体，从而有效保证线束固定，线束捆扎均匀，固定完成后，需对线束进行线序检测，确保采集线连接正确。

④ 模组串/并联连接。

模组串并联、输入输出连接铜排安装固定时，需确保连接点导通良好，固定扭力达到工艺设计安装要求，连接完成后，分别进行正、负极绝缘测试，达到设计绝缘要求。

⑤ 电池模块防护总成装配。

电池模块防护总成装配，电池模块为带电产品，为产品安全，需将暴露的电源极点进行有效防护，根据不同电池模块的设计要求，采取不同的防护措施。

⑥ 液冷电池模块生产工艺。

随着储能产品的迭代升级，设计的优化进步，一些新的设计理念应用于产品之中。其中液冷电池模块就是其中之一。该产品的特点：换热效率高、质量比较大、既可以散热又可以加热，但存在漏液风险。对于漏液风险控制，产品结构设计的合理性是重点，但生产工艺过程的管控也是不可或缺的，因此，对于生产过程提出了新的挑战。

首先，液冷道的加工工艺过程，要保证密闭要求，如采用自动化焊接保证箱体的焊接效果，应用无损检测技术，检验焊接效果，防止液冷管路焊接失效。电池模块生产装配过程需要对液冷管路进行密闭测试，多采用气密性测漏仪进行检测后，再进行后续装配生产。

⑦ 先进制造技术在电池模块装配中的应用。

模组标准化大力推行，但电池模块仍然种类多样，在实际的电池模块生产过程中，单一的生产装配线不适合当前储能市场需求，需要采用多品种小批量的柔性生产方式。

电池模块柔性生产线，依据产品生产工艺要求，将产品生产过程中所需的设备进行集成。自动物流配送系统依据电池模块物料种类、所需数量、产线节拍，确定配送频率。电池模块产线，实现工序之间产品自动流转，智能 AGV 物料自动配送，MES 系统互联互通，实现生产过程中关键数据绑定和追溯管理，工位检测、拧紧自动完成，质量过程主动防呆，工艺文件可视化。

⑧ 电池模块制造过程注意事项。

电池模块整个生产过程，选用拧紧工具应具备扭力要求，保证连接紧固有效。电池模块生产装配紧固点比较多，紧固效率也是生产过程中考虑的一个关键指标。实际生产过程中保证产线平衡率，生产过程连续，是电池模块工艺排布的重要工作。

10.2.3 高压箱结构和装配工艺

（1）高压箱简介

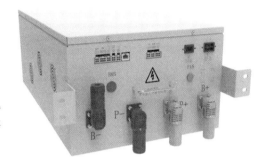

高压箱是专门为储能系统设计的高压动力回路管理单元，是连接电池簇和储能汇流柜的中间单元，高压箱具有电池簇电压、电池簇电流、电池簇温度采集，电池簇回路接触器控制和保护等功能，外形图如图 10-6 所示。

（2）高压箱装配流程

图 10-6　高压箱外形图（见彩图）

依据电池簇的电压不同将高压箱分为高压和低压两种，装配步骤一致，流程图如 10-7 所示。

图 10-7　高压箱装配流程图

① 高压箱装配注意事项。

高压箱装配关键的工艺技术一是线束的走线方式和位置，采集线和高压线距离过近会造成信号干扰以及高温熔化采集线的情况，所以必须选用合适的走线方式来规避这些问题；二是螺栓紧固，不同位置的铜排固定采用不同的力矩，力矩不足会导致紧固不紧，接触不良，过大的力矩会损坏航插及塑料件，增加短路的风险，所以合适的力矩选择也是高压箱装配中不可或缺的一部分。

② 高压箱测试。

高压箱的测试分为外观检查、接线检查、螺钉固定检查、器件安装检查、零地接线检查、外形尺寸检查、质量检查、绝缘阻值测试、耐压测试、上电测试、BMS 系统检测、绝缘采集检测、继电器功能测试、电压误差测试、电流测试、SOC 状态确认、SOH 状态确认等，通过将高压箱的二维码与铜排、板卡、线束等的二维码进行扫码绑定的方法进行数据追溯，便于后期的维修和保养。

10.2.4 电池簇结构和装配工艺

（1）电池簇介绍

电池簇主要由电池模块、高压箱、电池机架、风扇、动力电缆、串联铜排及串联通信线组成，如图 10-8 所示。

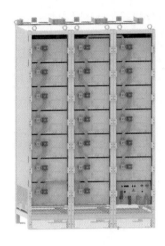

图 10-8　电池簇

（2）电池簇装配流程介绍

电池簇装配过程主要有电池模块及高压箱安装、风扇安装、通信线及动力线连接、风扇线束安装、高压箱线束安装，通信线及动力线连接，装配流程图如图 10-9 所示。

图 10-9　电池簇装配流程图

电池簇装配中关键工艺是使用多根动力线及通信线将电池簇上的电池模块串联成为一个整体，拥有整体的动力输出及通信连接，这个过程中要严格按照操作规程进行作业，避免将电池模块的正负极接错造成短路及人身事故，通信线的连接同样如此，错误的接线方式会导致电池簇无法通信，影响生产效率；另外螺栓紧固采用扭矩控制的方法，增加可靠稳定的拧紧质量。要实现螺栓紧固的方式，还需要保证拧紧工具满足拧紧过程中监控参数的功能。

但更为关键的是螺栓电连接的可靠性，由于电连接不仅需要承载一定的质量，还需要满足过电流能量，所以对电连接来说，比螺栓机械连接的要求更多。除了要满足螺栓的强度等级外，还需要关注材料的属性、压紧力大小、防松效果和接触面积大小。

电池簇装配完成后需对电池簇进行测试，包括外观检查、标识检查、螺钉紧固检查、极性检查、尺寸质量检查、绝缘电阻测试、耐压测试、静态性能测试、动态性能测试等，将电池簇的二维码与电池模块二维码进行绑定，便于后期数据的追溯。

10.2.5　储能集装箱结构和装配工艺

储能集装箱集成了电池系统、消防系统、热管理系统、电气配电系统、控制系统等核心设备，如图 10-10 所示。

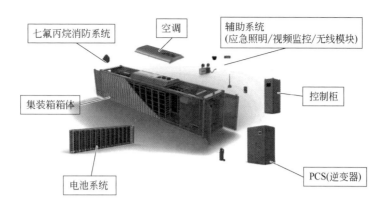

图 10-10　储能集装箱

10.2.6　储能集装箱装配流程介绍

储能集装箱装配流程如图 10-11 所示。

图 10-11　储能集装箱装配流程图

储能集装箱的装配，主要是将电池簇、监控系统、消防系统及热管理系统、储能逆变器（PCS）、配电控制柜、汇流柜等器件装配到集装箱内部，集成为最终的储能系统产品，在该过程中，涉及到各结构部件的装配固定及各电气设备的接电连接。钣金件采取提前预装的方式进行安装，部分线束在集装箱制造过程中提前铺设。在该过程中，由于集装箱内作业空间有限，主要还是采用手动及半自动方式进行装配。

储能集装箱装配完成后需对储能产品进行上电测试，储能集装箱测试主要是对固定螺栓进行检查，对整个系统进行上电测试，对保护功能进行测试，最后对整个系统进行充放电循环测试。

10.3　储能系统关键工艺介绍

储能系统制造过程中，部分工艺过程对储能系统性能及安全有重大影响，本章对其中关键工艺进行详细介绍。

10.3.1　电芯分选

电芯的分选主要包含电芯生产时间、外观、电压、内阻、容量、尺寸、质量的分选及测试。

（1）电芯生产时间

不同时间生产的电芯会随其储存时间增长而发生变化，如果生产时间差较大的电芯集成到一个系统中会影响其性能。因此一般采用同一批次的电芯进行系统集成。大部分系统集成厂家会将同一系统中的电芯生产时间控制在 3 个月内。

（2）电芯外观

电芯外观分选主要分为上顶盖和壳体，其判定标准参考电芯厂家及系统集成厂家的工艺技术要求。

（3）电芯电压

电芯成组前测量的电压通常是指电芯的开路电压，也称空载电压。根据电芯之间电压的差异进行分选。其中同一系统中单体电芯之间的电压差异越小，其一致性就越好。通常电芯生产厂家出货的电压范围无法满足系统集成厂家的使用要求，所以需要在电芯成组前进行二次分选。

（4）电芯内阻

内阻是评估电芯性能的重要指标之一，是电芯设计、生产过程、出货控制、使用过程以及报废全生命周期中重要的衡量指标。内阻分为直流内阻（DCR）和交流内阻（ACR）2 种，在电芯成组前通常使用交流内阻进行分选。

（5）电芯容量

电芯容量一般都会作为电芯分选的初选内容，也是考量电芯是否一致的重要参数。同一系统中电芯的容量要控制在一定范围内，其范围越小越好。

（6）电芯尺寸

因在整个系统中最重要的零部件就是电芯，所以电芯尺寸的一致性需要严格把控。正常情况下电芯的外观尺寸均需要测量，但因测量较为复杂且电芯厂家全检，所以通常上线前只进行厚度测量。

（7）电芯质量

电芯质量偏差会影响系统的能量密度，理论上容量相同的电芯，质量越轻能量密度越高，但上线前也要将电芯质量控制在合理范围内。

10.3.2　电芯等离子清洗

等离子清洗可以有效清除电芯表面的有机物和微小颗粒，提高后续激光焊接的可靠性和模组粘连的稳定性。电芯表面是否干净，将直接影响模组连接的可靠性与耐久性。

等离子清洗技术是所有清洗方法里最彻底的剥离式清洗技术，而且它最大的优势是清洗后没有废液，最大特点是可以很好地处理金属、半导体、氧化物和大多数高分子材料等，也能实现对整体、局部和其他复杂结构的清洗。通常情况，涂胶前，会对电芯两个大面（涂胶面）进行等离子清洗，涂胶设备及原理如图 10-12 所示。

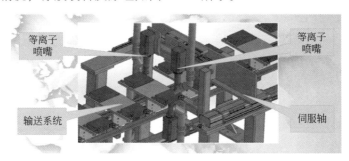

图 10-12　等离子清洗设备示意图（见彩图）

（1）等离子清洗处理的流程

等离子清洗处理的流程为：电芯上料→等离子清洗→电芯正面→电芯反面→等离子清洗→电芯下料。

（2）等离子清洗的优势

① 等离子清洗是一种干式清洗技术，它通过高频高压将压缩空气或工艺气体激发成等离子体，让等离子体去和微小颗粒、有机物等发生物理或化学反应，从而形成洁净并微粗化的表面。
② 等离子清洗的使用成本比较低，它基本不产生其他废气，是一种绿色环保的方式。

10.3.3　涂胶工艺

涂胶工艺在储能产品中会涉及到两种性质的胶：一种是电芯堆叠时防止电芯间相对滑动的结构胶；另外一种是电池模组与箱体之间的导热胶，一般两种胶都会采用双组分的 A、B 胶形式使用。一般 A 胶是主性能胶，B 胶是起到使 A 胶快速固化的效果，故需涂胶设备将两种胶混合搅拌到一起涂在电芯表面或箱体表面。下文以电芯间的涂胶对涂胶工艺及设备进行介绍。

电芯表面处理和组装之间，需要表面涂胶。涂胶不仅可以起到固定作用，还能达到散热和绝缘的目的。目前，业内很多领先的电池企业会采取国际最先进的高精度涂胶设备与机械手配合，可以设定轨迹来涂胶，并且实时监控涂胶质量，来确保涂胶品质，进一步提升了不同电芯模组的一致性，保障了焊接的稳定性。图 10-13 为涂胶设备外观图。

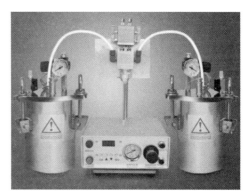

图 10-13　电芯涂胶设备

（1）设备功能

电芯涂胶设备主要包含以下步骤：

① 电芯托盘输送到位，托盘顶升定位，定位机构对电芯进行二次定位。

② 机械手带涂胶头对电芯进行涂胶。

③ CCD 对胶型视觉检测。

④ 检测完成后，定位机构打开，顶升机构下降，托盘流入下一工位。

（2）基本技术指标

① 涂胶设备主要由供胶系统、中转系统、计量系统及管线包组成，如图 10-14 所示。

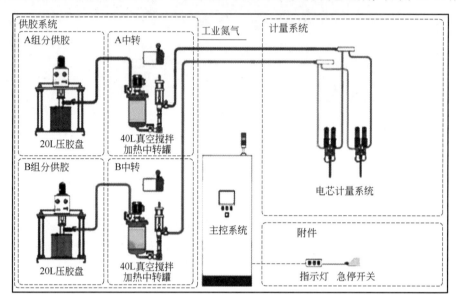

图 10-14　电芯涂胶系统原理图

② 供胶系统具备低液位报警功能。

③ 中转系统具有液位检测功能、真空脱泡功能、搅拌功能、不停机换料及加热功能。

④ 可以实时监测分别调节 A、B 组分的进胶压力、预压力、工作压力。保证进料时计量缸填满，出料时同步，压力均衡，计量准确，涂胶量可调。

⑤ 计量设备均配置流量计，可实时监控流量及涂胶比例。

⑥ 具有自动补料，搅拌，干燥等功能，确保胶水配比精度和胶量精度；实时监测胶水压力范围、温度范围、配比精度范围，全系统完善的防错防呆功能确保系统不会错误涂胶而造成涂胶不良，不会导致产品报废。

⑦ 可基于上位机进行涂胶轨迹自定义：每个电芯可涂 "U"、"Z"、回形、环形等多种胶型，具体尺寸可调整，设备能存储多个涂胶轨迹配方且可切换调用。

⑧ 设备控制系统可与 MES 系统通信，收集设备生产参数。包含但不限于以下参数：箱体和模组编码、涂胶到装配时间、涂胶量设定值、打胶速率、每组件 A/B 胶水用量、压力、时间、体积和体积比等。

⑨ 设备配置 2D 视觉系统对涂胶轨迹和涂胶质量进行监控，对无胶、断胶、胶线过宽、过窄、胶线的位置进行判定处理。

⑩ 有胶水过滤装置，具备缺料防呆（胶量低液位报警）、堵胶防呆（压力报警）、涂胶防撞（力矩报警）、涂胶位置防呆等功能。

10.3.4　Busbar 的焊接

随着锂电池行业的迅猛发展，电池的装配技术也在不断地迭代更新，模组内电芯的串并联连接方式，由最初的螺钉连接大多转变为激光焊接，激光焊接具备焊接效率高，易于实现自动化的优点。激光焊接作为模组装配制造过程中关键工序，焊接质量直接影响着模组的电性能。

（1）激光焊接原理

激光焊接是将高能量密度的激光束作为焊接热源，作用到焊接材料表面，部分激光能量被材料表面反射，部分与材料相互作用，使材料局部温度迅速升高并熔化形成熔池，熔池冷却凝固后形成焊缝，从而达到焊接的效果。根据焊缝成形特征可以将激光焊接分为热传导焊和深熔焊两类，如图 10-15 所示。

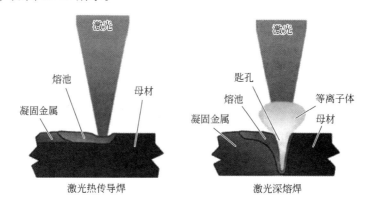

图 10-15　激光焊接两种焊接形式

热传导焊，激光功率密度较低，功率密度一般小于 $10^5 W/cm^2$，被焊工件表面温度在母材熔点和沸点之间，工件表层吸收激光能量使母材局部温升到达熔化状态，然后通过热传导的方式到达母材内部，使熔池面积变大，热传导焊过程不产生小孔，熔深较浅且熔池多呈半圆形，主要用于薄板焊接。

激光深熔焊，激光功率密度较高，功率密度一般大于 $10^5 W/cm^2$，工件材料表面在激光的作用下迅速升温达到沸点，使被照射母材区域迅速熔化、汽化，并形成小坑且不断加深，最后在液态金属中形成一个充满因高温蒸汽而电离形成的等离子体的小孔，最后形成较大深宽比的焊缝形貌。模组的汇流排一般在 2mm 左右，模组的激光焊接属于激光深熔焊的范畴。

（2）激光焊接系统

模组焊接目前主要是以焊接工作站的形式展开，整个焊接系统包括激光器系统、视觉系统、机器人系统、焊接工装及辅助系统等部分组成，如图 10-16 所示。

图 10-16　模组激光焊接系统

其中激光器系统包括激光器、光纤、振镜、激光水冷设备及激光器控制柜。激光器是激光产生的关键器件，也是最昂贵的设备系统。目前在储能系统中，方壳模组的焊接一般配备4000~6000W 的激光器即可满足模组的焊接生产，其中市面上主流激光器还是以国外的 IPG 及通快为主。光纤主要起到激光传输的作用。振镜作为出光系统，是实现激光焊接的关键器件。机器人焊接系统主要是方便激光头或振镜的移动，实现不同产品的焊接轨迹焊接。视觉系统包括相机及拍照信息处理系统，主要是确定焊接位置，同时防止焊接中焊接轨迹焊到电池极柱上。焊接工装也是模组焊接的关键设备，主要是保证汇流排与极柱压紧并达到提供保护气的效果。

（3）模组的焊接工艺

模组的激光焊接主要是 Busbar（汇流排）与电芯极柱进行搭接焊，Busbar 在极柱上方，激光能量使上层 Busbar 熔化、下层极柱部分熔化达到焊接的效果，如图 10-17 所示。

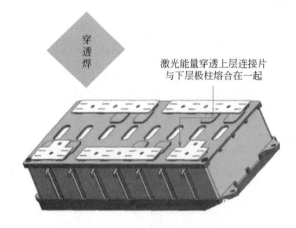

图 10-17　模组的激光焊接

模组的焊接主要通过控制激光功率、焊接速率、离焦量及保护气流量等关键参数进行焊接。根据 Busbar 的厚度设置不同的激光功率、焊接速率及离焦量来控制激光输出的能量，从而获得不同的熔深效果。同时在模组焊接过程中，也会考虑激光焊接设备情况，设计不同的 Busbar 形式，部分 Busbar 会通过压孔的方式来减少焊接厚度，通过改变焊接轨迹来获得同等的焊接过流面积。

在模组的焊接过程中，由于 Busbar 及电芯极柱都为纯铝材质，在焊接过程中常出现气孔、飞溅等焊接缺陷。故在焊接前要特别注意焊接工件的清洁，防止 Busbar 及电芯极柱被氧化，焊前进行清洗，焊接过程中要进行保护气防护，图 10-18 为在氩气保护下的焊接铝排焊接效果，可以发现焊接表面光亮。焊接效果除可以通过目视焊接外观外，还可以进行焊缝金相的熔深及搭接处熔宽的测试及焊接接头拉伸等力学性能测试。

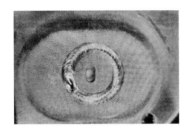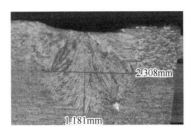

图 10-18　焊接外观及焊缝金相形貌（见彩图）

（4）先进激光焊接技术

随着激光焊接技术的发展，一些前沿的激光焊接技术也逐渐应用到模组的焊接过程中，如光束可调技术、蓝光激光、摆动焊接及焊接过程检测 OCT 技术等。

光束可调技术，最具代表性的是 IPG 推出的 AMB 激光器，产生的激光器光束效果如图 10-19 所示。通过调节光束模式，产生一个更大的稳定的匙孔，环形光束使材料软化，并朝熔池底部偏转，减少了焊接飞溅及气孔，有效提升了焊接质量及效率。

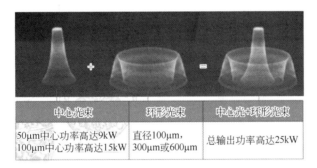

图 10-19　AMB 光束可调（见彩图）

由于铜和铝等材料属于高反材料对红外波段（波长 λ=1064nm）的激光吸收较差，激光焊接时会产生大量飞溅，故在焊后需对模组焊接位置进行清洁。相比红外波段，铜和铝等高反材料对于蓝光（波长 λ=488nm）的吸收更高，几乎是红外波段的十倍，蓝光激光器可以在更低的功率下进行焊接，飞溅大大减少了，目前市面上也推出多种蓝光激光器，但受制于激光器功率及设备成本，目前暂未应用到模组焊接中。

摆动焊接是采用专用的焊接振镜对光束进行摆动，使光束加工范围变大，对焊缝宽度有更好的容忍度，提升焊接质量。采用摆动焊模式焊接汇流排及极柱，通过光束的搅拌效果，可以更好地让气体逃逸出去，减少气孔，从而改善焊接接头的性能。在摆动焊过程中可以改变摆动频率和摆动幅度来优化焊接工艺。图 10-20 为摆动焊不同摆动类型及焊缝成形外观。

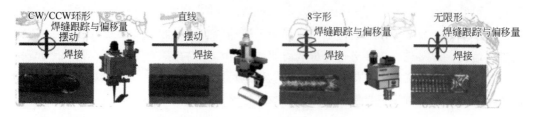

图 10-20　光束的摆动形式（见彩图）

OCT 检测技术是基于光学相干断层扫描原理，测量精度极高，可以实时测量焊缝熔深，对焊缝表面质量进行检测，对焊接过程进行实时控制，无需单独工位，无需额外时间，实现生产节拍的最优化，提高生产效率。

10.3.5　螺栓拧紧控制

螺栓连接是机械装配的基本方法，广泛应用在各行各业的产品中，采用螺栓紧固连接具有装配方便、拆卸便利、装配效率高及成本低等优点。在产品装配中，一些螺栓拧紧对产品的质量安全有重大影响，故其拧紧过程必须受到控制。在储能系统产品的各个环节装配中，都会有螺栓拧紧的过程，包括结构件固定、低压线束锁紧、铜排连接锁紧及高压线束锁紧等。

（1）螺栓拧紧技术简介

螺栓连接系统是由单个或多个螺栓连接两个或多个零件组成的一个可分开的系统。在螺栓的拧紧过程中，螺栓受到拧紧力矩的作用发生变形，螺栓受到拉伸力发生拉伸变长，被连接件受到夹紧力压缩，两者受到的压力大小相等、方向相反，受力图如图 10-21 所示。螺栓的紧固效果与螺栓的连接结构、被连工件的表面效果及拧紧工艺息息相关。在防松结构方面，在机械装配中会使用到自锁螺母、尼龙锁紧螺母、锯齿法兰面螺母、锥垫螺母、预涂物料胶螺栓及唐氏螺纹等；在连接件表面方面，会采取工件表面镀层或工件表面粗糙处理等；在拧紧工艺方面，通过引进先进的拧紧工具，如 Atlas/Bosch 等厂家高精度拧紧工具，通过控制扭矩、角度及时间等参数，进而实现复杂的拧紧工艺，提升拧紧质量。

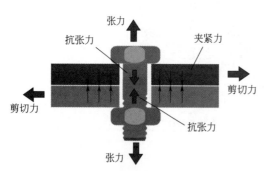

图 10-21　螺栓锁紧受力示意图

（2）紧固力矩控制

在螺栓的拧紧过程中，一般是通过扭矩值来控制，扭矩值的控制有扭矩控制法、扭矩-转角控制法、屈服控制法等。

扭矩控制法是拧紧时通过拧紧工具控制螺栓的紧固力矩，螺栓的轴向力和拧紧力存在一定关系，故可通过扭矩来控制螺栓轴向力的控制。但在使用扭矩法紧固螺栓时，螺栓紧固的摩擦系数对螺栓的轴向力有一定影响，摩擦系数较大时，可能会使螺栓获得的轴向力小于安全阈值，零件使用过程中会出现松动；如果螺栓摩擦系数较小时，可能会导致轴向力高于材料极限，螺纹紧固出现断裂、滑丝或者连接件压变形、压裂等现象。

扭矩转角控制法是螺栓紧固件拧紧到一定程度后，再拧紧一个角度，达到目标轴向力。其原理是紧固系统总的变形量与螺栓拧紧转过的角度呈线性关系，进而可以通过转角控制连接系统的轴向力。

屈服法就是将螺栓紧固件拧到屈服点，从而充分发挥其材料极限。但拧到屈服点的螺栓不允许二次使用，对该拧紧垫返修时需更换螺栓。

（3）储能系统产品中的紧固力矩控制

在储能系统产品中，螺栓紧固涉及结构件的紧固、低压线束的紧固和高压电气设备的紧固。其中结构件的紧固主要对储能产品的结构强度及运输产生影响，低压线束的紧固主要对储能系统的通信及信号采集产生影响，高压电气设备的紧固对储能产品的过流及产品安全有重大影响，连接接触不良会导致接触电阻增大，发生局部过热情况，严重时会损坏周边绝缘材料，甚至发生不同电路的短路等重大安全问题，故高压电气设备间的紧固连接是储能产品中的重点控制项。

在储能产品中，螺栓紧固的控制方法，一般采用扭矩转角的控制方法。增加可靠稳定的拧紧质量，要实现螺栓紧固的实现方式，还需要保证拧紧工具的选择，满足拧紧过程中需要监控参数功能的要求。同时为防止螺栓连接件的松动，储能产品中的高压电气设备表面会采取镀层或表面粗糙处理，来增加防松效果。紧固螺栓配合锥形垫片等零部件使用。在拧紧顺序上，当螺纹连接呈一字形排布时，从内向外拧紧优于从左到右或从右到左拧紧；呈矩形分布时，采用对角拧紧顺序由于顺时针或逆时针拧紧。同时拧紧速率也要根据紧固件的摩擦系数进行合理设置。

随着信息化技术发展，目前定扭工具已具备数据上传的功能，可以很好地起到防呆防错的功能，主要原理图如图 10-22 所示。定扭枪在锁紧时会通过无线传输模块将输出力矩传到后台 MES 服务器，MES 服务器接收到扭矩枪信号会与预设值进行比较，可以很好地防止螺栓漏打或力矩不够的出现。

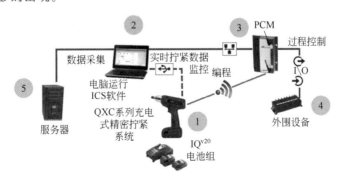

图 10-22　扭矩上传原理示意图

10.3.6 气密检测工艺

气密性是指器件的气体密闭性能，在储能电池系统中，气密性测试主要是针对采用液冷的储能系统，需要进行气密测试的部件主要涉及到电池包液冷管路的气密性、电池包的气密性和集装箱管路的气密性，通常液冷管路及电池包的气密等级为 IP67。

储能系统中，电池包或管路的气密测试，主要是通过气密测试仪器及管路工装来实现。液冷管路的测试主要检验管路注塑密封性及焊接处的密封性，液冷管路的气密测试测试压力一般较大，一般在 0.3MPa 左右。电池包的气密测试主要是测试电气设备与箱体、上盖和下盖等部件的装配气密性，电池包的气密测试压力一般较低，测试压力在 0.3kPa 左右。

关于储能系统的气密测试一般采用正压测试，通常有预充气、充气、平衡、测试及泄气等几个阶段。预充气一般是在电池包气密测试时设置，由于电池包需要充气空间较大，一般采用较大的压力进行预充气，后续再采用测试压力进行充气，保证测试压力稳定、精准，同时提高测试效率；液冷管路的测试过程中，因为测试压力较大，故一般采用测试压力为充气压力。关于不同产品的测试工艺标准，与产品的防护等级及测试设备有关。

10.3.7 测试

（1）模组测试

模组测试主要分为模组绝缘测试及模组 EOL 测试，模组测试设备如图 10-23 所示。

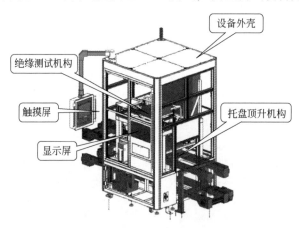

图 10-23 模组绝缘检测设备示意图

1）模组绝缘检测。

模组绝缘检测主要分为：相邻电芯正极间绝缘耐压测试、模组所有电芯正极与模组端板间绝缘耐压内阻测试；对电池模组进行绝缘耐压测试，是检测电池模组安全性非常重要的测试工序。相邻电芯正极间绝缘测试是在相邻两颗电芯正极间施加合适电压，观察绝缘阻值及漏电电流，同时时刻观察被测电芯有无异常状态；模组所有电芯正极与模组端板间绝缘耐压内阻测试是选取合适电压分别测试模组所有电芯正极对模组端板间绝缘阻值。

在进行模组绝缘耐压测试时，选取合适的电压较为重要，因为每种电芯及电芯蓝膜的绝缘耐压等级均不同，选取合适的电压防止对电芯及其他模组附属件带来不必要的损伤，同时，现在所用到的电芯其外壳带电，且与正极导通，所以电芯钢壳外会有蓝膜进行包裹，通过对模组进行绝缘耐压检测可以及时发现电芯蓝膜是否有破损，一旦电芯蓝膜出现破损，模组整体会有较大的安全性隐患。此外，蓝膜出现破损会加剧电芯自放电的可能，进而影响整体模组及 PACK 产品的电芯电压一致性，导致整体产品电性能及寿命出现较大的衰减。

2）模组 EOL 测试。

模组 EOL 测试主要分为：单体电芯电压测试、模组总压测试、模组静态压差测试、电芯电压与 OCV 压差对比测试、电芯温度采集测试、电芯静态温差测试，模组 DCR 测试等。测试设备示意图如图 10-24 所示。

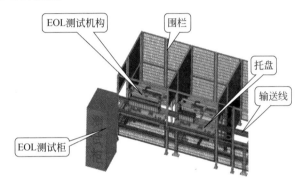

图 10-24　EOL 测试设备示意图

① 单体电芯电压测试主要是通过接插件采集模组内所有电芯的静态电压，判断单体静态电压是否符合要求，同时判断模组在焊接完成后是否出现单体压降及其他异常，保证产品质量。

② 模组总压测试主要是直接测量模组总正总负之间电压，判断是否符合规定要求。

③ 模组静态压差测试主要是通过接插件采集模组内所有电芯的静态电压，计算静态压差，判断是否符合规定要求，通过控制模组静态压差可以很好地保证模组产品电压一致性。

④ 电芯电压与 OCV 压差对比测试主要是通过 FPC 采集到的单体电压与 SOC、OCV 电压进行对比，判断差值是否符合规定要求。

⑤ 电芯温度采集测试主要是通过 FPC 接插件采集模组内所有温度探头的温度，判断是否符合规定要求，同时通过与基准温度探头进行对比，判断 NTC 工作状态及灵敏度是否正常。

⑥ 电芯静态温差测试主要是通过 FPC 接插件采集模组内所有温度探头的温度，并与设备外接基准温度探头温度进行对比，判断电芯静态温差是否符合规定要求。

⑦ 模组 DCR 测试是选取合适的功率及时间对模组进行放电，记录数据并进行计算得出 DCR 值。

通过以上各项测试可有效保证模组的整体性能，其中模组 DCR 测试尤为重要，通过 DCR 测试可以评估模组整体的电性能，需要注意在 DCR 测试中，参数的选取较为重要，参数选取过大容易对电芯及模组带来不必要的损伤，影响产品的电性能及寿命，同时参数设置过大的 DCR 测试容易导致电芯内部出现微短路，微短路在初期无明显变化，较难发现，但产品长时间使用后，会有较大的安全隐患，一般来讲，DCR 参数值主要应用于焊接质量或连接端的阻抗值的评估，但国外对 DCR 值应用更多是评估其放电功率或能量的能力。

（2）高压箱测试

高压箱测试，大体可分为外观及性能测试，测试流程图如图 10-25 所示。

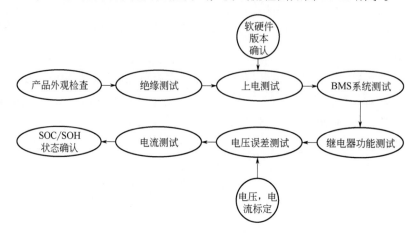

图 10-25　高压箱测试流程图

① 产品外观检测主要观察箱体有无破损，标识是否正确，线束有无破损，箱体尺寸是否符合要求，接线是否正确，与图纸是否相符，电气设备安装是否到位，需重点关注接触器的方向是否正确，螺钉是否紧固到位，质量是否符合要求。

② 性能测试。

a. 绝缘阻值检测：主要确定各高压箱动力接插件与高压箱壳体之间绝缘阻值是否符合要求，需注意在进行绝缘测试前去除所有低压通信接插件连接，以防带来不必要的损伤。

b. 上电测试及版本确认：闭合开关，查看指示灯状态，同时，使用上位机查看版本状态。

c. BMS 系统测试，使用上位机读取信息，确定主从板通信是否正常，是否存在系统故障。

d. 继电器功能测试，通过吸合断开各继电器，测试相应电压，确定对应关系与实物是否一致，通过闭合不同继电器，测量相应电压，确定继电器工作状态是否正常。

e. 继电器反馈触点测试，闭合各继电器上位机观察继电器反馈触点状态。

f. 电压电流精度测试，通过与电池簇配合测试，对电压电流进行测试，确定电压电流精度是否符合要求；需注意在进行测试前，需对高压箱电压电流进行标定。

高压箱各项测试完成后，需对 SOC、SOH 状态进行确认，是否符合出厂条件。

（3）电池簇测试

电池簇测试：主要分为产品外观检查、绝缘测试、静态测试及动态测试，具体流程图如图 10-26 所示。

① 外观测试主要观察箱体有无破损，变形，标签是否正确，各插箱正负极与高压标识是否清晰，准确；固定螺钉是否紧固到位；使用万用表测量确定各电池插箱极性是否正确；测

量箱体尺寸是否符合要求；对电池插箱进行称重，确定质量是否符合要求。

图 10-26　电池簇测试流程图

② 绝缘耐压测试：使用绝缘测试仪分别测试电池簇总正，总负与壳体之间绝缘阻值；需注意，在进行耐压测试时，需选取合适的电压进行测试，以免对电池簇整体带来不必要的损伤。

③ 静态测试主要通过使用相应测量器具及上位机，对电池簇静态数据展开测量，包括各项单体电压数据，单体温度数据，确认各项数据如各静态单体电压、静态单体温度、静态压差、静态温差等数据是否符合要求。

④ 动态测试主要使用充放电测试仪对电池簇展开性能测试，如 DCR 测试、动态压差测试、温升温差测试等；在进行 DCR 测试等动态测试时，需注意温度的影响，在不同的温度下进行的测试得到的数据不一致，所以需判断当前温度与测试电流是否相符，避免因选取测试参数不当导致给电池簇带来不必要的损失，但是，当前温度低于 5℃时不宜展开动态测试。

（4）系统测试

系统测试主要分为四部分：安装接线检查、上电通信检查、保护功能测试及性能测试。

① 安装接线检查：此部分主要确定各系统模块是否安装到位，各系统接线是否正确，与接线图纸及接线工艺是否相符；各系统接地是否符合要求，最后再次对各电池簇进行绝缘耐压测试，确定其绝缘性是否符合要求。

② 上电通信检查：在进行此部分测试时，首先需将 380V 市电接入控制柜，上电后，展开测试。a. 首先进行控制柜状态检查，通过闭合相应继电器，测量各相应端子排输出电压是否正常；b. 控制柜功能测试，通过 PLC 控制 DO 点输出，随后观察及测量端子排的通断及各继电器状态，完成 PCS，控制柜及各分系统的功能测试；c. 控制柜通信检查，通过 PLC 或触摸屏确定系统通信是否正常；d. 电池簇状态检查，通过上位机确认各电池簇状态是否正常，各项数据及参数设置是否符合要求。

③ 保护功能测试：此部分测试主要确定各设备系统通信功能策略及热管理功能是否正常，首先，进行 BMS 通信检查，空调通信检查及温湿度通信检查，观察 BMS 通信指示灯及空调通信指示灯是否正常，温湿度信息显示是否正常，其次，进行保护功能测试，主要包括控制柜急停测试、EMS 急停测试、PCS 急停测试、消防报警测试、UPS 故障测试、BCMS 通

信失败故障测试、温湿度采集模块通信测试、进水测试等各项测试，主要通过干接点信号短接完成模拟测试。

④ 性能测试：因储能系统功率较大，完全依托电网进行测试，影响较多，且存在安全隐患，性能测试主要通过 PCS 进行对托测试，因串并联方式不同，电池簇的对托方式也不同，需注意在进行对托测试时，PCS1 与 PCS2 充放电方向相反，充放电功率需根据整体系统进行选择，采用不同功率充放电，验证整个系统是否正常，在进行不同功率测试时，需观察电池系统与 PCS 采集数据是否正常，热管理性能是否符合标准，电性能是否符合标准，在进行对托测试时，需注意 PCS 对功率指令响应的同步性高，功率差值＜50kW；流程图如图 10-27 所示。

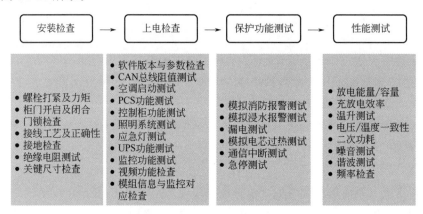

图 10-27　储能系统测试流程图

10.4　生产过程控制

生产过程控制是实现生产作业计划的重要保证，生产过程控制主要是对产品生产进度的控制以及产品数量和质量的协调控制。生产过程控制是以最佳的方式将企业的诸多因素（例如人、机、料、法、环、测），结合各环节方面的工作，经过一系列的加工生产，直至产品生产出来的全部过程。生产过程控制是产品质量提升，生产效率提高，生产周期缩短的重要管理方法。生产过程控制可分为两部分进行管理：一是生产计划的管理；二是产品制造过程的管理。在储能产品的生产过程控制也是按照这两方面进行讲述。

10.4.1　生产计划管理

生产计划是企业根据自身的生产能力和客户需求，组织生产作业，以满足定期交付的过程。因此，制订合理的生产计划，保证生产计划的可靠性，首先要做的是对企业的生产能力进行精准评估。

生产能力对于所有企业都是一个重要的问题。生产能力是指一个作业单元满负荷生产所能生产的最大限度，由于企业种类的广泛性，不同企业的产品和生产过程差别很大。影响生产能力的因素如下：产品、人员、工艺、运作、其他因素；计算生产能力是做好生产能力规划工作的必需步骤，也是企业必须重视的问题，通过计算生产能力，不仅能够认识自己的实际能力，可以发现生产过程的瓶颈部分和过剩环节；当新产品试生产时或生产过程有变更时，或者合同订单中有新型号时，技术部要进行产能计算及评估。

在合理评估完企业生产能力后，对订单做出合理的生产计划安排。目前储能产品还不具备统一的产品标准，市场上储能产品各式各样，但各公司都具备自己相对标准化的产品，由于储能产品的标准化程度较低，故其生产交付周期较长，故在储能生产中，为保证交期，同时做好产品质量控制，需对储能产品的交付计划及生产计划进行详细的规划，生产计划主要按以下流程制订。

① 销售部根据与客户沟通的结果或直接获取客户的订单需求计划，汇总后将下一阶段生产所需的订单信息通知计划科。

② 计划科根据订单信息，整理后结合库存及发运情况，制订生产计划，该计划是订单驱动。根据生产计划，分解并下达周及日生产计划。统计员需统计当日及周生产计划的完成情况，要及时反馈计划科。

③ 生产车间根据生产计划，安排组织生产。当顾客对订单有紧急需要时，销售部应及时通知计划科，计划科根据顾客对订单紧急需求的状况结合公司实际的生产应变能力对非原生产计划内的订单进行追加修正。生产车间将完成的合格产品入成品仓库并办理入库手续。

生产计划是生产管理的核心部分，制订生产计划是为了充分整合利用企业资源，最快地响应客户的需求，完成订单交付。

10.4.2 制造过程的管理

产品制造过程的管理是建立在完善的物料供应、控制和合理的工艺规划前提下展开实施的，下面对物料供应及控制、工艺规划分析及具体的制造过程实施及控制进行讲解。

10.4.2.1 物料供应及控制

储能产品是一个复杂的集成系统，涉及的物料达上百种，故物料的供应及控制，对储能订单的交付及储能产品质量的控制有重大意义。由于储能产品的交付周期较长，故一般在行业内，储能产品生产企业会对原材料或半成品进行储备。

物料的供应一般是计划科根据生产计划结合库存，制订物料采购计划，采购部按《采购控制程序》执行采购。采购过程中，应与计划科保持有效沟通，以确保生产计划的按期完成。对于顾客提供的物料，采购部要及时上报客户。

物料供应是保证订单交付的根本，来料质量控制是产品质量的基石。来料的控制一般是通过供应商管理及来料检验来实现。

供应商既包括为企业生产产品提供原材料、设备、工具、服务等其他资源的企业，供应商可能是生产性企业，也可能是服务性企业。供应商的管理其实是从对供应商的了解、开发开始，包括后续对供应商的监督及考核。对供应商进行管理主要是为了保证其给企业提供合格的原材料或优质的服务，进而保证产品的质量。储能产品的供应商包括电芯厂、线束厂、钣金厂等原材料厂商、各种设备厂商和其他服务厂商。

来料控制是企业整个质量管理的源头，也是质量控制体系的关键环节。如果不能对来料质量把关，让不合格物料流入仓库或产线，质量问题将在后续工序呈指数倍放大。储能产品的物料控制，包括电芯、线束、钣金件、电气设备及热管理系统，如电芯的容量、内阻及批次符合来料状态；钣金件的尺寸、表面状处理效果及强度等指标。

10.4.2.2 工艺过程规划及分析

在储能产品的生产过程中，一般需要具备的工艺文件有：特殊特性清单、过程流程图（PFC）、PFMEA、控制计划和标准作业指导书。

在产品设计过程中，对于产品的关键特性要明确，同时明确相关过程关键特性，在制造过程中，对过程特性进行严格控制，对产品特性进行确认把关，关于特殊特性说明如下：

① 特殊特性是指由顾客指定的产品和过程特性，包括政府法规和安全特性及影响顾客满意的产品和过程特性，和由公司通过产品和过程的了解选出的特性。

② 在实施 APQP 过程中，当顾客在其设计记录中标出特殊特性符号时，按顾客指定的执行；客户未指定或明确时，由 APQP 小组组织识别并确定产品和过程的特殊特性，并采取相应符号在 PFMEA、控制计划、工艺指导书中予以明确标识，作为现场操作人员控制的重点，以满足顾客的要求。

③ 公司要对特殊过程保证产品合格的能力进行确认，确认包括人员、设备的认可，确认时生产的产品的检测结果需 100%符合要求。

④ 确定特殊过程人员名单，对其进行培训，对人员资格进行鉴定，如考核通过则发放上岗证进行授权。

在生产过程中，明确关键特性，确定关键岗位，做到定岗定责，使每个生产人员都是质检员，做到产品层层把关。

过程流程图是对过程进行识别和分析的结果，是按照实现一个过程的各个步骤顺序和相互关系排列起来的图标，是一个过程中 5M1E 合理配置及互动的一种程序框图。过程流程图能够展示 5M1E 各要素进入或流出系统的状态以及相互关联与相互作用，将复杂关系简化，是指导过程运行行之有效的方法和工具。在储能系统制造中，其过程流程图，可分模组、电池模块、电池簇、电池系统等层级绘制对应的过程流程图。

PFMEA 即过程潜在失效模式及后果分析，用于对制造过程的每个工步可能发生的失效进行分析，并评估每个失效的风险等级，对风险等级高的问题尽可能采取改进和预防措施，从而降低整个制造系统的风险等级，是针对产品制造过程进行质量控制的一种有效方法。PFMEA 通过各种失效的严重度、发生频度和可探测度来量化失效模式，从而便于风险等级划分及重点控制。

在 PFMEA 执行过程中，主要采用七步法，包括策划和准备、结构分析、功能分析、失效分析、风险分析、优化（风险降低）和结果文件化。策划和准备主要是明确制订项目计划、明确项目分析范围，确定分析边界；结构分析是确定制造系统，并将其分解成过程项、过程步骤和过程工作要素，结构分析过程中，将结构可视化的方法是采用过程流程图和结构树；功能分析的目的，就是要确保相应的功能分配到合适的分解项中，在做功能分析时，可以在结构图、结构树或流程图中，加入功能要求的描述；失效是跟功能相对应的，是由功能推导过来的；风险分析的目的是通过对严重度、频度和探测度评级进行风险评估，并对需要采取的措施进行优先排序；优化的目的就是在风险分析的基础上，确定降低风险的措施并且评估这些措施的有效性。降低风险就是要降低风险的严重度、降低风险发生的频度或者是提高风险可探测度。文件化是 PFMEA 分析可以形成一系列的报告，可作为设计开发的输入存在于设计开发文档中。

控制计划是产品质量策划中非常重要的步骤之一，是一种为了减少过程和产品变差而制订的一种书面描述，从而能够保证所有的过程都在计划控制之中。控制计划对产品质量策划中的每一个步骤都进行控制，在进行储能产品样件的制作中，可以通过控制计划对产品的尺寸和产品制作材料以及产品功能进行书面描述。在进行试生产的过程中，可以使用控制计划作为产品参考依据，从而判断产品生产质量。在大批量的储能产品生产过程中，控制计划可以成为质量检测中的综合参考文件，从而实现产品质量的监控，达到提高产品质量的目的。

标准作业指导书是由企业内部根据产品设计图纸、制造厂说明书、相关的验评标准、编写人员现场所积累的经验以及成熟实用的工艺将某一项或同一类型工作以文件的形式、统一的格式描述成标准操作步骤和要求而编写的指导性文件，其作用是指导和规范操作人员日常的作业内容，以期让操作人员通过相同的作业程序达到相同的产品质量水平。作为操作人员的作业指南，SOP 是质量体系中不可或缺的部分，也是监督人员用于检查工作的依据，更是促进质量一致性和产品完整性的重要文件。

标准作业指导书是实现标准作业的前提，标准作业是将作业人员、作业顺序、工序设备的布置、物流过程等问题做最适当的组合，为达到生产目标而设立的作业方法。它是以人的动作为中心、按无浪费的操作顺序进行生产的方法。标准作业对于企业可以起到积累员工工作经验、技术和方法，规范作业标准，防止质量、设备和安全事故，提高作业效率、提升产品质量，方便新进员工培训快速上岗的目的，所以，标准作业指导书对企业产品生产异常重要。

10.4.2.3　制造过程实施及控制

根据产品先期质量策划的要求，划分为样件、试生产和生产（量产）三个阶段的生产控制。

前期设计阶段，对产品进行失效分析，规避相关失效，进而进行样件制作，对设计及过程开发进行验证。在过程开发阶段，工艺会输出 PFMEA，对制造过程的失效风险进行规避，输出初版控制计划或样件作业指导书，以此为指导，完成样件的制作，样件的试制是为产品设计及过程设计做验证，防止出现批量问题。样件的加工方式一般较为简单，更侧重初始制造流程验证。

在样件制造完成的基础上，会针对研发样品对应开发产线及工装，尽可能地提升产品制造效率。在工装及设备开发完成后，会对产品进行一个小批量的试制，以此来验证产品工装、产线，同时对产品能否稳定生产进行评估。小批量生产完成后会进行小批量生产总结评估，进而为试生产及量产进行准备。

（1）生产作业准备

在小批量生产完成后，总结通过后，各方会对产品试生产及量产做准备，主要流程如下：

① 技术部等相关部门负责编制不同阶段的 PFMEA 和控制计划及相应的质量控制标准和作业指导书等，以确保这些过程在受控状态下进行。相关的受控条件包括：规范和图样，材

料信息，过程流程图，控制计划，作业指导书，产品和过程批准的接收准则，有关质量、测量、可靠性、可维修性的数据，适当的防错活动的结果，制造过程不合格的及时发现和反馈方法。

② 由综合部按要求组织对生产现场各个岗位人员、品保检验人员及其他相关人员进行岗位专业技能培训和资格鉴定，以达到所需的岗位能力要求。

③ 技术部对设施、设备、工装进行调整和维护，确认产品可以按要求进行生产。

④ 品保部提供测量能力满足要求，经过校准/检定合格且有效的监视和测量设备。

⑤ 车间应保持生产设备处于清洁、有序和良好的维护状态，符合生产作业环境要求。

⑥ 公司应制订应急计划，以合理地保证在紧急情况下满足生产和顾客的要求。

（2）制造过程

生产过程控制主要是通过各种有效的协调措施和控制方法，预防和防止生产过程中已经发生或者可能发生的失效，保证生产作业按照预定的目标顺利完成。生产作业控制主要是对生产作业的进度、质量及成本进行控制。

生产进度控制是生产过程控制的核心任务之一，生产进度的把控，贯穿于生产准备到生产任务结束全过程。生产进度控制是按照既定的生产计划投入各种生产物料，通过装配活动，完成产品的生产，最终按既定交期完成产品交付。生产进度控制的目标是准时完成产出。

对于生产质量的控制，主要分布在 3 个阶段：来料阶段、在制品生产阶段和成品阶段。来料阶段按照来料进行控制，在制品控制即所谓的"生产过程控制"，生产过程中的质量控制，主要通过监视和控制整个生产过程的质量状况，使产品在各阶段产生不合格品的概率降到最低。在生产过程中，各方要保证制造过程按照制订的流程实施，实行标准作业，确保每道工序质量，具体如下：

① 作业人员操作前，应核对使用的作业文件是否齐全、准确、有效，符合要求方能开始工作。

② 生产过程中对物料、半成品、产品进行标识，便于后期追溯。

③ 检验人员对物料、半成品及成品质量进行检验确认；合格产品转下道工序继续加工，不合格品按相关规定进行处理。

生产成本的控制也是贯穿生产的全过程，包括生产前的控制和生产过程中的控制。生产前控制是在产品的研制和过程设计中，对产品的设计、工艺、工艺装备及材料选用上进行技术分析和经济分析，以求最低的成本达到产品要求。生产过程中的成本控制，主要是对各类材料费、库存品的占用费、人工费和各类间接费用进行控制。

（3）更改的过程

在生产过程中，由于客户或者设计端优化，会对产品或产线工装进行设计变更，变更过程要制订严格的变更流程，变更后做好验证，做好记录，具体的流程如下：

① 当产品出现零件编号、工程等级、制造场所、材料来源、程序和生产过程等更改和变更时，技术部需按相关规定对其进行评估和确认，并规定其验证和确认的活动，以确保与顾

客要求相一致。同时由质量部将其状况通知顾客,并经顾客批准后方可进行生产。

② 当顾客要求时,公司应满足顾客附加的验证/标识要求,如对新产品的标识要求等。

③ 当公司出现以上过程更改时,生产部必须保存过程更改生效日期的记录,并按相关规定进行管理。技术部负责人为公司授权的批准生产过程更改的人员。

同时,标准品与变更产品切换时要特别注意,切换过程,必须将过往标准品完成清线,再实施切换。

(4) 异常过程

正常的生产中,产品均会呈现稳定的分布情形,经过长时间的生产,难免会产生一些不良品。造成不良品的原因:一种是设备、工装原因,是不可避免的,也是无法控制的;另一种是属于作业方式与人员操作不当原因,必须采用有效的管理与有效措施,才能保证大规模的生产,持续的改善优化。

生产控制系统,为提升内部管理水平,增强市场竞争力。异常响应的规范管理制度、明确的控制流程和职责分工以及异常情况的统计分析及反馈处理,对于减少异常情况带来的损失和完善日常管理系统的不足是不可或缺的。异常生产过程需要全员参与,最终目的是纠正和消除异常的发生,通过日常生产过程控制的完善,防患于未然,使产品在可控的状态下生产。

当生产中未按计划进行或出现异常时,操作者和班长必须及时反馈给部门负责人,由生产部负责人采取相应的措施。必要时,生产部要反馈给计划科及相关部门,当出现影响交期异常时计划科要及时与销售部进行沟通。

10.4.3 储能产品的精益生产管理

精益生产是针对生产现场管理问题、品质问题、设备及人员问题,利用价值流图、IE工具、QC手法、TPM、看板管理等工具进行问题分析,以减少每个环节的浪费为目标,采取相应措施,从而使公司利益达到最大化。精益生产的主要理念是消除浪费,浪费存在于公司运营的各个方面和各个环节,有些浪费是显性的,有些是隐性的,因此,要识别和消除浪费是降低公司运营成本的关键之一。

同时精益生产包含两大支柱:自动化生产和准时制。关于自动化主要是降低劳动力的使用,增加自动化设备,可以降低由于人为的不稳定因素导致的产品质量和产量的波动,从而更加人性化,使得人机分离,降低人员劳动强度。在理论发展过程中,将一些工装、夹具的防呆防错也包含进去。准时制生产主要是降低库存、消除浪费的主要途径,适时、适量地进行生产安排,把库存数量降到最低,目标是零库存,将拉动生产、节拍时间、连续流、供应链优化等工具都融入其中向零库存靠近。

全面质量管理(total quality management)与六西格玛理论是精益生产的重要组成部分,企业运营中最关键的三个部分:交期、成本、质量,为解决交期与成本问题而忽略质量,从生产运营角度来讲是不具有可持续性的。TQM以全员参与的质量管理为理念,当把质量不仅仅看成是一个品质部门的事情时,企业各个部门及成员都承担和决定的产品质量。对于实行全面质量管理，目前比较广泛应用的是 ISO 9001 质量管理体系，在质量体系推行过程中，从仅仅关注产品的质量，到关注过程的质量。从体系策划开始，到体系运行和体系审核，再进行持续改进，遵循 PDCA 原则，如此不断螺旋式提升。六西格玛是以零缺陷为目标的管理方式，集合了多种品质管理工具，统计制程控制（SPC）、测量系统分析（MSA）、DMAIC 与DOE 等。首先，六西格玛是衡量质量优劣的一种尺度，可以将百万分之三点四的不良率作为极限目标。其次，作为一个改善流程，广泛应用于企业持续改进项目的实施过程中。

在储能系统生产过程中由于半成品架构层级较多，且不同层级的生产环境及模式差异较大，推行精益生产是很有必要的一项工作，对每一层级的半成品进行生产节拍、人员效率的测定，不断消除浪费，提升生产效率。

10.5 智能化与信息化制造技术

10.5.1 现阶段国内模组产线现状

当前国内锂电池集成产线普遍自动化率低、生产品种单一、产能低下、通过人工换型且交付周期长、产品质量一致性不能保证，国内电池模组的自动化生产刚起步，为进一步实现生产效率提升和成本降低，必须大力推进自动化产线的应用。

从原材料、电芯、模组一直到集成至整个储能系统的生产过程中，产线的自动化程度是决定产品质量与生产效率的关键因素，规模化制造对自动化产线性能及生产效率等方面均提出了更高的要求。

10.5.2 传统的自动化产线建设模式

传统的产线建设发展模式基本上是先通过工艺梳理，再进行升级改造，根据自动化相关知识对不适应自动化升级的工艺进行分析优化，再反映到产线设计规划图中，对设计图进一步优化修改，经过数次迭代修正后，最终确定符合生产实际产线布局。

当自动化产线建设完毕后，企业将在现有生产线基础上根据公司需求建立相应的信息化管理系统，例如 MES 系统、ERP 系统、数据采集系统以及数字孪生等，这种模式是国内制造企业较为常见的模式，但最终会造成生产线与信息化系统结合度较低，各类软件系统仅仅是起到了人工数据上传以及设备数据采集的作用。由于产线已经投产，相关制造工艺固化，这些数据采集上来也仅仅只能作为展示查询使用，无法对现有制造模式提供更好的帮助与提升，因此，自动化与信息化的融合也只能停留在表面，无法真正地发挥数字化系统的作用，深层次挖掘产线生产经营能力。

随着智能制造的不断发展，自动化升级和改造会不断促使企业对产品制造工艺进行升级，自动化的生产模式相较于传统人工生产模式对制造工艺、装配工艺以及物料一致性、设计的实现过程提出了更高的要求，信息化也同样对企业综合经营能力提出了更高的要求，智能制造是高效完成生产订单的重要手段，先进的数字化（信息化）制造模式才是实现智能工厂的根本核心，利用好适应企业需求的信息化管理手段才能使先进的自动化、信息化生产线发挥百分之百的作用。

因此，想要利用好自动化生产线，将企业打造成真正的智能工厂，使相关管理系统真正发挥作用，必须将信息化规划至建设阶段前移，使信息化与自动化建设密切配合，相互提升，而不是自动化产线与信息化系统各自为战，使得本该互相配合的两者严重割离，甚至互相掣肘。

10.5.3 信息化、智能化产线建设方向

智能制造系统作为一种先进的生产制造管理模式，是通过由订单向产品实现的多维度综合管理模式，打通销售系统与产线中控系统、MES 系统、ERP 系统、WMS 管理系统的信息传递路线，自下发生产订单开始，实现生产任务自动下发，产线中控系统与 WMS 仓储物流管理系统同步接收任务指令，产线自动配置换型，自动切换系统 NC 代码，仓储物流系统根据订单进行自动调配物料，以信息化的技术对产品的指标进行管控升级，从而整体地提升产线的综合生产能力，信息化、智能化产线如图 10-28 所示。

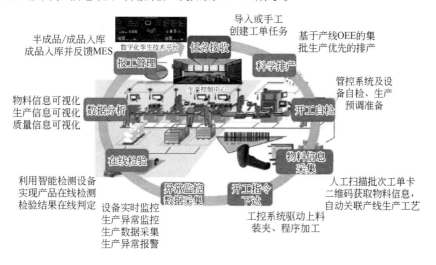

图 10-28　信息化、智能化产线生产示意图（见彩图）

生产制造管控系统根据接收的订单信息自动处理生产信息，形成一定格式的数据文件，根据每次生产电芯（原料）的不同，自动调用对应的制造工艺技术文件和产线生产控制指令代码，并把订单生产控制命令通过信息化技术传递给产线控制系统，完成产线快速换型。该系统实现生产分配生产订单的同时，也同时将制造系统内各单元实时生产数据、质量信息数据传递到信息系统的后台数据库内进行处理，为企业经营管理决策提供了实时辅助数据，将市场波动与生产制造现状，实现实时信息交互。

信息化生产制造控制系统总体架构为三层，如图 10-29 所示。

系统底层为车间执行制造设备层，是对生产线上所有的设备、设施及辅助设施进行设备互联和执行下位机命令控制的基础执行层。

系统中间层是制造系统控制层，负责承担制造系统接收生产控制中心生产指令和自动控制执行各生产分配的调配层。

系统顶层是经营型制造管控层，与公司级 MES 系统或 EPR 系统实现生产计划业务对接，

可接收公司级生产制造任务和生产前准备工作，通过智能制造管理系统自有的经营型排查功能，实现产线的科学排产和排班、排量，并通过对产线产品加工基础库的信息（如原料、型号、规格、程序、工装、夹具、刀具、工艺路线等），自动匹配该产品产线制造产线场地，实现制造系统生产任务的智能管理与自动生产。

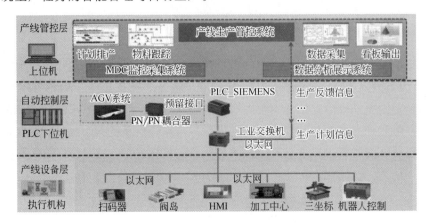

图 10-29　信息化生产管控系统架构示意图（见彩图）

　　数字化孪生技术最重要的作用是以虚拟影响现实，数据推动生产，在生产线规划阶段，就应以数字化为重要技术手段，共同进行产线自动化与信息化的融合规划。

　　数字化智能化自动生产线的建设是一个综合性的系统工程，传统的多设备集成、工艺流程开放的施工方法已不能满足现阶段柔性化、数字化甚至智能化车间建设的要求。只有站在一个全新的高度上，以闭环的管理模式，先进的信息化、自动化技术手段为依托，统筹规划设备、仓储、物流、搬运、工艺、生产以及质量管控等，从研发到量产乃至工厂的规划初期就进行自动化与信息化的深度融合、统一设计，才能使两者发挥最大的效用，使企业不仅仅是建设成几条自动化生产线去满足生产需求，而是打造成真正"研造一体，经营管控"的智能制造工厂。

10.5.4　未来智能化工厂建设方向展望

　　在当今互联网+时代下，中国的制造业虽然面临着很多转型的困惑，需要通过企业自身组织轻盈化、通过信息化手段建设智能工厂进行生产精益化管理、加强内部的精细化管理，实现业务和商业模式的创新，为客户带来更高质量的产品和服务，不断地增强企业自身的价值，从而实现我国工业智能制造 2025 转型的伟大目标。

　　随着德国工业 4.0 和中国智能制造 2025 概念的提出，时至今日，数字化与信息化基本将成为新型制造企业的必备硬实力，如 MES、BOM 和 ERP 等。也有很多新兴仿生工艺及物联网技术开始受到关注，如工业 4.0 中提出的信息物理系统 CPS、3D 仿真和仿生技术等。随着智能制造的进程又使得移动办公、移动终端 APP 备受关注。

　　智能化工厂是指在数字化的基础上，利用物联网技术和设备信息技术加强工厂管理与服务，将产销流程、生产过程可控、生产实现自动化的同时、实时采集生产线数据，以合理的生产计划与生产进度，并加上绿色智能的手段和智能系统等智能化技术，打造一个高效节能的、绿色环保的、环境舒适的人性化工厂，示意图如图 10-30 所示。

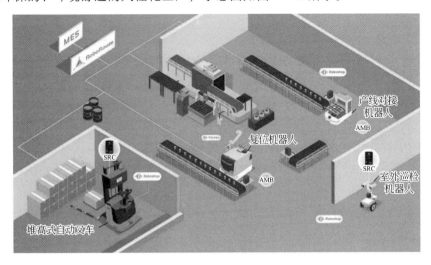

图 10-30　智能工厂示意图（见彩图）

　　智能工厂是在现代信息化、数字化工厂的基础上，利用物联网的技术和仿生技术加强信息管理和服务，实时掌握产销过程、提高生产过程的一致性、可控性，以及合理的生产计划与生产进度。再加上绿色的生产方式和智能制造等新兴技术于一体，打造一个既高效节能又绿色环保的舒适化、人性化工厂。

　　智能制造将使工业生产过程更加灵活、可靠，也必将发展出一个或者多个全新的商业模式及合作模式，为全人类带来更加舒适的工作方式和环境。来自不同国家、不同行业、不同规模的企业都在不断探索个性化定制、极少量生产、服务型制造以及云制造等新业态新模式，其本质就是在重组客户、供应商、销售商以及企业内部组织合作模式，重新构筑生产体系中信息流、产品流、资金流的运行方式，搭建新的产业价值链、生态系统和竞争格局。

　　随着制造业数字化与智能化的蓬勃发展，由多种信息化技术共同作用集成为智能制造车间是发展的必然趋势。使用数字化孪生技术对研发、制造过程进行整体数字化升级不仅是将未来智能制造模式投影进入虚拟世界，更是通过虚拟世界的智能模型、数据和算法进行演算、优化、迭代，对未来智能制造发展进行预测，从而通过数字化孪生技术对现在智能制造产生影响，为人类健康可持续发展提供可靠保障。

参考文献

[1] 严干贵，谢国强，李军徽，等. 储能系统在电力系统中的应用综述 [J]. 东北电力大学学报，2011（6）：7-12.

[2] 李欣然，黄际元，陈远扬，等. 大规模储能电源参与电网调频研究综述 [J]. 电力系统保护与控制，2016（7）：145-153.

[3] 慈松. 能量信息化和互联网化管控技术及其在分布式电池储能系统中的应用 [J]. 中国电机工程学报，2015，35（4）：3643-3648.

[4] 王永琛，倪江峰，王海波，等. 锂离子电池一致性分选方法 [J]. 储能科学与技术，2013.

[5] 郭永兴. 锂离子动力电池制造关键技术基础及其安全性研究 [D]. 长沙：中南大学，2010.

[6] 王群. 新能源汽车动力电池测试系统开发 [D]. 北京: 北京交通大学, 2019.

[7] 张志杰, 李茂德. 锂离子电池内阻变化对电池温升影响分析 [J]. 电源技术, 2014: 113-114.

[8] 褚慧慧, 王宗义. 基于主动视觉的焊缝成形尺寸测量和缺陷识别研究 [J]. 热加工工艺, 2017, 46 (21): 206-209.

[9] 倪沫楠, 王天琪, 李金钟. 激光单目视觉焊缝起始点导引技术 [J]. 材料科学与工艺, 2019, 27 (3): 35-40.

[10] 宋宏伟, 王龙, 张秋花. 白车身激光扫描焊熔池边界提取与缺陷识别的研究 [J]. 汽车工程, 2020, 42 (3): 401-405, 415.

[11] 高瑞遥, 王丽丽, 牛康. 基于激光扫描的螺旋输送器焊接质量在线检测 [J]. 农业机械学报, 2020 (S1): 292-297.

[12] 王崴, 徐浩, 马跃, 等. 振动工况下螺栓连接自松弛机理研究 [J]. 振动与冲击, 2014, 33 (22): 198-202.

[13] 李培林, 王庆力, 王威, 等. 螺栓组拧紧顺序对结构体接触刚度的影响研究 [J]. 组合机床与自动化加工技术, 2014 (11): 39-42.

[14] 张和平, 王晓斌, 莫易敏, 等. 拧紧速度对螺栓转矩系数的影响分析 [J]. 武汉理工大学学报 (交通科学与工程版), 2014, 38 (4): 860-863.

[15] 叶又, 黄平. 汽车紧固件实用技术手册 [M]. 北京: 中国质检出版社, 中国标准出版社, 2018.

[16] 康杰. 精益生产方式中控制策略的研究与实现西南交通大学 [D]. 成都: 西南交通大学, 2004.

[17] 胡大勇, 姚振强. 调整时间与顺序相关的等同并行机调度 [J]. 机械工程学报, 2011, 47 (16): 160-165.

[18] 何俊奕. 精益生产方式在企业生产管理中的应用研究 [D]. 无锡: 江南大学, 2009.

[19] 杨申仲. 精益生产实践 [M]. 北京: 机械工业出版社, 2010.

[20] 大野耐一. 丰田生产方式与现场管理 [M]. 北京: 中华企业管理发展中心, 2014.

[21] 金伟. 动力锂电池组装配生产线作业机器人的设计与实现 [D]. 成都: 成都电子科技大学, 2014.

第11章
储能系统设备集成现场安装、调试测试

11.1 储能系统设备现场吊装

11.1.1 概述

　　储能设备现场吊装是设备运输至现场后开展的第一个环节，为了使现场吊装和安装工作量减少，储能设备一般采取在内部加固后整体运输至现场的方案，于现场进行整体吊装。在储能系统吊装过程中应遵守《起重机　手势信号》（GB/T 5082—2019）、《一般起重用 D 形和弓形锻造卸扣》（GB/T 25854—2010）、《建筑施工高处作业安全技术规范》（JGJ 80—2016）、《起重机械安全规程 第 1 部分：总则》（GB/T 6067.1—2010）、《重要用途钢丝绳》（GB/T 8918—2006）等相关的作业规定和安全操作流程。作业前，操作人员将接受作业、安全培训。

11.1.2 吊装安全要求

11.1.2.1 资质要求

　　为保证吊装工作的安全性，吊装施工单位、吊装车辆和吊装人员应具备相关专业资质。

（1）施工单位资质

　　承担吊装工作的施工单位应具备相应的起重设备安装工程专业资质。

（2）吊装车辆资质

　　承担吊装的车辆应具备相关车辆检测单位颁发的建设工程建设机械年度检验合格证和检验报告。

承担吊装的车辆应具备交通安全警察队颁发的专项作业车辆行驶证。

承担吊装的车辆应具备完善的保险。

（3）吊装人员资质

参与吊装的人员应具备市场监督管理局颁发的特种设备安全管理和作业人员证，吊装车辆驾驶员还应持有准驾车型为 B2 等级或准驾车型兼容 B2 等级的机动车驾驶证。

11.1.2.2 吊带（钢丝绳）载荷计算

吊装施工前，应对吊带（钢丝绳）载荷计算进行核算，避免因吊带（钢丝绳）而发生危险。

单根吊带（钢丝绳）受力 $P_绳$ 可按公式（11-1）计算：

$$P_绳 = Q_总 K / (l \sin \alpha) \tag{11-1}$$

式中　$Q_总$——吊带（钢丝绳）所承受的总质量，包含被吊物体、吊具、吊钩等的质量之和，t；

　　　K——动载系数，经常取 1.1；

　　　l——吊带（钢丝绳）根数；

　　　α——吊带（钢丝绳）与水平面夹角，（°）。

为避免吊装过程中各吊带（钢丝绳）受力不均匀或有肉眼无法识别的破损，吊装所选吊带（钢丝绳）的额定断破力应至少大于 6 倍 $P_绳$。

11.1.2.3 地面承载力核算

吊装施工前，应对吊装设备转运和起吊过程进行相应的地面承载力进行核算，避免因地面承载能力不足而发生危险。

（1）转运过程道路承载压力计算

1）有坚固的混凝土路基的路面

在具有坚固的混凝土路路基的路面情况下，路面承载压力 P 的计算公式如下：

$$P = F/(ab) \tag{11-2}$$

式中　F——吊装车辆空载质量，t；

　　　a——吊装设备主体外廊（不含吊臂）与地面的投影长度，m；

　　　b——吊装设备主体外廊（不含吊臂）与地面的投影长度，m。

2）无硬化的路面

在无硬化的路面情况下，地面承载压力 P 的计算公式如下：

$$P = F/(lS_0) \tag{11-3}$$

式中　l——吊装设备轮胎或其他支撑件数量；

　　　S_0——吊装设备单个轮胎或其他支撑件与路面的接触面积，m²。

路面承载能力应大于吊装设备所带来压力 P。

（2）吊装过程地面承载压力计算

根据吊装设备吊臂长度、回转半径、配重质量和被吊装设备的总质量，对吊装情况进行模拟计算。当吊臂长度达到所规划吊装方案最大长度时得出最大支腿承受力 T_{max}。

地面的承载能力应大于最大支腿承受力 T_{max}。

11.1.3 吊装工作的实施

11.1.3.1 吊装前准备

设备吊装前，应制订完整的吊装方案，根据储能设备的质量、外形尺寸、重心，以及施工总平面布置等，对储能站吊装相关的施工方法，吊装工艺、步骤进行确认。同时，现场场地道路的平整、大型吊机进场时间、支撑腿基础的处理等都必须进行完善的部署协调，从而确保吊装工作顺利进行。

操作人员应进行作业规定和安全操作流程培训，起吊选择晴好天气，避免在大风、强降雨、浓雾天气下作业，选择吨位适宜的起吊车辆，并确定安全作业半径，严禁人员进入吊臂和储能集装箱下方，吊索的长度可根据箱体尺寸适当调整，确保起吊过程平稳，箱体不倾斜。

人员安排：至少应包含起吊司机 1 人，起重工 1 人，吊装总指挥 1 人，吊装辅助工人 2 人。

现场状况确认：查看现场地基与设计图纸是否相符，主要内容包括设备地基底框尺寸、支撑梁等是否能满足设备安装实际需要。

集装箱起吊前，仔细检查储能系统内部电池模块、高压箱、电池簇、控制柜、汇流柜等的固定螺钉，确保无松动掉落。起吊前做好场地清理并安置好围栏，装载集装箱的卡车和吊车按要求停泊好。

集装箱吊装工序图如图 11-1 所示。

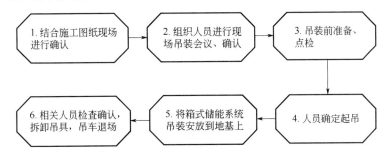

图 11-1　设备吊装工序图

11.1.3.2 现场应具备的条件和注意事项

吊装前现场应具备以下条件：

① 储能集装箱各门紧锁。

② 根据现场条件，选择合适的吊车或起吊工具。所选工具必须具备足够的承重能力，臂长和旋转半径。

③ 如果需要在斜坡上移动等，需要额外的牵引装置。

④ 清除移动过程中存在或可能存在的一切障碍物，如树木，线缆等。

⑤ 应尽可能选择在天气条件较好的条件下对储能集装箱进行吊装。

⑥ 务必设置警告牌或警示带，避免非工作人员进入吊装区域。

⑦ 在吊装的整个过程中，必须遵守项目所在国家/地区的集装箱作业安全规程。

⑧ 对集装箱和作业中使用的任何机具，均应经过维护。

⑨ 所有从事装卸和栓固的人员均应接受相应的培训，特别是安全方面的培训。

吊装过程应注意的事项如下：

① 起吊时必须保证现场安全。

② 在进行吊运安装作业时，现场应有专业人员全程指挥。

③ 所用吊索的强度应能够满足起吊要求。

④ 确保所有吊索连接处安全可靠，确保与角件连接的各段吊索等长。

⑤ 吊索的长度可根据现场实际要求进行适当调整。

⑥ 整个起吊过程中一定要保证储能集装箱平稳，不偏斜。

⑦ 请使用储能集装箱的伸缩柱对储能集装箱实施起吊作业。

⑧ 采取一切有必要的辅助措施确保储能集装箱安全、顺利起吊。

⑨ 在对储能集装箱进行起吊的整个过程中，均需严格按照吊车的安全操作规程进行操作。

⑩ 操作区域5~10m范围内严禁站人，尤其是起吊臂下及吊起或移动的机器下方严禁站人，避免发生伤亡事故。

⑪ 如遇恶劣天气条件，如大雨、大雾、强风等，应停止起吊工作。

11.1.3.3　吊装方案

（1）设备顶部吊装

顶部吊装时，可使用带有吊钩或U型钩的吊索对设备进行吊装作业。起吊装置应与被吊装箱体正确连接，起吊装置连接示意图如图11-2所示。采用吊钩与箱体顶部角件连接时，吊钩应由里向外，不应由外向里挂钩；采用U型钩与箱体角件连接时，应注意横销必须拧紧。

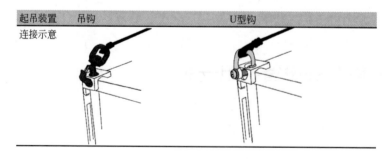

图11-2　起吊装置连接示意图

设备顶部起吊时，采用4根约吊绳，吊绳一端与箱体顶部4处角件牢固连接，另一端与吊钩连接，保证吊绳与箱体长度方向角度呈≥60°以上夹角方可起吊，具体可参考图11-3。

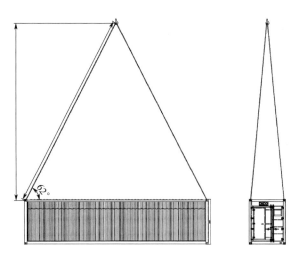

图 11-3 设备顶部吊装示意图

（2）设备底部吊装

设备底部吊装时，可采用 4 根吊绳，吊绳一端连接到吊具一侧起吊孔，另一端连接到箱体底座伸出的起吊轴，保证吊绳与箱体长度方向呈≥45°以上夹角，与宽度方向呈 90°夹角后方可起吊，吊具与起吊钩之间也需要采用两根约 2.6m 长的吊绳，与吊具长度方向夹角≥60°，具体可参考图 11-4。

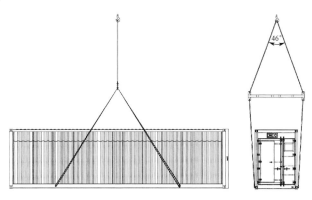

图 11-4 设备底部吊装示意图

11.2 储能系统设备机电安装

11.2.1 安装前准备工作

机电安装前的准备工作，主要包括人员准备、资料准备和工具准备。

（1）人员准备

在储能系统安装过程中，应指定专门的项目负责人、技术负责人、安装负责人、安全质量负责人以及熟练的技术工人，并持证上岗。必要的时候，要求各设备生产厂家技术人员参与。

（2）资料准备

储能系统各部分设备的安装工艺文件、安装说明书、一次、二次线路接线图等，并由专门的技术人员对施工人员进行技术交底，充分明确安装过程中可能存在的难点和风险点。在具体的安装过程中，应该关注各设备的进出线孔尺寸和进出路径设计、底部结构和承载能力、基础安装轨道尺寸、进出线电缆的排列路线以及接地系统。

（3）工具准备

依据储能设备的质量和尺寸，以及安装工艺指导文件准备所需的工具，如汽车吊、液压叉车、交流焊机、冲击钻、移动式电源盘、各型扳手、各型螺钉旋具（俗称螺丝刀）、剥线钳、液压钳、1～3mm 垫铁、撬棒、卷尺及水平尺、水准仪、绝缘电阻表（俗称兆欧表）、万用表、高压验电器、绝缘手套胶鞋、热风枪、吸尘器及现场照明灯具等。

11.2.2 成套配电装置安装

（1）安装基础条件

成套配电装置一般被安装固定在由槽钢或角钢制成的基础型钢底座上。基础型钢底座的尺寸根据成套配电装置的安装尺寸及钢材的规格而定，一般型钢可选用 5～10 号槽钢或者 L50×5 角钢制作。制作型钢前，首先要检查型钢的直线度，并予以校正。再按图样要求和成套配电装置底脚固定孔的位置尺寸，采用螺栓连接的方式将基础型钢与成套配电装置可靠固定，基础型钢顶部宜高出地面 10mm，用水准仪或水平尺找平、找正。找平过程中，需要垫片的地方最多不宜超过 3 片。安装最大允许偏差见表 11-1。

表 11-1　成套配电装置安装最大允许偏差

项目	允许偏差	
	mm/m	mm/全长
直线度	1	5
水平度	1	5
平行度	—	5

（2）柜体安装就位

主要分为拆卸木质托盘、搬运就位和安装固定三个步骤。

拆卸木制托盘，开关柜通常通过运输角铁或者直接通过开关柜框架用螺钉固定在木制托板上，因此，首先应拆开海运板条箱或木格板条箱，揭去聚乙烯保护膜，而后从运输角铁和托板上移去固定螺钉，将柜体与木制托板分离。

搬运就位，可采用吊车或铲车吊运开关设备至最终安装位置。如果存在多组开关柜并列安装的情况，则第一个开关柜尽量精确地放在最终的安装位置上，而第二个开关柜则放在旁边，保持一段小的距离以便在用螺栓固定在一起之前仍然可以校准。

当所有的开关柜精确放置就位，所有由于运输导致的损坏已被修补且所有的附件都已经就位或准备好，则可以采用镀锌螺栓或不锈钢螺栓对开关柜与基础型钢进行紧固固定，紧固力矩如表11-2所列。

表 11-2　柜体固定螺栓紧固力矩

螺栓	紧固力矩/N	控制力矩/N
M8	20	17
M12	70	60
M16	155	130

高压柜推荐采用 M16 的镀锌螺栓或不锈钢螺栓固定。

并列柜体安装允许最大偏差，如表11-3所列。

表 11-3　并列柜安装最大允许偏差

项目		允许偏差/mm
垂直度（每米）		<1.5
水平偏差	相邻两柜顶部	<2
	成列柜顶部	<5
柜面偏差	相邻两柜面	<1
	成列柜面	<5
柜间间隙		<2

（3）母排、电缆安装

连接两台开关柜之间的母排用螺栓固定。为确保把提供的连接片装在连接铜排和母线之间，在开关柜拼装到一起前应从柜体的侧面安装母线，并适度固定，待开关柜拼装完毕后再进行最后的紧固。母排的接触面如有必要，可涂抹一层薄导电膏。紧固螺栓和螺母必须干燥，无润滑油。紧固螺栓时，应采用力矩扳手，且紧固后，弹簧片被压平，螺栓露出螺帽 3～4 丝扣为准，其紧固力矩符合表11-4的规定。

表 11-4　母排、电缆安装螺栓紧固力矩

螺栓规格	紧固力矩/N·m	螺栓规格	紧固力矩/N·m
M8	8.8～10.8	M16	78.5～98.1
M10	17.7～22.6	M18	98.0～127.4
M12	31.4～39.2	M20	156.9～196.2
M14	51.0～60.8	M24	274.6～343.2

在进行高压线缆的连接时，需要刷净电缆的接触表面并涂抹导电膏。将电缆伸入电缆室并用螺栓固定到开关柜的连接板上。检查电缆是否已用抱箍夹紧，单芯电缆应用防磁抱箍。将电缆接地端用螺栓固定在接地母排上。按照电缆直径切割地板盖板并安装。

11.2.3　集装箱（预制舱）安装

电池系统和升压变流系统集装箱（预制舱）箱体较重，在建造安装地基前应夯实基坑底部，确保有足够的有效承重。为防止雨水侵蚀，地基应高出地面 200～300mm，如果考虑当地可能有较强降水或积水的可能，台面还可以继续加高。有时为了便于人员进出和操作，可在集装箱进出口处建造台阶或平台。

储能设备集装箱（预制舱）地基主要有高台式和墩式 2 种。地基横截面积应符合箱体尺寸安装要求，高度保持同一水平面，误差不超过 5mm。根据集装箱（预制舱）进出线孔位置和大小，在建造地基时，预留电缆沟位置，预埋穿线管。

在地基的四角牢固预埋钢板，通过焊接方式与集装箱底座相连，实现集装箱体与地基间的紧固。

地基底部应预留积水坑及排水管。在地基对角位置预埋不低于 160mm^2 的接地扁钢条，表面做好防腐处理；接地钢条一端与现场主地网可靠相连，另一端与集装箱接地点相连。

设备安装的相关方案及要求：

① 设备基础采用钢筋混凝土圈梁结构，圈梁上表面均匀设置不少于 6 块预埋钢板用于安装固定，混凝土平台上应平整、坚固，上表面最大高度差不大于 15mm。

② 集装箱（预制舱）可通过螺栓固定和焊接固定两种方案进行安装，螺栓安装方式适合经常拆卸的舱体，焊接固定适合长期放置不转运的舱体。

③ 集装箱（预制舱）吊装至安装平台全过程应缓慢、平稳、匀速，箱体 4 角中心应与管桩中心重合，保证受力可靠。

④ 集装箱（预制舱）所有操作门处应设置踏步台阶，便于人员操作。

⑤ 集装箱（预制舱）就位固定后，分别对四个角上的接地点进行可靠接地连接。

⑥ 集装箱（预制舱）如采用焊接形式与基础固定，焊接时注意以下技术要求：

a．采用连续焊线进行可靠焊接，不得采用点焊。

b．完成焊接后，焊线应做喷漆或防锈处理以防止焊接点处生锈，避免预制舱龙骨使用寿命受到影响。

11.2.4　电气接线

（1）电气接线主要引用标准

《电气装置安装工程接地装置施工及验收规范》（DL/T 5852—2022）、《电气装置安装工程　电气设备交接试验标准》（GB 50150—2016）、《电气装置安装工程质量检验及评定规程（合订本）》（DL/T 5161.1～17—2018）。

（2）电气接线前准备

① 电缆到货后进行进场验收，检查电缆型号、规格是否满足设计要求，检查电缆线盘及保护层是否完好。

② 检查电缆沟的深浅、与各种管沟交叉，平行距离是否满足要求，障碍物是否清除。

③ 直埋电缆敷设时，注意组织敷设速率，防止弯曲半径过小损伤电缆。

④ 敷设在电缆沟的支架中时，应提前安排好电缆在支架上的位置和各种电缆的先后次序，避免电缆交叉穿越。

（3）电缆管的加工及敷设

① 金属电缆管不应有穿孔、裂缝、凹凸不平及严重锈蚀的情况，电缆管内壁应光滑无毛刺，电缆管弯制后不应有裂缝，弯曲程度不大于管子外径的10%，管口应做成喇叭口。

② 电缆管内径不应小于电缆外径的1.5倍，弯曲半径符合穿入电缆弯曲半径的规定，每根电缆管不应超过三个弯头。

③ 电缆管连接采用大一级的短管套接，套接时插入深度不应小于内径的1.1～1.8倍，在插接面上应涂以胶合剂黏牢、密封。

④ 电缆桥架在现场制作的非标件和焊接处，必须涂防腐底漆，面漆均匀完整，色差一致。

（4）电缆接线

① 电缆头制作接线时，应提前用专用打印机做好正式的PVC电缆标牌、套管端子标签，在现场与对应的临时标牌核对，应准确无误。

② 低压动力电缆和控制电缆头的制作一般套相应电压等级的热缩管，热缩管需和电缆规格相配套，但对于截面大于$50mm^2$的3芯电缆可采用3分支管的热缩手套，热缩管采用手持电热吹风机加热收缩。

③ 电缆的接线要自然，保证端子不受到其他外力。

④ 控制电缆作头接线要提前根据盘柜接线端子形式确定一种方式，确保接线统一美观，正确牢固。

（5）电气接线后设备穿孔封堵措施

在完成电气、通信电缆连接后，电缆进出口及缝隙处还需要用防火泥封堵，防止异物、老鼠等小动物进入。封堵处严密牢固、外观整齐、厚度均匀［引用标准《电力设备典型消防规程》（DL 5027—2015）］。

11.3 储能系统设备现场交接检验

11.3.1 概述

储能设备现场交接检验主要针对储能设备机电安装后，储能电站集成方或业主对设备供应商的检验，检验内容主要为设备外观、数量、规格型号和随机文件的检验。

11.3.2 集装箱及预制舱检验

目前还没有专门的储能系统用集装箱或预制舱的通用检测标准和规范，在具体的集装箱或预制舱的现场检验过程中，可借鉴的相关技术标准包括《外壳防护等级（IP 代码）》（GB/T 4208—2017）、《色漆和清漆 划格试验》（GB/T 9286—2021）、《电力系统继电保护及安全自动装置户外柜通用技术条件》（GB/T 34125—2017）、《通信系统用户外机柜》（YD/T 1537—2015）、《通信系统用室外机柜安装设计规定》（YD/T 5186—2010）及集成商设备采购技术协议等。主要入厂检验项目包括外观、尺寸公差、环境适应与防护等级、机械安全性等，也可要求集装箱或预制舱制造厂商提供其他相关型式试验报告，如提吊、刚度、可燃性等。

（1）外观检验

以目测方式检验集装箱或预制舱的外观与表面质量，检验外部附件，如门、门限位的连接与紧固程度；检验内部附件，如线槽、安装基础型钢、接地端子等的完整性；集装箱或预制舱表面要求平整光滑、无损伤锈蚀，焊接牢固、无气孔及夹渣等；集装箱或预制舱内外固定结构件连接牢固，可拆卸结构件在拆卸后不应影响再装配的质量，可活动结构件应活动自如，不会发生与其他零件的碰撞或干涉等现象；集装箱或预制舱金属材质符合技术要求，如冷轧钢板、预镀钢板等，表面涂层附着力不低于 GB/T 9286—2021 表 1 中规定的 1 级要求；抗日晒和抗气候能力，应符合 IEC 61969-3—2011 中的抗化学活性物质的实验要求。

（2）尺寸公差检验

以卷尺或直尺检验户外柜外形尺寸及公差是否满足 GB/T 34125—2017 中表 2 的规定；而对于集装箱，应满足《系列 1 集装箱 分类、尺寸和额定质量》（GB/T 1413—2008）中表 2 的规定；各结合处之间的缝隙应均匀，尺寸控制在误差范围内。

（3）环境适应与防护等级检验

对储能系统集装箱或预制舱的大气环境要求，按照 IEC 61969-3—2011 中 5.2 规定的方法进行测试，并应符合该标准表 1 中规定的 1 级要求；集装箱或预制舱外壳防护等级不应低于 IP54，集装箱或预制舱应无渗水现象。

（4）锁具防护性检验

可依据《锁具安全通用技术条件》（GB 21556—2008）中的规定，对储能系统集装箱或预制舱的锁具进行破坏性测试。要求锁具的防破坏能力不低于该标准表 18 中规定的 B 级要求，无人值守现场应符合 A 级要求；锁具开启灵活、闭锁自如，具有防尘、防锈蚀功能；在户外长期使用后钥匙依然能顺利插拔、开启。

（5）机械安全性检验

以目测方法对储能系统集装箱或预制舱进行机械安全性检验，要求集装箱或预制舱的机械部分无锐边或毛刺，以防止在作业过程中对人员造成危害；各旋转等运动部件应有限制或防护措施；整体结构具有足够的稳定性和牢固性，同时应考虑运输过程中的安全。

（6）提吊和刚度检验

预制舱应符合《电子设备机械结构 公制系列和英制系列的实验 第 1 部分：机柜、机架、插箱和机箱的气候、机械试验及安全要求》（GB/T 18663.1—2008）中 5.2 规定的 SL5 或 SL6 等级与试验要求；而对于集装箱，则可参考《系列 1 集装箱 技术要求和试验方法 第 1 部分：通用集装箱》（GB/T 5338—2002）中附录 A 的实验方法和技术要求。

（7）可燃性检验

储能系统集装箱或预制舱中的非金属材料可燃性检验可采取《电工电子产品着火危险试验 第 1 部分：着火试验术语》（GB/T 5169.1—2015）和《泡沫塑料燃烧性能试验方法 水平燃烧法》（GB/T 8332—2008）中的可燃性试验方法，并符合《量度继电器和保护装置 第 27 部分：产品安全要求》（GB/T 14598.27—2017）中的规定。

11.3.3　箱（舱）内电气设备检验

11.3.3.1　主要检验标准和规范

箱（舱）内电气设备检验范围主要包含集装箱或预制舱内的高压开关柜、变压器、低压开关柜、PCS、直流汇流柜及电池柜等电气设备的机械定位紧固、主电路连接、二次回路的连接等。主要遵循的标准和规范包括：《电气装置安装工程 高压电器施工及验收规范》（GB 50147—2010）、《电业安全工作规程 第 1 部分：热力和机械》（GB 26164.1—2010）、《电力建设安全工作规程 第 3 部分：变电站》（DL 5009.3—2013）、《电气装置安装工程 电气设备交接试验标准》（GB 50150—2016）、《电气装置安装工程 盘、柜及二次回路接线施工及验收规范》（GB 50171—2012）、《电气装置安装工程 电力变压器、油浸电抗器、互感器施工及验收规范》（GB 50148—2010）、《电气装置安装工程 接地装置施工及验收规范》（GB 50169—2016）。

11.3.3.2　高、低压开关柜检验

（1）外观检验

确认柜体外观无明显破损、无倾倒、柜内器件完整；对照交货清单和装箱单检查型号、规格，应符合设计要求，附件齐全，元器件无损坏；按规范要求外观检查合格。

（2）导电体检查

导电部分的可挠铜片不应断裂、铜片间无锈蚀；固定螺栓应齐全紧固；导电杆表面应洁

净，导电杆与导电夹应接触紧密；导电回路接触电阻应符合产品的技术要求；电气连接端子的螺栓搭接面及螺栓的紧固要求，应符合《电气装置安装工程 母线装置施工及验收规范》（GB 50149—2010）。

11.3.3.3 储能变压器检验

开箱后清点技术文件应包含安装样图、使用说明书、产品出厂检验报告、合格证、箱内设备及附件清单等，技术参数及规格与变压器上铭牌相对应。

对于干式变压器，应确保外观、绕组绝缘材料及附件无机械损伤、裂纹、变形等，油漆完好；对于油浸式变压器还应关注油位是否正常、油箱是否存在漏油现象；有载调压开关的转动部分润滑良好、动作灵活、点动给定位置与开关实际位置一致、自动调节性能符合产品的技术文件要求。

11.3.3.4 PCS 检验

PCS 功能较为复杂，在进入现场交接实验环节前建议进行全面的厂内测试，以验证 PCS 通信、控制、工作模式、保护连锁等是否满足设计需求，此外也要求 PCS 厂家参照相关技术标准，如《电化学储能系统接入电网测试规范》（GB/T 36548—2018），提供相应的测试报告与结果。

11.3.3.5 直流汇流柜检验

直流汇流柜的检验与前述高、低压配电柜的检验基本相似，应注意技术资料齐全；柜内器件完整、清洁；动作准确稳定、结构排布整齐美观、正负极连接正确、接地安全可靠。

11.3.3.6 电气回路检验

（1）动力回路检验

各动力电缆连接点应连接牢固、电缆标识完整、正确、美观；配线整齐、绝缘良好、无破损。相与相之间最小电气间隙应符合《3～110kV 高压配电装置设计规范》（GB 50060—2008）中的规定，如表 11-5 所列。

表 11-5　相导体最小电气间隙

额定电压/kV	1～3	6	10	20	35
相间及相地间/mm	75	100	125	180	290
相导体与无孔遮拦/mm	105	130	155	210	320
相导体与网孔遮拦/mm	175	200	225	280	390
相导体至栅栏/mm	500	500	500	700	800

（2）二次回路检验

主要包括柜内元器件及端子回路标识完整、正确、美观；配线整齐、美观，绝缘电压不低于 500V，截面积不小于 2.5mm²；弱电回路导电线路截面积不小于 0.5mm²；导线绝缘良好，无破损；接线端子排每侧接线不宜超过 2 根，接线端子对地高度不低于 350mm；用 500V 绝缘电阻表在端子处测量绝缘电阻，二次回路的每一支路断路器及隔离开关操作机构的电源回路，其绝缘电阻都不应小于 1MΩ，在比较潮湿的地方，可不小于 0.5MΩ；当二次回路有集成电路、半导体器件时，不得使用绝缘电阻表测试，而应采用万用表检查连通情况；柜体内导体与裸露的不带电导体间电气间隙满足表 11-6 中的要求。

表 11-6　二次回路电气间隙与爬电距离

额定电压/V	电气间隙/mm		爬电距离/mm	
	额定工作电流		额定工作电流	
	<63A	>63A	<63A	>63A
<60	3.0	5.0	3.0	5.0
60<U<300	5.0	6.0	6.0	8.0
300<U<500	8.0	10.0	10.0	12.0

11.3.4　消防系统检验

储能电站电气消防系统主要包含站级消防主机、消防探测器、声光报警器、手动报警按钮、箱（舱）内气体灭火控制器、灭火剂及储存容器、消防管道等。这些系统组件应由厂家出具产品检验报告，并符合国家消防质量检测标准。设备材料规格应符合设计要求，设备外观整洁，无缺损、变形及锈蚀；设备合格证、生产许可证、产品检验报告齐全；灭火剂装填量不小于设计值，且不超过设计装填量的 1.5%。

11.4　储能系统现场测试

11.4.1　概述

储能系统现场测试主要为各设备静态测试和动态测试，作为系统并网测试的前提条件。

11.4.2　测试工作的相关要求

（1）总体要求

① 测试设备与安装设备之间已进行有效的隔离，测试与施工系统的分界线明确。
② 现场应具备紧急联系电话表，相关的通信设备应保持畅通，各专业人员通信畅通。
③ 现场应保持紧急疏散通道的畅通。
④ 对于故障后可能发生火灾的设备，应准备好消防器具、防护用具，工作人员应熟悉消

防器具、防护用具的正确使用。

⑤ 测试小组应根据当前试验的运行方式，考虑当设备出现异常时，紧急断开电源的操作方式。

⑥ 工作前应熟悉现场一、二次设备，认真检查试验设备，试验器具必须符合工作及安全要求。

⑦ 现场设备试验时要做好试验设备与带电设备的隔离工作。

⑧ 测试设备中涉及高压强电，操作者应提高警惕，不随意触碰金属导体，穿着衣带要规范，必要时佩戴绝缘手套。

⑨ 测试设备正在运行时，未经允许不得擅自合闸、分闸。如若发生意外事故，在保证自身安全情况下，迅速分断各主开关断路器，立即向测试组长汇报。

⑩ 雨水潮湿天气测试时，应提高安全操作意识。测试工作环境，应干净整洁，消防设备应保养良好，逃生通道应畅通。

（2）操作要求

① 测试前操作人员应熟悉启动方案的操作项目，准备好操作流程卡，并配置专职的监护人员。

② 操作时由调试总指挥下达操作指令，操作人员接到操作指令后，应严格按照测试方案的要求进行操作。

③ 测试期间对设备进行测试的工作人员，工作前应做好风险分析，防止进行设备测试时发生人身安全事故、影响设备运行的事故。

④ 现场操作人员应熟悉设备操作电源的位置，当需要切断设备操作电源时应能及时执行。

⑤ 在远方操作试验时操作人与就地监护人员应每次操作中相互联系，及时处理异常情况。

⑥ 设备受电时所有人员应远离设备，与带电部分保持足够的安全距离。

⑦ 工作间断后，重新开始工作前，须再次检查安全措施是否足够。

⑧ 施工现场施工电源必须规范化布置，电线、电缆布局合理，严禁乱拉乱接电源。

⑨ 每天的开工会要求针对当天的工作进行危险点分析，并提出防范措施，收工会上对当天的安全情况要及时讨论，对不安全现象及时分析总结，并提出有效的防范措施。

⑩ 现场照明必须满足工作需要，临时照明要安全可靠；手持式临时照明必须是安全电压。

（3）问题处理和风险分析

① 测试期间，操作人员或工作人员发现设备存在异常或风险，应立即停止操作，报告测试总指挥。测试总指挥上报测试组长。由测试组长确认设备无异常或发现的缺陷不影响启动或辨识风险可控后，可继续操作；如设备确实存在影响启动的缺陷或辨识出的风险的控制措施不充分，则由测试组长组织各专业会商，安排进行处理，处理完毕并经测试组长检查合格后，可继续测试操作。

② 测试期间，若因设备突发缺陷、运行方式等引起变化，出现原测试方案不符合的情况，应立即停止测试工作，报告测试总指挥。测试总指挥上报测试组长。由测试组长按照调试方

案审批流程执行方案的变更审核，审核后的方案作为现场继续执行的依据。

③ 测试过程风险分析如表 11-7 所列。

表 11-7　测试过程风险分析

风险分析	控制措施
临时用电触电伤害	依照临时用电规范要求进行接拆线。风雨过后对露天临时线路设备及时检查维修。加强检查力度，严禁私拉乱接
电缆接线、试验及设备调试时触电伤害	高压开关柜检查接地刀闸在合闸位置，低压开关使用验电笔验电。相邻带电间隔设置警示标识。电缆头制作完成后进行绝缘检测，符合要求方可接线。按图接线，专人复查，确保接线正确。试验区域设置临时围栏并有专人看护。试验结束后必须对被试设备进行充分放电。设备送电必须规范办理送电手续，无关人员撤离
机械伤害	现场人员按照安全工作规定配备安全防护装备
线路带电闭合地刀开关	相关操作人员应熟悉设备及现场情况，掌握启动操作顺序，严格按照调度指令执行操作
相序不正确合开关	核对相序正确无误后，再进行操作
设备突发缺陷、运行方式等引起变化	停止操作，现场处理。确认设备消缺或将有缺陷设备隔离后方可申请继续启动
定值输入有误	将该设备的定值打印，并与相关定值单核对无误，审核后签名
压板投退有误	硬压板需标示清晰，将该设备的软压板的投退状态打印，硬压板投退状态进行记录，并与相关定值单、运行要求核对无误，审核后签名
电气设备起火	现场配备灭火器。起火后现场人员迅速远离起火区域,远程监控人员迅速操作系统断电,断电后使用灭火器进行灭火
电池设备起火	现场配备消防栓。起火后现场人员迅速远离起火区域,远程监控人员迅速操作系统断电,等待消防人员进场处理

11.4.3　系统静态测试

11.4.3.1　静态测试前置条件

（1）380V 电源供电

380V 电源供电的目的是为升压变流系统和电池系统的辅助设备提供测试条件。上电的前置条件为配电设备安装完成且检验合格，馈线电缆接线完成且经过绝缘测试。

（2）交直流一体化电源系统供电

交直流一体化电源系统供电是为成套配电装置内的综保系统和储能电站 EMS 系统提供检测和测试条件。上电的前置条件为交直流一体化电源设备安装完成且检验合格，馈线电缆接线完成且经过绝缘测试。

11.4.3.2　成套配电装置静态测试

（1）35kV 开关柜静态测试

35kV 开关柜静态测试主要可参考如下测试项进行。

① 记录开关动作次数。

② 检查开关盘柜、开关整体应无变形。

③ 二次接线端子应无松动、脱落。

④ 手动分合闸实验应正常。

⑤ 开口销、卡环应无松动。

⑥ 操作、控制手柄应无松动。

⑦ 检查高压熔断器应无熔断、裂纹和脏污。

⑧ 检查高压熔断器方向应安装正确。

⑨ 检查电流互感器应无龟裂、断线和脏污。

⑩ 检查支撑绝缘子应无龟裂、脏污。

⑪ 检查高压限流装置应无裂纹、断路和脏污。

⑫ 检查避雷器应无龟裂、脏污。

⑬ 检查出线电缆头应无破损、脏污。

⑭ 检查开关柜柜体应无脏污、脱漆。

⑮ 检查母线连接应无松动。

⑯ 检查电缆孔洞应密封良好。

⑰ 检查断路器结构应正常。

⑱ 检查断路器操纵机构应正常。

⑲ 检查接地刀闸动、静触头应无磨损。

⑳ 检查接地刀闸操纵机构应正常。

（2）0.4kV 开关柜静态测试

0.4kV 开关柜静态测试主要可参考如下测试项进行。

① 检查机械闭锁、电气闭锁应动作准确、可靠。

② 检查二次回路辅助开关动作应准确，接触可靠。

③ 检查装有电器的可开启门，裸铜软线与接地的金属构架应可靠地连接。

④ 检修的接地装置应正确。

⑤ 检查低压开关柜统一编定编号，并标明负荷名称及容量，同时应与低压系统操作模拟图版上的编号对应一致。

⑥ 检查低压开关柜上的仪表及信号指示灯、报警装置应完好齐全、指示正确。

⑦ 检查开关的操作手柄、按钮、锁键等操作部件所标示的"合""分""运行""停止"等字，模拟图版上的编号应与设备的实际运行状态相对应。

⑧ 检查低压开关柜设置的操作模拟图板和系统接线图应与实际相符。

⑨ 检查开关盘柜、开关整体应正常，无变形。

⑩ 检查绝缘盒和绝缘支柱应无松动、裂纹。

⑪ 检查二次接线端子应无脏污松动。

⑫ 手动分、合闸试验应正常。

⑬ 检查出线电缆头应无松动、脏污。

⑭ 检查开关柜柜体应无脏污、脱漆。

⑮ 检查母线连接应无松动。

⑯ 检查电缆孔洞应密封良好。

11.4.3.3　升压变流系统静态测试

检查项目包括资料确认、集装箱（预制舱）外观检查、设备安装检查、设备接线检查、辅助系统上电等，具体可参考如下测试项进行。

（1）储能升压变压器测试

升压变压器测试主要可参考如下测试项进行。

① 检查变压器铁芯及外壳接地应无异常。

② 检查应无异物落在变压器线圈及引线排上。

③ 检查所有紧固件应无松动。

④ 检查变压器温控器工作应正常。

⑤ 检查变压器分接头连接片接触良好，三相一致，位置合适。

⑥ 检查变压器线圈环氧绝缘层无裂开、剥落现象。

⑦ 变压器联动试验应良好、整定值应正确。

⑧ 检查保护应已按规定投入。

⑨ 检查变压器相关试验数据应正确。

⑩ 检查变压器绝缘数据测量应正确。

⑪ 检查变压器各保护栅栏应遮拦良好、闭锁正常。

（2）PCS 测试

1）上电前测试内容

PCS 上电前测试内容主要可参考如下测试项进行。

① 设备外观检查：a. 油漆电镀应牢固、平整，无剥落、锈蚀及裂痕等现象；b. 机架面板应平整，文字和符号要求清楚、整齐、规范、正确；c. 标牌、标志、标记应完整清晰；d. 各种开关应便于操作，灵活可靠；e. 各种构件应结构紧密，装置面板上除指示灯、开关按钮外，其他任何影响功能的操作机构均应安装在箱体内；f. PCS 面板触摸屏、指示灯应安装紧固无松动。

② PCS 接地检查：PCS 接地线，应按照图纸连接正确，无松动，线缆标识清晰正确；并用万用表欧姆挡位测量柜体裸露处和基础钢架接地点之间的电阻 R，确认接地电阻 R 应不超过 0.1Ω。

③ PCS 绝缘检测：首先将所有直流正负铜排短接，将交流 ABC 三相铜排短接，对外 485 通信线和网口通信线所有引脚短接，所有断路器闭合。再用绝缘测试仪设置对应的测试电压值，分别测试直流侧对地、交流侧对地，对外通信线对直流侧和交流侧的绝缘电阻，记录绝缘电阻值。

一次回路要求主回路对地，无电气之间的各回路的绝缘电阻应不小于 10MΩ。二次回路要求人体可接触的弱电侧对强电侧的绝缘电阻应不小于 10MΩ。

PCS 交流侧、直流侧、辅助电源、对外通信接线检查，按照图纸进行检查，应连接正确、无松动、线缆标识清晰正确。

2）上电测试内容

PCS 上电测试内容主要可参考如下测试项进行。

① PCS 供电状态检查：PCS 内各功率模块、板卡、HMI 以及指示灯应正常工作；各用电设备电压输入电压应正常。

② PCS 系统版本以及通信参数设置检查：PCS 系统版本与通信参数应正确。

③ PCS 外部通信检查：PCS 与各个设备之间的通信状态应全部正常。

11.4.3.4　电池系统静态测试

检查项主要是电池集装箱（预制舱）系统进行基本检测、通信检测、功能检测、故障模拟检测等，具体可参考如下测试项进行。

（1）电池集装箱（预制舱）上电前测试内容

电池集装箱（预制舱）上电前主要可参考如下测试项进行。

① 外观检查：检查集装箱（预制舱）整体外观应无破损、掉漆；标识应清晰。

② 铭牌安装检查：检查集装箱（预制舱）铭牌应固定良好、铭牌内容应正确。

③ 空调外罩安装检查：检查空调外挂风罩应固定良好。

④ 空调接线检查：参照接线图纸，检查接线端子接线应正确、牢靠。

⑤ 空调安装检查：检查空调安装固定应良好。

⑥ 风道安装检查：检查风道整体固定应良好。

⑦ 直流汇流柜安装检查：检查直流汇流柜应固定良好。

⑧ 直流汇流柜接线检查：参照接线图纸，检查各开关、接线端子、元器件接线应正确，牢靠。

⑨ 控制柜安装检查：检查控制器应固定良好。

⑩ 控制柜接线检查：参照接线图纸，检查各开关、接线端子、元器件接线应正确，牢靠。

⑪ 消防设备安装检查：检查手提灭火器、气体灭火控制器、气体灭火瓶组、讯响器、烟雾传感器、温度传感器、消防管道应固定良好。

⑫ 温湿度传感器检查：参照接线图纸，检查接线端子、元器件接线应正确，牢靠。

⑬ 温湿度传感器安装检查：检查温湿度传感器应固定良好。

⑭ 集装箱（预制舱）行程开关安装检查：检查行程开关应固定良好。

⑮ 照明设备安装检查：检查照明设备应固定良好。

⑯ 视频监控设备安装检查：检查摄像头应固定良好。

（2）电池集装箱（预制舱）上电测试内容

电池集装箱（预制舱）上电测试主要可参考如下测试项进行。

① 控制柜功能检查：检查各开关分合闸应正常、无阻碍；各器件设备上电后状态应正常；用户操作屏数据显示应正常。

② 直流汇流柜功能检查：检查直流开关分合闸应正常、无阻碍；指示灯状态应正常。

③ 空调功能检查：检查空调人机画面状态应正常，空调启、停机操作应正常。

④ 消防设备功能检查：消防器材标识应齐全，储气瓶压力应正常，气管连接应无缺陷，外观应无破损；将烟感、温感防护罩摘除，烟感、温感测试报警应正常；消防分控制器显示应正常；消防联锁信号输出应准确。

⑤ 电池簇功能检查：检查各电池簇上电状态应正常；检查电池堆管理系统与子单元通信状态应正常；检查电池簇与子单元通信状态应正常；检查 BMS 与其他设备通信状态正常。

⑥ 电池簇电源指示灯检查：闭合电源开关，检查电池簇电源指示灯应正常点亮。

⑦ 电池簇 BMS 状态检查：检查电池簇 BMS 状态显示应正常、无故障。

⑧ 电池簇总电压检查：检查 BMS 显示电压和测量电压应相近，压差满足要求值。

⑨ 电池簇电流互感器偏移检查：电池簇静止状态下读取电流数值显示应为 0A。

⑩ 电池簇静态压差检查：电池簇静止状态下读取电池簇单体最高与最低电压的差值应满足要求。

⑪ 电池簇温度检查：电池簇静止状态下读取电池簇单体最高与最低温度的差值应满足要求。

⑫ 电池簇风扇运转情况检查：闭合电池簇风扇继电器，检查电池簇风扇运转应正常。

11.4.3.5 EMS 系统静态测试

检查项目包括设备安装接线检查、上电检查、软件安装检查、通信点位核对等，具体可参考如下测试项进行。

（1）EMS 屏柜上电前测试

EMS 屏柜上电前测试主要可参考如下测试项进行。

① 屏柜接地检查：按照图纸检查屏柜接线应连接正确、无松动，线缆标识应清晰正确；使用万用表欧姆挡位测量柜体裸露处和基础金属接地点之间的电阻 R，接地电阻 R 应不大于 0.1Ω。

② 电源线接线检查：按照图纸检查供电电源线应连接正确、无松动，线缆标识应清晰正确。

③ 开入/开出信号线接线检查：按照图纸检查开入/开出线应连接正确、无松动，线缆标识应清晰正确。

④ 光纤接线检查：按照图纸检查光纤接线应连接正确、无松动，线缆标识应清晰正确。

⑤ 电度表接线检查：按照图纸检查电度表接线应连接正确、无松动，线缆标识应清晰正确。

（2）EMS 屏柜上电测试

EMS 屏柜上电测试主要可参考如下测试项进行。

① 设备带电状态检查：检查屏柜各设备应正常带电。

② 监控系统上电检查：启动监控系统工作站主机，检查监控系统主机应能正常工作。

③ 软件上电检查：启动监控系统软件，检查监控系统软件是否正常启动。

（3）EMS 通信测试

EMS 通信测试主要可参考如下测试项进行。

① 通信状态检查：检查监控系统与各个设备之间的通信状态应正常。

② 遥测量通信测试：模拟监控系统各分画面的模拟量值，检查监控系统采集数据应正确。

③ 遥信量通信测试：模拟监控系统各分画面的状态量，检查监控系统采集状态应正确。

④ 遥控量通信测试：监控系统下发遥控命令，被控制设备应能正确响应。

⑤ 遥调量通信测试：监控系统下发遥调命令，被控制设备应能正确响应。

11.4.4　系统动态测试

11.4.4.1　动态测试前置条件

系统动态测试的前置条件为静态测试完成且各项数据合格，并同时具备以下条件：

（1）35kV 电路具备带电条件

35kV 上电测试的前置条件为：

① 电站或升压站侧 35kV 开关柜、母线、储能设备侧 35kV 母线及电缆、储能升压变压器、PCS、储能电池系统接线安装完成。

② 储能电站保护定值计算完成且均已正确输入各设备。

③ EMS 与 BMS、PCS、成套配电装置综保的通信测试均已完成。

④ 电气开关逻辑功能测试均已完成。

⑤ 储能设备区域柜内 35kV 电缆封堵完成。

⑥ 储能设备区域杂物清扫干净，区域封锁。非调试组成员进场需提前申报调试组长审批。

（2）PCS 与电池系统直流电路具备带电条件

PCS 与电池系统直流电路送电传动的前置条件为：

① PCS 与电池系统间的电缆经接线安装完成。

② PCS 与电池系统间的电缆封堵完成。

③ EMS 与 BMS 及 PCS 的通信测试完成。

11.4.4.2　系统保护功能测试

系统保护功能测试的目的为带电测试工作状态下，储能系统的保护逻辑能正常工作。具体可参考如下测试项进行。

（1）控制柜急停控制功能测试

将控制柜急停按钮拍下或端子排控制柜急停故障信号输入短接。

系统应做出如下动作：电池系统直流主回路断开、PCS 急停、直流断路器脱扣、故障灯常亮、蜂鸣器鸣响等动作，触摸屏对外显示控制柜急停故障。

（2）PCS 急停控制功能测试

将 PCS 急停旋钮拍下或短接端子排 PCS 急停信号输入。系统应做出如下动作：电池系统流主回路断开，PCS 急停，直流断路器脱扣，故障灯、蜂鸣器鸣响动作，触摸屏对外显示 PCS 急停故障。

（3）消防设备故障控制功能测试

将端子排消防设备故障干接点信号输入短接。系统应做出如下动作：PCS 停机，故障灯动作，系统急停。

（4）气体喷洒控制功能测试

将端子排气体喷洒干接点信号输入短接。系统应做出如下动作：电池簇开关断开，空调下发关机，风扇停止工作，PCS 急停，直流断路器脱扣，故障灯、蜂鸣器动作，触摸屏对外显示气体喷洒。

（5）消防火警控制功能测试

将端子排消防火警干接点信号输入短接。系统应做出如下动作：电池簇开关断开，空调下发关机，风扇停止工作，PCS 急停，直流断路器脱扣，故障灯、蜂鸣器动作，触摸屏对外显示气体喷洒。

（6）温湿度采集模块通信故障显示功能测试

将温湿度采集模块通信线拔掉，模拟温湿度采集模块通信故障。系统应做出如下动作：触摸屏对外显示分系统温湿度采集模块通信故障。

（7）汇流柜开关断线故障显示功能测试

将端子排汇流柜开关闭合反馈信号与断开反馈信号输入短接。系统应做出如下动作：触摸屏对外显示汇流柜开关断线故障，故障灯动作。

（8）直流断路器脱扣保护显示功能测试

将端子排汇流柜开关闭合反馈信号与断开反馈信号输入短接。系统应做出如下动作：触摸屏对外显示直流断路器脱扣保护，直流断路器脱扣，故障灯动作。

（9）门禁状态显示功能测试

将端子排门禁干接点信号输入短接。系统应做出如下动作：触摸屏对外显示门禁状态。

（10）水浸状态显示功能测试

将端子排水浸干接点信号输入短接。系统应做出如下动作：触摸屏对外显示水浸故障。

（11）防雷故障显示功能测试

将端子排防雷干接点信号输入短接。系统应做出如下动作：触摸屏对外显示防雷故障。

（12）系统烟感报警显示功能测试

将端子排烟感干接点信号输入短接。系统应做出如下动作：触摸屏对外显示分系统烟感报警，直流断路器脱扣，故障灯动作。

（13）直流熔断器故障显示功能测试

将端子排熔断器干接点信号输入短接。系统应做出如下动作：触摸屏对外显示熔断器故障，直流断路器脱扣，故障灯动作。

11.4.4.3　系统小功率测试

系统小功率运行测试目的是验证储能系统充放电运行能力，为系统大功率测试做准备，具体可参考如下测试方案进行（充放电测试前电池系统最低温度应不低于 25℃）。

测试步骤：PCS 下发 10kW 充电，5min；静置 10s；PCS 下发 10kW 放电，5min；停机。

11.4.4.4　系统满功率测试

系统满功率测试主要验证储能系统进入设计最大功率运行时各零部件的性能，具体可参考如下测试方案进行（充放电测试前电池系统最低温度应不低于 25℃）。

测试步骤：PCS 下发设计最大功率充电，10min；静置 10s；PCS 下发设计最大功率放电，10min；静止 10s；循环 5～6 次；停机。

11.4.4.5　EMS 功能测试

主要针对 EMS 系统进行功能测试，目的为检测 EMS 系统各项功能运行是否正常，具体可参考如下检测项进行。

（1）数据采集与处理功能检查

监控系统应能够对储能元件运行状态参数进行采集显示，至少包括电压、电流、荷电状态、温度等遥测信号，以及开关状态、事故信号、异常信号等遥信信号。

（2）PCS 的数据采集功能检查

监控系统应能够对 PCS 的电压、电流、温度等遥测信号，以及开关状态、事故信号、异常信号等遥信信号进行采集显示。

（3）配电网接口的数据采集功能检查

监控系统应该能够对配电网接口的电压、电流、相位、频率、有功功率、无功功率、功率因数、有功电量、无功电量等遥测信号，以及开关状态、事故信号、异常信号等遥信信号进行采集显示。

（4）模拟量数据处理功能检查

① 检查每个模拟量是否可根据不同的时间或其他条件设置多组限值，系统应提供方便的界面让用户手动进行限值的切换。

② 检查数据应允许人工设置，检查人机界面上的画面数据应用颜色区分并且提供列表。

③ 检查监控软件应能够自动统计记录任意采样模拟量的极值及其发生时间，应能够自动统计记录任意采样模拟量每日的电度量，并作为历史数据供查阅和再加工。

④ 检查对于不同数据，包括未被初始化的数据、可疑数据、不刷新数据及不可用数据及人工置数数据，监控系统应能够用不同质量进行标志。

⑤ 检查监控系统应具有遥测越限延时（可调）处理功能，如某一遥测越限并保持设置的时间后，才做告警。

（5）状态量数据处理功能检查

① 检查监控系统的状态量应具有极性处理的功能，极性处理应按照"1"表示肯定状态量描述的状态，"0"表示否定状态量描述的状态，并可进行反复性修改和处理。

② 检查监控系统应能够根据不同的性质发出不同的报警，并进入不同的分类栏。

③ 检查监控系统应能够根据事故总信号或保护信号与开关变位，并结合相关遥测量（归零，时延由用户设定）判断事故跳闸。

④ 检查监控系统应具备对状态量的操作功能，操作功能包括：封锁（人工设置）指定遥信的合/分状态，封锁后可有颜色变化；解除/封锁指定遥信的合/分状态；抑制/恢复告警。

⑤ 检查监控系统应对可疑信号在数据库中应标明身份，并在人机界面上显示。

⑥ 检查监控系统应能自动统计开关事故跳闸次数，超过设定次数给出报警。

⑦ 检查监控系统应能提供遥信变位信号延时（可调）处理功能，如某一遥信变位并保持额定时间后，才做告警。

⑧ 检查监控系统应具有实时值与计划值的实时比较功能，比较功能可采用图形、曲线、表格等方式，并可参与统计和计算。

（6）数据质量标志功能检查

① 检查监控系统应对所有遥测量和计算量配置数据质量码，以反映数据的可靠程度。

② 检查监控系统应能够以毫秒级精度记录主要断路器和保护信号的状态、动作顺序及动作时间，形成动作顺序表，并且遥信变位应记录数据来源。

（7）事件顺序记录（SOE）功能检查

① 检查监控系统应能够按照厂站、间隔、设备等对SOE进行检索和查询。

② 检查监控系统应包括日期、时间、厂站名、事件内容和设备名，且按照设备动作的时

间顺序，将 SOE 记录保存到历史数据库中。

（8）事件及报警功能检查

① 检查监控系统应能够提供画面、音响、语音等多种报警方式；是否能够在线修改报警方式、限值；是否能够确认、屏蔽、解除报警信号。

② 检查监控系统事件与告警信息应能够自动保存到数据库，应具有检索工具用于检索时间及告警历史记录。

（9）启停机操作检查

① 设备带电情况下，储能系统切换至远方控制模式，监控系统切换至就地控制模式，下发开机命令，检查 PCS 交流侧与直流侧开关应能够正常合闸，检查储能系统运行状态应切换至运行模式。

② 设备带电情况下，储能系统处于运行模式，下发停机命令，检查储能系统运行状态是否切换至停机模式。

（10）功率控制操作检查

储能系统处于运行模式，通过监控系统下发功率设定值，检查储能系统应能够按照指定功率运行。

（11）复位功能操作检查

通过监控系统下发复位操作命令，检查储能系统应能够接收到复位操作事件。

（12）历史数据管理功能检查

检查监控系统应能基于商用关系数据库或开源数据库系统完成历史数据管理，提供完善的历史数据备份、转储机制。

（13）报表功能检查

检查监控系统应支持报表功能，包括报表制作、报表显示、报表发布、报表打印、报表模板及文件管理等。

11.5　储能系统并网测试

系统并网测试是系统正式投入运行的主要依据，一般由第三方检测机构完成，具体介绍详见本书"9.5 节并网测试验证"。

参考文献

[1] 张存彪，黄建华. 光伏电站建设与施工 [M]. 北京：化学工业出版社，2013.

[2] 杨静东. 风力发电工程施工与验收 [M]. 2版. 北京: 中国水利水电出版社, 2013.

[3] 王厚余. 低压电气装置的设计安装和检验 [M]. 北京: 中国电力出版社, 2007.

[4] 王学谦. 建筑工程消防设计审核与验收 [M]. 北京: 中国人民公安大学出版社, 2013.

[5] 芮新花. 智能变电站综合调试指导书 [M]. 北京: 中国电力出版社, 2019.

[6] 本书编委会. 简明建筑电气工程施工验收技术手册 [M]. 北京: 地震出版社, 2005.

[7] 安顺合. 建筑电气工程施工与验收手册 [M]. 北京: 中国建筑工业出版社, 2005.

[8] 张中青. 分布式光伏发电并网与运维管理 [M]. 北京: 中国电力出版社, 2014.

第 12 章

储能系统集成典型应用案例分析

12.1　概述

储能系统根据不同应用场景主要分为用户侧储能系统、火储联合调频储能系统、变电站侧调峰调频储能系统、新能源配套储能系统和独立储能电站等。在项目应用中，除了储能自身需要达到一定的技术指标外，还要求储能系统能够很好地与其他发、输、配、用等电力系统和设备紧密衔接，共同实现整体目标。

12.2　用户侧储能系统集成项目

12.2.1　项目基本情况

某用户侧储能项目位于江苏省扬州市工业园区内，项目规模 5MW/18.49MWh。

本项目通过储能调峰技术对厂用电进行削峰填谷，储能系统接入用户厂用变压器，通过储能控制器中预设的自动运行命令进行充放电工作。达到了既不用投资再建变压器，也避免了在谷值时变压器闲置容量过大所导致的总体经济性下降、能耗增加的状况发生，科学地减少了耗能费用，改善经济性的目的。江苏某用户侧储能项目见图 12-1。

12.2.2　项目特点

根据项目现场峰谷电价及时段本项目采用每天两充两放的运行策略。基本策略如下：

0:00—8:00，储能系统充电；

8:00—10:00，储能系统待机；

10:00—15:00，储能系统放电；

15:00—18:00，储能系统充电；

18:00—21:00，储能系统放电；

21:00—24:00，储能系统待机。

图 12-1 江苏某用户侧储能项目（见彩图）

12.2.3 主要技术

用户侧应用场景下，储能系统接入厂区变压器低压母线，储能系统放电过程中电量不会导送至电网，而是依靠厂区内用电设备消耗，故储能系统一般不需要接受电网调度。这就要求接入储能系统的厂用变压器在储能充电过程中有足够的剩余容量空间，同时在储能放电过程中厂用变压器低压侧有足够的负载来消耗储能系统电能。

为了避免储能系统充放电过程中出现超过接入变压器容量上限和向电网倒送电的情况，一般在储能并网点设置实时功率监测系统，通过实时功率监测系统的自动控制程序控制储能系统的充放电功率。

从目前发展来看，已有部分地区出台了用户侧储能参与电力需求响应等政策，在新型电力系统中，用户侧储能也将承担重要作用。

12.3 火储联合调频储能系统集成项目

12.3.1 项目基本情况

某火储联合调频储能项目位于广东省惠州市某发电厂内，项目规模 30MW/15MWh，本项目主要功能为配合发电厂 2 套 1000MW 火电机组进行调频服务。本项目采用 2P 磷酸铁锂电池系统，可实现 0.5h 充满或放空，满足火储联合调频工况下的高频次充放电和快速响应。

该项目作为一种快速调频资源，与发电厂 1000MW 机组配合，既能将火电机组从长期的 AGC 调频任务中解放出来，从而提升机组可用率及使用寿命，促进节能减排，又能够实现快速准确响应电网指令调节输出功率，为广东电网提供优质高效的 AGC 调频服务，提高电网稳定性，改善电网对可再生能源的接纳能力。惠州某火储联合调频储能项目见图 12-2。

图 12-2　惠州某火储联合调频储能项目（见彩图）

12.3.2　储能辅助火电机组调频的作用

利用电池储能系统快速、精确响应的特点，辅助发电机组进行 AGC 方式下的负荷调整，通过充放电增加或减少厂用电母线上的负荷，从而影响发电机组出口侧的上网功率，对机组负荷进行削峰填谷达到快速响应 AGC 的目标，进而提高调度侧发电机组的调节性能，同时不对机组自身的调节带来扰动。

12.3.3　储能系统接入模式

储能系统采用"一拖二"方式，通过电力电缆接入 1#机组或 2#机组 6kV 厂用电，再通过电厂主变送出，可分别辅助 1#、2#机组参与调频，提高储能调频系统的利用率。

12.3.4　储能系统控制模式

储能辅助 AGC 调频系统接入厂用电，通过响应 AGC 调节指令，进行充放电，基本控制过程如下。

① 电网调度发送 AGC 指令给到电厂 RTU。

② 储能主控单元和机组 DCS 接收 RTU 转发的 AGC 指令。

③ 发电机组按自身变负荷速率响应 AGC 指令。

④ 储能主控单元根据 AGC 指令和机组并行运行状态信号。

⑤ 控制储能系统自动补偿机组出力偏差。

12.3.5　储能系统效益

① 提升电厂 AGC 调频性能（Kp），减少电厂 AGC 性能考核电量，获得更多补偿电量。

② 提升机组整体的 AGC 调频能力，改善机组运行的可靠性和安全性。

③ 免除发电量计划考核、调峰考核，获得储能系统充放电电量电费收益。

④ 减少机组设备磨损，延长设备寿命。

⑤ 减少机组调频备用，增加发电量。

⑥ 减少机组频繁变化处理，降低煤耗。

12.4 变电站调峰调频储能系统集成项目

12.4.1 项目基本情况

某变电站调峰调频储能项目位于北京市怀柔科学城北房变电站内，项目共分为两期建成，采用磷酸铁锂电池系统，储能系统总规模为 15MW/30MWh。工程投运后，可通过发挥储能系统削峰填谷、缓解高峰供电压力、促进新能源消纳等功能，构建更加安全高效的能源新生态，保障电网安全、稳定、经济运行。某变电站调峰调频储能项目见图 12-3。

图 12-3　某变电站调峰调频储能项目（见彩图）

12.4.2 储能系统集成主要技术

（1）电池系统多级安全防控体系

采用"系统级七氟丙烷自动灭火系统+簇级高压细水雾"双保险的消防方式，进一步提升储能电站的安全可靠运行能力。

（2）监控及能量管理技术

建立储能电站的多源多层级数据模型、设备故障评估模型和故障专家诊断方法，首次研发应用电网侧储能主动运检系统。

（3）BMS 均衡管理技术

实时监视、状态评估、效率分析，基于海量数据，通过对电池组的电压、温度一致性及电池堆的充放电计算、电池堆告警统计等来构建储能运维预警与故障诊断体系，智能决策并指导现场故障排查与检修。

提出基于电芯评测数据的精准 SOX 估算技术，利用电池实时运行数据，精确计算电池单体、电池簇、电池系统的 SOX。

（4）BMS 均衡管理技术

提出多模块脉冲在线同步的变流器多机并联均流控制技术和基于电容电压反馈的有源阻尼谐振抑制技术，实现多台大容量变流器并联运行。

（5）BMS 均衡管理技术

为保证电池室温度分布均匀，特设置空调风道，并在风道出风口下部（电池柜上部）设置风扇导流，最大限度利用空调制冷量，保证电池架温度分布均匀，通过温度反馈，实现集装箱的温度智能化管控。

12.5 新能源配套储能系统集成项目

12.5.1 项目基本情况

某新能源配套储能项目位于山东省潍坊市寿光市营里镇，项目规模 10MW/20MWh。山东某新能源配套储能项目见图 12-4。

图 12-4　山东某新能源配套储能项目（见彩图）

12.5.2 项目特点

风能和太阳能是取之不尽用之不竭的资源，因此，风电和光伏没有燃料成本制约，成为清洁能源电力中增长最快的产业。但是由于风电和光伏发电不稳定，并网消纳问题，依然是受限制的，这也导致其商业化步伐缓慢。配套储能系统，将解决发电侧这些弊端问题，储能可以针对风能及光伏发电的随机性、波动性和间接性进行调解，实现风、光、储多方面的出力互补，提高新能源发电的可预测性、可控制性、可调度性，使之达到或接近常规电源，解决新能源安全稳定运行和有效消纳问题。

12.5.3 储能系统集成主要技术

本项目储能系统采用 1000Vdc 磷酸铁锂电池系统，单电池舱容量 4MWh，接入 35kV 母线。系统纳入山东省电网统一调度，具备一次调频、AGC 跟踪、AVC 控制、功率平滑等功能。项目采用多层级主动式热管理、全自动管网式消防系统、电芯级 BMS 管理、一体式升压变流等多项先进储能系统集成技术。

12.6 某独立储能系统集成项目

12.6.1 项目基本情况

某独立储能项目位于山东省济南市历城区，项目规模 100MW/200MWh，共包含 37 个 2.8MW/5.73MWh 磷酸铁锂电池储能单元，接入 35kV 母线，是利用退役火电机组的电气间隔和场地进行建设的独立储能项目，同时也是全球首座采用分散控制技术的百兆瓦级储能电站。

独立储能电站作为独立主体能够同时提供能量、调频、调峰、调压和备用等五种服务。储能运营商可以根据日前电网调度中心公布的基本参数进行申报，交易中心和调度中心在满足安全约束的条件下按照申报情况排序，根据排序情况联合出清，得到各申报主体的出清电价和中标容量。山东某独立储能项目见图 12-5。

图 12-5 山东某独立储能项目

12.6.2 项目特点

本项目储能系统，直接接受当地省级（或地区级）电网调度控制，省调（或地调）依据该线路上各个风力发电站、光伏电站、常规火力发电机组的出力，以及用电负载，预测以及实时母线电压、频率等情况，控制储能系统的充电和放电，达到平滑输出、调峰、调频的目的。

12.6.3　主要技术

本项目采用 1500Vdc 级分散控制电池储能技术，每个储能变流器功率模块对应一个电池簇，解决了电池簇在实际运行中容易出现的并联失配、环流内耗等痛点问题，实现了"精准控制"，可大幅提高电池储能系统的实际可用率。

储能电站投运后，全站电池容量使用率可达 92% 左右，高于同类 1500Vdc 集中式控制的储能系统约 1 个百分点。此外，通过电池簇的分散控制，可实现电池荷电状态（SOC）的自动校准，显著降低运维工作量。

12.6.4　项目优点

独立电池储能电站解决方案与现有的整合型储能系统相比，具有以下优点：

（1）可实现较多的功能

由于独立型储能电站可由电网直接调度，与区域内多个风光电站协调运行，从原理上看，可类似于小型抽水蓄能电站，可为电网稳定安全运行提供多重服务。例如：调峰、调频、备用、跟踪计划发电、平滑风电出力等。

（2）储能计量及价值核算相对简单

由于储能电站独立运营，相对整合型储能系统，其调节电量容易统计，另外，再为电网提供辅助服务时，服务的种类及计量也相对容易，因此，会一定程度上简化储能电站的运营难度，并促进储能电站根据电力市场相关机制形成一定的商业模式。

（3）投资主体清晰，评估容易

独立储能电站与发电设备彻底分开，在投资界面上，主体清晰明确，因此，其产权与收益也会相应明晰，如有储能补贴，则补贴的主体也相应确定。另外，在进行投资评估时，由于主体明晰，投资评估的难度也会相应降低。这有利于提升投资人投资储能电站的积极性，促进储能项目的开展。

（4）国家储能补贴政策出台更具针对性

由于与发电设备分开，因此，在出台储能补贴政策时，更容易明晰储能本身的价值，以及确定补贴的方式与额度。另外，在排除发电设备的投资成本后，独立储能电站的投资体量也会大大下降，从而补贴的总体量也会相应下降。

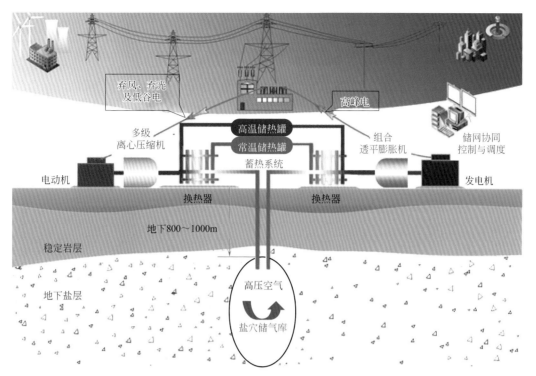

图 1-2　压缩空气储能原理图

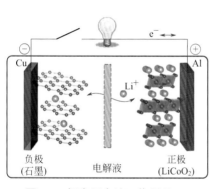

图 1-5　锂离子电池工作原理

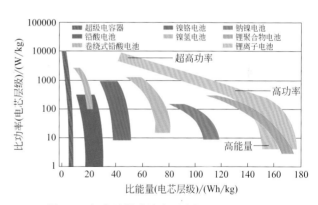

图 3-1　锂电池技术演变（来源：Johnson Controls）

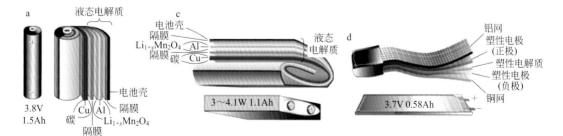

图 3-3　锂离子电池内部结构图

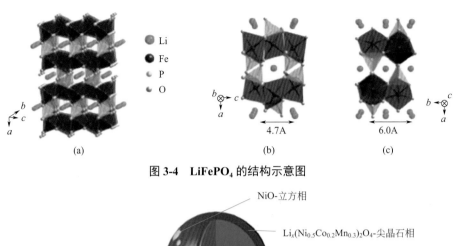

图 3-4　LiFePO$_4$ 的结构示意图

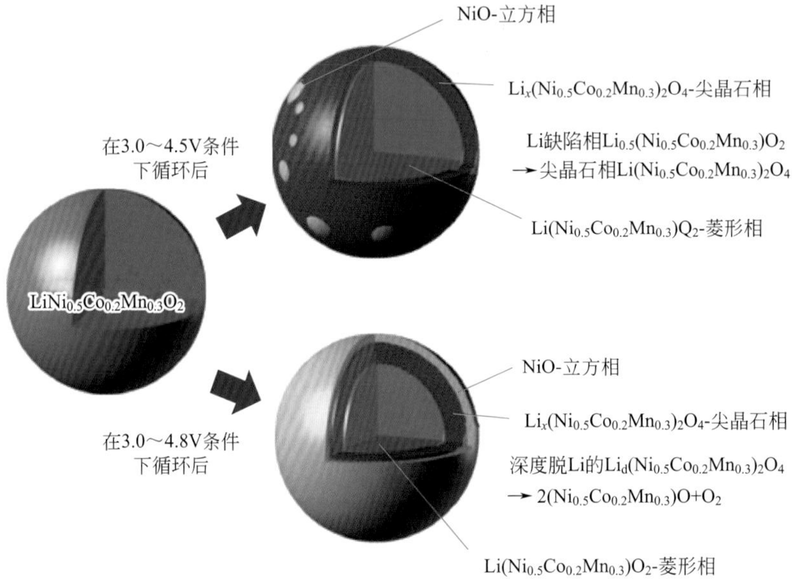

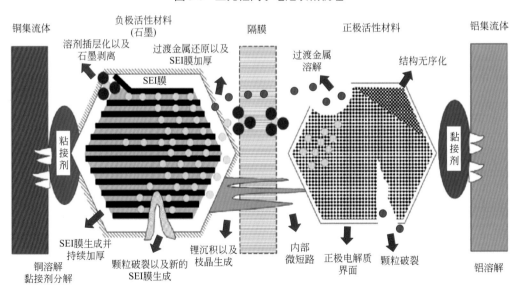

图 3-6　三元锂离子电池衰减机理

图 3-11　电池内部可能发生的副反应微观示意图

图 3-12 国内外发生的安全事故案例

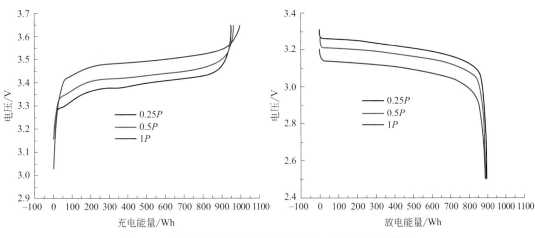

图 3-20 某电池单体在不同功率下的充、放电能量曲线图

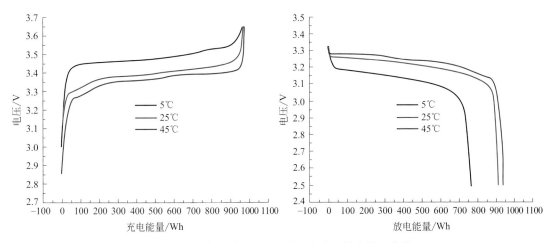

图 3-21 某电池单体不同温度下的充、放电能量曲线

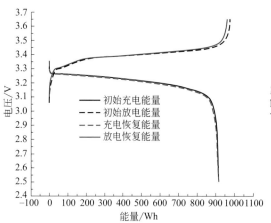

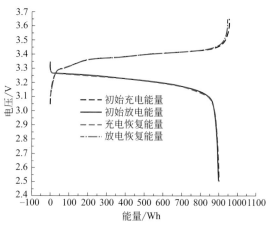

图 3-24　25℃某电池单体的能量恢复曲线　　　　图 3-25　45℃某电池单体的能量恢复曲线

(a) 过充电前

(b) 过充电后

图 3-26　某电池单体过充试验对比图

(a) 过放电前

(b) 过放电后

图 3-27　某电池单体过放试验对比图

(a) 短路前

(b) 短路后

图 3-28　某电池单体短路试验对比图

(a) 挤压前   (b) 挤压后

图 3-30 某电池单体挤压试验对比图

(a) 低气压前   (b) 低气压后

图 3-32 某电池单体低气压试验对比图

(a) 加热前   (b) 加热后

图 3-33 某电池单体加热试验对比图

 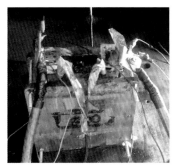

(a) 热失控前   (b) 热失控后

图 3-35 某电池单体热失控试验对比图

(a) 针刺前　　　　　　　(b) 针刺后

图 3-36　某电池单体针刺试验图

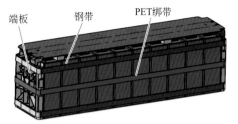

端板　　钢带　　PET绑带

图 5-5　电芯膨胀控制结构方案 1

(a) 激光连续焊接　　　　　　(b) 螺纹连接　　　　　　(c) 超声波焊接

(d) 激光点焊　　　　　　　　(e) 激光点焊+螺纹连接

图 5-7　Busbar 与电芯极柱／极耳的连接形式

(a) 铜软连接　　　(b) 铝软连接　　　(c) 铜丝编制带连接　　　(d) 铝丝编制带连接

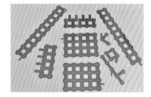

(e) 连接镍片　　　(f) 铜铝复合排　　　(g) 铜排　　　(h) 铝排

图 5-8　常见连接方式

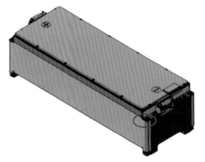 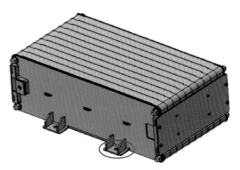

(a) 方形模组固定方式   (b) 软包模组固定方式

图 5-9   电池模块固定方式

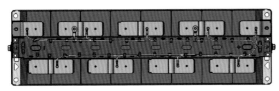 

(a) 线束+螺钉   (b) FPC+超声波焊接

图 5-11   常见信号采集形式

室内机   室外机

(a) 顶装式   (b) 壁挂式   (c) 一体式   (d) 分体式

图 6-2   不同布置形式的空调

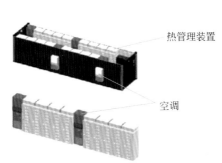  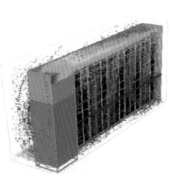

热管理装置

空调

图 6-6   储能集装箱散热方案及仿真分析

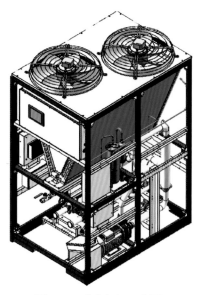

图 6-10　冷水机组示意图

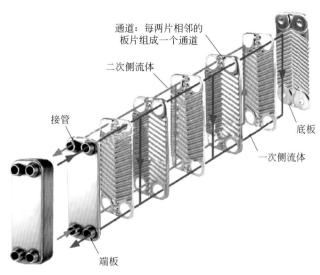

通道：每两片相邻的
板片组成一个通道

二次侧流体

接管

底板

一次侧流体

端板

图 6-12　板式蒸发器

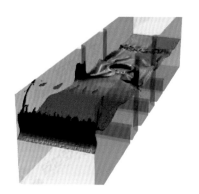

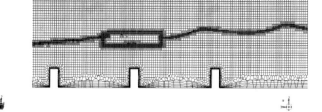

图 6-19　Fluent 仿真结果示意图

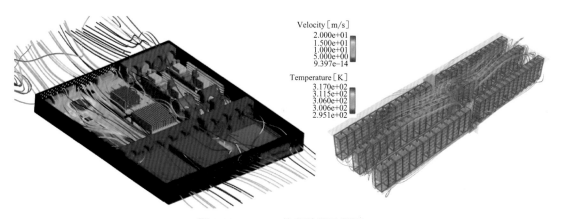

图 6-20　Icepak 仿真结果示意图

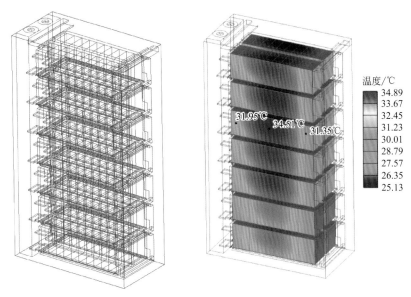

图 6-22　电池柜三维仿真模型线框图及温度分布

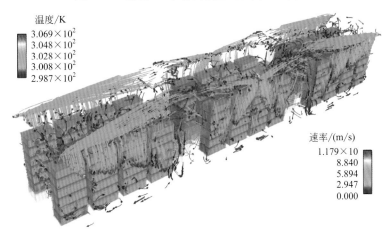

图 6-23　储能集装箱三维仿真图

图 7-3　成套配电装置

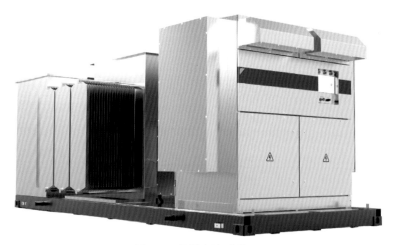

图 7-4　升压变流系统

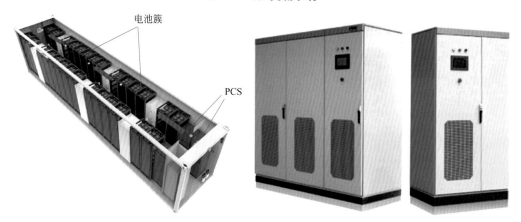

电池簇

PCS

图 7-7　电池变流一体舱

图 7-11　储能变流器

图 7-21　35kV 开关柜

图 9-1　电池模块外观照片

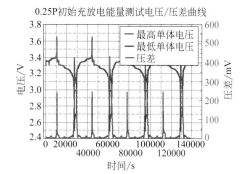

图 9-2　电池模块初始充放电测试曲线

图 9-10　电池模块热失控扩散试验照片

图 9-14　电池簇绝缘试验照片

图 10-2　方形铝壳电芯模组

图 10-3　储能电池模块

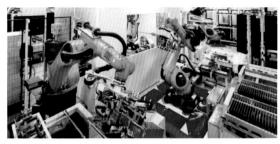

图 10-5　机械手抓取模组

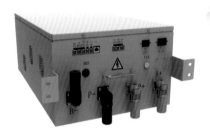

图 10-6　高压箱外形图

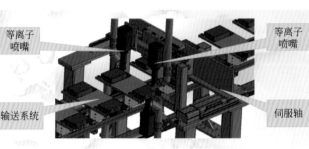

图 10-12　等离子清洗设备示意图

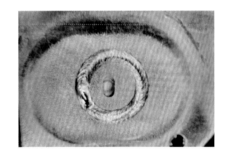
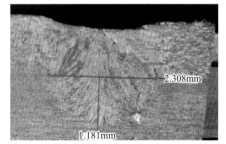

图 10-18　焊接外观及焊缝金相形貌

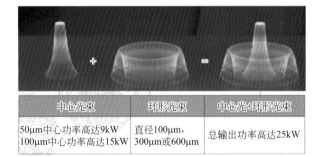

中心光束	环形光束	中心光+环形光束
50μm中心功率高达9kW 100μm中心功率高达15kW	直径100μm， 300μm或600μm	总输出功率高达25kW

图 10-19　AMB 光束可调

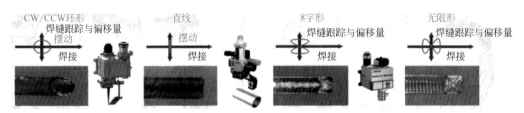

图 10-20　光束的摆动形式

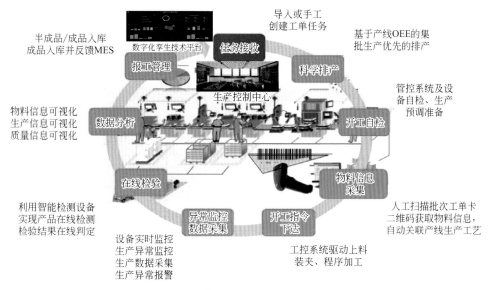

图 10-28　信息化、智能化产线生产示意图

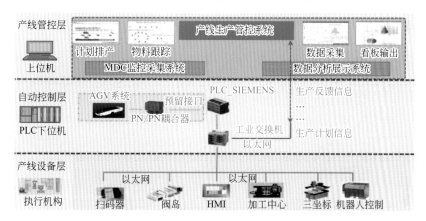

图 10-29　信息化生产管控系统架构示意图

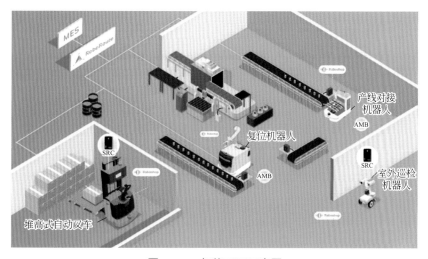

图 10-30　智能工厂示意图

图 12-1　江苏某用户侧储能项目

图 12-2　惠州某火储联合调频储能项目

图 12-3　某变电站调峰调频储能项目

图 12-4　山东某新能源配套储能项目